离散数学

面向计算机科学专业

克利福德·斯坦（Clifford Stein）
[美] 罗伯特·L. 戴斯得尔（Robert L. Drysdale）著
肯尼斯·博加特（Kenneth Bogart）
马帅 秦波 罗杰 伍前红 译

Discrete Mathematics for Computer Scientists

机械工业出版社
CHINA MACHINE PRESS

图书在版编目（CIP）数据

离散数学：面向计算机科学专业 /（美）克利福德·斯坦（Clifford Stein），（美）罗伯特·L. 戴斯得尔（Robert L. Drysdale），（美）肯尼斯·博加特（Kenneth Bogart）著；马帅等译. -- 北京：机械工业出版社，2021.9（2023.12 重印）
（计算机科学丛书）
书名原文：Discrete Mathematics for Computer Scientists
ISBN 978-7-111-68945-4

I. ①离… II. ①克… ②罗… ③肯… ④马… III. ①离散数学－高等学校－教材
IV. ① O158

中国版本图书馆 CIP 数据核字（2021）第 165275 号

北京市版权局著作权合同登记　图字：01-2016-2191 号。

本书从计算机科学的角度出发，面向计算机相关专业学生的需求，以教学活动为驱动，辅以大量的习题，系统地介绍计算机科学领域中离散数学的理论和方法。本书主要涵盖计数、密码编码学与数论、逻辑与证明、归纳、递归、概率以及图论等内容。书中对定理、引理和推论的推导严密，同时配备大量的例题、图表、应用实例。

本书不仅适合作为高校计算机相关专业离散数学课程的教材，也适合作为计算机行业的技术人员的参考书。

出版发行：机械工业出版社（北京市西城区百万庄大街 22 号　邮政编码：100037）
责任编辑：朱　劼　　　　责任校对：马荣敏
印　　刷：北京捷迅佳彩印刷有限公司　　　　版　　次：2023 年 12 月第 1 版第 2 次印刷
开　　本：185mm×260mm　1/16　　　　印　　张：24.25
书　　号：ISBN 978-7-111-68945-4　　　　定　　价：99.00 元

客服电话：（010）88361066　68326294

译者序

自 2016 年下半年起翻译 Clifford Stein、Robert L. Drysdale 和 Kenneth Bogart 三位教授合著的这本书，至今已经过去 4 年多了。翻译伊始，我们就认为这是一项非常有挑战的工作，但万万没有想到的是，前前后后竟然用了 4 年多的时间才完成翻译工作。一方面，翻译这本教学理念新颖的离散数学教材颇有难度，另一方面我们希望保证翻译质量，而不是追求翻译的速度。

如果说数学是所有理工科专业的基础，那么离散数学就是计算机专业的基础。离散数学一直被认为是计算机专业的核心课程之一，而这本书正是从计算机专业的角度出发，面向计算机专业学生的直接需求，以教学活动为驱动，辅以大量的习题来讲解离散数学的知识，易于读者深入理解和掌握。特别是，本书覆盖了传统的离散数学教材没有涉及但对于计算机专业又很重要的内容，如密码学、递归树、主定理、概率计算，以及强归纳法和结构归纳法等。译者相信，系统地学习和掌握这些内容对于一个计算机专业的学生（甚至是研究人员）的职业生涯将会产生深远的影响。

本书的翻译工作是由北京航空航天大学和中国人民大学的四位老师合作完成的。其中，马帅翻译前言、第 5 章、第 6 章及相应的索引和附录，秦波和伍前红翻译第 1 章、第 2 章及相应的索引和附录，罗杰翻译第 3 章、第 4 章及相应的索引和附录。此外，在本书的翻译过程中，蒋浩谊、王罡、张振宇、郑海彬、冯翰文、李雅楠、刘航、刘少凡、黄飞、王益飞、赵飞等同学也对初稿做了大量辅助工作。编辑朱劼在本书的翻译过程中始终给予译者高度的理解和信任，在此表示感谢。

由于译者水平所限，尽管已经竭尽全力地保证翻译质量，但还是难免有不妥甚至错误之处，敬请读者不吝赐教。请将问题发送给 mashuai@buaa.edu.cn，我们将及时给予读者反馈。

译者

北京航空航天大学

中国人民大学

2020 年 11 月于北京

前 言

Discrete Mathematics for Computer Scientists

动机与目标

很多大学都开设离散数学课程。上该课程的学生来自多个专业，其中最多的是来自计算机科学专业的学生。在美国国家科学基金会[㊀]的支持下，作为达特茅斯（Dartmouth）学院跨学科数学项目的一部分，我们提出开设一门离散数学课程来满足计算机科学专业学生的需求。在分析想让计算机科学专业的学生了解哪些离散数学主题，以及为什么想让他们了解这些主题时，我们得到两个结论。

第一，我们认为一些主题对于计算机科学专业很重要，但是没有被充分地纳入传统的离散数学课程中。这些主题包括递归树和解决递推关系的主定理，计算平均运行时间和分析随机算法的概率理论，以及强归纳法和结构归纳法。

第二，我们认为对于计算机科学专业学生很重要的每个离散数学主题，在计算机科学里都有一个很有启发性的主题，上述第一门或者第二门计算机科学入门课程的学生可以理解这些主题。我们感觉这样安排就能回答在应用数学课程中学生经常会问的问题："为什么我们必须学习这些？"因此，我们决定写一本针对计算机科学专业学生的教科书，目标是为计算机科学专业学生提供必要的数学基础，并且通过学生在计算机科学学习的开始阶段就能够理解的计算机科学问题来启发他们学习这本教科书。

在许多高校的计算机科学系，离散数学是学生的专业必修课之一，甚至是第一门计算机科学课程的先修课。在这种情况下，教师面临一种困境——讲授纯数学的概念，很少或者完全没有显式的计算机应用，或者讲授计算机科学的例子来营造一种针对计算机科学专业学生的语境。对于第一种讲课方式，学生会抱怨在学习第一门计算机科学课程之前被迫学习太多"不相干的"数学知识。对于第二种讲课方式，教师（通常是数学家）要尝试给可能从来没有写过程序的学生解释相当高级的计算机科学主题，比如散列、二叉树和递归程序等。即使在最好的情况下，这种方式也明显降低了数学的深度。基于我们的分析，产生了一种不同的讲课方式，即开设一门学生稍后学习的课程。尽管我们没有明确假定学生已经学过微积分，但是假定学生了解并且能够熟练使用求和符号、对数和指数函数。因此，熟悉微积分知识是很有帮助的[㊁]。这意味着学生要在计算机科学的入门课中见过递归程序

㊀ 基金资助号为 DUE-9552462。

㊁ 我们的大多数学生已经学习过微积分。在一些地方我们会使用初级的导数，并且在概率部分的选修小节中，我们使用自然对数、指数函数和初级的幂级数。如果忽略少数使用导数的证明和问题，以及概率部分的选修小节，教师可以不涉及微积分。

之后再学习这门课。这门课最好和数据结构课程同时学习或者在其之后学习，不过我们会通过例子解释所使用的数据结构。因此，数据结构课程不是这门课的先导课程。

我们觉得这样安排离散数学课程有很多优势，例如：

- 学生已经有了较为深入的问题解决、算法和编程的经验。
- 学生已经学习或者准备学习一些重要的计算机科学概念，比如散列、递归、排序和搜索，以及基本的数据结构。
- 学生对计算机科学有足够的了解，已经知道一些启发性例子，或者这些例子对于他们而言足够简单易懂。例如：
  - ➢ 散列可以用于启发概率的学习。
  - ➢ 分析递归程序，比如归并和快速排序，可以启发学习递推关系和相应的解决方法。
  - ➢ 分析在一个寻找线性表中最小元素的程序中，我们期望多久找到一个新的最小值，可以启发学习期望的线性性质和调和数。
  - ➢ 二叉树可以用于教授结构递归法，也可以作为图的特例启发树的学习。

根据我们自己的授课经验，离散数学课程是算法课的先导课程，学生经常在结束离散数学课程不久后就开始学习算法。这样，他们会发现自己可以直接使用刚学过的离散数学知识。

教学理念

这本教科书是以教学活动为驱动，以练习的形式体现的。教学内容通过说明和教学活动的延伸来形象地呈现。对于学生，使用这本书的最有效方法是认真参与教学活动，而不是只阅读那些教学活动后面的解释。这些教学活动在课堂中以小组的形式完成。因此，我们建议学生形成小组，一起解决安排在课外进行的教学活动。我们希望通过这种设计来帮助学生培养数学思维。通过了解关于本科生怎样学习数学，我们得出以下几个结论。

- 那些主动发现自己所学内容的学生（从而参与到所谓的“主动学习”中）比那些不主动学习的学生记住概念的时间要长得多，他们也更有可能在课堂之外运用这些概念。
- 当学生在一个小组和同学一起学习，而不是在一个有导师的更大的班级中学习时，他们更有可能提出问题，直到他们理解一个主题。（然而，情况并非如此。很多学生需要适应他们的小组之后再提出问题，因为他们担心会拖慢其他人的进度。我们尝试提高舒适度，允许学生选择学习小组，并且根据出席情况允许或者要求学生更换不同的小组。）
- 最后，通过为他人解释概念来帮助学生进一步理解概念，并且让学生熟悉数学语言。

这本书的内容可用于一门四个学期的课程。在达特茅斯学院，我们使用这本书的课程节奏比较快，一周上三天且仅仅上九周，却涵盖了本书除了最后几节和一部分带星号的内容之外的所有内容。

证明的作用

我们编写这本书的目的之一是给学生提供一些关于证明的背景知识，在以后的计算机科学课程中，他们需要理解并且写出证明。我们的观点是用听、看、讨论并且尽量动手证明的方式来学习如何证明。为了方便讨论证明，我们需要用一种共同的语言来区分证明的组成成分，并且提供一个讨论的框架。为此，我们在书中包含一个逻辑的章节，即为学生提供这种语言，并帮助学生思考他们已经看到的证明。为了提供重要的内容在这个章节里讨论，我们在学生看过一些组合和数论的证明之后再安排相关内容。这种方法可以给学生提供一些用来阐述逻辑证明的具体例子。我们意识到，这不是离散数学教材中常用的顺序，而通过具体的例子来讨论重要事实的证明，可以提供一些实用的基础知识，否则这些证明看起来就是一长串的推理规则。

我们把关于逻辑的章节放在数学归纳法章节之前，这样就可以用逻辑语言来讨论和思考数学归纳法。

数学归纳法

计算机科学的归纳证明经常使用不是“更小”的子问题。因此，我们强调强归纳法和弱归纳法，也引入了树和图的结构归纳法。我们尝试让学生用递归的经验来更好地理解归纳证明，并且设计了基于归纳法的证明。特别是，当开始设计归纳证明时，从一个大问题开始并将它递归地分解成小问题，比由小问题开始并组成大问题更加有利。

伪代码的使用

我们同时使用文字和伪代码描述算法。任何使用 Java、C 或者 C++ 写过程序的人都可以很轻松地读懂伪代码，使用其他语言写过程序的人也能很容易地理解伪代码。我们的终极目标不是给出语法上正确的任何一种语言的代码，而是力求代码的清晰。比如，对于“互换变量 x 和 y 的值”，我们会写成“交换 x 和 y”，而不是写成三行的代码。类似地，我们写“如果点 i、j 和 k 不共线”，而不用担心其详细的计算过程如何处理。下面给出本书使用的特别约定。

- 代码块通过缩进表示，而没有像许多语言那样使用“begin”“end”或者“{”“}”。
- for 循环被写成“for $i = 1$ to n”来表示变量 i 的取值范围是从 1 到 n。
- 如果 while 之后的布尔表达式取值为真，while 循环的主体会重复执行。

- repeat 循环的使用格式为“repeat...until”。repeat 和 until 之间的代码最少执行一次，并且会重复执行，直到 until 之后的布尔表达式取值为真。
- if 语句可以使用以下任意一种格式：
  - ➢ if（表达式）代码块
  - ➢ if（表达式）代码块 1　else　代码块 2

  在第一种格式中，代码块会执行，当且仅当表达式为真。在第二种格式中，如果表达式为真，则代码块 1 执行，而如果表达式为假，则代码块 2 执行。
- 数组的下标使用“[ ]”。
- 赋值用“=”，等式比较用“==”。
- x 递增和递减分别用“x ++”和“x −−”表示。
- 逻辑操作符“not”用“! ”表示，所以“!true”是“false”，当 x 不小于 y 时，! $(x < y)$ 取值为真。逻辑“and”用“&&”表示，逻辑“or”用“||”表示。

本书的变化

另一本书名相同、作者相同的书已经由另一家出版社出版，但这家出版社已经从大学教材市场退出。Ken Bogart 是该书的主要作者，在该书出版前不久辞世。我们非常感谢他参与该书编写并为该书出版做出贡献。

本书最明显的变化如下：

- 上一本书虽然讨论了等价关系，但只是作为一个集合的划分。等价关系的自反性、对称性和传递性被放到附录中介绍，并且没有讨论偏序和全序关系。本书讨论了关系，将其作为一个连接函数、等价关系、偏序关系和全序关系的概念。本书也解释了为什么利用自反性、对称性和传递性可以推导出等价关系，而利用自反性、反对称性和传递性则可以推导出偏序关系。
- 本书包含结构归纳法。同时，对递归和归纳关系的章节进行了扩充，并且使用了一些不同的例子。
- 将关于递推关系的章节删除或者放在附录中，这些章节在递推中去掉了下取整和上取整，并将关系的作用域扩展到非同底数幂的数域，主定理仍然有效。我们认为这些内容使章节不太顺畅，并且需要处理一些大多数学生在这个阶段不需要知道的细节。
- 在条件概率的章节增加了贝叶斯定理。
- 增加了问题来涵盖新的主题。

还有一些小的改变，例如，介绍“乘以 x 和相减”方法来得到一个几何级数的封闭形式。

教师辅助资料 ㊀

本书的教师辅助资料包括：

- 教师手册
  - ➢ 教学建议
  - ➢ 课后作业的答案
  - ➢ 上课用的练习
  - ➢ 关于如何让学生采用小组的形式进行课堂练习的讨论
- 教学 PPT

致谢

很多人对本书的初稿做出了贡献。我们要感谢 Eddie Cheng（奥克兰大学）、Alice Dean（斯基德莫学院）、Ruth Hass（史密斯学院）和 Italo Dejter（波多黎各大学），感谢他们对早期书稿的建设性意见。随着书稿的不断改进，我和 Neal Young、Pasad Jayanti、Tom Shemanske、Rose Orellana、April Rasala、Amit Chakrabarti、Carl Pomerance 使用本书的初稿在达特茅斯学院教授离散数学。他们都对本书的最终稿产生了影响，甚至是很大的影响，感谢他们提出的建议。我们要特别感谢 Carl Pomerance 在教学过程中有见地和前瞻性的评论。Qun Li 是我们开始准备书稿时的研究生助教，他完成了准备本书习题答案的工作。在使用初稿教学的时候，其他计算机科学和数学系的研究生助教也给出了很有价值的见解，让我们知道学生学到了什么，没有学到什么，从而能进一步帮助他们解决问题。这些研究生助教是 S. Agrawal、Elishiva Werner-Reiss、Robert Savell、Virgiliu Pavlu、Libo Song、Geeta Chaudhry、King Tan、Yurong Xu、Gabriella Dumitrascu、Florin Constantin、Alin Popescu 和 Wei Zhang。我们曾经的学生也提供了很有价值的反馈，特别是，Eric Robinson 认真读了整本书，明确提出了难以理解的章节。

我们也要感谢让这本书顺利出版的人。以下审稿人提供了很有价值的建议：Michael Rothstein（肯特州立大学）、Ravi Janardan（明尼苏达大学）、Klaus Sutner（卡内基·梅隆大学）、Doug Baldwin（纽约州立大学）、Stuart Reges（华盛顿大学）、Richard Anderson（华盛顿大学）、Jonathan Goldstine（宾夕法尼亚大学）。Sandra Hakanson 是 Pearson 的销售代表，她协助我们联系主编 Michael Hirsch。他同意出版这本书，并且为本书出版提供了很多帮助，书中的很多改进源自他的建议。对本书的出版做出贡献的出版社人员还有：Stephanie Sellinger（编辑助理）、Jeff Holcomb（总编辑）、Heather McNally（项目编辑）和 Elena Sidorova（封面设计人员）。Laserwords 的 Bruce Hobart 负责书稿的编辑、排版和校对。

㊀ 关于教辅资源，仅提供给采用本书作为教材的教师用作课堂教学，布置作业，发布考试等。如有需要的教师，请直接联系 Pearson 北京办公室查询并填表申请。联系邮箱：Copub.Hed@pearson.com——编辑注

每一个作者都想要感谢另外两位作者从各自的工作中抽出时间完成这个项目。因为需要时间来融合我们的观点，只有在美国国家科学基金会（资助号 DUE-9552462）的支持下，我们才能够承担这个项目。感谢本科生教学部门的老师在构思数学科学项目及其在整个教学课程中的应用时，在满足本科生的需求和解决跨学科课程发展的困难方面展现出来的洞察力。我们感谢这个项目对本科数学教育以及跨学科合作起到的推动作用。

Cliff Stein

Scot Drysdale

目录

Discrete Mathematics for Computer Scientists

第1章

Discrete Mathematics for Computer Scientists

计 数

1.1 基本计数

1.1.1 加法原理

本书通过一些练习介绍基本概念。通过解决每个练习来帮助读者理解相应知识点。第一个练习将解释加法原理。

练习 1.1-1：*下面的循环是选择排序算法的一部分，对某一有序集合 (数字、字母字符、字词等) 中选出的各项按递增顺序排列。*

```
(1) for i = 1 to n - 1
(2)       for j = i + 1 to n
(3)             if (A[i] > A[j])
(4)                   exchange A[i] and A[j]
```

第 3 行中 $A[i] > A[j]$ 的比较进行了多少次?

在练习 1.1-1 中，对介于 1 和 $n-1$ 之间的每一个 i，第 $2\sim4$ 行的代码段都执行一次，所以第 $2\sim4$ 行的代码段总共执行 $n-1$ 次。第一次，这个代码段进行 $n-1$ 次比较；第二次，它进行 $n-2$ 次比较；第 i 次，它进行 $n-i$ 次比较。因此，总共的比较次数是

$$(n-1)+(n-2)+\cdots+1 \tag{1.1}$$

生成上述公式的推理过程比公式本身更具有价值。为了使推理过程更加规范，我们将采用集合语言来描述。考虑集合 S，它包含练习 1.1-1 算法中的所有比较，将集合 S 分成 $n-1$ 个部分 (即更小的集合)：集合 S_1 代表 $i=1$ 时进行的比较，集合 S_2 代表 $i=2$ 时进行的比较，依次进行，集合 S_{n-1} 代表 $i=n-1$ 时进行的比较。计算每一部分比较的次数，然后把所有部分的值相加就得到总的比较次数。

为了更一般地描述这一过程，我们引入集合理论知识。如果两个集合没有共同的元素，则称这两个集合是**不相交的**（disjoint）。上述定义的集合 S_i 是不相交的，因为对于不同的 i 值，所比较的值不同。我们称集合 $\{S_1,\cdots,S_m\}$(练习中，m 是 $n-1$) 是由**不相交集合**（mutually disjoint set）作为元素组成的一个族，在这个族中，任意两个集合不相交。使用这种描述语言，可以提出一个一般性的原理来解释上述过程，而不需要针对待解决问题做任何特别的设定。

原理 1.1 （加法原理）

一个由不相交有限集合组成的族的大小是各集合的大小的总和。

实际上，这里使用了加法原理来解决练习 1.1-1。同时，可以使用代数符号描述加法原理。令 $|S|$ 代表集合 S 的大小，例如 $|\{a,b,c\}|=3$，$|\{a,b,a\}|=2$ ㊀。利用这个符号，可以将加法原理描述为：如果 $S_1,S_2,\cdots,S_m$ 是不相交集合，则有

$$|S_1\cup S_2\cup\cdots\cup S_m|=|S_1|+|S_2|+\cdots+|S_m| \tag{1.2}$$

为了避免使用表示省略的点符号（就像在方程 1.2 中那样），也可以用标准的合并符号表示上述等式，形式如下。合并符号和求和符号的使用方式一致，读作“i 从 1 到 m 的 S_i 的并”。

$$\left|\bigcup_{i=1}^{m} S_i\right|=\sum_{i=1}^{m}|S_i|$$

如果一个集合 S 可以表示为不相交集合 $S_1,S_2,\cdots,S_k$ 的并，则称可将 S **分割**（partitioned）为集合 $S_1,S_2,\cdots,S_k$，即集合 $S_1,S_2,\cdots,S_k$ 构成了 S 的一个**划分**（partition）。因此，$\{\{1\},\{3,5\},\{2,4\}\}$ 是集合 $\{1,2,3,4,5\}$ 的一个划分，或者说集合 $\{1,2,3,4,5\}$ 能够分割成集合 $\{1\},\{3,5\},\{2,4\}$。然而，声称一个集合划分为某些集合这种说法是不严谨的，因此这里定义由 S 分割成的集合 S_i 是构成划分的**块**（block）。例如，集合 $\{1\},\{3,5\},\{2,4\}$ 是 $\{1,2,3,4,5\}$ 的某个划分的块。利用这个概念，重新描述加法原理如下：

32

原理 1.2 （加法原理）

设有限集 S 可以分割为不同的块，则集合 S 的大小是这些块的大小的总和。

1.1.2 抽象化

找到一个一般性原理来解释为什么这样计算是有意义的，这是一个**抽象化**（abstraction）的数学过程。本书中没有给出一个抽象化的精确定义，而是给出抽象化过程的例子。在集合论的课程中，我们将做进一步抽象，从集合论的公理中总结出加法原理。然而在离散数学课程中，这种程度的抽象化是不必要的，我们只是在需要的时候把加法原理作为计算的基础。如果目标只是求解练习 1.1-1，那么是没有必要进行抽象化工作的，否则只会把“明显的”解决方案复杂化。但是加法原理在各种问题中是有用的。因此，抽象化的价值在于，认识到问题的抽象元素往往有助于我们解决后续问题。

㊀ $|\{a,b,a\}|=2$ 看起来有些奇怪，但一个元素要么在集合中要么不在集合中，一个元素不能在集合中出现多次。（这种情况涉及多重集的概念，将在 1.5 节介绍。）这个例子强调标记符号 $\{a,b,a\}$ 等价于 $\{a,b\}$。为什么会有人想到 $\{a,b,a\}$ 这种标记符号？假设我们定义 $S=\{x|x$ 是 Ann,Bob, 或 Alice 的第一个字母$\}$，根据 S 的描述可以先写下 $\{a,b,a\}$，然后意识到它等价于 $\{a,b\}$。

1.1.3 连续整数求和

回到练习 1.1-1 的问题，对于方程 1.1 中的求和公式，可以找到一个简单的形式，写作

$$\sum_{i=1}^{n-1}(n-i)$$

为了避免对 $n-i$ 求和，上式等价于对 $n-1, n-2, \cdots, 1$ 求和，将上式改写为如下等价形式

$$\sum_{i=1}^{n-1}(n-i)=\sum_{i=1}^{n-1}i$$

33

利用卡尔·弗里德里希·高斯提出的技巧，可以给出一个更短的求和公式：

$$\begin{array}{ccccccccccc} & 1 & + & 2 & + & \cdots & + & (n-2) & + & (n-1) \\ + & (n-1) & + & (n-2) & + & \cdots & + & 2 & + & 1 \\ \hline & n & + & n & + & \cdots & + & n & + & n \end{array}$$

水平线下方的和式有 $n-1$ 项，每一项均为 n，总和为 $n(n-1)$，它也是水平线上方两行的总和。由于水平线上方每一行的和是相等的（只是数字顺序相反），所以水平线下方的总和是上方任一行的两倍。因此，上方每一行的和为 $n(n-1)/2$。换句话说，这里可以写成

$$\sum_{i=1}^{n-1}(n-i)=\sum_{i=1}^{n-1}i=\frac{n(n-1)}{2}$$

在其他类似的涉及变量求和的情况下，这个计算技巧是相当有用的。当然还有其他不使用技巧的方法来计算这个公式。在本节的末尾，分析完练习 1.1-2 并抽象化其过程后，我们将回到这个问题，尝试不使用任何技巧来计算上述公式。

1.1.4 乘法原理

练习 1.1-2： 下面的循环是计算两个矩阵乘积的程序的一部分。（完成这个练习，你不需要知道如何求两个矩阵的乘积。）

```
(1) for i = 1 to r
(2)     for j = 1 to m
(3)         S = 0
(4)         for k = 1 to n
(5)             S = S + A[i,k] * B[k,j]
(6)         C[i,j] = S
```

经过所有迭代，第 5 行的伪代码总共执行了多少次乘法？（用 r, m 和 n 表示）

练习 1.1-3： 考虑下面的伪代码，它实现了对数字列表进行排序并记录列表中大间隙的个数。（对于这个练习，“大间隙”是指数字列表中的某个数是前面数的两倍以上的地方。）

34

```
(1) for i = 1 to n - 1
(2)        minval = A[i]
(3)        minindex = i
(4)        for j = i to n
(5)             if (A[j] < minval)
(6)                  minval = A[j]
(7)                  minindex = j
(8)        exchange A[i] and A[minindex]
(9) bigjump = 0
(10) for i = 2 to n
(11)        if (A[i] > 2 * A[i - 1])
(12)             bigjump = bigjump + 1
```

第 5 行和第 11 行的伪代码共执行了多少次比较？

练习 1.1-2 中，第 4 ~ 5 行的程序段称为“内循环”，执行了 n 步。也就是说，对于任意的变量 i 和 j，它执行了 n 次乘法运算。对于任意的变量 i，第 2 ~ 5 行的程序段重复进行内循环操作 m 次。因此，该程序段执行了 $n \times m$ 次，或者说 nm 次乘法运算。

为什么在练习 1.1-1 中研究加法而这里研究乘法？我们可以用讨论练习 1.1-1 时的抽象化概念来回答这个问题。练习 1.1-2 的算法执行一个特定的乘法运算。对于任何给定的 i，第 2 ~ 5 行的乘法运算集合能够划分为多个子集合 S_j，每个集合 S_j 表示对于给定的 j，内循环执行的所有乘法运算，如 $j=1$ 时的乘法运算集合 S_1，$j=2$ 时的乘法运算集合 S_2。事实上，每个集合含有 n 次乘法运算。令 T_i 表示对于特定的 i，程序段执行的所有乘法运算，则集合 T_i 是 S_j 的并集。使用标准的并集符号可记为

$$T_i = \bigcup_{j=1}^{m} S_j$$

根据加法原理，集合 T_i 的大小等于所有集合 S_j 大小的总和。即对 m 个数求和，每个数等于 n，得到 mn。用等式表示为

35

$$|T_i| = \left|\bigcup_{j=1}^{m} S_j\right| = \sum_{j=1}^{m} |S_j| = \sum_{j=1}^{m} n = mn \tag{1.3}$$

因此这里介绍乘法，因为乘法是重复加法。

从以上解决方案中可以得出第二个原理，它是加法原理的一种简单应用。

原理 1.3 （乘法原理）

有 m 个不相交集合，每个集合的大小是 n，这些集合并的大小等于 mn。

现在继续完成练习 1.1-2 的讨论。对于 $1 \sim r$ 之间的每个 i，第 2 ~ 5 行的程序段执行一次。该程序段每次执行时使用一个不同的 i 值，每个 i 值下执行的乘法运算的集合是不

相交的。因此，整个程序乘法运算的集合是 r 个不相交集合 T_i 的并集，其中每个 T_i 含有 mn 次乘法运算。根据乘法原理，所有乘法运算构成的集合的大小为 rmn。因此，整个程序的乘法运算次数为 rmn。

练习 1.1-3 表明，考虑加法或乘法原理有助于将问题分解成容易解决的子问题。如果能把问题分解成更小的子问题，并解决子问题，那么就可以对更小的问题利用加法或乘法原理，从而解决更大的问题。在这个练习中，程序段总的比较的次数是第一个循环（行 1 ~ 8）的比较次数与第二个循环（行 12 ~ 10）的比较次数的和。（这里讨论的是哪两个不相交的集合？）此外，第一个循环做了 $n(n+1)/2-1$ 次比较 ㊀，第二个循环做了 $n-1$ 次比较，因此该程序段总的比较次数为 $n(n+1)/2-1+n-1=n(n+1)/2+n-2$。

37

1.1.5 二元子集

一个问题通常有几种求解方式。比如，我们最初用加法原理来求解练习 1.1-1，也可以使用乘法原理来解决它。用两种方法解决同一个问题不仅可以增加找到正确解决方案的信心，还可以建立方法之间的有效联系并产生有价值的思考。

考虑练习 1.1-1 中整个代码执行的比较运算集合。当 $i=1$ 时，变量 j 选取从 $2\sim n$ 的每一个值；当 $i=2$ 时，变量 j 选取从 $3\sim n$ 的每一个值；对于每个 i 和 j，$A[i]$ 和 $A[j]$ 会在循环中比较一次（比较它们的顺序取决于 i 和 j 哪个更小）。因此，程序所做的总比较次数与集合 $\{1,2,\cdots,n\}$ 的二元子集的个数一样多 ㊁。那么，从该集合中选取两个元素究竟有多少种方式？如果选择第一个和第二个元素，那么第一个元素有 n 种可能；对于选定的第一个元素，第二个元素有 $n-1$ 种可能。因此所有的选取方式相当于 n 个大小为 $n-1$ 的集合的并。显然，根据乘法原理，在该集合中选取两个元素总共有 $n(n-1)$ 种方式。然而，这种方法选取的是一个**有序数对**（ordered pair），或者说是一对元素，其中一个做第一个元素，另一个做第二个元素。例如可以选取 2 作为第一个元素，5 作为第二个元素，得到数对 $(2,5)$；也可以选取 5 作为第一个元素，2 作为第二个元素，得到数对 $(5,2)$。每个数对出现两次，是二元子集的两倍。因为有序数对的个数是 $n(n-1)$，所以我们得到集合 $\{1,2,\cdots,n\}$ 的二元子集的个数是 $n(n-1)/2$。因此练习 1.1-2 的答案是 $n(n-1)/2$。这个数经常出现，它有自己的名称和符号：我们称这个数为“从 n 个元素中选取 2 个”，用符号 $\binom{n}{2}$ 表示。$\binom{n}{2}$ 表示 n 元素集合的二元子集的个数是 $n(n-1)/2$。因为练习 1.1-2 的一个答案是 $1+2+\cdots+(n-1)$，第二个答案是 $\binom{n}{2}$，所以有

36

$$1+2+\cdots+(n-1)=\binom{n}{2}=\frac{n(n-1)}{2}$$

重要概念、公式和定理

1. **集合**：集合由若干对象构成。在一个集合中，顺序并不重要，集合 $\{A,B,C\}$ 与集合 $\{A,C,B\}$ 相同。一个元素只能在或者不在这个集合中，它不能在集合中出现多

㊀ 要清楚为什么得到这样的结果，这里的 $n(n+1)/2$ 由何而来，为什么要减去 1。

㊁ 比较运算集合和 $\{1,2,\cdots,n\}$ 的二元子集之间的关系是双射的一个典型例子，该概念会在 1.2 节中详细讨论。

于一次，即使集合不止一次地描述过该元素。

2. **不相交**：如果两个集合没有共同的元素，那么这两个集合是不相交的。
3. **不相交集合**：如果集合族 $\{S_1, \cdots, S_n\}$ 中的任意两个集合 S_i 是不相交的，那么 $\{S_1, \cdots, S_n\}$ 称为不相交集合的族。

37

4. **集合的大小**：给定一个集合 S，S 的大小是指 S 中不同元素的个数，表示为 $|S|$。
5. **加法原理**：一个由不相交有限集组成的族的大小是各集合的大小的总和。也就是说，如果 $S_1, S_2, \cdots, S_n$ 是不相交集合，则有

$$|S_1 \cup S_2 \cup \cdots \cup S_n| = |S_1| + |S_2| + \cdots + |S_n|$$

为了避免使用表示省略的点符号，用标准的并集符号表示为

$$\left|\bigcup_{i=1}^{n} S_i\right| = \sum_{i=1}^{n} |S_i|$$

6. **集合的划分**：集合 S 的一个划分是 S 的一组不相交子集（有时称为块），它们的并是 S。
7. **前 $n-1$ 个数的和**：

$$\sum_{i=1}^{n-1} n - i = \sum_{i=1}^{n-1} i = \frac{n(n-1)}{2}$$

8. **乘法原理**：有 m 个不相交集合，每个集合的大小是 n，这些集合并的大小等于 mn。
9. **二元子集**：n 元集合的二元子集的个数是 $n(n-1)/2$，记作 $\binom{n}{2}$。$\binom{n}{2}$ 读作“从 n 个元素中选取 2 个”。

习题

所有带 * 的习题均附有答案或提示。

1*. 下面的代码段是使用插入排序对列表 A 排序的程序的一部分。

```
for i = 2 to n
          j = i
          while (j ⩾ 2) and (A[j] < A[j - 1])
                    exchange A[j] and A[j - 1]
                    j = j - 1
```

程序进行 $A[j] < A[j-1]$ 的最大次数是多少（考虑所有可能排序的 n 元列表）？尽可能简洁地描述需要该比较次数的列表。

2*. 五所学校计划组织他们的棒球队进行一次比赛，每个球队必须和另外的每支球队进行一次比赛。总共需要进行多少次比赛？

38

3*. 从 52 张牌中先抽出第一张牌，然后再抽出第二张牌，有多少种抽法？

4*. 从 52 张牌中抽出两张牌，有多少种抽法？

5.* 从 52 张牌中抽出第一张、第二张和第三张牌，有多少种抽法？

6.* 从 10 个俱乐部成员中选出一个主席和一个财务秘书，有多少种选法？

7.* 从 10 个俱乐部成员中选出两人组成委员会，有多少种选法？

8.* 从 10 个俱乐部成员中选出一个主席和由两人组成的顾问委员会，有多少种选法（假设主席不在顾问委员会）？

9.* 使用 $\binom{n}{2}$ 的公式，可以直接证明下面等式成立。

$$n\binom{n-1}{2}=\binom{n}{2}(n-2)$$

当然，这里的证明可以简单地使用替代和化简来完成。试着寻找一个更概念性的解释说明上述等式为什么成立。（提示：参考俱乐部的主席和委员会的例子。）

10. 定义 M 是一个 m 元素集合，N 是一个 n 元素集合，如果从 M 中选取第一个数，从 N 中选取第二个数构成有序数对，那么这样的数对有多少个？

11. 本地冰激凌店出售十种不同口味的冰激凌。两种口味可以混搭，有多少种不同的双口味冰激凌？（按照你母亲的规定，一个顶部是香草味底部是巧克力味的冰激凌与顶部是巧克力味底部是香草味的冰激凌被认为是相同的。）

12.* 假设你不同意母亲在第 11 题中的观点，认为也需要考虑口味的顺序，那么有多少种不同的双口味冰激凌？

13. 假设第 1 天你收到一分钱，之后在第 i 天收到的钱数是你在第 $i-1$ 天收到的钱数的两倍，其中 $i>1$。在第 20 天时你将会有多少钱？在第 n 天时你将会有多少钱？你能用加法或乘法原理来证明你的答案吗？

14.* 熟食店提供简单的三明治，面包有五种不同的选择；可选择涂黄油，或者涂沙拉，或者都不涂；肉类有三种选择；奶酪有三种选择，肉类和奶酪放在面包上。可以有多少种不同的三明治选择？

39

15. 你发现练习 1.1-3 中伪代码存在的不必要的步骤了吗？解释一下。

1.2 序列、排列和子集

1.2.1 使用加法和乘法原理

练习 1.2-1： 计算机系统的口令长度应该是 4～8 个字符，由小写字母或大写字母组成。那么，有多少种可能的口令？你使用了哪种计数原理？估计在所有可能情况中由 4 个字母组成的口令占多大比例？

求解计数问题的一个好方法是思考是否可以使用加法原理或乘法原理来简化或直接求解。对于练习 1.2-1，我们会想到一个口令可以有 4、5、6、7 或 8 个字符。因为所有口令的集合是那些有 4、5、6、7 和 8 个字母的集合的并，所以可以使用加法原理。为使表述更

加代数化，定义 P_i 是含有 i 个字母的口令集合，P 是所有可能的口令集合。显然，

$$P = P_4 \cup P_5 \cup P_6 \cup P_7 \cup P_8$$

其中 P_i 是不相交的。利用加法原理可以得到

$$|P| = \sum_{i=4}^{8} |P_i|$$

此时仍需要计算 $|P_i|$。对于一个含有 i 个字母的口令，第一个字母有 52 种可能，第二个字母有 52 种可能，以此类推。根据乘法原理，$|P_i|$（含有 i 个字母的口令个数）等于 52^i。因此总的口令个数是

$$52^4 + 52^5 + 52^6 + 52^7 + 52^8$$

其中，四个字母的情况是 52^4，所以四个字母构成的口令所占比例是

40

$$\frac{100 \cdot 52^4}{52^4 + 52^5 + 52^6 + 52^7 + 52^8}$$

手工计算出上式的结果是非常困难的，但可以对其进行估计。注意到 52^8 是 52^7 的 52 倍，甚至远远大于分母中其他元素的总和。因此，上述比例小于

$$\frac{100 \cdot 52^4}{52^8}$$

即 $100/52^4$，大约等于 0.000014。到五位小数的地方，只有 0.00001% 的口令有四个字母。因此，相比于 4～8 个字母组成的口令，有 4 个字母的口令更容易被猜到，大约容易 700 万倍！

解决练习 1.2-1 的过程中，在计算含有 i 个字母的口令个数时使用了乘法原理，而且并没有定义任何集合作为某些大小相等集合的并。当然也可以那样计算，但过程会很烦琐。基于这个原因，我们描述乘法原理的第二种形式，该定义形式来自数学归纳的思想（见第 4 章）。

原理 1.4（乘法原理，版本 2）

如果一组长度为 m 的序列集 S 具有以下属性：

1) *S 的序列中第一个元素有 i_1 种不同的取值。*

2) *$j > 1$ 时，对于前 $j-1$ 个元素的每个确定值，序列中第 j 个位置上的元素有 i_j 种不同的取值。*

则 S 中有 $i_1 i_2 \cdots i_m = \prod_{k=1}^{m} i_k$ 个序列。

版本 2 的乘法原理介绍了一种新的符号：使用 $\prod$ 来表示乘法。它被称为**乘积符号**（product notation），与求和符号的使用规则类似。特别地，$\prod_{k=1}^{m} i_k$ 读作“对 i_k 求积，k 从 1 到 m”。因此，$\prod_{k=1}^{m} i_k$ 等价于 $i_1 i_2 \cdots i_m$。

下面使用这一形式的乘法原理来计算含有 m 个字母的口令个数。因为 m 个字母的口令是一个简单的 m 个字母的序列，口令中的每个元素有 52 种不同的取值，所以有 $i_1 = 52, i_2 = 52, \cdots, i_m = 52$。于是，从这个版本的乘法原理可以立即得出，长度为 m 的口令个数是 $i_1 i_2 \cdots i_m = 52^m$。

41

1.2.2 序列和函数

对于第二种定义形式的乘法原理，还剩下术语“序列”未定义。从集合 T 中选取一个三项的**序列**（list），包含从 T 中选取的第一个元素 t_1、第二个元素 t_2 和第三个元素 t_3，当然不一定都是不同的。如果我们以不同的顺序改写，将会得到一个不同的序列。从集合 T 中选取一个 k 项的序列，将会包含从 T 中选取的第一个元素到第 k 个元素。为了更精确地给出序列的定义，引入代数和微积分中的“函数”概念。

我们知道，从集合 S（称为函数的**定义域**（domain））到集合 T（叫作函数的**值域**（range））的**函数**（function）是 S 中元素与 T 中元素的一种对应关系。使用符号 f 表示函数，$f(x)$ 表示 S 中元素 x 所对应的 T 中的元素。我们可能习惯用公式来思考函数，比如 $f(x) = x^2$。在代数和微积分中确实经常使用这样的公式，因为这些函数以无限数集作为它们的定义域和值域。然而在离散数学中，函数往往以有限集作为定义域和值域，所以可以通过确定的对应关系来描述一个函数。例如，

$$f(1) = Sam, \qquad f(2) = Mary, \qquad f(3) = Sarah$$

是一个函数，它描述了一个包含三个名字的序列。这表明集合 T 的 k 元素序列的一种精确定义：**集合 T 的 k 元素序列**（list of elements from a set T）是一个从 $\{1, 2, \cdots, k\}$ 到 T 的函数。

练习 1.2-2：写出从二元集合 $\{1, 2\}$ 到二元集合 $\{a, b\}$ 的所有函数。

练习 1.2-3：从一个二元集合到一个三元集合有多少个函数？

练习 1.2-4：从一个三元集合到一个二元集合有多少个函数？

在练习 1.2-2 中，选择合适的符号来表达函数是有难度的。这里使用 f_1，f_2 等符号来表示找到的不同函数。为了准确描述从 $\{1, 2\}$ 到 $\{a, b\}$ 的函数 f_i，我们指定 $f_i(1)$ 和 $f_i(2)$，从而得到

$$f_1(1) = a \qquad f_1(2) = b$$

$$f_2(1) = b \qquad f_2(2) = a$$

$$f_3(1) = a \qquad f_3(2) = a$$

$$f_4(1) = b \qquad f_4(2) = b$$

42

在这种情况下，可以简单地写出它们的函数，但是如何判断是否已经把函数都表示完全？从 $\{1, 2\}$ 到 $\{a, b\}$ 的所有函数的集合是两个函数 f_i 集合的并，其中 f_i 包括 $f_i(1) = a$

和 $f_i(1)=b$。根据 $f_i(2)$ 的取值不同，$f_i(1)=a$ 的函数集合又有两个元素。因此，根据乘法原理，从 $\{1,2\}$ 到 $\{a,b\}$ 的所有函数的集合大小为 $2\cdot 2=4$。

要计算从一个二元集合（比如 $\{1,2\}$）到一个三元集合的函数个数，同样可以考虑使用 f_i 来表示一个函数。所有函数的集合是三个函数集合的并集，其中每个集合对应于 $f_i(1)$ 的不同取值。再对应于 $f_i(2)$ 的不同取值，上述每个集合中有三个元素。因此，根据乘法原理，可以得到从一个二元集合到一个三元集合的 $3\cdot 3=9$ 个函数。

要计算从一个三元集合（比如 $\{1,2,3\}$）到一个二元集合的函数个数，我们注意到，所有函数的集合是 4 个集合的并，其中每个集合对应于 $f_i(1)$ 和 $f_i(2)$ 的不同取值（参考练习 1.2-2）。同时，对应于 $f_i(3)$ 的不同取值，上述每个集合中有两个函数。因此，根据乘法原理，可以得到从一个三元集合到一个二元集合的 $4\cdot 2=8$ 个函数。

如果当 $x\neq y$ 时有 $f(x)\neq f(y)$，则称函数 f 为**一一对应**（one to one）或**单射**（injection）[㊀]。可以看到，在练习 1.2-2 的解答中，函数 f_1 和 f_2 是单射，f_3 和 f_4 不是。

如果 $f(x)$ 值域中的每一个元素 y 至少有一个定义域中的 x 与之对应，则称函数 f 是**到上的**（onto），或**满射**（surjection）。可以看到，在练习 1.2-2 的解答中，函数 f_1 和 f_2 是满射，f_3 和 f_4 不是。

练习 1.2-5：使用二元或三元集合作为定义域和值域，找到一个是单射但不是满射的例子。

练习 1.2-6：使用二元或三元集合作为定义域和值域，找到一个是满射但不是单射的例子。

函数 $f(1)=c, f(2)=a$ 是一个从 $\{1,2\}$ 到 $\{a,b,c\}$ 的函数，它是单射但不是满射。

函数 $f(1)=a, f(2)=b, f(3)=a$ 是一个从 $\{1,2,3\}$ 到 $\{a,b\}$ 的函数，它是满射但不是单射。

43

1.2.3　双射原理

练习 1.2-7：下面的循环是一个程序的一部分，用于确定由 n 个点在平面上形成的三角形的数量。

```
(1) trianglecount = 0
(2) for i = 1 to n
(3)      for j = i + 1 to n
(4)           for k = j + 1 to n
(5)                if points i, j, and k are not collinear
(6)                     trianglecount = trianglecount + 1
```

在第 5 行伪代码的所有迭代中，检验三点是否共线总共执行了多少次？

练习 1.2-7 中有三层循环嵌套。第二层循环从第 3 行开始，j 从 $j=i+1$ 逐次增加到 n；第三层循环从第 4 行开始，k 从 $k=j+1$ 逐次增加到 n。代码检查每个满足 $i<j<k$ 的 i,j,k 的值，完成一次执行。例如，$n=4$ 时，三元组 (i,j,k) 可能存在的情况按顺序依

㊀ 理解一一对应的概念，比较"一一对应"与"多对一"的区别。

次是 $(1,2,3)$，$(1,2,4)$，$(1,3,4)$ 和 $(2,3,4)$。因此，求解练习 1.2-7 的一种方法就是计算这样的三元组的个数，我们称其为递增三元组。与二元子集的概念类似，这些三元组的个数是 n 元集合中三元子集的个数。这是本书第二次提到通过计算另一集合的元素个数来等价求出一个集合的元素个数。（在这种情况下是指，利用集合 $\{1,2,\cdots,n\}$ 的三元子集个数等价求出集合 $\{1,2,\cdots,n\}$ 的递增三元组个数。）

45

哪种情况下才可以断言两个集合的大小相同？事实上，存在一个基本原理抽象地概括两个集合的大小相同。直观地说，如果一个集合中的每个元素与另一个集合中的元素能够一一对应，那么就说这两个集合的大小相同。这种描述方式与一一对应和满射的定义相似，因此用一一对应和满射的概念来描述该抽象原理就毫不奇怪了。

原理 1.5 （双射原理）

两个集合大小相同，当且仅当存在一个从一个集合到另一集合满射的且一一对应的函数。

44

这个原理称为**双射原理**（bijection principle），因为一个一一对应和满射的函数是**双射**（bijection），双射也称为**一一映射**（one-to-one correspondence）。一个集合到自身的双射称为该集合的**排列**（permutation）。

怎样用双射来解释递增三元组的个数等价于三元子集的个数？首先定义 f 是递增三元组 (i,j,k) 到三元子集 $\{i,j,k\}$ 的函数，因为递增三元组的三个元素是不同的，这个子集是一个三元集合，所以从递增三元组到三元集合的函数 f 是存在的。因为两个不同的三元组不可能对应顺序不同的同一个集合，所以它们必定是和不同的集合联系起来的。因此 f 是单射。因为每个三元集合的三个元素可以按照递增顺序调整，所以它是递增三元组在 f 映射下的像，因此 f 是满射。于是，我们得到递增三元组到三元子集的一个一一映射，即双射。

1.2.4 集合的 k 元素排列

因为递增三元组的计数问题等价于三元子集的计数问题，所以能够通过计算三元子集来计算递增三元组。方法同计算二元子集个数时类似。回顾一下，该方法的第一步是计算从集合 $\{1,2,\cdots,n\}$ 中选取的不同元素的有序数对的个数。那么现在的问题是，有多少方法可以从 $\{1,2,\cdots,n\}$ 中选取不同元素的有序三元组？或更普遍地说，有多少方法可以从 $\{1,2,\cdots,n\}$ 中选取一个包含 k 个不同元素的序列？集合 N 中的一个包含 k 个不同元素的序列称为 N 的 k **元素排列**（k-element permutation）㊀。

㊀ 特别地，$\{1,2,\cdots,k\}$ 的 k 元素排列是 $\{1,2,\cdots,k\}$ 的一个包含 k 个不同元素的序列。根据序列的定义，该序列是 $\{1,2,\cdots,k\}$ 到 $\{1,2,\cdots,k\}$ 的一个函数。该函数是单射，因为序列中的元素是不同的。该函数又是满射，因为序列中有 k 个不同元素，$\{1,2,\cdots,k\}$ 的每个元素都出现在序列中，所以函数是双射。因此，当集合为 $\{1,2,\cdots,k\}$ 时，我们对集合排列的定义与 k 元素排列的定义一致。

可以从 $\{1, 2, \cdots, n\}$ 中选取多少个三元素排列？回想一下，一个 k 元素排列是一个包含 k 个不同元素的序列。序列中的第一个元素有 n 种选择，对于选定的第一个元素，序列中的第二个元素有 $n-1$ 种选择。对于选定的前两个元素，序列中的第三个元素有 $n-2$ 种选择。因此，根据乘法原理的第二种定义方式，总共有 $n(n-1)(n-2)$ 种方式选取序列数。例如，$n=4$ 时，$\{1, 2, \cdots, n\}$ 的三元素排列是

45

$$L = \{123, 124, 132, 134, 142, 143, 213, 214, 231, 241, 243, \\ 312, 314, 321, 324, 341, 342, 412, 413, 421, 423, 431, 432\} \tag{1.4}$$

在这个集合中有 $4 \cdot 3 \cdot 2 = 24$ 个序列。注意，该序列是按字典中出现的顺序排列的（假设我们处理数字与处理字母相同）。序列的这种排序方式被称为**字典排序**（lexicographic ordering）。

接下来得到一个通用的计算模式。要计算集合 $\{1, 2, \cdots, n\}$ 的 k 元素排列，我们首先想到这些排列是序列，然后注意到以下几点：

- 序列中的第一个元素有 n 种选择。
- 对于选定的第一个元素，序列中的第二个元素有 $n-1$ 种选择。
- 更普遍地，对于选定的前 $i-1$ 个元素，序列中的第 i 个元素有 $n-(i-1)=n-i+1$ 种选择。

因此，根据乘法原理的第二种定义，可以有 $n(n-1)\cdots(n-k+1)$（$n!$ 的前 k 项）种方式从 $\{1, 2, \cdots, n\}$ 中选取 k 元素排列。Donald E. Knuth 最早给出该乘积形式一个非常简洁的符号，即 $n^{\underline{k}}$，它代表

$$n(n-1)\cdots(n-k+1) = \prod_{i=0}^{k-1}(n-i)$$

上式称为 **n 的第 k 个递降阶乘**（kth falling factorial power of n）。最后，下述定理总结了计算结果。

定理 1.1　*n 元集合的 k 元素排列个数为*

$$n^{\underline{k}} = \prod_{i=0}^{k-1}(n-i) = n(n-1)\cdots(n-k+1) = \frac{n!}{(n-k)!}$$

1.2.5　集合子集的计数

现在回到计算 $\{1, 2, \cdots, n\}$ 的三元子集个数的问题。我们使用符号 $\binom{n}{3}$ 来表示 $\{1, 2, \cdots, n\}$ 的三元子集个数，读作"从 n 个元素中选取 3 个"。更一般地，也可以是任意 n 元集合。这里通过对 $\{1, 2, \cdots, n\}$ 的三元素排列的计数来完成 $\binom{n}{3}$ 的第一步计算。

46

练习 1.2-8：令 L 为 $\{1,2,3,4\}$ 的所有三元素排列构成的集合，如式 1.4 所示。那么 L 中有多少个序列（排列）是三元集合 $\{1,3,4\}$ 的序列？是哪些序列？

可以看到，三元集合 $\{1,3,4\}$ 在 L 中有六个不同的序列：134，143，314，341，413 和 431。一般情况下，当给定三个不同的数来创建一个序列时，有三种方法来选取序列中的第一个元素；对于给定的第一个数，有两种方法来选取第二个元素；对于给定的前两个数，只有一个方法来选取第三个元素。因此，按照乘法原理的第二种定义方式，共有 $3\cdot 2\cdot 1=6$ 种方式来得到该序列。

因为 n 元集合有 $n(n-1)(n-2)$ 个三元素排列，每个三元子集出现在其中的 6 个序列中，所以三元素排列的个数是三元子集个数的 6 倍，即 $n(n-1)(n-2)=\binom{n}{3}\cdot 6$。每当我们看到一个数是其他两个数的乘积时，应该联想到是否可以使用乘法原理来解释。因此，这里尝试将 $\{1,2,\cdots,n\}$ 的所有三元素排列分成 6 个大小为 $\binom{n}{3}$ 的不相交子集或分成 $\binom{n}{3}$ 个大小为 6 的不相交子集。前面已经讨论过，每个三元子集对应 6 个序列，而且知道如何由一个三元子集得到这 6 个序列。两个不同子集不可能有相同序列，所以三元序列的集合是不相交的。换句话说，可以将所有三元素排列划分成 $\binom{n}{3}$ 个大小为 6 的不相交子集。因此，乘法原理完美解释了为什么 $n(n-1)(n-2)=\binom{n}{3}\cdot 6$。做除法变换可以得到

$$\binom{n}{3}=\frac{n(n-1)(n-2)}{6}$$

这是 $\{1,2,\cdots,n\}$ 的三元子集的个数。对于 $n=4$，三元子集的个数为 $4(3)(2)/6=4$，集合分别是 $\{1,2,3\}$，$\{1,2,4\}$，$\{1,3,4\}$ 和 $\{2,3,4\}$。容易验证每个集合在 L 中作为 6 个不同的序列出现 6 次。

事实上，$\{1,2,\cdots,n\}$ 的 k 元子集的个数也可以按照如上方法得到。我们使用符号 $\binom{n}{k}$ 来表示 k 元子集的个数，读作"从 n 个元素中选取 k 个"。解决方法如下：$\{1,2,\cdots,n\}$ 的所有 k 元素排列集合能够划分为 $\binom{n}{k}$ 个不相交的块[㊀]，每个子块包含 $\{1,2,\cdots,n\}$ 的 k 元子集的所有 k 元素排列。然而根据乘法定理的第二种定义或定理 1.1，可以知道 k 元集合的 k 元素排列的个数为 $k!$。因此，利用乘法定理的第一种定义，可以得到

47

$$n^{\underline{k}}=\binom{n}{k}k!$$

上式两边同时除以 $k!$，得到如下定理。

定理 1.2 给定整数 n 和 k，$0\leqslant k\leqslant n$，n 元集合的 k 元子集个数为

$$\frac{n^{\underline{k}}}{k!}=\frac{n!}{k!(n-k)!}$$

证明 除了 $k=0$ 时的情况，上面已经给出了定理的证明。然而，n 元集合的 0 元子集是

㊀ 这里我们使用 1.1 节中介绍集合划分时的语言进行描述。

空集，所以只有一个这样的子集。这正是公式所给出的结果。($k=0$ 和 $k=n$ 的情况都用到了 $0!=1$ 这个事实[㊀]。) 定理中的等式来自 $n^{\underline{k}}$ 的定义。□

$\binom{n}{k}$ 的另一种符号表示是 $C(n,k)$。因此有

$$C(n,k)=\binom{n}{k}=\frac{n!}{k!(n-k)!} \tag{1.5}$$

这些数称为二项式系数，之后会对该概念进行详细介绍。

重要概念、公式和定理

1. **序列**：从集合 X 中选取的一个 k 项序列是从 $\{1,2,\cdots,k\}$ 到 X 的一个函数。
2. **序列与集合**：在一个序列中，元素出现的顺序有影响，一个元素可能会出现不止一次。在一个集合中，元素的顺序并不重要，一个元素最多出现一次。
3. **乘法原理（版本 2）** 如果一组长度为 m 的序列集 S 具有以下属性：
   1）S 的序列中第一个元素有 i_1 种不同的取值；
   2）$j>1$ 时，对于前 $j-1$ 个元素的每个确定值，序列中第 j 个位置上的元素有 i_j 种不同的取值；

   48

   则 S 中有 $i_1 i_2\cdots i_m$ 个序列。
4. **乘积符号**：使用希腊字母 $\sum$ 表示“求和”，并使用希腊字母 $\prod$ 来表示“乘积”。乘积符号与求和符号的使用规则相同。特别地，$\prod_{k=1}^{m} i_k$ 读作“对 i_k 求积，k 从 1 到 m”。因此，$\prod_{k=1}^{m} i_k$ 等价于 $i_1 i_2\cdots i_m$。
5. **函数**：从集合 S 到集合 T 的函数是 S 中元素与 T 中元素的一种对应关系。使用符号 $f(x)$ 表示 S 中元素 x 所对应的 T 中的元素。T 中一个元素可能对应 S 中不同的元素。
6. **一一对应，单射**：集合 S 到集合 T 的函数 f 称为一一对应，如果对于每个 $x\in S$，$y\in T$，当 $x\neq y$ 时有 $f(x)\neq f(y)$。一一对应函数也叫作单射。
7. **到上的，满射**：集合 S 到集合 T 的函数 f 称为到上的，如果 T 中的每一个元素 y 至少有一个 S 中的 x 与之对应，满足 $f(x)=y$。到上的函数也叫作满射。
8. **双射，一一映射**：集合 S 到集合 T 的函数 f 称为双射，如果它同时满足单射和满射。双射也称为一一映射。
9. **排列**：一个从集合 S 到集合 S 的一一对应函数称为 S 的一个排列。
10. **k 元素排列**：集合 S 中的一个包含 k 个不同元素的序列称为 S 的 k 元素排列。
11. **k 元子集，n 选取 k，二项式系数**：给定整数 n 和 k，$0\leqslant k\leqslant n$，n 元集合的 k 元子集个数为 $\dfrac{n!}{k!(n-k)!}$。n 元集合的 k 元子集个数通常记作 $\binom{n}{k}$ 或 $C(n,k)$，都读作“从 n 个元素中选取 k 个”。这些数称为二项式系数。

㊀ 定义 $0!=1$ 的原因有很多。能有效解出 $\binom{n}{k}$ 是其中一个原因。

12. **k 元素排列的个数**：n 元集合的 k 元素排列的个数为

$$n^{\underline{k}} = n(n-1)\cdots(n-k+1) = \frac{n!}{(n-k)!}$$

13. **用组合方法阐述乘积**：当出现使用乘积公式来表示某一计数问题时，尝试理解是否可以以及如何应用乘法原理来证明这一公式是非常有价值的。

49

习题

所有带 * 的习题均附有答案或提示。

1. 把 k 块不同的水果分给 n 个孩子，有多少种分配方式？（一个孩子可以分得多少块水果没有限制。）

2*. 列举从三元集合 {1,2,3} 到集合 {a,b} 的所有函数。如果存在，哪些函数是单射？哪些函数是满射？

3. 列举从两元集合 {1,2} 到三元集合 {a,b,c} 的所有函数。如果存在，哪些函数是单射？哪些函数是满射？

4*. 从实数到实数有比我们想象中多得多的函数。然而，在离散数学中，我们经常遇到从有 s 个元素的有限集 S 到有 t 个元素的有限集 T 的函数。此时从 S 到 T 只有有限个函数。在这种情况下从 S 到 T 有多少个函数？

5. 假设 $k \leqslant n$，如果每个孩子最多可以分得一块水果，我们把 k 块不同的水果分给 n 个孩子，有多少种分配方式？如果 $k > n$ 呢？假设这两个问题中我们将所有的水果分发完。

6*. 假设 $k \leqslant n$，如果每个孩子最多可以分得一块水果，我们把 k 块相同的水果分给 n 个孩子，有多少种分配方式？如果 $k > n$ 呢？假设这两个问题中我们将所有的水果分发完。

7. 10 个数字组成的五位数有多少？有多少五位数没有两个连续的位数相等？有多少五位数至少有一对连续的位数相等？

8*. 假设你正在组织一个关于是否允许在校园饮酒的专题讨论会。你需要列出参与者的名单——四个管理者和四个学生—他们将按排好的顺序就座。如果管理者必须坐在一起，学生必须坐在一起，可以有多少种排序方式？如果必须让学生和管理者交替坐，可以有多少种排序方式？

9. （这个问题是针对研究 k 元素排列和 k 元素子集之间关系的同学。）以字典排序方式列举五元集合 {1,2,3,4,5} 中所有的三元素排列。对应于集合 {1,3,5} 的排列下面画横线。对应于集合 {2,4,5} 的排列画矩形。对应于给定的三元集合，集合 {1,2,3,4,5} 中有多少个三元素排列？集合 {1,2,3,4,5} 中有多少个三元子集？

50

10*. 一个有 20 名学生的班级需要派出一个 3 人小组去向教授解释三小时实验实际上需要十小时完成。请问有多少种派出方式？

11. 假设你正在选择校园饮酒问题专题讨论会的参会者。要求必须从 10 名管理者中选出 4 人，从 20 名学生中选出 4 人参与讨论会。请问有多少种方式？

12* 假设你正在组织一个关于是否允许在校园饮酒的专题讨论会。参会者将按照你给出的次序依次就座。要求必须从 10 名管理者中选出 4 人，从 20 名学生中选出 4 人参与讨论会。如果要求管理者必须坐在一起，学生必须坐在一起，请问有多少种方式可以选择并排序 8 个参会者？若要求管理者与学生必须交替入座，请问有多少种方式可以选择并排序 8 个参会者？

13. 在冰激凌商店，你可以从 10 种口味的冰激凌中选择两种冰激凌球组成一个圣代冰激凌，然后可以在三种口味的配料选择一种，并且可以任意选择是否添加生奶油、坚果、樱桃。请问可配出多少种不同的圣代？（与 1.1 节的问题 11 类似，配料添加的顺序不影响结果。）

14* 在冰激凌商店，你可以从 10 种口味的冰激凌中至多选择三种冰激凌球组成一个圣代冰激凌，然后可以在三种口味的配料选择一种，并且可以任意选择是否添加生奶油、坚果、樱桃。请问可配出多少种不同的圣代？（与 1.1 节的问题 11 类似，配料添加的顺序不影响结果。）

15. 某网球俱乐部有 $2n$ 个会员。现在需要将会员们两两分组，完成单打比赛。请问有多少种分组方式？若除了确定分组外，还需要确定每组中由谁先发球，请问有多少种安排对局的方式？

16* 某篮球队有 12 名队员，一局比赛仅需要 5 名球员同时在场。请问教练有多少种选择上场球员的方式？更实际地考虑这个问题，5 名球员中需包含两名后卫、两名前锋、一名中锋。而球队中有 5 名后卫、4 名前锋、3 名中锋。请问教练有多少种选择方式，让场上有两名后卫、两名前锋、1 名中锋？如果某个中锋也可以打前锋，又有多少种选择方式呢？

51

17. 解释以下问题：为什么从 n 元集合到 n 元集合的函数是一一对应的，当且仅当该函数是满射的？

18* 函数 g 被称为函数 f 的逆，当它们满足以下条件：g 的定义域是 f 的像；$g(f(x)) = x$ 对 f 定义域中的所有 x 成立；$f(g(y)) = y$ 对 f 的像中所有 y 成立。

a）解释以下问题：一个函数是双射，当且仅当该函数存在逆函数。

b）解释以下问题：若函数有逆，则逆唯一。

1.3 二项式系数

本节探讨二项式系数的多种性质。符号 $\binom{n}{k}$ 在前文被定义为 n 元集合的 k 元子集个数。

1.3.1 帕斯卡三角形

表 1.1 包含了 n 从 $0 \sim 6$ 以及 k 的所有对应取值下二项式系数 $\binom{n}{k}$ 的值。因为空集只有它本身这一个子集，所以表中第一个位置对应 $n = 0, k = 0$，该二项式系数被设置为 1。

$k>n$ 时，二项式系数 $\binom{n}{k}$ 尚未被直接定义，因此表中不包含 $k>n$ 的二项式系数。但考虑到 n 元集合中不包含元素个数大于 n 的子集，设定当 $k>n$ 时 $\binom{n}{k}=0$ 也是合理的。因此，本书定义，当 $k>n$ 时，$\binom{n}{k}$ 为 0[⊖]。尽管表中空白处都可用 0 填满，但出于易读性考虑，表中仍不包含这些系数。

练习 1.3-1：从二项式系数表（表 1.1）中，能发现二项式系数有哪些一般性质？

表 1.1 二项式系数

n	k						
	0	1	2	3	4	5	6
0	1						
1	1	1					
2	1	2	1				
3	1	3	3	1			
4	1	4	6	4	1		
5	1	5	10	10	5	1	
6	1	6	15	20	15	6	1

练习 1.3-2：二项式系数表的下一行是什么？

从表 1.1 中可总结出多个二项式系数的性质。每一行的第一个值都是 1，因为 $\binom{n}{0}=1$ 总是成立的，n 元集合中仅存在一个 0 元子集，即空集。每一行的最后一个元素都是 1，因为 n 元集合 S 仅有一个 n 元子集，即 S 本身。每一行的二项式系数值总是先增后减。每一行前后两部分对称。**帕斯卡三角形**（Pascal's triangle）是强调对称性的数组，它将表中的每一行重新排列，使其居中（见表 1.2）。另外，写出帕斯卡三角形时一般会移除 n 和 k 的值。你可能已经知道了如何通过上面的行来计算下边的行，从而建立帕斯卡三角形，而不再需要计算每一个二项式系数。在表 1.2 中，除了 1 之外，每个元素都是它的左上角与右上角两个相邻元素之和。这样的关系被称为**帕斯卡关系**（Pascal relationship）。这个关系提供了另一种计算二项式系数的方法，而不像式 1.5 那样必须进行乘法和除法计算。如果计算多个二项式系数，帕斯卡关系会提供一种更有效的方法。实际上，如果已经计算出帕斯卡三角形中某一行，下面一行的所有系数均可通过一次加法运算得到。

表 1.2 帕斯卡三角形

						1						
					1		1					
				1		2		1				
			1		3		3		1			
		1		4		6		4		1		
	1		5		10		10		5		1	
1		6		15		20		15		6		1

现在我们验证帕斯卡三角形的两种计算方式得到的结果是一致的。在此之前，有必要

⊖ 若理解为 $k>n$ 时 $\binom{n}{k}=0$ 的定义已经包含在“$\binom{n}{k}$ 为 n 元集合的 k 元子集数目”这一定义中，也是合理的。

对帕斯卡关系进行代数的表述。在表 1.1 中，每一项都是它的正上方与左上方两项之和。这一关系可用代数语言表述为

$$\binom{n}{k} = \binom{n-1}{k-1} + \binom{n-1}{k} \tag{1.6}$$

其中 $n > 0$，$0 < k < n$。我们当然可以将之前关于二项式系数的计算公式带入等式的三项中，验证等式成立，从而给出这个公式的纯代数（也更加无趣）的证明。离散数学的一个指导思想是，如果公式与多个集合的元素个数相关，就应该从集合间关系的角度来解释这个公式。

1.3.2　使用加法原理的证明

由定理 1.2 和式 1.5 可知，$\binom{n}{k}$ 代表 n 元集合的 k 元子集的个数。式 1.6 中的每一项都代表某一大小的集合中特定大小的子集个数，分别是 n 元集合的 k 元子集个数、$n-1$ 元集合的 $k-1$ 元子集个数，以及 $n-1$ 元集合的 k 元子集个数。因此，使用加法原理来解释公式中三个量之间的关系是可行的。利用这一解释可以构造一个和代数推导一样有效的证明，并且通常这种使用加法原理的证明没那么枯燥，也更有助于对问题产生更多的思考。

在通过定理 1.3 给出这样的证明之前，我们先解决一个特例。假设 $n = 5, k = 2$。由式 1.6 可以得到：

$$\binom{5}{2} = \binom{4}{1} + \binom{4}{2} \tag{1.7}$$

式中涉及的数值较小，可以通过计算直接验证等式成立。但出于了解问题实质的需要，我们还是从 5 元集合子集的角度来考虑这个问题。式 1.7 表明，5 元集合中 2 元子集的数量等于 4 元集合的 1 元子集个数加上 4 元集合的 2 元子集个数。但若要应用加法原理，还需要一些更有力的论证。也就是说，我们需要将 5 元集合的 2 元子集构成的集合分为两个不相交子集，使得其中一个子集的大小与所有 4 元集合的 1 元子集构成的集合大小相等，另一个子集的大小与所有 4 元集合的 2 元子集构成的集合大小相等。这样的划分可以作为式 1.7 的证明。现考虑集合 $S = \{A, B, C, D, E\}$，它的 2 元子集构成的集合为

52
~
54

$$S_1 = \{\{A,B\},\{A,C\},\{A,D\},\{A,E\},\{B,C\},\{B,D\},\\ \{B,E\},\{C,D\},\{C,E\},\{D,E\}\}$$

先将 S_1 划分为两部分：S_2 以及 S_3。S_2 由 S_1 中所有包含元素 E 的子集构成，S_3 由 S_1 中所有不包含元素 E 的子集构成。

$$S_2 = \{\{A,E\},\{B,E\},\{C,E\},\{D,E\}\}$$

以及

$$S_3 = \{\{A,B\},\{A,C\},\{A,D\},\{B,C\},\{B,D\},\{C,D\}\}$$

S_2 中的任一集合必定包含元素 E，因此每个集合也必定包含 S 中除 E 之外的元素。由于 S 中共有 4 个元素可供选择，与 E 共同组成 S_2 中的集合，可得 $|S_2| = \binom{4}{1}$。而 S_3 中的

集合均为集合 $\{A,B,C,D\}$ 的 2 元子集，而 $\{A,B,C,D\}$ 的 2 元子集共有 $\binom{4}{2}$ 个。又由于 $S_1 = S_2 \cup S_3$，且 S_2 和 S_3 是不相交的，根据加法原理，式 1.7 成立。

我们现在给出对一般的 n 和 k 的证明。

定理 1.3 若 n 和 k 均为整数，且 $n>0, 0<k<n$，那么

$$\binom{n}{k} = \binom{n-1}{k-1} + \binom{n-1}{k}$$

证明 这一式子表明，n 元集合的 k 元子集的个数是两数之和。在例子中，使用加法原理进行证明。为了能使用加法原理，我们需要将由 n 元集合的所有 k 元子集组成的集合表示为两个不相交集合的并集。设 n 元集合为 $S = \{x_1, x_2, \cdots, x_n\}$。令 S_1 为 S 中所有 k 元子集构成的集合，这一集合的大小为 $\binom{n}{k}$。为了应用加法原理，需要将 S_1 中这些 k 元子集分为两个不相交的块 S_2 和 S_3，大小分别为 $\binom{n-1}{k-1}$ 和 $\binom{n-1}{k}$。可按照以下步骤完成这一操作：注意，S 有一部分 k 元子集，它们的元素均在前 $n-1$ 个元素 $x_1, x_2, \cdots, x_{n-1}$ 中，这样的子集数量为 $\binom{n-1}{k}$。因此，可令 S_3 为这些不包含元素 x_n 的 k 元子集构成的集合，S_2 为 S 中包含元素 x_n 的 k 元子集构成的集合。可以得到集合 S_2 的元素个数为 $\binom{n-1}{k-1}$。因为 S_2 为 S 中包含元素 x_n 的 k 元子集构成的集合，若将元素 x_n 从 S_2 中移除，等价于得到 $S' = \{x_1, x_2, \cdots, x_{n-1}\}$ 的 $k-1$ 元子集。又由于每一个 S' 中的 $k-1$ 元子集由且仅由 S 中一个包含元素 x_n 的 k 元子集产生，因此 S_2 的元素个数与 S' 的 $k-1$ 元子集的个数相等，为 $\binom{n-1}{k-1}$。S_2 与 S_3 为两个并为 S 的不相交集合，由加法原理得到集合 S 的元素个数为 $\binom{n-1}{k-1} + \binom{n-1}{k}$。 □

55

注意，在证明中不加详述地利用了一个双射关系来完成证明。也就是说，S_2[⊖]（S 中所有包含 x_n 的 k 元集合）和 S' 的 $k-1$ 元子集之间存在双射 f。对于 S_2 中任意子集 K，令 $f(K)$ 为移除 x_n 得到的集合，这显然是一个双射。由双射原理可知，S_2 的大小和 S' 的所有 $k-1$ 元子集构成的集合大小相等。

1.3.3 二项式定理

练习 1.3-3: 计算 $(x+y)^3, (x+1)^4, (2+y)^4, (x+y)^4$。

n 元集合的 k 元子集的个数在二项式 $x+y$ 的代数展开中具有重要作用，因此被命名为二项式系数（binomial coefficient）。

定理 1.4（二项式定理） 对于任意整数 $n \geqslant 0$，

$$(x+y)^n = \binom{n}{0}x^n + \binom{n}{1}x^{n-1}y + \binom{n}{2}x^{n-2}y^2 + \cdots + \binom{n}{n-1}xy^{n-1} + \binom{n}{n}y^n \quad (1.8)$$

⊖ 此处原文为 S_3，据上文意，有误，勘为 S_2，后同。——译者注

或者，用求和符号记为

$$(x+y)^n=\sum_{i=0}^{n}\binom{n}{i}x^{n-i}y^i$$

然而，大多数人初次看见这一定理时，并不知道使用何种工具来验证等式的正确性。之前利用集合间的关系来证明代数相等的方法可以用于证明这一定理。

56

首先考虑例子 $(x+y)^3$，由二项式定理，可得

$$(x+y)^3=\binom{3}{0}x^3+\binom{3}{1}x^2y+\binom{3}{2}xy^2+\binom{3}{3}y^3 \quad (1.9)$$

$$=x^3+3x^2y+3xy^2+y^3 \quad (1.10)$$

假设我们不知道二项式定理，但希望计算出 $(x+y)^3$。我们将其写作 $(x+y)(x+y)(x+y)$，再进行乘法计算。或许可以先计算前两项，得到 $x^2+2xy+y^2$，然后再乘以 $x+y$。对 $(x+y)^2$ 运用乘法分配律，可得

$$(x+y)(x+y)=(x+y)x+(x+y)y=xx+yx+xy+yy \quad (1.11)$$

虽然可以运用交换律将上式转换为常见的形式，但我们暂且不这样做。观察后续部分是如何进行的。为计算 $(x+y)^3$，可将式 1.11 右侧乘以 $(x+y)$，运用分配律可得

$$(xx+xy+yx+yy)(x+y)$$

$$=(xx+xy+yx+yy)x+(xx+xy+yx+yy)y \quad (1.12)$$

$$=xxx+xyx+yxx+yyx+xxy+xyy+yxy+yyy \quad (1.13)$$

现将式 1.13 与 $(x+y)(x+y)(x+y)$ 进行比较。我们由分配律得到的八个单项式中的每一个都可以视作由三个二项式中分别选取一个变量进行乘法运算的乘积。由于乘法具有交换性，因此很多乘积是相同的。实际上，这些乘积中存在一项 xxx，即 x^3；存在三项由两个 x 和一个 y 得到的乘积，即 x^2y；存在三项由一个 y 和两个 x 得到的乘积，即 xy^2；最后一项是三个 y 相乘，即 y^3。式 1.9 就是这一过程的总结。有 $\binom{3}{0}=1$ 种方式可以生成 3 个 x、0 个 y 的乘积；$\binom{3}{1}=3$ 种方式可以生成 2 个 y、1 个 y 的乘积；以此类推。因此，我们可以从二项式因子的子集计数角度理解二项式定理：$x^{n-k}y^k$ 的系数等于从 n 个因子中选择 k 个因子的方式的个数。k 个因子的每一个都选出一个 y，得到包含 k 个 y 作为因子的乘积。

这一解释给出了二项式定理的一个证明。注意，对三个 $x+y$ 因子运用分配律进行乘法运算，在不合并同类项的情况下，可以得到八个单项式。每多乘以一个 $x+y$ 因子都会使原有的单项式的数量加倍。因此，若对 n 个二项式因子均为 $x+y$ 的乘法运算充分应用分配律（而不使用交换律和合并相同项），则可以得到 2^n 个单项式。每一个单项式都视为

57

总长度为 n 的一个序列，每个序列含有若干个 x 和若干个 y。在每一个序列中，第 i 项来源于第 i 个二项式因子。应用交换律，某一序列可以写成 $x^{n-k}y^k$ 的形式，这代表该序列原有 k 个位置为 y，其余位置为 x。有 k 个位置为 y 的序列的数量，也就是选出 k 个二项式因子来给出序列中 y 的方式的个数。从 n 个二项式因子中选出 y 个，显然共有 $\binom{n}{k}$ 种方式。因此，$\binom{n}{k}$ 是单项式 $x^{n-k}y^k$ 的系数。这样便证明了二项式定理。

应用二项式定理，可求解练习 1.3-3 的遗留问题：

$$(x+1)^4 = x^4 + 4x^3 + 6x^2 + 4x + 1$$

$$(2+y)^4 = 16 + 32y + 24y^2 + 8y^3 + y^4$$

$$(x+y)^4 = x^4 + 4x^3y + 6x^2y^2 + 4xy^3 + y^4$$

1.3.4 标记与三项式系数

练习 1.3-4： 假设有两种标记，一种标记有 k 个，另一种标记有 $n-k$ 个。若要将这些标记贴到 n 个对象上，可有多少种方式？

练习 1.3-5： 证明若有三种标记，分别有 $k_1, k_2, k_3 = n-k_1-k_2$ 个，那么共有 $n!/(k_1!k_2!k_3!)$ 种不同的方式将这些标记贴到 n 个对象上。

练习 1.3-6： $(x+y+z)^n$ 的项 $x^{k_1}y^{k_2}z^{k_3}$ 的系数是多少？

练习 1.3-4 和练习 1.3-5 可以看作二项式定理的直接应用。练习 1.3-4 中，共有 $\binom{n}{k}$ 种方式可以选择 k 个对象贴上第一类标签，其余对象均贴上第二类标签，因此问题的答案是 $\binom{n}{k}$。对于练习 1.3-5，共有 $\binom{n}{k_1}$ 种方式可选择 k_1 个对象贴上第一类标签，有 $\binom{n-k_1}{k_2}$ 种方式可选择相应数目的对象贴上第二类标签，其余 $k_3 = n-k_1-k_2$ 个对象均贴上第三类标签。因此，由乘法原理可知，贴标签方式的数目为这两个二项式系数的乘积，可简化如下： 58

$$\begin{aligned}\binom{n}{k_1}\binom{n-k_1}{k_2} &= \frac{n!}{k_1!(n-k_1)!}\frac{(n-k_1)!}{k_2!(n-k_1-k_2)!} \\ &= \frac{n!}{k_1!k_2!(n-k_1-k_2)!} \\ &= \frac{n!}{k_1!k_2!k_3!}\end{aligned}$$

练习 1.3-4 和练习 1.3-5 的一个更简洁的求解办法以及相关问题将在 1.5 节中介绍。

练习 1.3-6 展示了如何利用练习 1.3-5 来计算三项式的方幂。在展开 $(x+y+z)^n$ 的过程中，考虑将 n 个三项式 $x+y+z$ 应用分配律依次相乘，直到得到若干单项式之和的形式，每个单项式为若干个 x，y，z 的乘积。那么有多少单项式是由 k_1 个 x，k_2 个 y，k_3 个 z 组成的？想象一下这个过程：我们从 k_1 个三项式因子中选出了 x，从 k_2 个因子中选出了 y，从余下的 k_3 个因子中选出了 z；将选出的因子相乘得到一个单项式；再将不同的选择方式下得到的单项式相加。如果我们将选出了 x 的三项式因子标记为 x，并以同样的方

式标记出 y 和 z，那么得到 $x^{k_1}y^{k_2}z^{k_3}$ 的选择方式数目等同于对 n 个对象贴上 k_1 个一类标记、k_2 个二类标记、k_3 个三类标记的方式的数目，其中 $k_3 = n - k_1 - k_2$。类比于二项式的符号表示，定义**三项式系数**（trinomial coefficient）$\binom{n}{k_1,k_2,k_3}$：若 $k_1 + k_2 + k_3 = n$，则该三项式系数为 $\dfrac{n!}{k_1!k_2!k_3!}$，否则定义该值为 0。可知 $\binom{n}{k_1,k_2,k_3}$ 是 $(x+y+z)^n$ 中项 $x^{k_1}y^{k_2}z^{k_3}$ 的系数。这一性质也被称为**三项式定理**（trinomal theorem）。

重要概念、公式和定理

1. **帕斯卡关系**：帕斯卡关系是指

$$\binom{n}{k} = \binom{n-1}{k-1} + \binom{n-1}{k}$$

其中 $n > 0$ 且 $0 < k < n$。

2. **帕斯卡三角形**：帕斯卡三角形是一个三角形数组，它的每一行按如下方式生成：

59

- 将每一行的第 0 位以及第 i 行的第 i 位设为 1。
- 对每个正整数 n 以及 $1 \sim n-1$（含）的整数 j，将 $n-1$ 行 $j-1$ 列与 $n-1$ 行 j 列两数之和放入 n 行 j 列。

3. **二项式定理**：二项式定理是指，对任意的整数 $n \geqslant 0$，有

$$(x+y)^n = \binom{n}{0}x^n + \binom{n}{1}x^{n-1}y + \binom{n}{2}x^{n-2}y^2 + \cdots + \binom{n}{n-1}xy^{n-1} + \binom{n}{n}y^n$$

或者，表示为累加形式

$$(x+y)^n = \sum_{i=0}^{n}\binom{n}{i}x^{n-i}y^i$$

4. **标记**：将 k 个一类标签和 $n-k$ 个另一类标签贴到 n 个对象上，共有 $\binom{n}{k}$ 种不同的方式。

5. **三项式系数**：当 $k_1 + k_2 + k_3 = n$ 时，三项式系数 $\binom{n}{k_1,k_2,k_3}$ 为 $\dfrac{n!}{k_1!k_2!k_3!}$，否则该值为 0。

6. **三项式定理**：$(x+y+z)^n$ 的项 $x^iy^jz^k$ 的系数是 $\binom{n}{i,j,k}$。

习题

*所有带 * 的习题均附有答案或提示。*

1*. 求出 $\binom{12}{3}$ 和 $\binom{12}{9}$，并指出 $\binom{n}{k}$ 和 $\binom{n}{n-k}$ 的一般关系。

2. 写出帕斯卡三角形中 $n = 8$ 所在的那一行。

3. 求下列各式的结果：

a)* $(x+1)^5$

b) $(x+y)^5$

c) $(x+2)^5$

d)* $(x-1)^5$

4. 对 $(x+y)^4$，详细解释二项式定理的证明。注意，要解释定理中二项式系数的含义以及二项式系数与其后的 x 和 y 的方幂的关系。

60

5.* 现有 10 把不同的椅子需要用油漆上色，若要将其中三把漆成绿色，三把漆成蓝色，四把漆成红色，请问有多少种上色方式？这一问题和标记问题有什么关系？

6. 令 $n_1, n_2, \cdots, n_k$ 为总和为 n 的非负整数，则 $\frac{n!}{n_1!n_2!\cdots n_k!}$ 被称为**多项式系数**，记为 $\binom{n}{n_1,n_2,\cdots,n_k}$。形如 $x_1+x_2+\cdots+x_k$ 的式子被称为多项式。解释多项式的方幂与多项式系数间的关系。这一关系被称为多项式定理。

7.* 请给出一个双射来证明你在本节习题 1 中关于 $\binom{n}{k}$ 和 $\binom{n}{n-k}$ 的关系的论断。

8.* 在笛卡儿坐标系中，有多少条路径可以从原点到达整数坐标点 (m,n)？要求路径由 $m+n$ 段水平或垂直的线段组成，且每一段长度为 1。

9. 如果在二项式定理中，不分析选取 k 个不同的 y 的方式的数目，而是分析选择 k 个不同的 x 的方式的数目，你能得到什么样的公式？

10.* 事件 1：从一个 12 元集合中选取 4 个不相交的 3 元集合；事件 2：给一个 12 元集合贴上 3 个一类标签、3 个二类标签、3 个三类标签、3 个四类标签。请解释事件 1 和 2 的不同之处。请问有多少种方式可以从 12 元集合中选出 4 个不相交的 3 元集合？又有多少种方式可以从 12 元集合中选出 3 个不相交的 4 元集合？

11.* 一个 20 人的俱乐部必须有一名主席、一名副主席、一名秘书和一名会计，同时要有一个三人提名委员会。如果上述职务必须由不同的人担任，并且他们不能在提名委员会中，请问有多少种方式来选择这些要员与提名委员会？若上述要员可以在提名委员会中，那么又有多少种方式？

12. 通过对 $\binom{n}{k}$ 代入公式来证明式 1.6。

13.* 给出以下等式的两种证明：

$$\binom{n}{k}=\binom{n}{n-k}$$

61

14. 给出以下等式的至少两种证明：

$$\binom{n}{k}\binom{k}{j}=\binom{n}{j}\binom{n-j}{k-j}$$

15.* 给出以下等式的至少两种证明：

$$\binom{n}{k}\binom{n-k}{j}=\binom{n}{j}\binom{n-j}{k}$$

16. 不需要计算出帕斯卡三角形 7、8、9 行的所有系数，就可以计算 $\binom{9}{6}$。请指出对于表 1.2 中给出的帕斯卡三角形，还必须添加哪些系数才可以计算 $\binom{9}{6}$。计算出这些系数，并使用它们求出 $\binom{9}{6}$。

17* 解释以下等式成立的原因：

$$\sum_{i=0}^{n}(-1)^i\binom{n}{i}=0$$

18. 对 $(1+x)^n$ 使用微积分和二项式定理，证明：

$$\binom{n}{1}+2\binom{n}{2}+3\binom{n}{3}+\cdots=n2^{n-1}$$

19* 验证等式 $\binom{n}{k}=\binom{n-2}{k-2}+\binom{n-2}{k-1}+\binom{n-2}{k}$ 是否成立。若成立，给出证明；若不成立，给出使其不成立的 n 和 k 值，同时给出类似但正确的等式，并证明之。

1.4 关系

1.4.1 什么是关系

本节的目标是给出**关系**（relation）的定义，并展示如何利用这个概念来描述其他看起来没有什么联系的概念，如函数、等价类以及有序集。

为准确描述一个关系，我们需要确定谁和谁是相关的。为了达到这个目的，我们将有序对 (x,y) 放入有序对集合中，当且仅当 x 和 y 是相关的。更准确地，**关系本质上就是有序对组成的集合**。它可以看作抽象化的另一个例子，可将关系这一概念的实质抽象化为对谁和谁是相关的一个确切的说明。**集合 X 到集合 Y 的关系**（relation from a set X to a set Y）定义为有序对 (x,y) 构成的集合，其中 $x\in X, y\in Y$。通常 X 和 Y 为同一集合，此时我们称**集合 X 上的关系**为有序对 (x_1,x_2) 构成的集合，x_1 和 x_2 均在 X 中。 62

1.4.2 函数关系

练习 1.4-1：考虑定义在集合 $\{1,2,3,4,5\}$ 上的函数 $f(x)=x^5-15x^4+85x^3-224x^2+268x-111$ 和函数 $g(x)=x^2-6x+9$。它们是同一个函数吗？

练习 1.4-2：对练习 1.4-1 中的两个函数 f 和 g，分别写出有序对集合 $\{(x,f(x))|x\in\{1,2,3,4,5\}\}$ 和 $\{(x,g(x))|x\in\{1,2,3,4,5\}\}$。这一结果和你在练习 1.4-1 中的回答有何关联？

首先，练习 1.4-1 的问题看起来比较低级；两个函数通过不同的规则定义，难道它们不应该是不同的函数吗？而练习 1.4-2 的关键点实际上是，f 和 g 在集合 $\{1,2,3,4,5\}$ 上是同一个函数。特别地，$f(i)=g(i)$ 对所有的 $i\in\{1,2,3,4,5\}$ 成立。对于定义在 X 上的函数 h，我们定义 **h 的关系**（relation of h）为集合

$$\{(x,h(x))|x\in X\}$$

因此，f 的关系为

$$\{(1,4),(2,1),(3,0),(4,1),(5,4)\}$$

g 的关系为

$$\{(1,4),(2,1),(3,0),(4,1),(5,4)\}$$

定义在集合 X 上的两个函数如果具备相同的关系，则被认为是同一个函数。

从这个角度来看，定义域为 S、值域为 T 的函数实质上就是 S 到 T 的一个关系 R，其中 S 的每个元素都作为 R 中有序对的第一个元素出现。

一个关系还必须具备哪些性质才能成为一个一一对应的函数？如果是成为满射的函数？这些问题将出现在本节的习题中。

1.4.3 关系的性质

除了函数以外，还有多种关系的具体实例。我们首先来看几个例子，然后思考它们具备哪些共同性质，又有什么不同之处。

63

回顾推导公式 $\binom{n}{k}=\dfrac{n!}{k!(n-k)!}$ 的过程可知，n 元集合的 k 元子集存在 $k!$ 种不同的排列。其中任何一种排列对于该确定子集来说都是等价的。可定义两种排列是**集合等价**（set-equivalent），如果它们为 S 的同一子集上的排列。这是集合 X 中 k 元素排列构成的集合上的一种关系。

另一个整数集合上关系的例子是**相邻**（neighbor）关系：若 i 和 j 差的绝对值为 1，则 i 是 j 的相邻元。这一关系中的有序对的例子有 $(-1,0)$、$(0,-1)$、$(0,1)$、$(1,0)$、$(1,2)$、$(2,1)$ 以及 $(2,3)$。这是一个无限关系的例子。

第三个关系的例子是，在某一全集 U 中选取的子集组成的合集上定义的**子集**（subset）关系。若 S 和 T 都是合集中的集合，那么有序对 (S,T) 是这一关系的元素，当且仅当 S 是 T 的子集。这里“合集”是指由集合作为元素构成的集合。因此当提到“集合”时，应当清楚它所指代的实际上是合集中的元素，而不是合集本身。

最后一个定义在整数上的关系的例子是“少于”关系。若 $i<j$，则可以确定该关系的有序对 (i,j)，因此，“少于”关系可确定为集合

$$\{(i,j)|i,j\in\mathbf{Z}\text{ 且 }i<j\}$$

“少于”关系可以作为介绍接下来内容的好例子：你应该从未见过有人将两个数的少于关系写作 $(x,y)\in<$，相反地，你看到的应该是 $x<y$。如果想把这一符号表示方法推广到任意关系，不妨用 R 来表示关系。正如“令 R 为集合 X 上的关系”中一样，我们希望用 aRb 来代替 $(a,b)\in R$ 的表示。和数学中大多数情形一样，我们总是选择最方便适用的符号表示法。

练习 1.4-3： 我们称定义在集合 X 上的关系 R 具备**自反性**（reflexive），当 X 中所有的元素 x 均成立 $(x,x)\in R$（或者记为 xRx）。例如，定义在整数上的“少于或等于”这一关系就具备自反性。请确定下列关系是否具备自反性。

1） 定义在 n 元集合的 k 元排列上的“集合等价”关系。

2) 整数上的"相邻"关系。

3) 集合的合集上的"子集"关系。

64

4) 整数上的"少于"关系。

练习 1.4-4： 我们称定义在集合 X 上的集合具备**对称性**(symmetric)，若存在性质：$(a,b) \in R$ 当且仅当 $(b,a) \in R$（或者记为 aRb 当且仅当 bRa）。例如，人类的兄弟姐妹关系就是一种对称关系，但谁是谁的妹妹这样的关系不是对称关系。我们称定义在集合 X 上的集合具备**反对称性**（antisymmetric），若存在性质 $(a,b) \in R$ 且 $(b,a) \in R$ 成立，仅当 $a = b$。该性质的另一种表达方式为 aRb 且 bRa 同时成立，仅当 $a = b$。例如，人类的"谁是谁的后裔"关系为反对称关系。请确定下列关系是否具备对称性、反对称性。

1) 定义在 n 元集合的 k 元排列上的"集合等价"关系。

2) 整数上的"相邻"关系。

3) 集合的合集上的"子集"关系。

4) 整数上的"少于"关系。

练习 1.4-5： 我们称定义在集合 X 上的集合具备**传递性**（transitive），如果存在性质：若 $(x,y) \in R$ 且 $(y,z) \in R$，则必定有 $(x,z) \in R$。或者用另一种符号表示如下：称 R 是传递的，当且仅当由 xRy 和 yRz 可以推出 xRz。实数上的"大于关系"就是具备传递性的关系的例子。但人类中"谁是谁的父亲"这样的关系就不具备传递性。请确定下列关系是否具备传递性。

1) 定义在 n 元集合的 k 元排列上的"集合等价"关系。

2) 整数上的"相邻"关系。

3) 集合的合集上的"子集"关系。

4) 整数上的"少于"关系。

在练习 1.4-3 中，可见"集合等价"关系和"子集"关系均为自反关系，而"相邻"关系和"少于"关系不是自反关系。其中，集合等价关系具有自反性，因为根据定义，排列本身也是它的一种重排方式；"子集"关系具有自反性是因为任一集合是自身的一个子集。另一方面，"相邻"关系不具备自反性，因为 $|a - a| \neq 1$。

在练习 1.4-4 中，"集合等价"关系和"相邻"关系是对称关系，而"子集"关系和"少于"关系不是对称关系。对于集合等价关系，如果不同元素组成的排列 L_1 是 S 的子集 K 中的元素的一个排列，不同元素组成的排列 L_2 是同一子集的元素的一个排列，那么排列 L_1 的元素与 L_2 相同且排列 L_2 的元素与 L_1 相同。因此，这两个排列是集合等价的，而不用区分在有序对中的次序。所以集合等价关系是对称关系。"子集"关系则是反对称的，因为 $S \subseteq T$ 和 $T \subseteq S$ 同时成立（仅当 $S = T$）。

65

最后，在练习 1.4-5 中，关系"集合等价""子集"和"少于"关系具备传递性，"相邻"关系不具备传递性。验证"相邻"关系不具备传递性，只需注意到 1 与 2 相邻，2 与 3 相邻，但 1 不与 3 相邻。

1.4.4 等价关系

本节中，我们将探讨一个关系应当具备何种性质才可以将一个集合划分为若干个不相交的子集，每个子集中的元素都具备某种共性。

练习 1.4-6：分别写出 $\{1,2,3,4\}$ 中与下列排列等价的所有 3 元素排列。

1） 243

2） 123

3） 142

4） 134

上述每种排列对应的集合中，是否存在共有的排列？$\{1,2,3,4\}$ 中的任一排列是否一定属于上述某个集合？

练习 1.4-7：对下列每个元素，写出 $\mathbf{Z}$ 中所有相邻元素构成的集合。

1） 0

2） 1

3） 2

4） 3

对应集合有公共元素吗？

练习 1.4-8：写出下列集合的所有子集。

1） $\{1,2,3\}$

2） $\{1,2\}$

3） $\{1,3\}$

这些集合中存在共有元素吗？

66

练习 1.4-9：对以下每个整数，写出少于它的所有正整数构成的集合。

1） 2

2） 3

3） 4

这些集合中存在共有元素吗？

练习 1.4-10：考虑正整数上由 $\{(s,s^2)|s\text{为整数}\}$ 所定义的关系。分别写出与下列整数相关的所有整数构成的集合。

1） 1

2） 2

3） 3

是否所有的正整数都在形如 $\{s|s\text{与}n\text{相关}\}$ 的一个集合上？n 为整数。

在练习 1.4-6 中，所有与 243 等价的序列构成的集合为 $\{243,234,423,432,342,324\}$；所有与 123 等价的序列构成的集合为 $\{123,132,213,231,312,321\}$；所有与 142 等价的序列构

成的集合为 $\{142, 124, 214, 241, 412, 421\}$；所有与 134 等价的序列构成的集合为 $\{134, 143, 314, 341, 413, 431\}$。这些集合中任意两个集合都不存在共有元素，且 $\{1, 2, 3, 4\}$ 中任一 3 元素排列一定在上述集合中。因此，这些集合构成了 $\{1, 2, 3, 4\}$ 上 3 元素排列集合的一个划分。也就是说，“集合等价”关系将 $\{1, 2, 3, 4\}$ 上 3 元素排列集合划分为不相交的类。

在练习 1.4-7 中，0 的相邻元素集合为 $\{-1, 1\}$，1 的相邻元素集合为 $\{0, 2\}$，2 的相邻元素集合为 $\{1, 3\}$，3 的相邻元素集合为 $\{2, 4\}$。1 和 2 均出现在两个集合中。例如，1 出现在 $\{-1, 1\}$ 和 $\{1, 3\}$ 中。因此，“相邻”关系不能将整数划分为不相交的类。

在练习 1.4-8 中，集合 $\{1, 2, 3\}$ 的子集构成的集合为 $\{\{1, 2, 3\}, \{1, 2\}, \{1, 3\}, \{2, 3\}, \{1\}, \{2\}, \{3\}, \{\}\}$，$\{1, 2\}$ 的子集构成的集合为 $\{\{1, 2\}, \{1\}, \{2\}, \{\}\}$，$\{1, 3\}$ 的子集构成的集合为 $\{\{1, 3\}, \{1\}, \{3\}, \{\}\}$。注意，$\{1\}$ 和 $\{\}$ 出现在所有由子集构成的集合中。因此，“子集”关系不能将 $\{1, 2, 3\}$ 划分为不相交的类。

在练习 1.4-9 中，少于 2 的正整数构成的集合为 $\{1\}$，小于 3 的正整数构成的集合为 $\{1\ 2\}$，少于 4 的正整数构成的集合为 $\{1, 2, 3\}$，1 出现在所有集合中，因此“少于”关系不能将正整数划分为不相交的类。

67

在练习 1.4-10 中，与 1 相关的元素集合为 $\{1\}$，与 2 相关的元素集合为 $\{4\}$，与 3 相关的元素集合为 $\{9\}$。由于只有平方元才能与某元素相关，因此这一关系不能将所有整数或者正整数划分为不相交的类。

通过以上例子可知，集合 S 上的关系可以生成一系列类，这些类分别由所有与某个 x 相关的元素的集合构成，其中 x 取遍整个集合 S。这些类可能包含也可能不包含 S 中的每个元素；可能相交，也可能不相交。那么，什么因素能使得一个关系将集合划分为不相交的类？

你会发现，唯一一个可将集合划分为不相交的类的关系同时满足自反性、对称性、传递性。在集合等价关系下，如果两个序列为同一集合的序列，那么它们是等价的。在这两种情况下，存在相同性这一概念，如果两个对象在这种意义上相同，那么它们是相关的。“相同”一词在这里的用法值得进一步思考：任何事物都应该和它本身是相同的。如果 a 和 b 是相同的，那么 b 和 a 也应当是相同的；如果 a 和 b 相同且 b 和 c 相同，那么 a 和 c 也应当是相同的。因此，这三个性质是我们用来刻画相同性的关系时必须满足的。实际上，正如我们所见，这三个性质来源于对相同性这一概念的抽象。定义集合 S 上的**等价关系**为同时满足自反性、对称性和传递性的关系。

定理 1.5　令 R 为集合 S 上的等价关系。那么对于任意一对元素 x 和 y，集合 $S_x = \{z|(x, z) \in R\}$ 与集合 $S_y = \{z|(y, z) \in R\}$ 一定是相同或者不相交的。并且，在这一 S_x 的定义下，集合

$$\{S_x|x \in S\}$$

是集合 S 的一个划分。也就是，它是一系列并集为 S 的不相交集合。

证明 设 S_x 和 S_y 为定理中定义的集合，假设存在 $z \in S_x \cap S_y$，那么 (x,z) 和 (y,z) 都在关系 R 中。由对称性可知，$(z,y) \in R$；由传递性可知，$(x,y) \in R$；再次应用传递性，对所有满足 $(y,z) \in R$ 的 z，一定有 $(x,z) \in R$，此时 $z \in S_x$。然而根据 S_x 和 S_y 的定义，有 $S_y \subseteq S_x$。同理（只需要按照 S_y 和 S_x 这一顺序完成证明），可证 $S_x \subseteq S_y$。因此，若 $S_x \cap S_y \neq \varnothing$，则 $S_x = S_y$。故 S_x 和 S_y 一定是相等或不相交的。

由自反性可知，x 一定在集合 S_x 中，$\{S_x|x \in S\}$ 中集合的并集为 S。由上一段的结果，这些集合是不相交的，因此 $\{S_x|x \in S\}$ 是 S 的一个划分。 □

68

定理 1.5 中的集合 S_x 被称为**等价类**（equivalence classes）。定理 1.5 告诉我们，若存在等价关系，两个元素是等价的，当且仅当它们在同一个等价类当中。因此，在某种意义上，这两个元素是相同的。下一个定理将告诉我们，如果我们能接受这样的思想，即可以通过将集合划分为类，并设定两个对象是相同的当且仅当它们处在同一类中来描述相同性这一概念，那么等价关系的定义性质实际上刻画了相同性的内涵。（我们将使用 1.1 节中的介绍的分区术语。）

定理 1.6 令 P 为集合 S 的一个划分。若定义关系 R 为

$$R = \{(x,y)|x\text{和}y\text{在}P\text{中的同一区块内}\}$$

那么关系 R 是一个等价关系，且等价类为 P 中的区块。

证明 见习题 3。 □

1.4.5 偏序和全序

本节中，我们将尝试给出“小于”关系的形式化定义，并探讨这一关系具备哪些我们之前定义过的性质。

练习 1.4-11： 我们验证过的四个例子的关系（集合等价，相邻，子集和小于）中，哪些看起来应该是“小于”关系？这些“小于”关系是否具备自反性、对称性、反对称性、传递性？

“少于”关系（$<$）显然是一类“小于”关系。集合等价关系和相邻关系显然不是“小于”关系。那么“子集”关系（$\subseteq$）呢？通过移除某些元素可以得到一个真子集，真子集严格小于它的超集，那么 $\subseteq$ 是一个“小于或等于”关系。我们希望“小于”意味着“严格小于”还是“小于或等于”呢？如果设定“小于”意味着“小于或等于”，那么“子集”关系是一类“小于”关系。如果选择另一种设定，那么可以称“真子集”关系（$\subset$）是一类“小于”关系。

69

$<$ 和 $\subset$ 共有的性质是反对称性和传递性。这两个性质是否能刻画“小于”这一概念呢？如果 a 小于 b，那么 b 不应该小于 a，除非 $a = b$；如果 a 小于 b 且 b 小于 c，那么 a 小于 c。因此，对于“小于”关系来说，这两个性质是必要的。

这两个关系在自反性上存在差异：$\subseteq$ 满足自反性，而 $<$ 不满足自反性。但这一差异并不是那么巨大。正如之前所提到的，$\subseteq$ 和 $\subset$ 非常接近，而后者不具备自反性。$<$ 和 $\leqslant$ 接近，后者具备自反性。这也是“严格小于”关系与“小于或等于”关系差异的例子。对于“小于或等于”关系，R 中包含了满足 $a=b$ 的 (a,b) 有序对。对于“严格小于”关系，我们将这些有序对从 R 中排除。可根据具体情况做出适当的选择。

“有序”的标准定义可使用“小于或等于”来完成。定义**偏序**（partial order）为满足自反性、反对称性、传递性的关系。因此 $\leqslant$ 和 $\subseteq$ 为偏序关系，但 $<$ 和 $\subset$ 不是偏序关系。定义**偏序集合**（partially order set）S 为具备偏序关系 R 的集合。有偏序关系的集合可简写为**偏序集**（poset）㊀。

为什么会使用“偏序”㊁这一单词呢？这来源于 $\leqslant$ 和 $\subseteq$ 间的另一个差异。如果给定两个整数 m 和 n，那么一定有 $m \leqslant n$ 或者 $n \leqslant m$（或者同时满足，$m=n$）。任意一对整数都可以使用 $\leqslant$ 进行比较，因为两个整数中始终有一个小于或等于另一个。但是对于集合 $S=\{1,2\}$ 和 $T=\{1,3\}$，$S \subseteq T$ 和 $T \subseteq S$ 均不成立。因此集合 S 和 T 不能通过 $\subseteq$ 完成比较，因为谁也不是另一个的子集。

令 a 和 b 是有偏序关系 R 的集合 S 中的元素。若 aRb 与 bRa 中至少有一个是成立的，那么称 a 和 b 是**可比较的**（comparable）。若 aRb 与 bRa 均不成立，则称 a 和 b 是**不可比较的**（incommparable）。如果集合 S 中任意选择的 a 和 b 都是可比较的，我们称 R 为**全序关系**（total order），S 为**全序集**（totally order set）。因此 $\leqslant$ 为全序关系，$\subseteq$ 为偏序而非全序关系。

某些全序集合存在最小元。（最小元是指集合中小于或等于所有元素的元素。）非负整数在关系 $\leqslant$ 下就是这样一个例子，0 是最小元。另一些全序集合不存在最小元，例如在关系 $\leqslant$ 下的整数集。对任意的 n，始终存在 $n-1$，因此不存在最小元。**良序集**（well-ordered set）是指这样一类全序集合 S，S 的任意非空子集一定存在最小元。

我们考虑两个关系 $\leqslant$ 下的全序数集的例子。第一个例子为非负整数，这是一个良序集。对非负整数的任意非空子集，我们可以找到一个最小的元素，按如下方式处理：从 0 开始，逐次加 1，直到得到子集中一个元素，这个元素就是这个子集中最小的元素。

70

第二个例子是非负有理数集（一个有理数就是能被写成一个整数除以一个非负整数形式的数）。乍一看，我们可能认为这个例子类似于非负整数的例子，但是以 $\leqslant$ 关系来排序的非负有理数集不是良序的。其中，正有理数集作为它的子集，没有最小元素。对于任一正有理数 r，正有理数 $r/2$ 将严格小于它。

重要概念、公式和定理

1. **关系**：从集合 X 到集合 Y 的一个关系是指一个有序对的集合，其中有序对的第一个元素来自集合 X，第二个元素来自集合 Y。

㊀ 有偏序关系的集合：partially ordered set；偏序集：poset。——译者注

㊁ partial order 翻译为偏序，但 partial 本意为部分。——译者注

2. **单个集合上的关系**：集合 X 上的一个关系是指一个有序对 (x_1, x_2) 的集合，其中 X_1 和 X_2 都在集合 X 中。
3. **函数的关系**：对于定义在集合 X 上的函数 h，我们将 h 的关系定义为集合

$$\{(x, h(x)|x \in X\}$$

4. **一个关系什么时候是一个函数**：若集合 S 中的每个元素作为有序对中的第一个元素仅在 R 集合中出现一次，那么集合 S 到集合 T 的关系 R 就是定义域 S 到值域 T 的函数。
5. **自反性**：若对于 X 中的任一 x，都有 $(x, x) \in R$，也可记为 xRx，则称定义在集合 X 上的关系 R 是自反的。
6. **对称性/反对称性**：定义在集合 X 上的关系 R 是对称的，若对于每一个 X 中的 a，b，$(a, b) \in R$，当且仅当 $(b, a) \in R$ 时成立；也可以用其他符号表示为 aRb 当且仅当 bRa。集合 X 上的关系 R 是反对称的, 若 $(a, b) \in R$，$(b, a) \in R$ 仅当 $a = b$ 时同时成立；也可以用其他符号表示为 aRb，bRa 仅当 $a = b$ 时同时成立。
7. **传递性**：定义在集合 X 上的关系 R 是传递的，如果对于 X 中的所有 x，y，z，由 $(x, y) \in R$，$(y, z) \in R$ 可推出 $(x, z) \in R$ 成立。也可以用其他符号表示：R 是传递的，如果对 X 中的所有 x，y，z，由 xRy，yRz 可推出 xRz。
8. **等价关系**：定义在集合 S 上的关系为等价关系，若该关系满足自反性、对称性和传递性。
9. **等价类**：集合 X 上的等价关系将 X 划分为若干个由 $S_x = \{z|(x, z) \in R\}$ 确定的块。划分中的块被称为等价类。进一步地，给定集合 S 的一个划分，将 S 划分为块 $B_1, B_2, \cdots, B_n$，由"x 与 y 相关当且仅当它们都在相同块中"定义的关系是定义在 S 上的等价关系，而且它的等价类就是划分中的块。

71

10. **偏序关系**：我们将集合 S 上的满足自反性、反对称性、传递性的关系 R 定义为集合 S 上的偏序关系。具有偏序关系 R 的集合 S 被称为偏序集。
11. **可比较的/不可比较的**：设 a 和 b 是有偏序关系 R 的集合 S 中的元素。如果 aRb 或者 bRa（或者两者同时）为真，我们称 a 和 b 是可比较的。如果 aRb 和 bRa 都不为真，则称 a 和 b 是不可比较的。
12. **全序关系**：如果在具有偏序关系 R 的集合 S 中任选 a 和 b 都满足 a 和 b 是可比较的，我们就说 R 是一个全序关系，具有关系 R 的集合 S 为全序集。
13. **良序**：一个良序集合是指一个全序集 S，且 S 的每一个非空子集都有一个最小的元素。

习题

*所有带 * 的习题均附有答案或提示。*

1. 考虑函数 f 的关系 R。前面介绍了 R 要想成为一个函数所必须具备的属性。如果

f 是一一对应的，R 还应具有什么属性？如果 f 是到上映射（满射）呢？

2* 判断下列关系是否是等价关系。

a） 在人类集合上：兄弟关系。

b） 在人类集合上：兄弟姐妹关系。

c） 在整数集合上：如果 $|x-y| \leqslant 2$, 则称 x 和 y 有关系。

3. 解释为什么由"如果 $x^2 = y^2$，则 x 和 y 有关系"确定的关系是整数集上的等价关系，并描述等价类。

4. 偏序集、全序集和良序集层层递进，其中每个类别都比前一个类别有更加严格的要求。对于下述每一项，判断这一具有关系的集合属于非偏序、偏序但不是全序、全序但不是良序、良序中的哪一种。

a） 人类集合中的关系：是 $\cdots\cdots$ 的祖先（其中每个人都被视作自己的祖先）。

72

b） 人类集合中的关系：是 $\cdots\cdots$ 的父母。

c） 正整数集中的关系：可被 $\cdots\cdots$ 整除。

d）数集中，集合的每个元素可以表示为某个正整数除以 1，或者除以 2，或者除以 3；关系：$\leqslant$。

e）满足 $1 \leqslant r \leqslant 2$ 的有理数 r 组成的集合中，关系：$\leqslant$。

f） 有理数集的任一有限子集中，关系：$\leqslant$。

1.5　在计数中运用等价关系

1.5.1　对称原理

让我们再来考虑一下 1.2 节中的例子。在 1.2 节中，我们想要计算四元集合的三元子集的个数。为此，我们首先写出从具有 $n=4$ 个元素的集合中选择的 $k=3$ 个不同元素的所有可能序列（参见式 1.4）。包含 k 个不同元素的序列的个数是 $n^{\underline{k}} = n!/(n-k)!$。我们观察到，如果一个序列可以通过重排另一个序列获得，那么两个序列是集合等价的。这样，这些序列就分成若干等价类，每个等价类大小为 $k!$。在练习 1.2-8 的讨论中，我们注意到一个这样的等价类是

$$\{134, 143, 314, 341, 413, 431\}$$

另外三个是

$$\{234, 243, 324, 342, 423, 432\}$$

$$\{123, 132, 213, 231, 312, 321\}$$

$$\{124, 142, 214, 241, 412, 421\}$$

由乘法原理可知，如果 q 是这种等价类的个数，每个等价类有 $k!$ 个元素，并且整个序列集合具有 $n!/(n-k)!$ 个元素，那么一定存在等式

$$q(k!) = n!/(n-k)!$$

做除法，我们可以求解 q 并得到 n 元集合的 k 元子集的个数的表达式。实际上，我们对定理 1.2 的证明正是以这种方法进行的。

有助于我们学习和理解数学的一个原理是，如果我们有一个显示某种对称性的数学结果，找到能反映对称性的证明通常有助于理解这一公式。我们将这一原理称为**对称原理**（symmetry principle）。

73

原理 1.6（对称原理）

如果公式具有对称性（即交换两个变量不改变结果），那么能解释对称性的证明会让我们对公式有更深的认识。

定理 1.2 的证明不考虑表达式 $n!/k!(n-k)!$ 中的 $k!$ 项和 $(n-k)!$ 项的对称性。这种对称性的出现是因为选择一个 k 元子集等价于选择我们不想得到的 $(n-k)$ 元素子集。在练习 1.3-4 中，我们看到二项式系数 $\binom{n}{k}$ 也是标记 n 个对象的方式的数目。如果用标签“in”和“out”来描述，就是有 k 个“in”和 $n-k$ 个“out”。每次标记时，k 个获取标签“in”的对象在我们的子集中。我们可以通过选择“in”对象并把剩下的对象去除选出这个子集。同样，我们可以明确选择“out”对象，并将其余部分视为“in”。这个观点解释了公式中的对称性，但它不能证明公式。这里有一个标签的数量是 $n!/k!(n-k)!$ 的新的证明，它解释了对称性。

假设我们有 m 种方法将 k 个蓝色标签和 $n-k$ 个红色标签分配给 n 个元素。在每次标记中，根据先列出 k 个蓝色元素、剩余的 $n-k$ 个红色元素放在最后的原则，我们可以创建一些序列。例如，假设我们考虑从五元素集 $\{A, B, C, D, E\}$ 中标记三个蓝色元素（和两个红色元素）的方法的数量。考虑其中 A，B 和 D 标记为蓝色并且 C 和 E 标记为红色的特定标记情形。哪些序列对应于此标签？它们是

ABDCE	ABDEC	ADBCE	ADBEC	BADCE	BADEC
BDACE	BDAEC	DABCE	DABEC	DBACE	DBAEC

或者 A，B 和 D 在 C 和 E 之前的所有序列。因为有 3! 个安排 A，B，D 和 2! 个安排 C 和 E 的方法，所以，按乘法原理，有 $3!2! = 12$ 个序列，其中 A，B 和 D 必须在 C 和 E 之前。对于 q 个构建标记的方法，我们可以类似地找到与该标记相关联的 12 个序列的集合。因为五个元素的每个可能的序列将通过这个过程显示一次，一共有 $5! = 120$ 个五元素序列，按照乘法原理，$q \cdot 12 = 120$ 或者 $q = 10$ 一定成立。这和我们之前用 $\binom{5}{3} = 10$ 来回答下面的问题是相符的：标记五个对象（其中三个是蓝色，两个是红色）共有多少种方式。概括来说，我们让 q 是用 k 个蓝色标签和 $n-k$ 个红色标签标记 n 个对象的方式的数量。为了创建与标记关联的序列，我们首先列出蓝色元素，然后列出红色元素。我们可以把其中的 k 个蓝色元素相互混合，也可以把 $n-k$ 个红色元素相互混合，这样能得到 $k!(n-k)!$ 个序列，其中蓝色标记的元素在前，红色标记的元素在后。因为可以选择将任何 k 个元素

74

标记为蓝色，所以我们得到的任一由 n 个不同元素构成的序列都可按照这一方式从某次标记中产生。每个这样的序列仅来自一个标记方式，因为两个不同的标记方式具有不同的前 k 个元素。（列出的前 k 个元素具有蓝色标签。）因此，通过乘法原理，$q(k!)(n-k)!$ 是我们用 n 个不同对象可以构建的序列的数量。因此，$q(k!)(n-k)!$ 必须等于 $n!$，也就是

$$q(k!)(n-k)! = n!$$

而且，通过除法可以得到 q 的原始公式。因为红色标签和蓝色标签必须做相同的处理，所以我们的公式是对称的。回想一下，我们在练习 1.3-5 中的公式证明里没有解释为什么三个因子的乘积会出现在分母中，它只证明公式是正确的。现在我们可以解释，练习 1.3-5 中表示使用三种标签的标记方式数目的公式里，分母中的乘积为什么是这样的。分母计算了由给定标记方式产生的序列的数量，该给定方式使用了 k_1 个第一类标签、k_2 个第二类标签、k_3 个第三类标签。有了这个认识，我们可以将这个公式推广到任意数量的标签。

1.5.2 等价关系

前面的过程将 n 个不同元素的所有 $n!$ 个序列的集合划分到序列类（集合的另一种说法）中。每个类中，对某种使用了两种标签的标记方式而言，所有序列是相互等价的。更确切地说，如果其中一个序列可以通过将另一个序列的前 k 个元素混合以及最后的 $n-k$ 个元素混合而得到，那么 n 个对象的两个序列对定义的标记方式是等价的。将我们想要计数的对象关联到若干个序列集合（以使每个对象对应一个由等价序列构成的集合）是一种可以用于解决各种计数问题的技术。（这是抽象化的另一个例子。）

练习 1.5-1： *在 $0 \sim 12$（包括 0 和 12）的整数集合中，如果两个整数除以 3 具有相同的余数，则定义两个整数是相关的。哪些整数与 0 相关？哪些整数与 1 相关？哪些整数与 2 相关？哪些整数与 3 相关？哪些整数与 4 相关？这种关系是等价关系吗？*

75

在练习 1.5-1 中，与 0 相关的整数的集合是 $\{0,3,6,9,12\}$，与 1 相关的整数的集合是 $\{1,4,7,10\}$，与 2 相关的整数的集合是 $\{2,5,8,11\}$，与 3 相关的整数的集合是 $\{0,3,6,9,12\}$，与 4 相关的整数的集合是 $\{1,4,7,10\}$。更确切地说，当且仅当一个数字在集合 $\{0,3,6,9,12\}$ 中时，它才会和 0，3，6，9 或者 12 相关；当且仅当一个数字在集合 $\{1,4,7,10\}$ 中时，它才会和 1，4，7 或者 10 相关；当且仅当一个数字在集合 $\{2,5,8,11\}$ 中时，它才会和 2，5，8 或者 11 相关。这些集合两两不相交，它们的并集是 $\{0,1,2,3,4,5,6,7,8,9,10,11,12\}$。因此，根据定理 1.6，该关系是集合 $\{0,1,2,3,4,5,6,7,8,9,10,11,12\}$ 上的等价关系。

1.5.3 商原理

在练习 1.5-1 中，等价类有两种不同的大小。迄今为止，在已经见过的对标记和子集计数的例子中，所有等价类具有相同的大小。我们用来计数子集和标记的原理如下，称为商原理。

定理 1.7（商原理） 如果 p 元素集 S 上的等价关系具有大小均为 r 的 q 个类，则 $q=p/r$。

证明 根据乘积原理，$p=qr$，因此 $q=p/r$。 □

商原理的另一个使用了划分思想的表述如下：

原理 1.7（商原理，版本 2）

如果可以将大小为 p 的集合划分成大小为 r 的 q 个块，则 $q=p/r$。

回到三个蓝色标签和两个红色标签的例子，$p=5!=120$，$r=12$，因此，根据定理 1.7，有

$$q=\frac{p}{r}=\frac{120}{12}=10$$

1.5.4 等价类计数

76

现给出应用定理 1.7 的几个例子。

练习 1.5-2：4 个人坐在圆桌旁玩牌，如果在有他们四人名字的两个序列中，每个人右边坐的人是相同的[⊖]，那么这两个序列作为位次表是等价的。（序列中第 4 位右边的人是第 1 位的人。）使用定理 1.7 来计算安排游戏者座位的所有可能方式。令集合 S 为四个人的所有四元排列构成的集合，即四个人的所有序列的集合。

1) 有多少个序列对某个给定的序列是等价的？
2) 和 ABCD 等价的序列是哪些？
3) 题中定义的等价关系符合文中等价关系的概念吗？
4) 运用商原理来计算等价类的数目，并由此得出游戏者可能的就座方式的数目。

练习 1.5-3：我们希望计算将 $n>2$ 个不同的珠子附加到正 n 边形的角上（或者将它们串在项链上）有多少种方式。如果每一颗珠子在两个序列中相邻珠子是完全一样的（序列中的第一个珠子被认为与最后一个相邻），则称 n 个珠子的两个序列是等价的。

1) 这个练习和之前的练习有什么不同？
2) 在等价类中有多少个序列？
3) 有多少个等价类？

在练习 1.5-2 中，假设将桌子的位置命名为北、东、南、西。给定一个序列，我们可以经过两步得到一个与之等价的序列。首先，可以观察到安排坐在位置北的人（A）有 4 种选择。然后，第 2 个人可以坐在第 1 个人的右边，第 3 个人可以坐在第 2 个人的右边，第 4 个

⊖ 将桌子上的 4 个位置称为北、东、南、西或 1 ～ 4 号。从位于位置北（位置 1）的人开始，然后是位置东（位置 2）的人，依此类推，顺时针绕桌子旋转，可以得到一个列表。

人可以坐在第 3 个人的右边，这些都决定于原始序列。因此，正好有四个序列等价于给定的序列（包括给定的序列）。等价于 ABCD 的列表是 ABCD，BCDA，CDAB 和 DABC。这表明，两个序列是等价的，当且仅当其中一个序列可以通过在另一个序列中每个人围绕桌子向右移动相同数量的位置（或者通过在另一个序列中每个人围绕桌子向左移动相同数量的位置）来得到。从这里可以看到一个等价关系，因为每个序列存在于一个且仅有一个由四个等价序列构成的集合中。这意味着该关系将四个人的所有序列的集合划分为若干个大小为 4 的等价类。总共有 4!=24 个四个不同的序列。因此，根据定理 1.7，有 4!/4=3!=6 种座位安排。

77

练习 1.5-3 在很多方面与练习 1.5-2 类似。但是，有一个显著差异。这里可以将练习 1.5-3 视为将 n 个不同珠子构成的序列分到若干个等价类中的问题，但如果两个序列中每个珠子相邻的珠子完全相同，则这两个序列是等价的。假设顺时针给多边形的 $1 \sim n$ 个顶点编号。给定一个序列，可以计算等价序列如下：在位置 1 有 n 个选择，对于位置 2，可以使用在给定序列中与位置 1 相邻的两个珠子[⊖]。但现在，只有一个珠子可以进入位置 3，因为此时位置 2 的另一临近珠子已经在位置 1。我们可以继续用这种方式填充序列的剩余部分。例如，对于 $n=4$，列表 ABCD，ADCB，BCDA，BADC，CDAB，CBAD，DABC 和 DCBA 都是等价的。注意第 1 个、第 3 个、第 5 个、第 7 个序列是围绕着多边形移动珠子得到的；第 2 个、第 4 个、第 6 个和第 8 个序列也是围绕着多边形移动珠子得到的（虽然在相反的方向）。还要注意，第 8 个序列与第 1 个序列相反，第 3 个序列与第 2 个序列相反，等等。在空间中旋转项链相当于移动序列中的字母。空间上翻转一条项链相当于颠倒列表的顺序。我们总是能通过移位和反转序列的移位得到 $2n$ 个序列。等价于某个给定序列的所有序列都可以通过旋转和反转该序列来得到。因此，每个珠子相邻于相同的珠子这一关系将珠子序列的集合划分成不相交的集合。这些集合大小均为 $2n$，是等价关系的等价类。

因为有 $n!$ 个序列，所以由定理 1.7 有

$$\frac{n!}{2n}=\frac{(n-1)!}{2}$$

种安排珠子的方式。

1.5.5　多重集

有时需要考虑从集合中选出元素，我们希望能够不止一次地从集合中选出某个元素。比如，单词“roof”的字母集合是 {f,o,r}。考虑字母的多重集往往更加有效。在这个例子中，字母的多重集是 $\ll f$,o,o,$r \gg$。这里使用双尖括号将集合和多重集区分开来。通过指定每一个元素在多重集中出现了几次来指定一个从集合 S 中选出的**多重集**（multiset）。如果 S 是英文字母的集合，则“roof”的“重复度”函数由 $m(f)=1, m(o)=2, m(r)=1, m(letter)=$

78

⊖ 请记住，第一个和最后一个珠子被认为是相邻的，因此它们每个都有两个相邻的珠子。

0（其他字母的情况）给出。在多重集中，顺序并不重要（多重集 $\ll r,o,f,o \gg$ 和多重集 $\ll r,o,o,f \gg$ 是一样的），因为这些多重集都有相同的重复度函数。我们说 $\ll f,o,o,r \gg$ 的大小是 4，因此将多重集的**大小**（size）定义为其元素的重复度的总和。

练习 1.5-4：将 k 个相同的书放置在书柜的 n 层书架上这一过程解释为选出书柜书架的一个 k 元素多重集。将 k 个相同的苹果分配给 n 个孩子这一过程解释为选出孩子的一个 k 元素多重集。

在练习 1.5-4 中，可以把一层书架放置的书的数量看作这层书架的重复度，把一个孩子拿到的苹果的数量看作这个孩子的重复度。实际上，将相同对象分配给不同接受者的想法给出了从集合 S 中选择出多重集合的心理模型。那就是，为了确定一个从 S 中选出的 k 元素多重集，发放 k 个相同的物品给 S 中的元素。一个元素 x 得到的物品的数目就是 x 的重复度。

注意，求从一个 n 元素集合中能选出的多重集的数目是没有意义的，因为 $\ll A \gg$，$\ll A,A \gg$，$\ll A,A,A \gg$ 等是从集合 A 中选出的无限多个多重集。但是，求从一个 n 元集合中能选出的 k 元素多重集的数目是有意义的。采用什么方法可以求出这个数目呢？为了计数 k 元素子集，我们首先计数 k 元素排列，然后除以同一集合的不同排列数量。在这里，需要一个允许重复的排列模拟。一个自然的想法是考虑允许重复的序列。毕竟一个描述多重集的方法就是列出它，而且列出一个多重集会有不同的顺序。一个两元素的多重集 $\ll A,A \gg$ 只有一种列出方式，但是另一个两元素多重集 $\ll A,B \gg$ 有两种列出方式。当使用商原理来计数 n 元集合的 k 元子集时，本质上每个 k 元子集都对应相同数目（即 $k!$）的排列，因为前面的内容是使用商原理背后的推理来计数的。因此，如果希望运用相似的推理，则不能将商原理应用于具有重复元素的序列，因为不同的 k 元素多重集对应于不同的序列数目。 79

然而，假设能对将 k 本不同的书放置在一个书柜的 n 层架子上的方法进行计数，那么我们可以将放在其上的书的数目看作这层架子的重复度。但是，对不同书籍的不同安排方法将会给我们相同的重复度函数。实际上，在不改变每个书架上书籍数量的情况下，将书混合在一起的任何方式都将给出相同的重复度。由于混合书籍的方式的数量是书的排列的数量，即 $k!$。因此，将不同书籍安置到书架上有一个等价关系：

1）每个等价类有 $k!$ 个元素。

2）这些等价类和 n 层书架的 k 元多重集之间存在双射。

因此，如果可以计算在书柜的 n 个书架上排列 k 个不同书籍的方式，那么就可以应用商原理来计算 n 元集合的 k 元素多重集的数量。

1.5.6 书柜安排问题

练习 1.5-5：有 k 本书，要放在一个书柜的 n 层书架上。书在书架上摆放的顺序很重要，每层书架应该能容纳所有书籍。假设当书籍被摆放到书架上时，它们都尽可能被推到最左边。因此，最重要的就是书籍摆放的顺序，当一本书 i 被摆放到书架上，它可以摆放到书架上任意两本书之间或该书架上所有书的左边或右边。

a) 因为书籍是不同的，所以将书记作第 1 本，第 2 本，第 3 本…… 把第 1 本书放在书架上有多少种方法？

b) 第 1 本书放置好以后，把第 2 本书放在书架上有多少种方法？

c) 第 1 本书和第 2 本书放置好以后，把第 3 本书放在书架上有多少种方法？

d) 放置好第 $i-1$ 本书后，可以把书 i 放在书架上任何书的左边。但是还有另外一些可能的放置方式。总共有多少种放置书籍 i 的方式？

80

e) 在以上约束下，可以用多少种方法在 n 个书架上放置 k 本不同的书？

练习 1.5-6：从一个 n 元集合中能够选出多少个 k 元多重集？

在练习 1.5-5 中，第 1 本书有 n 个位置可以放置，即在任一书架的左边。下一本书可以放在任一书架的最左侧，或者放在第 1 本书的右边。因此，第 2 本书有 $n+1$ 个位置可以摆放。乍一看，第 3 本书的位置似乎更加复杂，因为通过放置前两本书可以创建两个不同的模式。第 3 本书可以在任一书架的最左边，或者书架上任一本书的右边。（注意，如果按照顺序在书架 7 上放第 2 本书和第 1 本书，将第 3 本书放在第 2 本书的右侧意味着将它放在第 2 本书和第 1 本书之间。）因此，在任何情况下，都有 $n+2$ 种方式来放置第 3 本书。类似地，一旦放置了 $i-1$ 本书，就有 $n+i-1$ 个位置放置第 i 本书：它可以在 n 个书架任一个的最左边或已经放置的 $i-1$ 本书的任一本的右边。因此，放置 k 本不同书的方式的数量是

$$\begin{aligned} n(n+1)(n+2)\cdots(n+k-1) &= \prod_{i=1}^{k}(n+i-1) \\ &= \prod_{j=0}^{k-1}(n+j) = \frac{(n+k-1)!}{(n-1)!} \end{aligned} \tag{1.14}$$

式 1.14 中的特定乘积是从 n 开始的 k 个连续数的乘积，称为**递增阶乘**（rising factorial power）。它有一个符号（也由 Donald E. Knuth 引入），类似于递降阶乘符号，即写为

$$n^{\overline{k}} = n(n+1)(n+2)\cdots(n+k-1) = \prod_{i=1}^{k}(n+i-1)$$

1.5.7 n 元集合的 k 元多重集的数目

下面应用练习 1.5-5 中的公式来解决练习 1.5-6。如果能通过改变一种摆放方式中每一层的书籍的顺序来得到另一种摆放方式，我们就定义这两种将 k 本书安排在 n 个书架上的摆放方式是等价的。因此，如果两种摆放方式在每个架子上放置的书数量相同，那么它们通过这种关系被放在同一类中。另一方面，如果两种摆放方式在至少一个书架上放置的书数量不同，则它们不是等价的，它们通过这种关系被放入不同的类中。于是，这种关系划

81

分的类是不相交的。因为每种摆放都在一个类中，这种类划分了所有排列的集合。每个类都有 $k!$ 种摆放方式。一共有 $n^{\overline{k}}$ 种方式。推出以下定理。

定理 1.8 从 n 元集合中选出的 k 元多重集的数目是

$$\frac{n^{\overline{k}}}{k!} = \binom{n+k-1}{k}$$

证明 在书架安排方面，若两种摆放方式是等价的，当且仅当可以通过对一种摆放方式的书进行重排得到另一种摆放方式，则这样的关系是等价关系。所有摆放方式的集合有 $n^{\overline{k}}$ 个元素，一个等价类的元素个数是 $k!$，运用商原理，等价类的个数为 $\frac{n^{\overline{k}}}{k!}$，$k$ 本书在书架中的摆放方式构成的等价类与 k 元素多重集存在双射关系。相等性来源于二项式系数的定义。□

从 n 元集合中选择 k 元素多重集的数量有时也称为“一次可重复地从 n 个元素中取 k 个元素的组合的数量”。

公式的右边是二项式系数，因此自然要询问是否有一种方法将从 n 元集合中选择 k 元素多重集解释为从 $n+k-1$ 个不同元素构成的集合中选出 k 元子集。这说明了一个重要的原则：当得到的数量等于二项式系数时，将其解释为计算从一组合适大小的集合中选择合适大小的子集的方式的数量，通常有助于我们的理解。习题 8 将探讨多重集的这个想法。

1.5.8 使用商原理解释商

因为式 1.14 中的最后一个表达式是两个阶乘的商，所以一个很自然的问题就是它是否是对某个等价关系的等价类进行计数的结果。如果是，则定义这一关系的集合大小为 $(n+k-1)!$。因此，它可以是 $n+k-1$ 个不同对象的所有序列或排列。等价类的大小是 $(n-1)!$。因此，使两个序列等价的方法可能是在 $n-1$ 个对象之间进行重排。换句话说，商原理提示我们寻找这样的公式的解释：公式涉及 $n+k-1$ 个对象的序列，这些对象中 $n-1$ 个元素相同，剩余的 k 个元素是不同的。是否能够找到这样的解释？ 82

练习 1.5-7：*把 k 本不同的书和 $n-1$ 块相同的木块摆放到一条直线上有多少种方式？*

练习 1.5-8：*练习 1.5-7 是怎么和将书籍摆放到书架上的问题联系起来的？*

在练习 1.5-7 中，如果在本块上标注数字来区分木块，则有 $(n+k-1)!$ 种书和木块的摆放方式。但因为木块实际上是难以区分的，所以这些摆放方式中有 $(n-1)!$ 种是等价的。因此，通过商原理，存在 $(n+k-1)!/(n-1)!$ 种摆放方式。这样的摆放结果允许我们按照如下方式把书放在书架上：把第一个木块之前的所有的书籍都放在书架 1 上，把第一个和第二个木块之间的所有书籍都放在书架 2 上，一直进行下去，直到把最后一个木块之后的所有书籍都放在书架 n 上。这就解释了为什么在书架的 n 个架子上安排 k 本不同的书存在 $(n+k-1)!/(n-1)!$ 种方式。习题 8 将探讨多重集的类似关系。

重要概念、公式和定理

1. **对称原理**：如果一个数学结果显示一定的对称性，找到反映这种对称性的证据往往有助于我们的理解。

2. **划分**：给定一个事物的集合 S，S 的划分由 m 个集合（有时称之为块）S_1，S_2，$\cdots$，S_m 组成，使得 $S_1 \cup S_2 \cup \cdots \cup S_m = \mathrm{S}$，而且对每一对 i，$j(i \neq j)$，有 $S_i \cap S_j = \varnothing$。
3. **商原理**：如果一个有 p 个对象的集合可以被划分成大小为 r 的 q 个类，则 $q = p/r$。等价地，如果大小为 p 的集合的等价关系具有 q 个大小为 r 的等价类，则 $q = p/r$。商原理常常用于计算等价关系的等价类的数量。如果某个数是两个数量的商，那么寻找一种使用商原理的方法来解释为什么有这个商通常有助于我们理解。

83

4. **多重集**：除了每个元素能够多次重复出现外，多重集和集合是相似的。可以通过指定它的每个元素重复出现的次数来指定一个从集合 S 中选出的多重集。
5. **选出 k 元多重集**：能从 n 元集合中选出的 k 元多重集的数目是

$$\frac{(n+k-1)!}{k!(n-1)!} = \binom{n+k-1}{n}$$

有时也称为重复组成公式。

6. **解释二项式系数**：当数量是二项式系数（或认可的其他公式）时，可以将数量解释为选择集合的子集（或创建计算公式的对象）。

习题

所有带 * 的习题均附有答案或提示。

1*. n 个人围绕圆桌而坐，多少种安排座位的方式？（请记住，如果两个座位安排中每个人相对于其他人都处于相同的位置，那么这两个座位安排是等价的。）

2. 如图 1.1 所示，有多少种方法可以在一条围巾上连续（纵向，等间隔，并在顶部和底部边缘之间的中间）绣上不同颜色的 n 个圈？

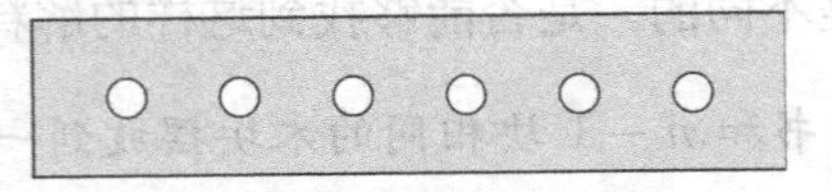

图 1.1　围巾上圆圈的位置

3*. 用二项式系数来确定有多少种把三个同样的红苹果和两个同样的金苹果排成一行的方式。用等价类计算（特别地，商原理）来确定相同的数目。

4. 用多重集来确定有多少种把 k 个同样的苹果分发给 n 个孩子的方式。假设一个孩子可能拿到不止一个苹果。

84

5*. 有多少种安排方式能使 n 个男人和 n 个女人性别交替地围着圆桌坐（情形同习题 1）？（用等价类来计算！）

6. 如果每个孩子至少得到一个苹果，那么有多少种方式可以将 k 个苹果分发给 n 个孩子呢？

7*. 如果在每个书架上必须至少有一本书，在书柜的 n 个书架上放置 k 本不同的书（所有的书都推到最左边）有多少种方法？

8. 多重集的数量的公式是 $(n+k-1)!$ 除以两个其他因子的乘积。我们想使用商原理来解释为什么用这个公式计数多重集。多重集的数量的公式也是二项式系数，因此它可以解释为从 $n+k-1$ 个项目中选择 k 个项目。下面的部分问题将引导我们得到这样的解释。
   a) 有多少种方式可以将 k 个红色跳棋和 $n-1$ 个黑色跳棋摆成一行？
   b) 怎样把将 k 个红色跳棋和 $n-1$ 个黑色跳棋摆放成一行的方式的数目和一个 n 元集合的 k 元多重集的数目联系起来？（具体例子：集合 $\{1,2,\cdots,n\}$）
   c) 怎样把从 $n+k-1$ 个事物中选出 k 个的选择与红色和黑色跳棋的放置（如 a 和 b 部分）联系起来？思考这是怎么与将 k 本相同的书和 $n-k$ 块相同的木块摆放成一行的安排关联起来的。

9.* 式 $x_1+x_2+\cdots+x_n=k$ 有多少个解？其中每个 x_i 是非负整数。

10. 式 $x_1+x_2+\cdots+x_n=k$ 有多少个解？其中每个 x_i 是正整数。

11.* 有多少种方式可以将 n 个红色跳棋和 $n+1$ 个黑色跳棋摆放成一个圈？（这个数是一个著名的数，称为加泰罗尼亚数。虽然找到这个问题的答案并不是特别困难，但证明答案是正确的过程中有一个细节略微复杂。）

12.* 将一个 n 元集合划分成 k 个类的方式的数目的标准记法为 $S(n,k)$。因为空集的子集构成的空族是对空集的一种划分，所以 $S(0,0)$ 为 1。此外，对于 $n>0, S(n,0)$ 为 0，因为没有把非空集分成 0 部分的划分。$S(1,1)$ 为 1。

85

   a) 解释为什么对于所有 $n>0, S(n,n)=1$。解释为什么对于所有的 $n>0, S(n,1)=1$。
   b) 解释为什么对于所有 $1<k<n, S(n,k)=S(n-1,k-1)+kS(n-1,k)$。
   c) 创建一个类似表 1.1 的表格，显示对于每个在 $1\sim 6$ 范围内的 n,k 的值对应的 $S(n,k)$ 的值。

13.* 给定一个可以一次旋转 90° 的正方形（即正方形有四个方向），还有两个红色跳棋和两个黑色跳棋，每个跳棋放在正方形的一个角上。有两个字母是 R，两个字母是 B 的四字母列表有多少个？一旦在正方形上选择一个起点，每个列表代表按顺时针顺序在正方形上放置跳棋。如果两个列表表示在正方形角上棋盘的相同排列，即可以通过旋转一种排列来得到另一种排列，则考虑两个列表是等价的。写出这个等价关系的等价类。为什么不能应用定理 1.7 来计算等价类的数量？

14. 考虑以下的 C++ 函数来计算 $\binom{n}{k}$。

```
int pascal(int n, int k)
{
 if (n < k)
   {
    cout << "error: n<k" << endl;
    exit(1);
```

```
    }
    if ( (k==0) || (n==k))
        return 1;
    return pascal(n - 1,k - 1) + pascal(n - 1,k);
}
```

输入代码，编译并运行（你需要创建一个简单的主程序来调用它）。用越来越大的 n 和 k 的值来运行它，并观察程序运行的时间。可以发现运行慢得惊人。（例如，尝试计算 $\binom{30}{15}$。）为什么这么慢？你能写一段不同的代码来加快 $\binom{n}{k}$ 的计算速度吗？为什么新的代码运行更快？（注意：课程进行到现在，对这个结果进行精确分析可能很困难，以后会容易一些，但是你应该明白为什么原始版本这么慢。）

86

15* 用 n^k，$n^{\underline{k}}$，$\binom{n}{k}$，或者 $\binom{n+k-1}{k}$ 来回答下列问题。

a)* 有多少种方式可以将 k 块不同的糖分发给 n 个人？（任一人都可以拿到不止一块糖。）

b) 有多少种方式可以将 k 块不同的糖分发给 n 个人？（每个人最多拿到一块糖。）

c)* 有多少种方式可以将 k 块相同的糖分发给 n 个人？（任一人都可以拿到不止一块糖。）

d) 有多少种方式可以将 k 块相同的糖分发给 n 个人？（每个人最多拿到一块糖。）

e)* 从 $\{1,2,\cdots,k\}$ 到 $\{1,2,\cdots,n\}$ 有多少个一一对应的函数 f？

f) 从 $\{1,2,\cdots,k\}$ 到 $\{1,2,\cdots,n\}$ 有多少个函数 f？

g)* 从一个 n 元集合中选出 k 元子集有多少种方法？

h) 一个 n 元集合可以形成多少个 k 元多重集？

i)* 从 n 个人的组中选出级别最高的 k 个人有多少种选择方法？（我们想要一个有序列表，而不是一个集合。）

j) 从 n 种不同类型的糖果中选择 k 种糖果（不一定是不同类型）有多少种选择方法？

87 ~ 88

k)* 有 k 个孩子，每个孩子从 n 种不同类型的糖果中选择一块糖果（所有不同类型），有多少种选择方式？

密码编码学与数论

2.1 密码编码学和模算法

2.1.1 密码编码学导论

几千年来，人类一直探寻秘密发送消息的方法。有一个故事记录了古代国王向前线将领秘密发送消息的方式。故事中国王首先剃光一个仆人的头发并写上要发送的消息，等到仆人的头发长长再将仆人派往将领处，将领可剃光仆人头发读到国王下达的指令。如果敌人俘虏了仆人，他们大概不会想到剃他的头发，那么发送的消息将会是安全的。

密码编码学(cryptography)是研究发送和接收秘密消息的方法。一般情况下，存在一个**发送者**(sender)试图发送一个消息给一个**接收者**(receiver)，还存在一个**敌手**(adversary)想要窃取该消息。如果发送者能够和接收者进行消息交流，而敌手又不能获得任何关于该消息的信息，那么就认为这个方法是成功的。

过去的几个世纪中，密码学主要用于军事和外交领域。近年来，随着互联网和电子商务的出现，密码学在全球经济中起到至关重要的作用，每天被数百万人使用。例如银行记录、信用卡记录、口令或私人通信等敏感信息是 (而且应该是) 通过**加密**(encrypted)的方式修改的，以确保只有允许访问它的人才能够理解，其他人难以破译。当然，无法被敌手破译是一个困难的目标，但没有什么密码是完全不能被破译的。如果存在印刷的密码本，总有敌手可以窃取到它，无论密码方案在数学上是多么复杂，也无法排除这种可能性。更有可能的是，敌手具备极强的计算能力和人力资源用来投入密码的破译工作。因此，我们所定义的安全和计算能力密切相关：敌手只有达到一定的计算能力才能破译密码，我们认为在这个计算能力之下密文是安全的。如果所设计的密码需要非常强的计算能力才能破译，那么我们有信心认为它是安全的。

2.1.2 私钥密码

传统密码被称为**私钥密码**(private-key cryptography)。发送者和接收者提前确定一个秘密代码，然后使用该秘密代码发送消息。例如，**凯撒密码**(Caesar cipher)是最古老的密码之一。在凯撒密码中，字母在字母表中通过移动固定的位置实现加密。通常，初始消息称为**明文**(plaintext)。加密后的文本称为**密文**(ciphertext)。下面是凯撒密码的一个例子。

明文：A B C D E F G H I J K L M N O P Q R S T U V W X Y Z

密文：E F G H I J K L M N O P Q R S T U V W X Y Z A B C D

因此，如果我们想要发送明文消息

ONE IF BY LAND AND TWO IF BY SEA

我们将发送密文

SRI MJ FC PERH ERH XAS MJ FC WIE

凯撒密码很容易在计算机上通过模 26 的算术实现。模运算的符号为

$$m \bmod n$$

表示 m 除 n 所得余数。下述定义是模运算的精确表述。

定义 2.1　对于整数 m 和正整数 n，$m \bmod n$ 是最小的非负整数 r，满足

$$m = nq + r \tag{2.1}$$

90

q 为整数。

欧几里得除法定理[㊀]证明总会存在这样的一个 r。2.2 节将给出详细证明。

定理 2.1（欧几里得除法定理）　n 为正整数，对于每一个整数 m，一定存在唯一整数 q 和 r，使得 $m = nq + r$，其中 $0 \leqslant r < n$。

练习 2.1-1： 用 $m \bmod n$ 的定义计算 $10 \bmod 7$，$-10 \bmod 7$。每种情况中 q 与 r 分别是多少？是否成立 $(-m) \bmod n = -(m \bmod n)$？

练习 2.1-2： 使用 0 代表 A，1 代表 B，以此类推，让数字从 0 到 25 分别代表字母表中的字母。以这种方式，将一个消息转换为一列数字串。例如，SEA 变成 18 4 0。如果我们把每个字母向右移两个位置，这个数值表示的词变成什么？如果右移 13 个位置？我们怎样用 $m \bmod n$ 的思想来实现凯撒密码？

练习 2.1-3： 假设有人在你最喜欢的自然语言里选出几个词用凯撒密码进行加密，不告诉你他们把字母表中的字母移动了几个位置。你怎样猜出消息是什么？你的策略是否能由计算机快速实现？

在练习 2.1-1 中，$10 = 7(1) + 3$，因此 $10 \bmod 7 = 3$。$-10 = 7(-2) + 4$，因此 $-10 \bmod 7 = 4$。这两个计算结果说明 $(-m) \bmod n$ 与 $-(m \bmod n)$ 不一定相等（事实上，只有当 $m \bmod n = 0$ 时才相等）。注意到 $-3 \bmod 7$ 也等于 4，而且 $(-10 + 3) \bmod 7 = 0$，表明 -10 和 -3 在模 7 下的整数上是相等的。

在练习 2.1-2 中，每个字母向右移动两个位置，等价于用 $(n + 2) \bmod 26$ 代替 n，此时 SEA 变成 20 6 2。每个字母向右移动 13 个位置，等价于用 $(n + 13) \bmod 26$ 代替 n，此

㊀ 在术语的演进过程中，欧几里得除法定理通常被称为“辗转相除法”和“欧几里得除法运算”。因为这个定理不是一个计算过程，我们这里不称其为算法。

时 SEA 变成 5 17 13。类似地，每个字母向右移动 s 个位置，等价于用 $(n+s) \bmod 26$ 代替 n。因为大多数计算机语言都提供了数字字符串以及模运算函数的简便处理方式，所以很容易在计算机上实现凯撒密码。

91

在练习 2.1-3 中，考虑编码、解码和破解凯撒密码的复杂性。即使用手计算，也可轻易完成发送者的编码运算以及接收者的解码运算。这个方案的缺点是敌手同样可以通过尝试 26 种可能的凯撒密码来轻易地解码消息。（这是很可能的，因为只有一种方式可以解码成简单的英语明文。）当然，没有理由使用这样一个简单的密码；可以使用字母表的任意置换作为密文。例如，下面是使用任意置换的一个例子。

明文：A B C D E F G H I J K L M N O P Q R S T U V W X Y Z

密文：H D I E T J K L M X N Y O P F Q R U V W G Z A S B C

如果用这样的密码来编码一个短消息，敌手解码它将是很困难的。然而，如果敌手有一个任何合理长度的消息（大于 50 个字母），通过对英语语言中字母的相对频率的了解，他可以很容易地破解该密码。（这些密码出现在很多报纸和名为“密码”的益智书籍中。事实上，很多人都能够解出这些智力游戏正是此类密码缺乏安全性的有力证据。）

加密方式不必局限于字母到字母的简单映射。例如，加密算法可以这样做：

- 步骤 1：在明文中选取三个连续字母。
- 步骤 2：颠倒它们的顺序。
- 步骤 3：将每一个三元组转换成二十六进制整数 ($A=0, B=1$ 等)，然后将该整数转换为十进制。
- 步骤 4：将得到的数字乘以 37（十进制下）。
- 步骤 5：加上 95。
- 步骤 6：将得到的数字转换为八进制。

继续处理包含三个连续字母的每一块，将分块附加到一起，使用 8 或 9 将它们隔开。完成后颠倒所有数字的顺序，出现的每个数字 5 用两个 5 来代替。下面是这种方法的一个例子：

明文：ONEIFBYLANDTWOIFBYSEA

分块与颠倒顺序：ENO BFI ALY TDN IOW YBF AES

二十六进制转化为十进制：3056 814 310 12935 5794 16255 122

92

乘 37 加上 95 转化为八进制：335017 73005 26455 1646742 642711 2226672 11001

附加：3350178730059264559164674296427118222667281 1001

颠倒次序，5 数字代替：

100118276622281172469247646195555462955003787105533

正如习题 19 所示，知道编码的接收者可以解密这个消息。然而，偶然得到消息的读者在没有加密算法知识的情况下，没有希望能对消息进行解密。因此，似乎有一个足够复杂的编码，就可以得到安全的密码系统。不幸的是，用这种方法至少有两个缺陷。第一，如果敌手不知何故知道了编码规则，便可以轻松破解它。第二，如果这个编码方案重复使用足够多次，并且假设敌手有足够的时间、资金和计算能力，便可以破解这个编码。在密码学领域，一些实体（如政府或大公司）拥有所有这些资源。声名狼藉的德国恩尼格码密码就是一个例子，它的编码方案足够复杂，但它连续几个版本的密码仍被成功破译。这帮助盟军赢得了第二次世界大战（能够破解该编码，得益于波兰密码破译者重现的恩尼格码密码机和后来从德国被俘船只中缴获的机器。然而，即使有机器，攻破该编码也并非易事）。一般来说，任何使用一个秘密商定的（可能是复杂的）密码本的方案都有这些缺点。

2.1.3　公钥密码体制

公钥密码体制（public-key cryptosystem）克服了由密码本使用带来的问题。在公钥密码体制中，发送者和接收者（通常称为 Alice 和 Bob）不需要事先约定一个秘密代码。事实上，每个人在公共目录中发布他们代码的一部分。然而，敌手仍然无法通过公共目录的访问对已加密的消息进行解密。

更确切地说，Alice 和 Bob 各有一对密钥，**公钥**（public key）和**私钥**（secret key）。本节将 Alice 的公钥和私钥分别表示为 KP_A 和 KS_A，Bob 的公钥和私钥分别表示为 KP_B 和 KS_B。他们各自保留自己的私钥，但公布公钥，包括敌手在内的任何人都可获得。尽管已发布的密钥很可能是某类符号的字符串，但是也可以在某种标准化的方式中构造（下面我们会看到例子）从可能消息集合 $\mathcal{D}$ 映射到自身的函数。（在复杂的情况下，密钥本身可能就是这样的函数。）与 KS_A、KP_A、KS_B 和 KP_B 相关联的函数分别定义为 S_A、P_A、S_B 和 P_B。对于一组选定的公私钥对，要求它们所关联的函数满足互逆性。即，对于任何 $M \in \mathcal{D}$，下列等式成立：

93

$$
\begin{aligned}
M &= S_A(P_A(M)) = P_A(S_A(M)) \\
M &= S_B(P_B(M)) = P_B(S_B(M))
\end{aligned} \tag{2.2}
$$

另外假设，Alice 可以轻易计算 S_A 和 P_A。但除了 Alice 之外的任何人均难以计算 S_A，即使 P_A 已知。这是公钥密码体制的最根本的要求。乍一看，这一要求根本不可能完成：Alice 必须创建一个函数 P_A，公开且对任何人都是易计算的，同时这个函数还有一个逆 S_A，除了 Alice 之外任何人都很难计算。对于如何构造这种函数我们尚不清楚。实际上，公钥密码学观点刚被提出的时候（Diffie 和 Hellman[15] 提出），没有人知道这样的函数。第一个完整的公钥密码体制是现在著名的 RSA 密码体制，它被广泛应用于多个场合。该体制是由 Ronald Rivest、Adi Shamir 和 Leonard Adleman 设计的 [28]，因此以他们的名字命名。要理解这样的密码体制，需要一些数论和计算复杂性的知识。必要的数论理论将在接下来的几节中介绍。本节暂时直接假设确实存在这样一个函数，它易于计算，但只有 Alice 可以求逆。下面将展示如何使用它。

Bob 想给 Alice 发送消息 M，他采取下列步骤：

1. Bob 获得 Alice 的公钥 P_A。
2. Bob 用 Alice 的公钥加密消息 M，构造密文 $C = P_A(M)$。

Bob 发送密文 C 给 Alice，Alice 通过自己的私钥进行解密计算 $S_A(C)$，等价于 $S_A(P_A(M))$，根据等式 2.2 知其等价于初始消息 M。方案的优点在于，若敌手获得密文 C 和公钥 P_A，没有 S_A 也不能解密密文，因为 S_A 只有 Alice 才有。即使敌手知道 S_A 是 P_A 的逆，也不容易计算出 S_A。

因当前尚未介绍必要的背景知识，难以解密的公钥加密体制的具体实例暂无法给出。这里是一个易于解密的例子。假设消息是介于 1 到 999 之间的数字，Bob 的公钥相关函数 P_B 定义为 $P_B(M) = \text{rev}(1000-M)$，rev() 是颠倒数字顺序的函数。比如，加密消息 167，Alice 计算 $1000-167 = 833$，颠倒数字顺序，发送给 Bob $C = 338$。在这种情况下，$S_B(C) = 1000 - \text{rev}(C)$，这样 Bob 就可以很容易解密出消息。这种编码方案不是安全的，因为一旦知道了 P_B，就能够计算出 S_B。而挑战是设计一个函数 P_B，即使知道 P_B 和 $C = P_B(M)$，计算出消息 M 也是格外困难的。 94

2.1.4 模 n 算术

RSA 加密方案的构造基于模 n 算术的概念，现予以介绍。本节的目标是理解在模 n 的运算下，加减乘除和求幂等基本算术运算的法则。我们会看到，其中一些运算比较简单，如加减法和乘法运算。而其他的运算，如除法和求幂，其运算法则同普通算术大不相同。

练习 2.1-4：计算 $21 \bmod 9$，$38 \bmod 9$，$(21 \cdot 38) \bmod 9$，$(21 \bmod 9) \cdot (38 \bmod 9)$，$(21 + 38) \bmod 9$，$(21 \bmod 9) + (38 \bmod 9)$。

练习 2.1-5：判断对错：$i \bmod n = (i + 2n) \bmod n$；$i \bmod n = (i - 3n) \bmod n$。

在练习 2.1-4 中，需要注意的是

$$(21 \cdot 38) \bmod 9 = (21 \bmod 9) \cdot (38 \bmod 9)$$

以及

$$(21 + 38) \bmod 9 = (21 \bmod 9) + (38 \bmod 9)$$

这两个等式很有参考价值，虽然它们最初提出的一般等式都不成立。本节将论证，一些与之密切相关的等式是成立的。

练习 2.1-5 中两个式子都成立，因为对 i 加上若干个 n 的值并不影响 $i \bmod n$ 的值。一般地，我们有如下定理：

引理 2.2 对任意整数 k，$i \bmod n = (i + kn) \bmod n$。

证明 由定理 2.1 知，存在唯一的整数 q 和 r，且 $0 \leqslant r < n$，满足

$$i = nq + r \tag{2.3}$$

95

等式 2.3 两边同时加上 kn，可得到

$$i + kn = n(q + k) + r \tag{2.4}$$

将 $i \bmod n$ 的定义应用于等式 2.3，我们有 $r = i \bmod n$；对于等式 2.4，同理可得 $r = (i+kn) \bmod n$。引理得证。 □

现在回到练习 2.1-4 的等式中，正确的结论如下引理所示。非正式地，该引理将展示如果有一个计算包含加法和乘法并且要将最终结果模 n，那么将中间任何一步的结果模 n 后不会影响最终结果。

引理 2.3

$$
\begin{aligned}
(i+j) \bmod n &= (i+(j \bmod n)) \bmod n \\
&= ((i \bmod n)+j) \bmod n \\
&= ((i \bmod n)+(j \bmod n)) \bmod n \\
(i \cdot j) \bmod n &= (i \cdot (j \bmod n)) \bmod n \\
&= ((i \bmod n) \cdot j) \bmod n \\
&= ((i \bmod n) \cdot (j \bmod n)) \bmod n
\end{aligned}
$$

证明　证明加法连等式的第一项和最后一项相等，中间部分的证明同理。对于乘法，证明方法类似。

由定理 2.1 可知，存在唯一的整数 q_1 和 q_2，满足

$$
i = (i \bmod n) + q_1 n, \quad j = (j \bmod n) + q_2 n
$$

将二者相加并模 n，利用引理 2.2，可以得到

$$
\begin{aligned}
(i+j) \bmod n &= ((i \bmod n) + q_1 n + (j \bmod n) + q_2 n)) \bmod n \\
&= ((i \bmod n) + (j \bmod n) + n(q_1+q_2)) \bmod n \\
&= ((i \bmod n) + (j \bmod n)) \bmod n
\end{aligned}
$$
□

现介绍模运算的一种简便记号。我们用符号 Z_n 表示整数 $0,1,\cdots,n-1$，以及一个重新定义的加法，记为 $+_n$，和一个重新定义的乘法，记为 $\cdot_n$。其定义如下，

$$
\begin{aligned}
i +_n j &= (i+j) \bmod n \\
i \cdot_n j &= (i \cdot j) \bmod n
\end{aligned} \tag{2.5}
$$

表达式 $x \in Z_n$ 的意思是 x 为一个可以从整数 0 到 $n-1$ 之间取值的变量。另外，$x \in Z_n$ 代表如果对 x 进行代数运算，我们将使用 $+_n$ 和 $\cdot_n$ 而不是通常的加法和乘法。在一般代数中，按照惯例会使用字母表中靠前的字母表示常数——常数指在某一问题中固定的数，并且会在该问题的任一实例前确定。这就使得我们能一次性描述同一问题的不同实例。比如，可以说“对所有整数 a 和 b，存在唯一一个整数 x 是方程 $a+x=b$ 的解，即

$x=b-a$”。对 Z_n 我们采用同样的方式。当我们说“设 a 是 Z_n 中的一个元素”时，意思就是“设 a 是 0 到 $n-1$ 之间的一个整数”，但也表示 a 的值在整个问题中保持不变，并且在包含 a 的式子中使用 $+_n$ 和 $\cdot_n$。

把这种新运算称为模 n 加法和模 n 乘法。现在需要验证对于一般加法和乘法“通常的”运算法则仍然适用于 $+_n$ 和 $\cdot_n$。特别地，希望验证交换律、结合律和分配律。

定理 2.4　*模 n 的加法和乘法满足交换律、结合律和乘法对加法的分配律。*

证明　$+_n$ 和 $\cdot_n$ 的交换律严格遵循一般加法和乘法的交换律。下面证明加法的结合律，其他定律的证明与之类似。

$$
\begin{aligned}
a+_n(b+_n c) &= (a+(b+_n c)) \bmod n && \text{(式2.5)}\\
&= (a+((b+c) \bmod n)) \bmod n && \text{(式2.5)}\\
&= (a+(b+c)) \bmod n && \text{(引理2.3)}\\
&= ((a+b)+c) \bmod n && \text{(一般加法的结合律)}\\
&= (((a+b) \bmod n)+c) \bmod n && \text{(引理2.3)}\\
&= ((a+_n b)+c) \bmod n && \text{(式2.5)}\\
&= (a+_n b)+_n c && \text{(式2.5)}
\end{aligned}
$$

□

97

注意到 $0+_n i=i$ 和 $1\cdot_n i=i$ 也满足。这两个式子称为**加法单位性**（additive identity properties）和**乘法单位性**（multiplicative identity properties）。另外，满足 $0\cdot_n i=0$。因此，可以按照一般代数的方法同样在 Z_n 中使用 0 和 1 的代数表示（这里的 0 和 1 指模 n 后的代数表示）。我们用 $a-_n b$ 表示 $a+_n(-b)$。

作为这部分的总结，我们观察到引理 2.3 和定理 2.4 在进行大数的模 n 求和及求积运算中大有用处。例如，假设有 m 个整数 $x_1,\cdots,x_m$，想要计算 $\left(\sum_{j=1}^{m} x_i\right) \bmod n$。一个自然的想法是先计算各数之和然后将结果模 n。然而，有一种可能是，在你使用的计算机上，即使 $\left(\sum_{j=1}^{m} x_i\right) \bmod n$ 和每个 x_i 是能够存储在某整数值下的数，但 $\left(\sum_{j=1}^{m} x_i\right)$ 可能会太大而无法存进整数值中（回想一下整数都是严格地按照四位或八位存储，因此最大值大概在 $2\cdot 10^9$ 或 $9\cdot 10^{18}$）。引理 2.3 表明若要计算某个结果模 n，可以在 Z_n 中用 $+_n$ 和 $\cdot_n$ 进行全部的计算。这样就不必计算一个比我们要处理的任何一个数都长很多位的大整数。

2.1.5　使用模 n 加法的密码编码

将数字 $a \bmod n$ 加法应用于加密中的一个自然思路是首先将明文消息转化为字符串

（即将消息中的所有符号与所有 ASCII 码对应起来），然后将消息加 a 后模 n。因此，

$$P(M)=M+_n a,\quad S(C)=C+_n(-a)=C-_n a$$

若 n 的数值恰好大于消息值，那么对于知道 a 的人来说很容易就能对加密后的消息进行解码，而对于只能看到密文的敌手来说就一无所知。因此，除非 a 的选择不当（例如，将字符串的所有位或者大部分位选为 0 就是一种不当的选择），否则一个不知道 a 的敌手即使了解整个加密系统，甚至知道 n 的值，最终也只能依靠穷举 a 的可能值进行攻击（从效果上来看，加 a 对敌手来说就像序列随机置换）。因为你只使用了一次 a，所以对敌手来说没有办法收集到更多有效的信息对猜测 a 提供帮助。因此，如果只有你和消息接收方知道 a，这种加密方式将非常安全，因为猜测 a 将和猜测明文消息一样困难。

98

还有一种可能是，当你选定 n 之后，发现将明文消息转换为数字后大于 n。通常的做法是将消息分为几个小块，使得每一块长度都小于 n，然后将小块消息分别发送。看起来只要不是发送大量的小块，敌手就很难通过观察密文信息来猜测 a。但事实上，如果敌手知道 n 不知道 a，但是知道你进行了加 $a \bmod n$ 运算，那么他可以获取两段密文信息并在 Z_n 中相减，从而得到两段明文消息的差值。（习题 12 要求你解释一下，为什么即使敌手不知道 n 但确定你进行了加上某个秘密数 a 做模某个秘密数 n 的运算，他就可以用三条加密后的消息找出三个整数值的差值，而非 Z_n 的差值。且任何一个差值都等于某两条明文消息的差值。）这个差值能给敌手带来很有价值的信息[⊖]。更糟糕的是，如果敌手可以诱骗你发送一条他知道的消息 z，拦截加密后的消息并减去 z 将使敌手得到 a。因此，这种加 $a \bmod n$ 的加密方法你是不会想用第二次的。

2.1.6　使用模 n 乘法的密码编码

本节将探讨乘法是否是加密的一个好方式。特别地，可以将明文消息乘以一个预选值 a 并模 n 进行加密。解密时我们希望通过除以 a 完成，但文中还没有给出除法的定义。模 a 除法意味着什么呢？通俗地说，一般认为除法是乘法的逆——如果用 x 乘以 a 然后除以 a，就会再次得到 x。显然，在一般的算术中是这样。在模运算下，除法却不尽相同。

99

练习 2.1-6： 一种可能的加密方式是选择消息 x 并计算 $a\cdot_n x$，其中 a 是一个发送者和接收者都知道的值。解密时，在 Z_n 中除以 a，前提是你知道如何进行 Z_n 中的除法。这种加密方法效果如何？特别地，考虑如下三个案例。第一，考虑 $n=12, a=4, x=3$；第二，考虑 $n=12, a=3, x=6$；第三，考虑 $n=12, a=5, x=7$。在每个案例下，如果你的接收者知道 a，那么他能计算出明文消息 x 吗？对这个问题，没必要知道除法的意思，因为至少有一种其他的方式可以得到这个消息。

⊖ 如果每一小块消息都是等可能的取值于 0 到 n 之间的任何数，并且如果任何之后的小块与第一小块的取值方法类似，那么知道这两小块的差异并不会得到有关这两小块本身的信息。然而，因为语言是有结构的，而且大多数信息也是有结构的，因此以上的两个条件很难达到，在这种情况下，敌手就可以利用结构知识从两块消息的差异中推断信息。

当我们通过 Z_n 中加 a 的方式加密明文消息时，可以通过 Z_n 中减 a 的方式进行解密。类比这种方法，如果我们通过 Z_n 中乘 a 的方式加密，解密时我们希望通过 Z_n 中除以 a 的方式进行。然而，练习 2.1-6 表明 Z_n 中的除法并不一定总有意义。假设 n 的值是 12，a 的值是 4，要发送的消息 3 加密为 $4 \cdot_{12} 3 = 0$。因此，你发送密文 0。你的接收者看到密文 0，会认为明文消息可能是 0，毕竟 $4 \cdot_{12} 0 = 0$。另一方面，$4 \cdot_{12} 3 = 0$，$4 \cdot_{12} 6 = 0$，$4 \cdot_{12} 9 = 0$。因此，对于原始明文消息，你的接收者将有 4 种选择，这种情况和不得不猜测原始明文消息几乎一样糟糕。

或许看上去只有在密文是 0 的情形下才会出现特殊的问题。练习 2.1-6 的第二个案例给出了密文非 0 的情形。假设 $a = 3, n = 12$。加密消息 6，有 $3 \cdot_{12} 6 = 6$。直接计算显示 $3 \cdot_{12} 2 = 6$，$3 \cdot_{12} 6 = 6$，$3 \cdot_{12} 10 = 6$。因此，消息 6 加密后可以解密出三个值 2、6 或者 10。

练习 2.1-6 的最后一个案例给了我们一些希望。设 $a = 5, n = 12$。消息 7 加密为 $5 \cdot_{12} 7 = 11$。逐个检验 $5 \cdot_{12} 1$、$5 \cdot_{12} 2$、$5 \cdot_{12} 3$ 等，可得 7 是 Z_{12} 中唯一一个满足 $5 \cdot_{12} x = 11$ 的解。因此，在这个案例中，接收者可以正确解密出消息。

这个练习所表明的关键一点就是加密系统必须是一对一的，即每一条明文消息都对应着一条不同的加密消息。

在 2.2 节我们将看到，练习 2.1-6 中的这类问题只有在 a 和 n 有大于 1 的公因子时才会发生。因此，当 a 和 n 没有大于 1 的公因子时，接收者仅需知道如何在 Z_n 中除以 a 就可以完成解密。如果你不知道如何完成在 Z_n 中除以 a 的运算，那么你可以借此来理解公钥密码学的思想：明文消息就在那儿供任何知道怎么除以 a 的人获得。然而，如果除了接收者没有人能够除以 a，那么即便告诉任何人 a 和 n 的值仍能保证明文消息的保密性。练习所表明的第二点是，如果具有一些别人都没有的知识，比如怎样进行除以 $a \bmod n$ 的运算，那么就有了一个可行的公钥密码系统。然而，可以看到，事实上除以 a 并不困难，所以要实现公钥密码学还需要一个更好的技巧。

100

重要概念、公式和定理

1. **密码编码学**：密码编码学是研究发送和接收秘密消息的方法。
   a） **发送者**试图发送一个消息给**接收者**。
   b） **敌手**想要窃取该消息。
   c） 在**私钥密码**中，发送者和接收者提前确定一个**私钥**，然后使用该私钥发送消息。
   d） 在**公钥密码**中，加密算法可以公开。每个用户拥有一个**公钥**用于加密和一个**私钥**用于解密。
   e） 初始消息称为**明文**。
   f） 加密后的文本称为**密文**。
2. **凯撒密码**是一种字母表中的字母移动固定位置的编码方法。

3. **欧几里得除法定理**：n 为正整数，对于每一个整数 m，一定存在唯一整数 q 和 r，使得 $m = nq + r$，其中 $0 \leqslant r < n$。根据定义，r 等价于 $m \bmod n$。
4. **加上若干个 n 的乘积并不影响模 n 的值**。即，对任意整数 k，$i \bmod n = (i + kn) \bmod n$。

101

5. 如果一个计算只包含加法和乘法并将最终结果模 n，那么**模 n** 出现在中间任何地方都不会影响最终结果。

$$
\begin{aligned}
(i+j) \bmod n &= (i + (j \bmod n)) \bmod n \\
&= ((i \bmod n) + j) \bmod n \\
&= ((i \bmod n) + (j \bmod n)) \bmod n \\
(i \cdot j) \bmod n &= (i \cdot (j \bmod n)) \bmod n \\
&= ((i \bmod n) \cdot j) \bmod n \\
&= ((i \bmod n) \cdot (j \bmod n)) \bmod n
\end{aligned}
$$

6. **交换律、结合律和分配律**：模 n 的加法和乘法满足交换律、结合律、乘法对加法的分配律。
7. Z_n：使用符号 Z_n 表示整数 $0, 1, \cdots, n-1$，以及一个重新定义的加法，记为 $+_n$，和一个重新定义的乘法，记为 $\cdot_n$。其定义如下，

$$i +_n j = (i + j) \bmod n$$

$$i \cdot_n j = (i \cdot j) \bmod n$$

式 $x \in Z_n$ 的意思是，x 为一个可以从整数 0 到 $n-1$ 之间取值的变量。如果对 x 进行代数运算，将使用 $+_n$ 和 $\cdot_n$，而不是通常的加法和乘法。$a \in Z_n$ 的意思是，a 是 0 到 $n-1$ 之间的一个常数，并且在包含 a 的代数运算中使用 $+_n$ 和 $\cdot_n$。

习题

所有带 * 的习题均附有答案或提示。

1*. 计算 $14 \bmod 9$、$-1 \bmod 9$、$-11 \bmod 9$。

2. 用凯撒密码对消息 HERE IS A MESSAGE 进行加密，其中每个字母向右移动 3 个位置。

3*. 用凯撒密码对消息 HERE IS A MESSAGE 进行加密，其中每个字母向左移动 3 个位置。

102

4. 使用凯撒密码加密得到密文 XNQQD RJXXFLJ，每个字母移动了多少个位置？

5*. 计算 $16 +_{23} 18$、$16 \cdot_{23} 18$。

6. 一个短消息按如下方式加密：将消息中的每个字符“a”替换为 1，字符“b”替换为 2，以此类推，将这些整数连接在一起，得到一个六位或以下的数字。然后消息

加上未知数 $a \bmod 913647$，得到 618232。如果不知道 a，你是否能得到原始明文信息？如果知道 a，你是否能得到原始明文信息？

7* 如果说存在一个整数 x 等于 $(1/4) \bmod 9$，这代表什么意思？如果这样的整数存在，会是多少？是否存在整数等于 $(1/3) \bmod 9$？如果存在，是多少？

8. 在 Z_{30031} 中，用 487 乘以数 x，得到 13008。如果你知道如何求出数 x，请求出 x。如果不能，解释为什么用手计算这个问题似乎很难做到。

9* 为运算 $+_7$ 编写加法表格。为什么表格是对称的？为什么每个数字在每一行均有出现？

10. 在 Z_n 中，任何如下形式的方程都容易解出 x，并且该结果是 x 的唯一值。

$$x +_n a = b$$

然而，在练习 2.1-6 的讨论中，0,3,6,9 是方程

$$4 \cdot_{12} x = 0$$

的所有解。

a）是否存在 a 和 b 的整数值，a, b 大于等于 1，小于 12，使得方程 $a \cdot_{12} x = b$ 在 Z_{12} 中无解？如果存在，给出这样的一组 a, b 值。如果不存在，说明理由。

b） 是否存在整数 a，$1 < a < 12$，对于每个整数值 b，$1 \leqslant b < 12$，方程 $a \cdot_{12} x = b$ 有解？如果存在，给出一个解并说明为什么成立。如果不存在，说明理由。

11* 形如 $a \cdot_n x = b$ 的方程，其中 $a, b \in Z_n$，$a \neq 0$，在 Z_5 中是否有解？在 Z_7 中呢？在 Z_9 中呢？在 Z_{11} 中呢？

103

12. 回顾一下，如果一个素数整除两个整数的乘积，则它整除每个因子。

a. 用此证明当 b 运行 0 到 $p-1$ 之间的整数，其中 p 为素数，乘积 $a \cdot_p b$ 各不相同（对于每个确定的 a，a 介于 1 到 $p-1$ 之间）。

b. 解释为什么 p 为素数时每个大于 0 小于 p 的整数在 Z_p 中有唯一的乘法逆元。

13* 解释为什么：当对明文消息 x_1，x_2，x_3 进行加密，加上任意数 a，然后模 n，得到 y_1，y_2，y_3。敌手将 $y_1 - y_2$，$y_1 - y_3$，$y_2 - y_3$ 带入到整数中，不是 Z_n 中，敌手可以至少知道这三个差异中的一个对应于未编码信息中的差异。（注意：这里没有说敌手会知道具体哪一个是这样的差异。）

14. 在 Z_7 中编写 $\cdot_7$ 的乘法表格。

15. 证明引理 2.3 中的乘法等式。

16* 陈述并证明 $\cdot_n$ 乘法的结合律。

17. 陈述并证明 $\cdot_n$ 乘法对 $+_n$ 加法的分配律。

18. 编写输入 m 个整数 $x_1, x_2, \cdots, x_m$ 和整数 n，输出 $(\prod_i^m x_i) \bmod n$ 的伪代码。注意溢出值：在这种环境下，注意溢出值是指在你计算的值中没有点大于 n^2。

19. 编写解密消息的伪代码，该消息是按如下算法进行加密的。

步骤 1：选取三个连续字母。

步骤 2：颠倒它们的顺序。

步骤 3：将每一个三元组转换成二十六进制整数 ($A=0, B=1$ 等)，然后将该整数转换为十进制。

步骤 4：将得到的数字乘以 37（十进制下）。

步骤 5：加上 95。

步骤 6：将得到的数字转换为八进制。

继续处理包含三个连续字母的每一块，将分块附加到一起，使用 8 或 9 将它们隔开。

104 然后颠倒所有数字的顺序，出现的每个数字 5 用两个 5 来代替。

2.2 逆元和最大公因子

2.2.1 方程的解和模 n 的逆元

在 2.1 节中，研究了 Z_n 中的乘法运算。在 $n=12, a=4$ 的具体情形下，如果使用乘以 Z_n 中的 a 的方式进行加密，那么接收者需要求出方程 $4\cdot_n x=b$ 中的 x 值来对接收到的密文 b 进行解密。如果密文等于 0，那么 x 有四种可能的值。更一般地，练习 2.1-6 和 2.1 节中的一些习题表明：对于 n, a, b 的特定取值，形如 $a\cdot_n x=b$ 的方程有唯一解，而对于 n, a, b 的其他值，方程无解或有多个解。

判断形如 $a\cdot_n x=b$ 的方程在 Z_n 中是否有唯一解，有助于知道 a 在 Z_n 中是否有**乘法逆元**（multiplicative inverse）。即，是否存在另一元素 a'，满足 $a'\cdot_n a=1$。例如，在 Z_9 中，2 的逆元是 5，因为 $2\cdot_9 5=1$。另一方面，3 在 Z_9 中没有逆元，因为方程 $3\cdot_9 x=1$ 无解（这一点可以通过检查 x 的九个可能的值进行验证）。如果 a 存在逆元 a'，我们就能找到方程

$$a\cdot_n x=b$$

的解。为此，我们将方程两边同乘 a'，得到

$$a'\cdot_n(a\cdot_n x)=a'\cdot_n b$$

利用结合律，得到

$$(a'\cdot_n a)\cdot_n x=a'\cdot_n b$$

根据定义有 $a'\cdot_n a=1$，所以

$$x=a'\cdot_n b$$

这个计算对任意满足方程的 x 是有效的，因此得出这样的结论：满足方程的 x 为 $a'\cdot_n b$。我们将以上讨论总结为下面的引理。

引理 2.5 *设 a 在 Z_n 中存在逆元 a'，则对于任意的 $b\in Z_n$，方程*

$$a\cdot_n x=b$$

有唯一解

$$x = a' \cdot_n b$$

105

注意，该引理对任意 $b \in Z_n$ 都成立。

引理 2.5 说明了一个数是否有模 n 的逆元对模算术方程的解很重要。因此，希望了解何时 Z_n 中的元素存在逆元。

2.2.2 模 n 的逆元

先考虑一些与 2.1 节习题 11 相关的例子。

练习 2.2-1： 对于 $n = 5, 6, 7, 8, 9$，判断是否 Z_n 中的每个非零元素 a 都有逆元。

练习 2.2-2： 如果 Z_n 中的一个元素有乘法逆元，那它能有两个不同的乘法逆元吗？

下表给出了 Z_5 中每个非零元素 a 的乘法逆元。将表格中上面一行的每个数乘以 Z_5 的所有非零元素，通过这样的方式构造出下列表格。例如，乘积 $2 \cdot_5 1 = 2$，$2 \cdot_5 2 = 4$，$2 \cdot_5 3 = 1$ 和 $2 \cdot_5 4 = 3$ 表明，3 是 2 在 Z_5 中的唯一乘法逆元，这就是为什么把 3 放在 2 的下面。我们可以对 3 或 4 做同样的计算来完成余下的表格。

a	1	2	3	4
a'	1	3	2	4

同样地，对于 Z_7，可以得到下表

a	1	2	3	4	5	6
a'	1	4	5	2	3	6

对于 Z_9，前面已经说过 $3 \cdot_9 x = 1$ 没有解。因此根据引理 2.5 知，数 3 没有乘法逆元（注意引理是如何使用的。引理 2.5 表明，如果 3 存在逆元，则方程 $3 \cdot_9 x = 1$ 有解，这与 $3 \cdot_9 x = 1$ 没有解的事实矛盾。假设 3 有逆元将导致矛盾，因此 3 没有乘法逆元）。这个案例是以下引理 2.5 推论[⊖]的一个特例。

106

推论 2.6 若存在 $b \in Z_n$，使得方程

$$a \cdot_n x = b$$

无解，则 a 在 Z_n 中没有乘法逆元。

证明 推论中的条件是假设 $a \cdot_n x = b$ 无解。进一步假设 a 在 Z_n 中存在乘法逆元 a'。根据引理 2.5，$x = a' \cdot nb$ 是方程 $a \cdot_n x = b$ 的解，这与推论中条件的方程无解假设矛盾。因

⊖ 在 2.3 节中将看到，该推论实际上等价于引理 2.5 的一部分。

此，这其中肯定有一些假设是不正确的。假设之一——方程 $a \cdot_n x = b$ 无解——是推论条件中给出的假设。另一假设——a 在 Z_n 中存在乘法逆元 a'——是我们做出的假设，这个假设肯定是不正确的，因为它导致了矛盾。因此，a 在 Z_n 中没有乘法逆元。 □

该推论的证明是使用**反证法**（proof of contradiction）原理的一个典型例子。

原理 2.1 （反证法）

如果假设要证明的命题不成立，然后推出矛盾，那么试图证明的原命题就是正确的。

现在完成练习 2.2-1 的讨论。下表对于 Z_9 中没有逆元的非零元素显示 –[㊀]，存在逆元的元素给出了逆元。

a	1	2	3	4	5	6	7	8
a'	1	5	–	7	2	–	4	8

在 Z_6 中，1 有逆元，也就是 1。但等式

107

$$2 \cdot_6 1 = 2, \quad 2 \cdot_6 2 = 4, \quad 2 \cdot_6 3 = 0, \quad 2 \cdot_6 4 = 2, \quad 2 \cdot_6 5 = 4$$

表明 2 没有逆元。这里有一个减少计算量的判断技巧，方程 $2 \cdot_6 x = 3$ 无解，因为 $2x$ 是偶数，所以 $2x \bmod 6$ 也会是偶数。由推论 2.6 知 2 没有逆元。下表显示出 Z_6 中哪些非零元素存在逆元。

a	1	2	3	4	5
a'	1	–	–	–	5

做类似的计算，得出 2 在 Z_8 中也没有逆元。下表显示出 Z_8 中哪些非零元素存在逆元。

a	1	2	3	4	5	6	7
a'	1	–	3	–	5	–	7

可以看到，Z_5 和 Z_7 中的每个非零元素都有乘法逆元，但在 Z_6、Z_8 和 Z_9 中，一些元素不存在乘法逆元。注意到 5 和 7 是素数，而 6、8 和 9 不是。而且，在上述所有例子中，Z_n 中没有乘法逆元的元素都与 n 有公共因子。

在 Z_5 中，我们检查 2 与每个元素的乘积，得出只有一个乘积结果等于 1，所以 2 在 Z_5 中只有一个逆元。事实上，对于 Z_5、Z_6、Z_7、Z_8 和 Z_9 中的每个存在逆元的元素，可以同样的方法验证它只有一个逆元。下面的定理解释了为什么。

㊀ 原文是符号 X，应该是 –。——译者注

定理 2.7 若 Z_n 中的元素存在乘法逆元，则该元素仅有唯一的乘法逆元。

证明 假设 Z_n 中的元素 a 有逆元 a' 与逆元 a^*。则 a' 与 a^* 均是方程 $a \cdot_n x = 1$ 的解。然而，由引理 2.5, 方程 $a \cdot_n x = 1$ 有唯一解，因此 $a' = a^*$。 □

如同在实数中使用 a^{-1} 来表示 a 的逆元一样，如果元素 a 在 Z_n 存在逆元，我们也用 a^{-1} 来表示它。类似地，当 a 在模 n 下有逆元 a^{-1} 时，可定义 a 做除数的除法：若 a 有乘法逆元，在模 n 下，b 除以 a 与 b 乘以 a^{-1} 等同。由于逆元在解方程中起到重要的作用，因此对它进行反复的探讨。观察之前所举的例子，Z_n 中有逆元的元素与 n 的公因子最大为 1。而考虑公因子时，是将 a 和 n 作为可以进行普通的乘法运算的整数进行考虑的，而非模 n 下的乘法。因此，若要证明当且仅当 a 和 n 的公因子仅有 1 和 -1 两个元素时 a 在模 n 下才有逆元，则必须将方程 $a \cdot_n x = 1$ 转换为普通乘法定义下的方程。 108

2.2.3 将模方程转化为普通方程

可以将方程

$$a \cdot_n x = 1$$

写作

$$ax \bmod n = 1$$

但 $ax \bmod n$ 是根据等式 $ax = qn + r$ 中的余数 r 定义的，其中 $0 \leqslant r < n$。这意味着 $ax \bmod n = 1$ 当且仅当存在整数 q 满足 $ax = qn + 1$，或者记为

$$ax - qn = 1$$

因此，存在以下引理：

引理 2.8 方程

$$a \cdot_n x = 1$$

在 Z_n 中有解，当且仅当存在整数 x 和 y，满足

$$ax + ny = 1 \tag{2.6}$$

证明 将方程 $ax - qn = 1$ 中的 $-q$ 记为 y 即可完成证明。 □

这里将 $-q$ 记为 y 是出于两点理由。首先，在数论书籍中，带有 y 的方程是更常见的。其次，要求解这个方程，必须同时求出 x 和 y。使用字母表中靠后的字母来取代 $-q$，强调了这是一个我们需要求解的变量。

以上转化似乎使得问题更加困难，而非更加容易。我们将在 Z_n 中求解方程 $a \cdot_n x$ 的问题转化为求解方程 2.6。前者为关于变量 x 的单变量方程，且 x 仅有 $n-1$ 个不同的值。 109

但后者包含两个变量，x 和 y。并且，后者中 x 和 y 可以取任意整数值，甚至包括了负整数。

然而我们将会看到，这一方程正是完成以下证明所需要的：a 在模 n 下有逆，当且仅当 a 和 n 没有大于 1 的公因子。

2.2.4 最大公因子

练习 2.2-3： *假设 a 和 n 为整数，其中 n 为正数，且 $ax+ny=1$ 对某些整数 x 和 y 成立。这些条件与能否找到（模 n 下）a 的乘法逆元有什么关联？在这一情形下，如果 a 在 Z_n 中有一个逆元，那么这个逆元是什么？*

练习 2.2-4： *如果 $ax+ny=1$ 对整数 x 和 y 成立，那么 a 和 n 是否存在 1 和 -1 之外的公因子？*

由引理 2.8 可知，方程 $a\cdot_n x=1$ 在 Z_n 中有解，当且仅当存在整数 x 和 y 使得 $ax+ny=1$。那么对于练习 2.2-3，可总结出如下定理。

定理 2.9 *a 在 Z_n 中有乘法逆元，当且仅当存在整数 x 和 y，使得 $ax+ny=1$。*

如下推论可以作为对练习 2.2-3 其余部分的回答。

推论 2.10 *若 $a\in Z_n$，x 和 y 均为整数，使得 $ax+ny=1$，那么 a 在 Z_n 中的乘法逆元就是 $x \bmod n$。*

证明 因为 Z_n 中 $n\cdot_n y=0$，所以在 Z_n 中，有 $a\cdot_n x=1$。因此 Z_n 中 x 就是 a 的逆元。 □

现在考虑练习 2.2-4。如果 a 和 n 有公因子 k，那么一定存在整数 s 和 k，使得

$$a=sk$$

以及

110

$$n=qk$$

代入 $ax+ny=1$，可得

$$\begin{aligned}1&=ax+ny\\&=skx+qky\\&=k(sx+qy)\end{aligned}$$

那么 k 是 1 的因子。又由于 1 的整数因子只有 ±1，因此一定有 $k=\pm1$。所以，a 和 n 没有 1 和 -1 之外的公因子。

一般地，两个数 j 和 k 的**最大公因子**（greatest common divisor，GCD）是两数 j 和 k 共有的因子中的最大数 d[㊀]。将 j 和 k 的最大公因子记为 $\gcd(j,k)$。当两个整数 j 和 k 有 $\gcd(j,k)=1$ 时，称 j 和 k 是**互素**（relatively prime）的。

可将练习 2.2.4 重新表述为如下引理。

引理 2.11 *给定 a 和 n，若存在整数 x 和 y，使得 $ax+ny=1$，那么 $\gcd(a,n)=1$，也就是 a 和 n 互素。*

结合定理 2.9 和引理 2.11 可知，如果 a 在模 n 下有乘法逆元，则 $\gcd(a,n)=1$。一个很自然的问题就是，命题“如果 $\gcd(a,n)=1$，那么 a 有乘法逆元”是否为真[㊁]。如果这是真命题，那么就可以通过计算 a 和 n 的最大公因子的方法来检验 a 在模 n 下是否有乘法逆元。为了实现这一目的，需要一个计算 $\gcd(a,n)$ 的算法。这一算法是存在的，并且同时也可以作为上述命题的证明。

2.2.5 欧几里得除法定理

欧几里得除法定理是理解最大公因子的一个重要工具，对于我们定义 $m \bmod n$ 的内涵也十分重要。尽管欧几里得除法定理看起来十分显然，但实际上它可由一个简单的原理证明，并且这一证明过程有助于理解最大公因子算法是如何实现的。因此，在这里重新表述这一定理并给出一个证明。定理证明使用了反证法，这一方法首见于推论 2.6 中。注意，这里假设 m 是非负的，而欧几里得除法定理之前的表述（定理 2.1）中并没有做这一假设。习题 16 探究了如何能够去掉这一额外的假设。根据定义，下面的定理中 r 等于 $m \bmod n$。

111

定理 2.12（欧几里得除法定理，受限制版本） *令 n 为正整数。对于任一非负整数 m，存在唯一的一组整数 q 和 r，使得 $m=nq+r$ 且 $0\leqslant r<n$。*

证明 首先证明对于任意 m，至少存在一组整数 q 和 r，使得 $0\leqslant r<n$ 且 $m=qn+r$。为了从反面完成证明，假设存在一个整数 m，不存在对应的 q 和 r。取 m 为满足假设的最小的整数[㊂]。如果 $m<n$，那么 $m=n\cdot 0+m$ 且 $0\leqslant m<n$，因此一定有 $m\geqslant n$。因此，$m-n$ 是小于 m 的非负整数。那么，存在整数 q' 和 r' 使得 $m-n=nq'+r'$。但由此也有 $m=n(q'+1)+r'$。令 $q=q'+1$ 且 $r=r'$，可得 $m=qn+r$ 且 $0\leqslant r<n$。这与我们假设 m 不存在相应的 q 和 r 满足 $0\leqslant r<n$ 且 $m=qn+r$ 相矛盾。因此，根据反证法原理，对于任意的整数 m，存在相应的 q 和 r。

然后，将通过展示满足定理要求的任意两组 (q,r) 是相同的，来证明整数 q 和 r 的唯一性。根据这种思路，假设 $m=nq+r$ 且 $m=nq^*+r^*$，满足 $0\leqslant r<n$ 且 $0\leqslant r^*<n$。

㊀ j 和 k 肯定有公因子 1。没有公因子能够大于 $|j|$ 和 $|k|$，所以有有限个因子。因此，最大公因子肯定存在。

㊁ 注意，这种说法并不等同于引理中的阐述。这种声明称为引理的“逆”，我们会在第 3 章介绍更多关于逆向命题的思想。

㊂ 因为非负整数集为良序集，非负整数的任一子集都有最小元，所以，对于任意的整数 n，可以使命题为假的数 m 的集合一定有最小元。

将两式相减，得 $0 = n(q-q^*) + r - r^*$，因此 $n(q-q^*) = r^* - r$。由于 r^* 和 r 均在 0 到 $n-1$ 之间（包含端点），它们差的绝对值小于 n。可得

$$|n(q-q^*)| = |r^* - r| < n$$

因为 n 是等式左边的因子，上述不等式仅在 $|n(q-q^*)| = |r^* - r| = 0$ 时能够成立。因此，$q = q^*$ 且 $r = r^*$，便证明了 q 和 r 是唯一的。 □

这里使用了反证法的一个特例，称之为**最小反例证明**（proof by smallest counterexample）。在这种方法中，和所有的反证法一样，都假定定理是错误的，因而一定存在一个**反例**（counterexample）不满足定理的条件。对于某个给定的 n，反例由一个非负整数 m 构成，使得有不唯一的整数 q 和 r，$0 \leqslant r < n$，满足 $m = qn + r$。进一步地，如果存在若干反例，那么必定存在某个反例包含了最小的 m。假定已经选取得到了这样一个包含最小的 m 的反例，那么可推出所有包含更小的 m 的例子一定是符合定理条件的。如果可使用有某个更小的 m 的真例子推导出之前所谓的反例也符合定理条件，那么便得到了一个矛盾。这一矛盾所能否定的唯一事物便是关于定理是错误的假设。因此，假设一定是无效的，而定理一定是正确的。正如我们将在 4.1 节中见到的那样，这一方法与一种名为**归纳证明**（proof by induction）的证明方法以及递归算法密切相关。本质上，定理 2.12 的证明描述了定理 2.12 中寻找满足 $0 \leqslant r < n$ 的 q 和 r 的递归程序。

112

练习 2.2-5：*假设 $k = jq + r$，正如欧几里得除法原理中那样。$\gcd(j,k)$ 和 $\gcd(r,j)$ 之间是否存在某种关系呢？*

本练习中，如果 $r = 0$，那么 $\gcd(r,j)$ 为 j，因为任意数都是 0 的因子。但它同时也是 k 和 j 的最大公因子，因为此时 $k = jq$。练习 2.2-5 剩下的答案将在接下来的引理中阐述。

引理 2.13 *若 j，k，q 和 r 是正整数且满足 $k = jq + r$，那么*

$$\gcd(j,k) = \gcd(r,j) \tag{2.7}$$

证明 为证明方程 2.7 左右两侧是相等的，将说明 j 和 k 的公因子与 r 和 j 的完全相同。具体地，首先说明如果 d 是 j 和 k 的因子，那么它也是 r 和 j 的因子。然后再说明，如果 d 是 r 和 j 共有因子，那么它也是 j 和 k 的共有因子。

如果 d 是 j 和 k 的因子，那么一定存在整数 i_1 和 i_2 使得 $k = i_1 d$ 以及 $j = i_2 d$。因此，d 也是 r 的因子

113

$$\begin{aligned} r &= k - jq \\ &= i_1 d - i_2 dq \\ &= (i_1 - i_2 q)d \end{aligned} \tag{2.8}$$

因为 d 是 j 的因子（由假设），也是 r 的因子（由式 2.8），所以它是 r 和 j 的公因子。

类似地，如果 d 是 r 和 j 的因子，那么存在 $j = i_3 d$ 以及 $r = i_4 d$。因此

$$\begin{aligned} k &= jq + r \\ &= i_3 dq + i_4 \\ &= (i_3 q + i_4)d \end{aligned}$$

且 d 是 k 的因子，因此，也就是 j 和 k 的公因子。

因为 j 和 k 的公因子与 r 和 j 相同，所以它们的最大公因子（GCD）一定是相同的。

□

尽管并不需要假设 $r < j$ 来完成引理的证明，但根据定理 2.1 还是应该假设 $r < j$。引理中 j，q 和 r 均为正数的假设包含了 $j < k$。因此，这一引理将问题由找到 $\gcd(j,k)$ 简化为（可递归进行）找到 $\gcd(r,j)$。

2.2.6 欧几里得最大公因子算法

练习 2.2-6：*使用引理 2.13，给定 $0 < j \leqslant k$，设计一种递归的算法来找到 $gcd(j,k)$。使用这一算法，手算 24 和 14 的最大公因子与 252 和 189 的最大公因子。*

针对练习 2.2-6 的算法是基于引理 2.13 设计的，并注意到了如果 $k = jq$ 对于任意的某个 q 成立，一定有 $j = \gcd(j,k)$。在该练习中，假设 j 和 k 均为正数，且 $j \leqslant k$。首先，按照通常的方式写出 $k = jq + r$。如果 $r = 0$，那么返回 j 的值作为最大公因子。否则，j 和 r 均为正数且 $r \leqslant j$，可应用该算法来寻找 j 和 r 的最大公因子。最后，返回结果作为 j 和 k 的最大公因子。这一算法被称为**欧几里得最大公因子算法**（Euclid's GCD algorithm）。

要找到 $\gcd(14,24)$，首先写出

$$24 = 14(1) + 10$$

114

此时，$k = 24$，$j = 14$，$q = 1$，以及 $r = 10$。因此，可应用引理 2.13，得到

$$\gcd(14,24) = \gcd(10,14)$$

因此可以继续计算 $\gcd(10,14)$，写出 $14 = 10 \cdot 1 + 4$，如下等式成立

$$\gcd(10,14) = \gcd(4,10)$$

又因为

$$10 = 4 \cdot 2 + 2$$

有

$$\gcd(4,10) = \gcd(2,4).$$

又因为

$$4 = 2 \cdot 2 + 0$$

对应 $k = 4$，$j = 2$，$q = 2$ 以及 $r = 0$。此时，由算法设定可知，当前的 j 值就是初始 j 和 k 的最大公因子。这一步是整个递归算法的基本情形。

因此

$$\gcd(14, 24) = \gcd(2, 4) = 2$$

实际上，寻找 252 和 189 的最大公因子更加简单，尽管数值更大。

写出

$$252 = 189 \cdot 1 + 63$$

因此 $\gcd(189, 252) = \gcd(63, 189)$，且

$$189 = 63 \cdot 3 + 0$$

这表明 $\gcd(189, 252) = \gcd(189, 63) = 63$。

2.2.7　广义最大公因子算法

仔细分析上述过程，不仅可以得到最大公因子，也可以得到一组数 x 和 y，使得 $\gcd(j, k) = jx + ky$。这解决了当前正在研究的问题，因为这一事实可以证明，如果 $\gcd(a, n) = 1$，那么一定存在整数 x 和 y，使得 $ax + ny = 1$。进一步地，它也告诉了我们如何求得 x，即 a 的乘法逆元。

115

在 $k = jq$ 的情形下，将返回 j 值作为要求的最大公因子，并返回 1 作为 x 的值，0 作为 y 的值。假设在 $k = jq + r$ 且 $0 < r < j$ 的情形下（也就是 $k \neq jq$），可以递归的计算出 $\gcd(r, j)$，并在这个过程中得到 x' 和 y' 满足 $\gcd(r, j) = rx' + jy'$。因为 $r = k - jq$，代入可得

$$\gcd(r, j) = (k - jq)x' + jy' = kx' + j(y' - qx')$$

因此，当返回 $\gcd(r, j)$ 作为 $\gcd(j, k)$ 的值时，也同时返回 x' 作为 y 的值，返回 $y' - qx'$ 作为 x 的值。

将这一过程称为**广义欧几里得最大公因子算法**（Euclid's extended GCD algorithm）。

练习 2.2-7：*应用广义欧几里得最大公因子算法，找到数 x 和 y，使得 14 和 24 的最大公因子等于 $14x + 24y$。*

针对练习 2.2-7，我们将给出广义最大公因子算法的伪代码。在使用递归算法表述之前，首先给出一个更清晰的表述。这里使用了迭代进行表述，虽然使得伪代码更长，但也让计算过程更加清晰。对应地，这里不再使用变量 q，j，k，r，x 和 y 等变量，而是使用六个数组，其中 $q[i]$ 代表在 i 次迭代中的 q 值，依次类推。并使用指标 0 来表述输入值，也即 $j[0]$ 和 $k[0]$ 为需要求最大公因子的一组数。最终，$x[0]$ 和 $y[0]$ 也就是我们希望求出的 x 和 y。（第 8 行中，符号 $\lfloor x \rfloor$ 代表对 x 取底，也即小于或等于 x 的最大整数。）

gcd(j, k)

```
// 假设 j < k, 且 j、k 都是正整数
(1) if (j == k)
(2)       return j as gcd
(3)       return 1 as x
(4)       return 0 as y
(5) else
(6)       i = 0; k[i] = k; j[i] = j
(7) repeat
(8)       q[i] = ⌊ k[i]/j[i]⌋
(9)       r[i] = k[i] - q[i] j[i]
          // Now r[i] = k[i] mod j[i].
(10)      k[i + 1] = j[i]; j[i + 1] = r[i]
(11)        i = i + 1
(12) until (r[i - 1] = 0)
(13) i = i - 1
(14) gcd = j[i]
     // 我们已经发现gcd的值，现在计算x和y
(15) y[i] = 0;x[i] = 1
(16) i = i - 1
(17) while (i ⩾ 0)
(18)      y[i] = x[i + 1]
(19)      x[i] = y[i + 1] - q[i] * x[i + 1]
(20)      i = i - 1
(21) return gcd
(22) return x[0] as x
(23) return y[0] as y
```

116

表 2.1 展示了如何使用这一算法计算 gcd(24, 14) 的细节。每一行中，$q[i]$ 和 $r[i]$ 均可以由 $j[i]$ 和 $k[i]$ 计算得到。然后 $j[i]$ 和 $r[i]$ 可以传递到下一行，分别作为 $k[i+1]$ 和 $j[i+1]$ 的值。这一过程可以一直进行下去，直到得到的数值满足 $k[i] = q[i]j[i]$，此时 $j[i]$ 就是要求的最大公因子。然后开始计算 $x[i]$ 和 $y[i]$。在表 2.1 的 $i = 3$ 所对应的行中，有 $x[i] = 1$ 以及 $y[i] = 0$。随着 i 值减小，可令 $y[i] = x[i+1]$ 以及 $x[i] = y[i+1] - q[i]x[i+1]$，从而计算出该行对应的 $x[i]$ 和 $y[i]$。注意到，在每行中如下性质都成立：$j[i]x[i] + k[i]y[i] = \gcd(j, k)$。

广义欧几里得最大公因子算法可总结为如下定理。

定理 2.14　给定两个整数 j 和 k，广义欧几里得最大公因子算法可计算出 $\gcd(j, k)$ 以及两个整数 x 和 y，使得 $\gcd(j, k) = jx + ky$。

表 2.1　gcd(14, 24) 的计算流程

i	$j[i]$	$k[i]$	$q[i]$	$r[i]$	$x[i]$	$y[i]$
0	14	24	1	10		
1	10	14	1	4		
2	4	10	2	2		
3	2	4	2	0	1	0
2	4	10	2	2	−2	1
1	10	14	1	4	3	−2
0	14	24	1	10	−5	3
结果：$\gcd = 2, x = -5, y = 3$						

117

现利用广义欧几里得最大公因子算法来扩展引理 2.11 的内容。

定理 2.15　两个正整数 j 和 k 的最大公因子为 1（因此它们是互素的）当且仅当存在整数 x 和 y 使得 $jx + ky = 1$。

证明　如果存在整数 x 和 y 使得 $jx + ky = 1$，那么 $\gcd(j,k) = 1$。这一命题已经在引理 2.11 中完成了证明。也就是说，$\gcd(j,k) = 1$，当存在整数 x 和 y 使得 $jx + ky = 1$ 时成立。

另一方面，我们刚才已经展示了，利用广义欧几里得最大公因子算法可以对给定的正整数 j 和 k 求出整数 x 和 y，使得 $\gcd(j,k) = jx + ky$。因此，$\gcd(j,k) = 1$ 仅在存在整数 x 和 y 使得 $jx + ky = 1$ 时成立。□

结合引理 2.8 和定理 2.15，可以得出如下推论。

推论 2.16　对于任意正整数 n，Z_n 中元素 a 存在乘法逆元，当且仅当 $\gcd(a,n) = 1$。

若 n 为素数，那么对于所有的非零 $a \in Z_n$，都有 $\gcd(a,n) = 1$。由此，可得到如下推论。

推论 2.17　对任意素数 p，Z_p 中所有非零元素 a 都有逆元。

2.2.8 计算逆元

正如练习 2.2-3 中所展示的，广义欧几里得最大公因子算法不仅可以确认某个元素是否存在逆元，还可以计算出这个逆元。结合练习 2.2-3 和定理 2.15，可得如下推论。

118

推论 2.18　若 Z_n 中的元素 a 存在逆元，可利用广义欧几里得最大公因子算法计算出相应的 x 和 y 满足 $ax + ny = 1$。在 Z_n 中 a 的逆元就是 $x \bmod n$。

为使整个过程完整，现给出伪代码，可判断 Z_n 中的元素 a 是否存在逆元，并对存在逆元的 a 计算出它的逆元。

inverse(a,n)

```
(1) Run procedure gcd(a,n) to obtain gcd(a,n), x, and y
(2) if (gcd(a,n) == 1)
(3)     return x mod n
(4) else
(5)     print "no inverse exists"
```

算法的正确性直接基于以下事实：$\gcd(a,n) = ax + ny$；且若有 $\gcd(a,n) = 1$，那么 $ax \bmod n$ 一定等于 1。

重要概念、公式和定理

1. **乘法逆元：**Z_n 中的元素 a' 是 Z_n 中的元素 a 的一个乘法逆元，如果 $a \cdot_n a' = 1$。如果 a 有乘法逆元，那么它的乘法逆元是唯一的，被记为 a^{-1}。
2. **解模方程的重要方法：**假设 a 在模 n 下有乘法逆元，且逆元为 a^{-1}。那么对任意 $b \in Z_n$，方程
$$a \cdot_n x = b$$
的唯一解是
$$x = a^{-1} \cdot_n b.$$
3. **转换模方程为普通方程：**方程
$$a \cdot_n x = 1$$
在 Z_n 中有解当且仅当存在整数 x 和 y 使得
$$ax + ny = 1$$

119

4. **什么元素在 Z_n 中有逆?** 数 a 在 Z_n 中有逆当且仅当存在整数 x 和 y 使得 $ax+ny = 1$。
5. **最大公因子（GCD）：**两个数 j 和 k 的最大公因子是它们共同因子中的最大数 d。
6. **互素：**两个数 j 和 k，若 $\gcd(j,k) = 1$，则称 j 和 k 是互素的。
7. **最大公因子的逆过程：**给定 a 和 n，若存在整数 x 和 y 使得 $ax + ny = 1$，则 $\gcd(a,n) = 1$。
8. **最大公因子递归引理：**若 j、k、q 和 r 均为正整数，且满足 $k = jq+r$，则 $\gcd(j,k) = \gcd(r,j)$。
9. **欧几里得最大公因子算法：**给定两个数 j 和 k，欧几里得最大公因子算法返回 $\gcd(j,k)$。
10. **广义欧几里得最大公因子算法：**给定两个数 j 和 k，广义欧几里得最大公因子算法返回 $\gcd(j,k)$ 和两个整数 x 和 y，且满足 $\gcd(j,k) = jx + ky$。
11. **最大公因子为 1 与广义欧几里得最大公因子算法的关联：**两个正整数 j 和 k 最大公因子为 1，当且仅当存在整数 x 和 y 使得 $jx + ky = 1$。整数 x 和 y 其中一个数可以为负数。

12. **在 Z_n 中有乘法逆元的条件**：对任意正整数 n，Z_n 中元素 a 有逆元当且仅当 $\gcd(a,n)=1$。
13. **模方程 $a\cdot_n x=b$ 的一种解法**：使用广义欧几里得最大公因子算法计算 a^{-1}（如果存在的话），然后在方程两侧同时乘以 a^{-1}。（如果 a 不存在逆元，方程可能有解，也可能无解。）

习题

所有带 * 的习题均附有答案或提示。

1* 若 $a\cdot 133-m\cdot 277=1$，能否确定 a 在模 m 下有逆元？如果有，找出逆元；如果没有，说明原因。

2. 若 $a\cdot 133-2m\cdot 277=1$，能否确定 a 在模 m 下有逆元？如果有，找出逆元；如果没有，说明原因。

120

3* 对 $n=10$ 和 $n=11$，分别确定是否 Z_n 中所有的非零元素都存在乘法逆元。

4. 满足 $a\cdot_{31}22=1$ 的元素 a 有多少个？满足 $a\cdot_{10}2=1$ 的元素 a 有多少个？

5* 给定 Z_n 中的元素 b，一般地，可能有多少个元素 a，使得在 Z_n 中 $a\cdot_n b=1$？

6. 若 $a\cdot 133-m\cdot 277=1$，a 和 m 所有可能的公因子有哪些？

7* 使用欧几里得最大公因子算法计算 210 和 126 的最大公因子。

8. 若 $k=jq+r$，正如在欧几里得除法定理中的设定一样，$\gcd(q,k)$ 和 $\gcd(r,q)$ 之间是否存在某种关系？如果存在关系，该关系是什么？

9* Bob 和 Alice 希望选取一个密钥应用于某些密码学场景，但是他们所能沟通的唯一渠道是一条被窃听的电话线路。Bob 提议，两人分别选取一个秘密数，Alice 选取 a，Bob 选取 b。同时，也通过电话，共同选取一个素数 p，并要求该数拥有比他们希望使用的密钥更多的位数，再选取一个数 q。Bob 将 $bq \bmod p$ 发送给 Alice，而 Alice 将 $aq \bmod p$ 发送给 Bob。他们的密钥（他们将对其保密）将设置为 $abq \bmod p$。（此时并不需要关注密钥的使用细节，只需要关注如何选取这个密钥）。Bob 解释道，窃听者将知道 p，q，$aq \bmod p$ 以及 $bq \bmod p$，但不知道 a 或者 b，因此他们的密钥是安全的。

这一方案是安全的吗？或者说，窃听者能够计算出 $abq \bmod p$ 吗？如果可以，是怎么样做到的？

Alice 说，"你知道的，这个方案听起来不错，但是如果我发送 $q^a \bmod p$ 给你，你发送 $q^b \bmod p$ 给我，我们使用 $q^{ab} \bmod p$ 作为我们的密钥，这样不是会更困难吗？"这种设定下，你能替窃听者想出一种方式来计算 $q^{ab} \bmod p$ 吗？如果能，是如何做到的？如果不能，计算的障碍是什么？（这里的障碍是指你不知道如何计算的某些问题，你不需要证明你不能计算它。）

10. 写出广义最大因子算法递归形式的伪代码。

11* 执行广义欧几里得最大公因子算法来计算 $\gcd(576,486)$，并展示所有的步骤。

12. 使用广义欧几里得最大公因子算法计算模 103 下 16 的乘法逆元。

13*. 求解 Z_n 中方程 $16 \cdot_{103} x = 21$。

121

14. Z_{35} 中哪些元素不存在 Z_{35} 中的乘法逆元？

15*. 如果 $k = jq + r$，正如欧几里得除法定理设定的那样，$\gcd(j, k)$ 和 $\gcd(r, k)$ 之间是否存在某种关系？如果存在关系，该关系是什么？

16. 注意到，若 m 是非负数，那么 $-m$ 是正数。因此，根据定理 2.12，$-m = qn + r$ 对 $0 \leqslant r < n$ 成立。这等同于 $m = -qn - r$。若 $r = 0$，那么 $m = q'n + r'$ 对 $0 \leqslant r' \leqslant n$ 成立，且 $q' = -q$。然而，若 $r > 0$，那么不能通过令 $r' = -r$ 使其满足 $0 \leqslant r' < n$。但尽管如此，已经完成了 $r = 0$ 的情况，可假设 $0 \leqslant n - r < n$。这暗示了，如果你将 r' 设为 $n - r$，可能就可以找到 q' 使得 $m = q'n + r'$，其中 $0 \leqslant r' \leqslant n$。这样便可以得出，欧几里得除法定理对于负数 m 和对非负数 m 一样有效。找到一个符合要求的 q'，并解释如何将定理 2.12 中这一版本的欧几里得除法定理推广到定理 2.1 中的版本。

17*. 斐波那契数 F_i 按如下方式定义：

$$F_i = \begin{cases} 1 & i = 1 \text{ 或 } i = 2 \\ F_{i-1} + F_{i-2} & \text{其他} \end{cases}$$

当你对 F_i 和 F_{i+1} 使用广义欧几里得最大公因子算法时，会发生什么？（这一问题不仅需要答案，也需要算法的执行过程。）

18. 写一个程序来实现广义欧几里得最大公因子算法，并在多个不同输入下运行它。确保该程序除了返回最大公因子，也返回对应的 x 和 y。该程序将执行多少次递归？如果增大需要计算最大公因子的 j 和 k 的大小，会对程序的期望运行时间产生多大的影响？

19*. 两个正整数 x 和 y 的最小公倍数（LCM）是 x 和 y 的共同倍数中最小正整数 z。请给出最小公倍数的公式，公式中应包含对最大公因子的计算。

20. 写出一段伪代码：在给定 Z_n 中整数 a，b 和 n 时，计算出 x 满足 $a \cdot_n x = b$，或者得出不存在这样的 x。

21*. 请给出方程 $a \cdot_n x = b$ 有解，但 a 和 n 不互素的例子，或者说明不存在这样的方程。

122

22. 请找到一个形如 $a \cdot_n x = b$ 的方程，其有唯一解，且 a 和 n 不互素，或者证明这样的方程是不存在的。这个问题也可以表述为，请证明若 $a \cdot_n x = b$ 在 Z_n 中有唯一解，那么 a 和 n 是互素的，或者找出一个反例。

23*. 证明定理 2.14。

2.3 RSA 密码体制

2.3.1 模 n 的指数运算

在之前的章节中，已经考虑过使用模加法和模乘法来实现加密，并且也看见了它们的不足之处。在本节中，将考虑使用指数来进行加密，并看到这样的做法将提供更高层次的安全性。

RSA 加密背后的思想就是 Z_n 中的**指数运算**（exponentiation）。由引理 2.3，若 $a \in Z_n$，那么

$$a^j \bmod n = \underbrace{a \cdot_n a \cdot_n \cdots \cdot_n a}_{j\text{个因子}}. \tag{2.9}$$

换言之，$a^j \bmod n$ 是 Z_n 中均为 a 的 j 个因子的乘积。

2.3.2　指数运算的规则

由引理 2.3 以及整数中指数运算的规则，可得引理 2.19。

引理 2.19　对任意 $a \in Z_n$ 以及任意非负整数 i 和 j，都有

$$(a^i \bmod n) \cdot_n (a^j \bmod n) = a^{i+j} \bmod n \tag{2.10}$$

以及

$$(a^i \bmod n)^j \bmod n = a^{ij} \bmod n. \tag{2.11}$$

练习 2.3-1：计算 2 mod 7 的方幂。你发现了什么？再计算 3 mod 7 的方幂。又发现了什么？

123

练习 2.3-2：计算 Z_7 中非零元素的六次方幂。你发现了什么？

练习 2.3-3：分别计算 $1 \cdot_7 2$，$2 \cdot_7 2$，$3 \cdot_7 2$，$4 \cdot_7 2$，$5 \cdot_7 2$ 和 $6 \cdot_7 2$。你发现了什么？再计算 $1 \cdot_7 3$，$2 \cdot_7 3$，$3 \cdot_7 3$，$4 \cdot_7 3$，$5 \cdot_7 3$ 和 $6 \cdot_7 3$。你又发现了什么？

练习 2.3-4：假设我们从 1 到 6 之间任意选取某个非零元素 a。这些数，$1 \cdot_7 a$，$2 \cdot_7 a$，$3 \cdot_7 a$，$4 \cdot_7 a$，$5 \cdot_7 a$ 和 $6 \cdot_7 a$，都是不同的吗？若都不相同，请说明原因；若不是都不相同，也请说明原因。

在练习 2.3-1 中，有

$$
\begin{aligned}
2^0 \bmod 7 &= 1\\
2^1 \bmod 7 &= 2\\
2^2 \bmod 7 &= 4\\
2^3 \bmod 7 &= 1\\
2^4 \bmod 7 &= 2\\
2^5 \bmod 7 &= 4\\
2^6 \bmod 7 &= 1\\
2^7 \bmod 7 &= 2
\end{aligned}
$$

$$2^8 \bmod 7 = 4$$

继续进行下去，我们将看到 2 的所有方幂的值都在 3 元序列——1，2，4——中反复循环。对 3 进行同样的操作，得到

$$3^0 \bmod 7 = 1$$
$$3^1 \bmod 7 = 3$$
$$3^2 \bmod 7 = 2$$
$$3^3 \bmod 7 = 6$$
$$3^4 \bmod 7 = 4$$
$$3^5 \bmod 7 = 5$$
$$3^6 \bmod 7 = 1$$
$$3^7 \bmod 7 = 3$$
$$3^8 \bmod 7 = 2$$

124

此时，方幂值在 6 元序列（1,3,2,6,4,5）中反复循环。

现在注意到，在 Z_7 中，有 $2^6 = 1$ 以及 $3^6 = 1$。这提示了练习 2.3-2 的答案。是否对所有的 $a \in Z_7$ 都有 $a^6 \bmod 7 = 1$？我们可以计算出 $1^6 \bmod 7 = 1$，以及

$$\begin{aligned}4^6 \bmod 7 &= (2 \cdot_7 2)^6 \bmod 7\\ &= (2^6 \cdot_7 2^6) \bmod 7\\ &= (1 \cdot_7 1) \bmod 7\\ &= 1\end{aligned}$$

对于 5^6 呢？注意到，由以上计算，Z_7 中 $3^5 = 5$。两次使用方程 2.11，可得

$$\begin{aligned}5^6 \bmod 7 &= (3^5)^6 \bmod 7\\ &= 3^{5\cdot 6} \bmod 7\\ &= 3^{6\cdot 5} \bmod 7\\ &= (3^6)^5 = 1^5 = 1\end{aligned}$$

在 Z_7 中成立。最后，由于 $-1 \bmod 7 = 6$，由引理 2.3 可知，$6^6 \bmod 7 = (-1)^6 \bmod 7 = 1$。因此，$Z_7$ 中每个元素的 6 次方幂都为 1。

在练习 2.3-3 中，可见

$$1 \cdot_7 2 = 1 \cdot 2 \bmod 7 = 2$$
$$2 \cdot_7 2 = 2 \cdot 2 \bmod 7 = 4$$

$$3 \cdot_7 2 = 3 \cdot 2 \bmod 7 = 6$$

$$4 \cdot_7 2 = 4 \cdot 2 \bmod 7 = 1$$

$$5 \cdot_7 2 = 5 \cdot 2 \bmod 7 = 3$$

$$6 \cdot_7 2 = 6 \cdot 2 \bmod 7 = 5$$

这些数构成了集合 $\{1,2,3,4,5,6\}$ 的一个排列。类似地，

$$1 \cdot_7 3 = 1 \cdot 2 \bmod 7 = 3$$

$$2 \cdot_7 3 = 2 \cdot 2 \bmod 7 = 6$$

125

$$3 \cdot_7 3 = 3 \cdot 2 \bmod 7 = 2$$

$$4 \cdot_7 3 = 4 \cdot 2 \bmod 7 = 5$$

$$5 \cdot_7 3 = 5 \cdot 2 \bmod 7 = 1$$

$$6 \cdot_7 3 = 6 \cdot 2 \bmod 7 = 4$$

这样，我们再一次得到了 $\{1,2,3,4,5,6\}$ 的一个排列。

练习 2.3-4 中问到，上述现象是否始终成立。注意到，因为 7 是一个素数，由推论 2.17 可知，1 到 6 之间的任一非零数都在模 7 下有乘法逆元 a^{-1}。所以，如果 i 和 j 均为 Z_7 的整数，并满足 $i \cdot_7 a = j \cdot_7 a$，那么可以在模 7 下两侧同时右乘 a^{-1}，得到

$$(i \cdot_7 a) \cdot_7 \; a^{-1} = (j \cdot_7 a) \cdot_7 a^{-1}$$

使用交换律，可得

$$i \cdot_7 (a \cdot_7 a^{-1}) = j \cdot_7 (a \cdot_7 a^{-1}) \tag{2.12}$$

由于 $a \cdot_7 a^{-1} = 1$，由方程 2.12 可化简为 $i = j$。如此，我们已经说明了使得 $i \cdot_7 a$ 等于 $j \cdot_7 a$ 的唯一方式就是使 i 等于 j。因此，对于 $i = 1,2,3,4,5,6$，对应的 $i \cdot_7 a$ 一定是不相等的。又因为这六个不同值都在 1 到 6 当中，所以对应 $i = 1,2,3,4,5,6$ 的值 $i \cdot_7 a$ 构成了 $\{1,2,3,4,5,6\}$ 的一个排列。

正如你所见的，我们对练习 2.3-4 的分析仅基于一个事实，即若 p 为素数，那么任一 1 到 $p-1$ 之间的数都在 Z_p 中有乘法逆元。换言之，我们已经证明了如下引理。

引理 2.20　令 p 为素数。对 Z_p 任意固定的非零数 a，数 $(1 \cdot a) \bmod p, (2 \cdot a) \bmod p, \cdots, ((p-1) \cdot a) \bmod p$ 构成了集合 $\{1, 2, \cdots, p-1\}$ 的一个排列。

利用上述引理，可以证明一个著名的定理来解释练习 2.3.2 中出现的现象。

2.3.3 费马小定理

定理 2.21（费马小定理）　令 p 为素数。Z_p 中 $a^{p-1} \bmod p = 1$，对任一 Z_p 中的非零数 a 成立。

126

证明 因为 p 是素数，所以由引理 2.20 可知，数 $q\cdot_p a$，$2\cdot_p a$，$\cdots$，$(p-1)\cdot_p a$ 构成集合 $\{1,2,\cdots,p-1\}$ 的一个排列。因而

$$1\cdot_p 2\cdot_p \cdots \cdot_p (p-1) = (1\cdot_p a)\cdot_p (2\cdot_p a)\cdot_p \cdots \cdot_p ((p-1)\cdot_p a)$$

利用方程 2.9 和 Z_p 中乘法的交换律与结合律，可得

$$1\cdot_p 2\cdot_p \cdots \cdot_p (p-1) = 1\cdot_p 2\cdot_p \cdots \cdot_p (p-1)\cdot_p (a^{p-1} \bmod p)$$

现在对方程左右两侧同时乘以 Z_p 中 $2,3,\cdots,p-1$ 的乘法逆元。方程的左侧变为 1，右侧变为 $a^{p-1} \bmod p$，这正是定理中的结论。 □

推论 2.22（费马小定理，版本 2） *对任意正整数 a 和素数 p，若 a 不是 p 的倍数，则*

$$a^{p-1} \bmod p = 1$$

证明 这是引理 2.3 的直接应用结果，因为如果将 a 替换为 $a \bmod p$，就可以应用定理 2.21 直接得出结论。 □

2.3.4 RSA 密码体制

费马小定理是 RSA 体制的核心组成。RSA 体制允许 Bob 向全世界公开一种编码方式，使用这一方式可以将消息编码后发送给 Bob，Bob 可以阅读消息，但其余任何人都不能读到消息。换言之，尽管他告诉所有人编码消息的方式，但除了 Bob 之外没有人能够通过查看编码后的消息来弄清楚消息的内容。Bob 给出的方式被称为**单向函数**（one-way function）——函数 f 存在逆 f^{-1}。尽管 $y=f(x)$ 相当容易计算，但除了 Bob（他持有额外的信息并加以保密）以外也没有人能够计算出 $f^{-1}(y)$。因此，当 Alice 想要发送消息 m 给 Bob 时，她计算出 $f(x)$ 并发送给 Bob，Bob 使用他的秘密信息来计算 $f^{-1}(f(x))=x$。

在 RSA 密码体制中，Bob 选取两个素数 p 和 q（在实际使用中，每个数至少有 150 位）并计算出 $n=pq$。他也选取一个数 $e\neq 1$，该数并不需要有很多位，但要求和 $(p-1)(q-1)$ 互素。这样，e 在 $Z_{(p-1)(q-1)}$ 中存在逆元 d，并且 Bob 可以计算出 $d=e^{-1} \bmod (p-1)(q-1)$。Bob 将 e 和 n 公开。数 e 被称为他的公钥。数 d 被称为他的私钥。作为上述描述的总结，这里给出 Bob 操作的伪代码概要。 127

Bob 的 RSA 密钥选取算法

```
(1) Choose 2 large prime numbers p and q
(2) n = p * q
(3) Choose e ≠ 1 so that e is relatively prime to (p - 1)(q - 1)
(4) Compute d = e^-1 mod (p - 1)(q - 1)
(5) Publish e and n
(6) Keep d secret
```

想要发送消息 x 给 Bob 的人可以计算 $y=x^e \bmod n$ 并将计算结果发送给 Bob（假设 x 的位数要比 n 的小，因此 x 在 Z_n 中。如果不满足这一条件，发送方需要消息拆分为若干块，每块的大小都小于 n 的位数，然后将每块独立发送。）

要解密这一消息，Bob 计算 $z=y^d \bmod n$。下面的伪代码总结了这一流程。

Alice 向 Bob 发送消息过程

```
(1) Alice does the following:
(2) Read the public directory for Bob's keys e and n
(3) Compute y = x^e mod n
(4) Send y to Bob

(5) Bob does the following:
(6) Receive y from Alice
(7) Compute z = y^d mod n, using secret key d
(8) Read z
```

这些算法中的每一步都可以利用本章的方法完成计算。2.4 节将会更加详细地解决计算问题。

为表明 RSA 密码体制是能够工作的——是指，允许我们编码并解码消息——必须证实 $z=x$。换言之，我们必须证实，当 Bob 解码时，他得到的是原始的消息。为表明 RSA 密码体制是安全的，我们必须论证，对于能得到 n，e 以及 y 但不知道 p,q 或者 d 的窃听者，不能轻易计算出 x。

练习 2.3-5：为表明 RSA 密码体制能够工作，我们首先证实一个简单的事实。为什么

$$y^d \bmod p = x \bmod p$$

128

这一方程告诉我们 x 的值了吗？

代入 y 的值，则有

$$y^d \bmod p = x^{ed} \bmod p \tag{2.13}$$

但是，在 Bob 的密钥选择算法的第 3 和第 4 行中，通过选择 e 和 d 的值，来使得 $e \cdot_m d=1$ 成立，其中 $m=(p-1)(q-1)$。换言之，

$$ed \bmod (p-1)(q-1)=1$$

因此，对于某个整数 k，有

$$ed=k(p-1)(q-1)+1$$

成立。

把这个式子代入方程 2.13，则得到

$$
\begin{aligned}
x^{ed} \bmod p &= x^{k(p-1)(q-1)+1} \bmod p \\
&= x^{(k(p-1)(q-1)} x \bmod p
\end{aligned}
\tag{2.14}
$$

然而对于每一个不是 p 的倍数的数 a，由费马小定理（推论 2.22），有 $a^{p-1} \bmod p=1$。通过对 $x^{k(q-1)}$ 运用费马小定理来简化方程 2.14，其过程将在后面给出。但是，仅仅可以在 $x^{k(q-1)}$ 不是 p 的倍数的情况下这样做。这就分为了两种情况：$x^{k(q-1)}$ 不是 p 的倍数的情况（情况 1）和 $x^{k(q-1)}$ 是 p 的倍数的情况（情况 2）。在情况 1 中，运用方程 2.11 和费马小定理，其中 $a = x^{k(q-1)}$，则有

$$
\begin{aligned}
x^{(k(q-1))(p-1)} \bmod p &= (x^{k(q-1)})^{(p-1)} \bmod p \\
&= 1
\end{aligned}
\tag{2.15}
$$

联立方程 2.13，2.14，2.15，则有

$$
\begin{aligned}
y^d \bmod p &= x^{k(q-1)(p-1)} x \bmod p \\
&= 1 \cdot x \bmod p \\
&= x \bmod p
\end{aligned}
$$

因此，$y^d \bmod p = x \bmod p$。

129

我们仍然需要处理情况 2。在这个情况中，x 是 p 的倍数，因为 x 是整数，p 是素数。因此，$x \bmod p = 0$。根据引理 2.3，并结合方程 2.13，2.14，可得

$$
y^d \bmod p = (x^{k(q-1)(p-1)} \bmod p)(x \bmod p) = 0 = x \bmod p
$$

因此，在这个情况中也成立 $y^d \bmod p = x \bmod p$。

虽然上述信息是有用的，但仍然不能得到 x 的准确值，因为 x 可能等于或不等于 $x \bmod p$。由同样的推理可得 $y^d \bmod q = x \bmod q$。剩下要说明的是由这两个事实可以得到关于 $y^d \bmod pq = y \bmod n$ 的什么信息，这正是 Bob 所需要计算的。

注意到，通过引理 2.3，已经证明了

$$
(y^d - x) \bmod p = 0 \tag{2.16}
$$

和

$$
(y^d - x) \bmod q = 0 \tag{2.17}
$$

练习 2.3-6：等式 2.16 表明 $(y^d - x) \bmod p = 0$。用整数，整数的加法、减法和乘法，以及额外的变量写一个等式。（不能使用 mod。）

练习 2.3-7：等式 2.17 表明 $(y^d - x) \bmod q = 0$。用整数，整数的加法、减法和乘法，以及额外的变量写一个等式。（不能使用 mod。）

练习 2.3-8： 如果一个数是不同的素数 p 和 q 的倍数，那么它还是谁的倍数？由此可得关于 y^d 和 x 的什么信息？

对于某个整数 i 来说，$(y^d - x) \bmod p = 0$ 等价于 $(y^d - x) = ip$。对于某个整数 j 来说，$(y^d - x) \bmod q = 0$ 等价于 $(y^d - x) = jq$。如果一个数是素数 p 和 q 的倍数，那它一定是 pq 的倍数。因此，$(y^d - x) \bmod pq = 0$。由引理 2.3 可得 $(y^d - x) \bmod pq = ((y^d \bmod pq) - x) \bmod pq = 0$。但是 x 和 $y^d \bmod pq$ 都是介于 0 和 $pq - 1$ 之间的整数，因此它们的差介于 $-(pq-1)$ 和 $(pq-1)$ 之间。这两个值之间唯一的整数就是 $0 \bmod pq$，即 0 本身。因此，$(y^d \bmod pq) - x = 0$。也就是说，

$$
\begin{aligned}
x &= y^d \bmod pq \\
&= y^d \bmod n
\end{aligned}
$$

130 这意味着实际上 Bob 将会得到正确的结果。

定理 2.23（Rivest,Shamir,and Adleman） 用于编码和解码的 RSA 过程能够正确地工作。

证明 在上面已经证明过了。 □

有人可能会问，Bob 已经公布了 e 和 d，而且消息是通过计算 $x^e \bmod n$ 来加密的，为什么没有一个知道 $x^e \bmod n$ 的敌人能够简单地计算 e 次方根 $\bmod n$ 来破解代码？目前为止，没有人知道对任意 n 计算第 e 次方根 $\bmod n$ 的快速方法。不知道 p 和 q 的人无法重复 Bob 的工作来发现 x。因此，据我们所知，模幂运算是单向函数的一个例子。

2.3.5 中国剩余定理

在定理 2.23 证明的最后一步中所使用的方法也可以用来证明中国剩余定理。

练习 2.3-9： 对于 $x \in Z_{15}$ 中的每一个数字，写出 $x \bmod 3$ 和 $x \bmod 5$。x 是由这两个值唯一确定的吗？如果是，解释为什么。

在表 2.2 中可以看到，当 x 依次取从 0 到 14 这 15 个整数时，满足 $0 \leqslant i \leqslant 2$ 和 $0 \leqslant j \leqslant 4$ 的 $3 \cdot 5 = 15$ 的整数对 (i,j) 中的任一对恰好出现一次。因此，由 $f(x) = (x \bmod 3, x \bmod 5)$ 确定的函数 f 是一个从 15 元素集合到 15 元素集合的一一对应的函数。从而，每一个 x 都由它的一对余数对唯一确定。

中国剩余定理说明，这个观察总是成立的。

定理 2.24（中国剩余定理） 如果 m 和 n 是互素的整数，且 $a \in Z_m$，$b \in Z_n$，那么方程组

$$x \bmod m = a \tag{2.18}$$

$$x \bmod n = b \tag{2.19}$$

在 0 和 $mn-1$ 之间有且只有一个整数解。

131

证明　已知如果当 x 取到 0 到 $mn-1$ 之间的整数值时，有序对 $(x \bmod m, x \bmod n)$ 都是不同的。另外我们也知道由 $f(x) = (x \bmod m, x \bmod n)$ 确定的函数 f 是一个从 mn 元素集合到 mn 元素集合的一一对应的函数。因此，它也是一个满射[⊖]。换句话来说，每组方程 2.18 和 2.19 有且仅有一个解。

为了证明 f 是一一对应的，必须证明如果 x 和 y 是介于 0 和 $mn-1$ 之间的不同的数，那么 $f(x)$ 和 $f(y)$ 是不同的。为此，假设有一对 x 和 y 满足 $f(x) = f(y)$。于是有 $x \bmod m = y \bmod m$，$x \bmod n = y \bmod n$，所以 $(x-y) \bmod m = 0$，$(x-y) \bmod n = 0$。也就是说，$(x-y)$ 是 m 和 n 的倍数。那么就像习题 11 显示的，$(x-y)$ 是 mn 的倍数。也就是说，对一些整数 d，有 $x-y = dmn$。假设 x 和 y 是不同的，这意味着 x 和 y 不能都介于 0 和 $mn-1$ 之间，因为它们的差是 mn 或者更大。这与 x 和 y 介于 0 和 $mn-1$ 的假设矛盾，所以该假设是错误的。也就是说，f 一定是一一对应的。于是完成了这个定理的证明。□

表 2.2　x 取 0 到 $mn-1$ 之间的值时相对应的 $x \bmod 3$ 和 $x \bmod 5$ 的值

x	$x \bmod 3$	$x \bmod 5$
0	0	0
1	1	1
2	2	2
3	0	3
4	1	4
5	2	0
6	0	1
7	1	2
8	2	3
9	0	4
10	1	0
11	2	1
12	0	2
13	1	3
14	2	4

重要概念、公式和定理

1. **Z_n 中的指数运算：** 对每一个 $a \in Z_n$ 和每一个正整数 j，有

⊖ 如果这个函数不是满射，那么 x 的两个值必须映射到同一对有序对，因为有序对的数目和 x 的可能值的数目相同。因此函数不会是一一对应的。

$$a^j \bmod n = \underbrace{a \cdot_n a \cdot_n \cdots a}_{j\text{ 个因子}}$$

2. **指数运算规则：** 对每一个 $a \in Z_n$ 和每一个非负整数 i 和 j，有

$$(a^i \bmod n) \cdot_n (a^j \bmod n) = a^{i+j} \bmod n$$

和

$$(a^i \bmod n)^j \bmod n = a^{ij} \bmod n$$

3. **乘以 Z_p 中的一个固定的非零数 a 是一种排列：** p 是一个素数。对于任何一个 Z_p 中的固定的非零数 a，数 $(1 \cdot a) \bmod p$，$(2 \cdot a) \bmod p \cdots ((p-1) \cdot a) \bmod p$ 是集合 $\{1, 2, \cdots, p-1\}$ 的一个排列。

132

4. **费马小定理：** 如果 p 是素数，那么 $a^{p-1} \bmod p = 1$ 对 Z_p 中的每一个非零数 a 都成立。
5. **费马小定理，版本 2：** 对于每一个正整数 a 和素数 p，如果 a 不是 p 的倍数，那么

$$a^{p-1} \bmod p = 1$$

6. **RSA 加密体制（公钥密码体制的首个实现）：** 在 RSA 加密系统中，Bob 选择了两个素数 p 和 q（实际上，每一个都至少具有 150 位），然后计算 $n = pq$。另外选择一个数 $e \neq 1$，e 不需要有特别多的位数，但一定要和 $(p-1)(q-1)$ 互质。因此，e 有一个逆 d，Bob 计算 $d = e^{-1} \bmod (p-1)(q-1)$。Bob 公布了 e 和 n。要把信息 x 传输给 Bob，Alice 发送 $y = x^e \bmod n$。Bob 通过计算 $y^d \bmod n$ 来解码。

133

7. **中国剩余定理：** 如果 m 和 n 是互质的整数，且 $a \in Z_m$，$b \in Z_n$，那么方程

$$x \bmod m = a$$

$$x \bmod n = b$$

在 0 和 $mn-1$ 之间有且只有一个整数解。

习题

所有带 * 的习题均附有答案或提示。

1*. 在 Z_7 中计算 4 的正幂。在 Z_{10} 中计算 4 的正幂。最显著的相似点是什么？最显著的不同点是什么？

2. 计算 $1 \cdot_1 15, 2 \cdot_1 15, \cdots, 10 \cdot_1 15$。得到集合 $\{1, 2, 3, 4, 5, 6, 7, 8, 9, 10\}$ 的一个排列了吗？如果用 Z_{11} 中的另一个非零数来代替 5 的话能得到集合 $\{1, 2, 3, 4, 5, 6, 7, 8, 9, 10\}$ 的一个排列吗？

3*. 计算 Z_5 的每一个元素模 5 下的四次幂，发现了什么？什么一般性的原理能解释这个现象？

4. 29 和 43 是素数，那么 $(29-1)(43-1)$ 是什么？在 Z_{1176} 中的 $199\cdot1111$ 呢？$(23^{111})^{199}$ 在 Z_{29}, Z_{43}, Z_{1247} 中分别是什么？

5.* 29 和 43 是素数，那么 $(29-1)(43-1)$ 呢？在 Z_{1176} 中的 $199\cdot1111$ 呢？$(105^{1111})^{199}$ 在 Z_{29}, Z_{43}, Z_{1247} 中分别是什么？这个结果怎样解释练习 2.3.5 中的第二个问题？

6. 方程组

$$x \bmod 5 = 4$$

$$x \bmod 7 = 5$$

在 0 到 34 之间有多少解？这些解都是多少？

134

7.* 计算下列各项。写出你的计算过程，不要使用计算器或者电脑。

a） 15^{96} 在 Z_{97} 中。

b） 67^{72} 在 Z_{73} 中。

c） 67^{73} 在 Z_{73} 中。

8. 证明：在 Z_p 中，如果 $a^i \bmod p = 1$，那么 $a^n \bmod p = a^{n \bmod i} \bmod p$。

9.* 证明：当 p 是素数时，在 Z_{p^2} 中有 p^2-p 个具备乘法逆元的元素。如果 x 在 Z_{p^2} 中有一个乘法逆元，那 $x^{p^2-p} \bmod p^2$ 的值是多少？这个结论对于不具有乘法逆元的元素也成立吗？（研究例子可能对这个问题有帮助。）当 x 没有逆时，关于 x^{p^2-p} 有什么有趣的发现吗？

10. 当 p 和 q 都是素数时，Z_{pq} 中有多少个具备乘法逆元的元素？

11.* 前面定理 2.23 的证明显示，如果一个数是 p 和 q 的倍数，那么它也是 pq 的倍数。这个结论在这里被证明。

a） 当 m 和 n 互素时，广义欧几里得最大公因子算法求解的是何种整数方程？

b） 假设 m 和 n 是互素的，而且 k 是它们的倍数，即存在某整数 b 和 c，使得 $k=bm$，$k=cn$。如果将问题 a 中的方程两边同乘以 k，则会得到一个显示 k 是两个乘积之和的方程。通过适当的代换，你会发现 k 是 mn 的倍数。这是否证明了之前定理 2.23 的证明中的断言是正确的？

12. “模 n 同余”关系使用符号 $\equiv$ 表示。该关系定义为，$x \equiv y \pmod n$ 仅当 $x \bmod n = y \bmod n$ 时成立。

a） 证明模 n 同余定义了一个将整数划分为等价类的划分，以此来证明模 n 同余是一个等价关系。

b） 证明模 n 同余是自反的、对称的、可传递的，以此来证明模 n 同余是一个等价关系。

c） 在模 n 同余的表示中解释中国剩余定理。

13. 编写并实现代码来进行 RSA 加密和解密，用它来给班上其他的同学发送信息。（为了有效进行，用的数可以比一般 RSA 算法中使用的数小一些。也就是说，可以选择自己的数，以保证你的电脑在做乘法的时候不会发生溢出。）

135

14*. 证明：如果对于任何不是 n 倍数的 x，有 $x^{n-1} \bmod n = 1$ 成立，则 n 是一个素数。（稍微弱一些的陈述是对于所有与 n 互素的 x 来说，有 $x^{n-1} \bmod n = 1$ 成立，那么 n 是一个素数。著名的无限集群——卡迈克尔数，就是一个反例 [2,13]。）

2.4 RSA 加密体制的细节

本节将解决关于 RSA 算法实现的一些问题：大数的方幂计算、找素数和大整数分解。

2.4.1 模 n 指数运算的实用性

134

假设需要将一个 150 位的数字 a 提高到一个模 300 位的整数 n 的 10^{120} 次幂。注意，指数是一个 121 位的数字。

练习 2.4-1：提出一种算法来计算 $a^{10^{120}} \bmod n$，a 有 150 位数，n 有 300 位数。

练习 2.4-2：如果一台计算机在恒定长度的时间内可以执行一次无限精度的运算，练习 2.4.1 中的算法在这台计算机上执行要花费多长时间？

练习 2.4-3：如果一台计算机执行整数乘法所需时间与两数的位数之积成正比，比如要乘以 x 位的数和 y 位的数，需要的时间大约是 xy。练习 2.4-1 中的算法在这个计算机上将花费多长时间？

注意，如果形成序列 a，a^2，a^3，a^4，a^5，a^6，a^7，a^8，a^9，a^{10} 和 a^{11}，那么对通过连续乘以 a 形成 a^{11} 的过程进行建模。另外，如果形成序列 a，a^2，a^4，a^6，a^8，a^{16}，a^{32}，a^{64}，a^{128}，a^{256}，a^{512}，a^{1024}，那么对连续平方的过程建模，在相同数目的乘法运算后，能够将 a 升到 4 位数。每平方一次，指数加倍，所以，每 10 步左右，能将指数的位数增加 3。因此，在次数比特长度小于 400 的某次乘法运算后，将会得到 $a^{10^{120}}$。这表明算法应该是将 a 平方一些次数，直到结果接近 $a^{10^{120}}$，然后乘以 a 的低次幂来得到我们想要的结果。更确切地说，可以求 a 的平方，然后一直将结果平方直到得到最大的 $a^{2^{k_1}}$，且使得 $a^{2^{k_1}}$ 小于 10^{120}。然后将 $a^{2^{k_1}}$ 乘以最大的 $a^{2^{k_2}}$，且使得 $2^{k_1}+2^{k_2}$ 比 10^{120} 小。一直继续直到对于某个整数 r，有

136

$$10^{120} = 2^{k_1} + 2^{k_2} + \cdots + 2^{k_r}$$

成立。（你能将这与 10^{120} 的二进制表示联系起来吗？）然后有

$$a^{10^{120}} = a^{2^{k_1}} a^{2^{k_2}} \cdots a^{2^{k_r}}$$

注意，所有这些 a 的幂在寻找 k_1 的过程中都已经计算出来了。因此，在计算的时候就应该存储它们。为了能更具体的说明原理，观察计算 a^{43} 的过程。将 43 写成 $43 = 32+8+2+1$，因此有

135

$$a^{43} = a^{2^5} a^{2^3} a^{2^1} a^{2^0} \tag{2.20}$$

所以，先使用 5 次乘法计算 a^{2^0}，a^{2^1}，a^{2^2}，a^{2^3}，a^{2^4}，a^{2^5}。然后根据方程 2.20，再做三次乘法来计算 a^{43}。这就节省了很多不必要的乘法运算。

在恒定时间内进行无限精度算术的机器上，需要大概 $\log_2 10^{120}$ 步来计算所有的 a^{2^i}，而且需要同样多步数来选出其中合适的方幂做乘法运算。在最后，可以对结果进行模 n 运算。因此，进行这些计算所花费的时间长度大概是执行一次操作所需要的时间的 $2\log_2(10^{120}) = 240\log_2 10$ 倍。因为 $\log_2 10$ 大概是 3.32，计算 $a^{10^{120}}$ 要花费的时间最多可以是执行一次操作所需要的时间的 800 倍。

你可能不习惯在计算时考虑数字有多大。计算机将相当大的数字作为计算单元（4 字节整数是典型的情况，在大约 -2^{31} 到 2^{31} 的范围内）。这对于大多数情况是适用的。由于计算机硬件的工作方式，只要数字可以表示为 4 字节的数据，那么做简单算术运算的时间不取决于相关数字的值。（标准的说法是，做一个简单数学运算的时间是恒定的。）然而，当讨论远远大于 2^{31} 的数字时，不得不特别注意正确地执行数学操作，必须意识到操作变慢了。

137

因为 $2^{10} = 1024$，而 2^{31} 是 $2^{30} = (2^{10})^3 = (1024)^3$ 的两倍大；因此，它略大于 20 亿（也就是 $2 \cdot 10^9$），小于 10^{10}。因为 10^{120} 是一个 1 后面跟着 120 个 0，将一个不是 1 的正整数提高到 10^{120} 次幂，完全超过了用于精确计算的数字的范围。比如，$10^{10^{120}}$ 的十进制表示的指数中，在 1 后面的 0 比 10^{10} 多 119 个。

假设当乘以大数字时，其花费的时间大致与每个数字的位数的乘积成正比。这个假设是准确的。如果计算一个 150 位数的 10^{120} 次幂，那么将会是在计算一个超过 10^{120} 位的数。很显然，我们并不想计算这样的数，因为即使用尽内存（包括磁盘！），计算机也不能存储这样大的数。

幸运的是，因为计算的数字最终会对某个 300 位的数字取模，所以我们可以使所有的乘法都对这个数字取模（见引理 2.3）。通过这样做，保证了做乘法的两个数字最多有 300 位，因此，练习 2.4.1 中提出的问题所需的时间将是一个比例常数乘以 90000 乘以 $\log_2 10^{120}$ 乘以一个基本操作所需的时间，再加上计算出 a 的哪些幂相乘所需的时间，相比之下这个时间是相当小的。

对于 300 位数的这种算法可以比简单整数的算法慢一百万倍[⊖]。这一影响非常明显，如果你使用或写一个加密程序，那么当你运行它的时候，你就可以看到这种影响。然而，我们通常仍然可以在不到一秒钟内进行这种计算——一个为安全通信付出的小代价。

138

2.4.2 使用 RSA 算法会花费多长时间

根据 RSA 算法来进行加密和解密信息需要大量的计算。所有的运算会花费多长时间？现在我们假设，Bob 已经选好了 p，q，e 和 d，因此他也知道 n 是多少。当 Alice 想给 Bob

⊖ 假设我们的计算机可以做 4 位整数而不是五位整数的乘法，那么高效地将两个 300 位数相乘就好像 75 个整数乘以 75 个整数，或者 5,625 个乘积。同样，$\log_2(10^{120}) \approx \log_2(2^{10})^{40} = \log_2 2^{400} = 400$。因为为了计算 $10^{10^{120}}$，大概需要进行这 400 个计算中的每一个都类似 5625 个整数乘法，所以在执行我们的算法时，我们将大概有两百万步来完成，每一步等价于两个整数相乘。

发送消息 x，她发送的是 $x^e \bmod n$。通过对练习 2.4.2 和 2.4.3 的分析，知道计算这个数字所需要的时间大概和 $\log_2 e$ 成正比，它本身正比于 e 的位数，尽管第一个比例常数取决于计算机做数字乘法的方式。因为 e 位数不超过 300 位，那么只要 Alice 有一台合理的电脑，这个过程不会太耗时间。（另一方面，如果她想要发送由每段都有 300 位数的许多段组成的消息，则她可能想要使用 RSA 系统来发送用于另一更简单的私钥体制的密钥，然后使用该更简单的系统来发送消息。）因为 Bob 需要计算模 n 下信息的 d 次幂，所以 Bob 也需要相似的时间来解码。

前面提到过，没有人知道从 $x^e \bmod n$ 中解出 x 的快速方法。实际上，也没有人知道快速方法到底存不存在。这意味着 RSA 加密体制可能在未来被破解。你可能听说过 NP 完全问题类（见第 6 章）。这些都是人们认为相当困难的一类问题。也就是说，没有人为该类中的任何问题提出了有效的算法，并且该类中的问题基本是等价的。如果加密是基于 NP 完全问题，我们会很高兴；不幸的是，它不是。求 e 次方根对 n 取模的问题不是一个 NP 完全问题，虽然我们都知道它不会比 NP 完全问题更难。现在没有人设计出计算 e 次方根的有效的算法，密码系统的安全性依赖于假设没有人会开发这样的算法。

然而，为了绕开 RSA 体制，有些人不局限于求根来发现 x。知道 n 并且知道 Bob 正在使用 RSA 系统的人可以通过推测 n 的因子，发现 p 和 q，使用广义最大公因子算法来计算 d，然后解码 Bob 的所有信息。但也没有人知道如何快速地对整数进行分解。实际上，我们并不知道因式分解是不是同 NP 完全问题一样难，但知道它不会比 NP 完全问题更难。然而，尽管有足够多的人致力于攻破大整数分解问题，大部分计算机科学家认为这一问题实际上是困难问题。在这种情况下，只要使用的足够长的密钥，RSA 系统就是安全的。 139

2.4.3　因式分解有多难

练习 2.4-4： 分解 225 413。（本题原意是不借助计算机完成。如果你放弃手动计算，使用计算机也是可以的。）

除非你知道一些特殊的因式分解技巧，不然你可能需要花费一些时间才能发现 225413 是 523 的 431 倍。换句话来说，整数分解是一个有效的问题。在现有的技术下，100 位的密钥并不难分解。换句话来说，可以用一些方法来因式分解 100 位长度的数，这些方法比尝试所有可能的分解这种明显的方式要复杂一些。然而，当数字变成更长的时候，比如 300 位的时候，它们就变得非常难以分解。到 2010 年为止，已经被分解的最大的 RSA 密钥是 232 位的。因式分解这个数花费了两年半的时间，使用了成百上千台电脑。如果在单个处理器上进行则要花费大概 1500 年。在现有的技术条件下，有 300 位的 RSA 密钥看上去相当安全可靠。

2.4.4　找大素数

对于 Bob 来说，实现 RSA 系统还有一个问题需要考虑。前文提到过，Bob 选择了两个各有 150 位的素数。但他是如何选出它们的？根据素数定理，如果随机地选择一个数 m，

然后检验 m 附近 $\log_e m$ 个数的素性，那么可以期望这些数中有一个是素数。因此，即使这个数字有成百上千位，也不需要猜测太多的数字就能找到素数。所以，如果有办法快速地判断一个数是不是素数，那么找到一个素数就不需要花费太长的时间。

然而，前面也提到过，没有人知道如何快速地找出一个数字的因式分解的因子。证明一个数是素数的标准方法是证明它的约数只有 1 和它本身。素性检测的简单方法—尝试所有可能的分解——太过于缓慢了，其原因与使得因式分解困难的原因相同。如果没有更快的方法来判断一个数是不是素数，那么 RSA 系统就没什么用处了。

在 2002 年，Agrawal，Kayal，和 Saxena[1] 公布了一个检测整数 n 是否为素数的算法。他们证明了这个算法能在计算到 n 的位数的 12 次幂之前检测出 n 是否为素数。Lenstra 和 Pomerance[14] 改进了这个算法，将指数减少到 6。实际上，这个算法花费的时间看起来的确是减少了。尽管这个算法需要的背景知识超过了在这本书中所能提供的，它在特定情况下使用的描述和证明只使用了一些能在抽象代数或者数论的本科课程中找到的结论。算法的核心思想是费马小定理的各种变换的应用。 140

在 1976 年，Miller[26] 用费马小定理证明，如果“广义黎曼假设”是正确的，那么他提出的算法能在一段时间内判断一个数 n 是否是素数，这个时间的上限为 n 的位数的一个多项式。在 1980 年，Rabin[27] 修改了 Miller 的判断方法，在多项式时间内，不再需要额外的假设，且伴有一定的错误率，尽管这个错误率不是 0，但小于某个足够小的正数。将所有这些突破背后的一般性的思想描述为“Miller-Rabin 素性测试”。在这本书的写作中，这种算法的变形被用来为密码学提供素数。

根据费马小定理，可以知道在 p 为素数的 Z_p 中，对于介于 1 到 $p-1$ 之间的每一个 x 都有 $x^{p-1} \bmod p = 1$ 成立。x^{m-1} 在 m 不是素数的 Z_m 中情况又如何？

练习 2.4-5: *假设 x 是 Z_m 中的一员，Z_m 中的成员没有乘法逆元。那么 $x^{m-1} \bmod m = 1$ 成立吗？*

下一个引理回答了这个练习中的问题。

引理 2.25 *m 不是一个素数，x 在没有乘法逆元的 Z_m 中，那么 $x^{m-1} \bmod m \neq 1$。*

证明 为了自相矛盾，假设

$$x^{m-1} \bmod m = 1$$

那么有

$$x \cdot x^{m-2} \bmod m = 1$$

但是 x^{m-2} 是 Z_m 中的 x 的逆，这与 x 没有逆相矛盾。因此，$x^{m-1} \bmod m \neq 1$ 成立。□

素数和非素数之间的区别提供了一个可用于构造素性检验算法的思想。假设有某个数字 m，不知道它是不是素数，可以执行如下算法： 141

PrimeTest{m}

```
(1) choose a random number x, 2 ⩽ x ⩽ m - 1
(2) compute y = x^(m-1) mod m
(3) if (y == 1)
(4)       output "m might be prime"
(5) else
(6)       output "m is definitely not prime"
```

注意这里存在非对称性。如果 $y \neq 1$，那么 m 绝对不是一个素数，算法终止。然而，如果 $y = 1$，那么 m 可能是素数，还需要后续的计算加以判定。实际上，我们可以重复执行算法 PrimeTest(m) t 次，每次都使用不同的随机 x 的值。如果在这 t 次执行中的任一次，算法输出"m is definitely not prime"，那么数 m 一定不是素数，因为我们有一个 x 满足 $x^{m-1} \neq 1$。如果所有的 t 次执行中，算法 PrimeTest(m) 都输出"m might be prime"，可以相当合理地说 m 是素数。这恰好是一个**随机算法**（randomized algorithm）的例子。将在第五章中详细学习这些知识。本节先大致估计一下判断出错的可能性有多大。

我们知道，对于一个特定的非素数 m，出错的概率取决于有多少 a 存在 $a^{m-1} = 1$ 的可能性。如果几乎没什么 a 满足，那么算法给出的答案基本上是正确的。然而如果大部分 a 都满足，那么算法给出的答案基本上就是错误的。

习题 12 说明 Z_m 中没有乘法逆元的元素的数目至少是 $\sqrt{m}$。实际上，甚至有一些有逆的数也通不过测试 $x^{m-1} = 1$。例如，在 Z_{12} 中，只有 1 通过了测试；在 Z_{15} 中，只有 1 和 14 通过了测试。（Z_{12} 不是一个典型的例子，你能解释为什么吗？参考习题 15 可获得提示。）

实际上，Miller-Rabin 算法只是轻微地改进了测试（改进的方式我们在这里不研究 [13]），所以对任意非素数 m，至少有四分之三的可以被选为 x 的值通不过修改后的测试，从而显示 m 是复数。这意味着，如果重复进行测试 t 次，然后断言通过这 t 次测试的 x 是素数，那么出错的可能性是 4^{-t}。所以，如果重复测试 5 次，看起来只有大概千分之一的概率出错，如果重复测试 50 次，看起来只有大约 $\frac{1}{2^{100}}$ 的概率出错（比一百万的 9 次方分之一小一些）！你也许从严谨的用词中猜到了，事情并没有那么简单。但是在第 5 章会看到，测试素性仍是有非常高效的测试方法的。

142

通过这个算法选出的数有时被称为**伪素数**（pseudoprimes）。（这样称呼是因为它们非常可能就是素数。）在实际中，伪素数代替素数在 RSA 加密系统中被使用。当一个伪素数并不是一个素数时能发生的最坏的情况是信息可能是错乱的。在这种情况下，知道伪素数并不是真的素数。因此可以重新选择伪素数，然后要求发送者再发送一遍信息。（注意，每次使用系统都不改变 p 和 q，除非我们打算收到一条错乱的信息，否则没有理由改变它们。）

回顾之前的内容，素数原理说明，如果检验 n 附近 $\log_e n$ 个数，那么它们中有一个是素数。一个 d 位数最少是 10^{d-1}，至多是 10^d，所以它的自然对数在 $(d-1)\log_e 10$ 和 $d\log_e 10$ 之间。如果要找出一个 d 位素数，可以任取一个 d 位数，测试它周围 $d\log_e 10$ 个数的素性。在第 5 章中将会看到，期望它们之中有一个素数是合理的。数 $\log_e 10$ 保留两位有效数字是 2.3。因此，找出两个各有（大约）150 位的素数并不需要花费大量的时间。

重要概念、公式和定理

1. **方幂:** 为了有效计算模 n 下的方幂，进行重复平方计算并在每次算术操作后执行模 n 运算。
2. **RSA 的安全性:** RSA 的安全性依赖于一个事实：现在没有人发明一个整数分解或者根据 $x^e \bmod n$ 解出 x 的有效快速的方法。
3. **费马小定理对合数不成立:** m 是一个非素数，x 是没有乘法逆元的 Z_n 中的一个数。那么 $x^{m-1} \bmod m \neq 1$。
4. **测试数的素性:** 如果一个数是素数，那么随机 Miller-Rabin 算法会基本确定地告诉你。
5. **找素数:** 如果对 d 位数使用随机化的 Miler-Rabin 算法，直到找到一个伪素数，那么大概需要测试 $d \ln 10$（约等于 $2.3d$）个数。

143

习题

所有带 * 的习题均附有答案或提示。

1*. 在 Z_7 中 3^{1024} 是多少？（这是一个手动计算的直观的问题。）

2. 假设你计算了 a^2，a^4，a^6，a^8，a^{16} 和 a^{32}。计算 a^{43} 的最有效的方法是什么？

3*. 1GB 是十亿个字节；1TB 是一万亿个字节。一个字节是 8 比特，每比特都是 0 或者 1。因为 $2^{10} = 1024$，约等于 1000，你可以用 10 比特来存储一个三位数（0 到 999 之间的数）。5GB 的存储中可以存储多少十进制位（1GB 是 2^{30}，大概是十亿字节）？5TB 字节的存储中可以存储多少十进制位（1TB 是 2^{40}，或者是一万亿字节）？和数 10^{120} 比起来怎么样？（继续将 1024 视为 1000 是合理的。）

4. $a \in Z_9$，与 Z_9 中元素 1 和 8 不同。写出满足 $a^8 \bmod 9 = 1$ 的所有数（注意 $-1 \bmod 9$=8。）

5*. 用电子数据表、可编程序计算器，或者电脑，找到所有不等于 1 和 32（等同于 $-1 \bmod 33$）且满足 $a^{32} \bmod 33 = 1$ 的元素 a。（电子数据表能进行取余运算，能根据公式填充行和列，这个问题用电子数据表做是相当直观的。但是你必须知道如何像这样使用电子数据表让问题直观。）

6. 10^{100} 的 10^{120} 次幂有多少位？

7*. 如果 a 是一个 100 位的数，$a^{10^{120}}$ 的位数更接近 10^{120} 还是 10^{240}？接近程度的差距很大吗？答案是取决于 a 的大小还是 a 的位数？

8. 解释练习 2.4.1 的解决方法和 10^{120} 的二进制表示的联系。

9*. 假设你想计算 $a^{e_1 e_2 \cdots e_m} \bmod n$。讨论在计算乘积的时候，对指数执行模 n 运算是否有效？尤其是指数的什么法则允许你这样做？你认为这个指数法则有效吗？

144

10. 给出严谨的伪代码来计算 $a^x \bmod n$。让你的算法尽可能地效率高。

11* 数论中使用 $\varphi(n)$ 来代表 Z_n 中有逆的元素的数目。假设你想计算 $a^{e_1 e_2 \cdots e_m} \bmod n$，在计算乘积的时候，对指数执行模 $\varphi(n)$ 运算是否有效？为什么？（提示：不同情况下结果可能不同。）

12. 证明：如果 m 不是素数，那么 Z_m 中至少有 $\sqrt{m}$ 个元素没有乘法逆元。

13* 假设应用 RSA，$p=11$，$q=19$，$e=7$。d 的值是多少？请说明如何加密消息 100，以及如何解密得到的信息。

14. 假设应用 RSA，p=11，q=23，e=13。d 的值是多少？请说明如何加密消息 100，以及如何解密得到的信息。

15* 对于 $m=p+1$，p 是素数，证明 Z_m 中恰好有一个数 x 满足 $x^{m-1}=1(\bmod m)$，即 $x=1$。

145 ~ 146

16. 数字签名是签署文件的一种安全的方式。换句话说，它是一种把你的“签名”放在文件上，以此来让阅读文件的人知道是你签署了这份文件，其他任何人都不能“伪造”你的签名。文件可能是公开的，我们试图保护的是你的签名。数字签名可视为加密的逆向过程：如果 Bob 想签署一条消息，他先把自己的签名写上（把这视作加密），然后其他人都很容易验证签名（把这视作解密）。详细地解释怎样通过使用与 RSA 所使用的相似的思想来实现数字签名。尤其是，有文件和文件上你的签名的人（并知道你的公钥）能够确认是你签署了文件。

第3章

Discrete Mathematics for Computer Scientists

关于逻辑与证明的思考

本章将介绍一些基本的逻辑原理，并描述一些构建证明的方法。本章并不会对所有证明方法进行完整的介绍。本书的目的是让大多数人通过阅读本书或尝试证明本章中的例子来更深入地了解证明，而不是进行一些超出这些证明的逻辑规则的扩展研究。本章会给出一些证明的例子，用来说明证明的结构并讨论如何构造一个证明，这将有助于你理解证明并自己进行证明。首先，我们会引入一种语言，以方便讨论证明，然后使用这种语言来描述证明的逻辑结构。

3.1 等价和蕴含

3.1.1 语句的等价

练习 3.1-1: 一组学生正在编写一个涉及归并排序的项目。Joe 和 Mary 各自为函数写了一个算法，该算法将长度分别为 p 和 q 的两个有序列表 List1 和 List2 合并到第三个列表 List3 中。Mary 的部分算法如下：

```
(1) if ((i + j ⩽ p + q) && (i ⩽ p)
        && ((j > q)||(List1[i] ⩽ List2[j])))
(2)         List3[k] = List1[i]
(3)         i = i + 1
(4) else
(5)         List3[k] = List2[j]
(6)         j = j + 1
(7) k = k + 1
```

Joe 的算法的相应部分如下：

```
(1) if (((i + j ⩽ p + q) && (i ⩽ p) && (j > q))
       || ((i + j ⩽ p + q) && (i ⩽ p) && (List1[i] ⩽ List2[j])))
(2)         List3[k] = List1[i]
(3)         i = i + 1
(4) else
(5)         List3[k] = List2[j]
(6)         j = j + 1
(7) k = k + 1
```

Joe 和 Mary 的算法效果一样吗？

注意，Joe 和 Mary 的算法中，第一行的 if 语句是完全相同的（他们甚至使用了相同的局部变量）。在 Mary 的算法中，当下面的条件成立时，将 List1 的第 i 个元素放入 List3 的第 k 个位置：

$$i+j \leqslant p+q \text{ 并且 } i \leqslant p \text{ 并且 } (j>q \text{ 或者 } \mathsf{List1}[i] \leqslant \mathsf{List2}[j])$$

而在 Joe 的算法中，当下面的条件成立时，将 List1 的第 i 个元素放入 List3 的第 k 个位置：

$$(i+j \leqslant p+q \text{ 并且 } i \leqslant p \text{ 并且 } j>q)$$

或者

$$(i+j \leqslant p+q \text{ 并且 } i \leqslant p \text{ 并且 } \mathsf{List1}[i] \leqslant \mathsf{List2}[j])$$

Joe 和 Mary 的语句都是由相同的组成部分（即比较语句）构建的，因此可以命名这些组成部分并重写语句。相关定义如下：

- s 表示 $i+j \leqslant p+q$
- t 表示 $i \leqslant p$
- i 表示 $j>q$
- v 表示 $\mathsf{List1}[i] \leqslant \mathsf{List2}[j]$

Mary 的代码中第 1 行的 if 语句中的条件变为

$$s \text{ 并且 } t \text{ 并且 } (u \text{ 或者 } v)$$

Joe 的代码中第 1 行的 if 语句中的条件变为

$$(s \text{ 并且 } t \text{ 并且 } u) \text{ 或者 } (s \text{ 并且 } t \text{ 并且 } v)$$

通过把语句转换为这种符号形式，我们看到 s 并且 t 总是作为"s 并且 t"出现。我们可以通过用 w 替换"s 并且 t"来简化表达式。Mary 的条件现在具有以下形式

148

$$w \text{ 并且 } (u \text{ 或者 } v)$$

而 Joe 的条件有以下形式：

$$(w \text{ 并且 } u) \text{ 或者 } (w \text{ 并且 } v)$$

根据英语结构的知识，虽然可以认为 Joe 和 Mary 的语句的意义相同，但如果形式化这两个"意义一样"的代码，有助于帮助我们理解内在的逻辑。如果仔细观察 Joe 和 Mary 的语句，就可以看到，我们所说的"并且"对"或者"的分配类似于集合交对集合并的分配，类似于乘法对加法的分配。为了分析什么情况下语句意义相同，并且更准确地解释"并且"对"或者"的分配含义，逻辑学家们采用一种标准记号来编写复合语句。使用符号 $\wedge$ 代表"并且"（and），$\vee$ 代表"或者"（or）。使用标准记号的情况下，Mary 的条件变成

$$w \wedge (u \vee v)$$

Joe 的条件变成

$$(w \wedge u) \vee (w \wedge v)$$

现在有了这些很好的记号（这使复合语句看起来很像集合交对集合并的分配），但还没有解释为什么这两个语句与这些符号形式具有相同的含义。因此，我们必须给出"具有相

同的含义”的精确定义，并开发一个工具，用于分析两个语句何时满足这个定义。我们将考虑可以基于下述记号构建的符号化复合语句：

- 符号 (s,t 等) 这些我们称为变元, 用于表示语句。
- 符号 $\wedge$ 表示“并且（and）”。
- 符号 $\vee$ 表示“或者（or）”。
- 符号 $\oplus$ 表示“异或（exclusive or）”。
- 符号 $\neg$ 表示“否定（not）”。
- 左括号和右括号。

149

3.1.2　真值表

现在建立一种理论，该理论可以根据组成复合语句的语句的真假来判断整个语句的真假。使用这个理论，对于给定的变元（例如 s，t 和 u），就可以确定某个复合语句（例如 $(s\oplus t)\wedge(\neg u\vee(s\wedge t)\wedge\neg(s\oplus(t\vee u)))$ 是真还是假。该方法使用了真值表，在此之前或许你曾经见过真值表。我们很快就会知道为什么真值表是确定两个语句是否等价的合适工具。

与算术一样，逻辑语句中的操作顺序非常重要。上面给出的复合语句示例使用括号清楚地指出应该先执行哪个操作，符号 $\neg$ 是例外。它总是具有最高优先级，这意味着 $\neg u\vee(s\wedge t)$ 表示 $(\neg u)\vee(s\wedge t)$ 而不是 $\neg(u\vee(s\wedge t))$。原理很简单——符号 $\neg$ 作用于紧随其后的符号或括号中的表达式。这与代数表达式中使用的负数符号原理相同。除了符号 $\neg$，始终使用括号来确定操作的执行顺序。

运算符 $\wedge$，$\vee$，$\oplus$ 和 $\neg$ 称为逻辑连接词（logical connectives）。逻辑连接词的真值表表明，对于组成部分所有可能的真假性，一个由逻辑连接词连接形成的复合语句什么时候为真，什么时候为假。我们上面提到的逻辑连接词的真值表如图 3.1 所示。

AND

s	t	$s\wedge t$
T	T	T
T	F	F
F	T	F
F	F	F

OR

s	t	$s\vee t$
T	T	T
T	F	T
F	T	T
F	F	F

XOR

s	t	$s\oplus t$
T	T	F
T	F	T
F	T	T
F	F	F

NOT

s	$\neg s$
T	F
F	T

图 3.1　基本逻辑连接词的真值表

150

这些真值表在符号化复合语句的语境中定义了逻辑连接词“并且”（and），“或者”（or），“异或”（xor），“否定”（not）。例如，$\vee$（“或者”）的真值表表明当 s 和 t 都为真时，“s 或者 t”为真。从表中可以看出，当 s 为真，t 为假，或 s 为假，t 为真时，“s 或者 t”为真。最后，从表中还可以看出，当 s 和 t 都为假时，“s 或者 t”为假。这与我们在日常语言中使用的“或者”一词的意义一致吗？答案是有时候一致。“或者”一词在日常语言中是有歧义的。当一个老师说“考试中每个问题都是简答题或者选择题”时，他并不是指一个问题可以同时是简答题或选择题。因此，“或者”这个词在这里实际上是图 3.1 中“异或（$\oplus$）”的意义。如果有人说“今天下午我准备去散步，或者去购买一副新手套”时，应该不排除他同时做这两件事的可能性，甚至可能步行到市中心，然后在回家之前买新手套。因此，在日常语言中，需要根据上下文确定某人使用“或者”这个词要表达的含义。在数学和计算机科学中，因为不总是有上下文，所以在需要表明排他性时应说“异或”，否则，指的就是由 $\vee$ 的真值表中的“或者”。在“并且”和“否定”的情况下，真值表的结果正是我们所期望的。

我们一直在考虑 s 和 t 作为代表语句的变元。真值表的目的是定义一个复合语句的组成语句为真或假时，其本身的真值为真或假。因为当看到真值表时，只关注语句的真假性，所以也可以认为 s 和 t 是可以取值“真”（T）和“假”（F）的变元。将这些值称为 s 和 t 的**真值**（truth values）。然后，真值表会给出当一个复合语句的组成部分为真或假时，该复合语句的真值。语句 $s \wedge t$，$s \vee t$ 和 $s \oplus t$ 都有两个组成部分——s 和 t。注意，有两个值可以赋给 s（即真或假），并且对于赋给 s 的每个值，t 也有两个可能的取值（真或假）。根据乘法原理，有 $2 \cdot 2 = 4$ 种方法将真值赋给 s 和 t。因此，真值表中有四行，每一行都对应 s 和 t 的一组赋值。

对于更复杂的复合语句，例如 Joe 和 Mary 的程序中第一行的复合语句，我们仍然想要描述语句为真或语句为假的情况。通过复合语句的符号化表示及其连接词的真值表计算出复合语句的真值表来做到这一点。我们使用一个变元来表示每个符号化语句的真值。真值表对于每个原子变元都有一列，对于用来构建复合语句的每个子表达式也都有一列。对于将真值分配给原始变元的每种可能赋值，真值表都有对应的一行。因此，如果我们有两个变元，那么在真值表中就有四行，如图 3.1 中的“AND”“OR”和“XOR”表所示。如果只有一个变元，那么在真值表中只有两行，如图 3.1 中的“NOT”表所示。如果有三个变元，那么有 $2^3 = 8$ 行，依此类推。表 3.1 给出了 Joe 算法的第 1 行的符号化语句的真值表。中间线左侧的列包含变元可能的真值。右边的列对应需要计算真值的各种子表达式。真值表的列数与需要计算的列数相同，以便正确地计算最终结果。作为一般规则，每一列应该能方便地由一个或两个先前的列计算得到。

151

表 3.1 Joe 语句的真值表

w	u	v	$u \vee v$	$w \wedge (u \vee v)$
T	T	T	T	T
T	T	F	T	T
T	F	T	T	T
T	F	F	F	F
F	T	T	T	F
F	T	F	T	F
F	F	T	T	F
F	F	F	F	F

表 3.2 给出了从 Mary 算法的第 1 行导出的语句的真值表。

注意，在 Joe 和 Mary 的真值表中，竖线左侧的 T 和 F 的模式是相同的——它们都是逆字母序排列[⊖]。因此，表 3.1 的第 i 行对 u，v 和 w 的赋值与表 3.2 的第 i 行是完全一致的。Joe 和 Mary 的真值表的最后一列是相同的，这意味着 Joe 的符号化语句和 Mary 的符号化语句在赋值完全相同时是同真同假的。因此，这两个语句的含义是完全相同的，Mary 和 Joe 的程序段返回完全相同的值。如果两个符号化复合语句在赋值完全相同时是同真同假的，则它们是等价的。或者说，如果两个语句的真值表的最后一列相同（假设两个表以相同的模式赋值给原子变元），则两个语句是等价的。

152

表 3.2　Mary 语句的真值表

w	u	v	$w \wedge u$	$w \wedge v$	$(w \wedge u) \vee (w \wedge v)$
T	T	T	T	T	T
T	T	F	T	F	T
T	F	T	F	T	T
T	F	F	F	F	F
F	T	T	F	F	F
F	T	F	F	F	F
F	F	T	F	F	F
F	F	F	F	F	F

实际上，表 3.1 和表 3.2 证明了**分配律**（distributive law）。

引理 3.1　语句 $w \wedge (u \vee v)$ 和 $(w \wedge u) \vee (w \wedge v)$ 是等价的。

3.1.3　德摩根律

练习 3.1-2：德摩根律（DeMorgan's laws）为 $\neg(p \vee q)$ 等价于 $\neg p \wedge \neg q$，$\neg(p \wedge q)$ 等价于 $\neg p \vee \neg q$。使用真值表来证明德摩根律是正确的。

练习 3.1-3： 证明 $p \oplus q$（p 和 q 的异或）等价于 $(p \vee q) \wedge \neg(p \wedge q)$。将德摩根律应用于 $\neg(\neg(p \vee q)) \wedge \neg(p \wedge q)$，找到等价于异或 $p \oplus q$ 的另一个符号化语句。

153

表 3.3　德摩根律规则的第一个的证明

p	q	$p \vee q$	$\neg(p \vee q)$	$\neg p$	$\neg q$	$\neg p \wedge \neg q$
T	T	T	F	F	F	F
T	F	T	F	F	T	F
F	T	T	F	T	F	F
F	F	F	T	T	T	T

为了验证德摩根律的第一个规则，从逻辑上通过将两个真值表合并（见表 3.3），可以创建一个“双重真值表”。因为合并的两个真值表的左侧（即原子变元的赋值）是相同的，

⊖ 字母序有时称为词典序。词典编纂学指的是对编纂词典过程中安排字母顺序的原则和实践的研究。因此，我们用于 T 和 F 的序称为逆字典序。

所以只给出第一条竖线左侧的对原子变元的赋值。第二条竖线用于分隔将要合并的两个真值表的右侧。以这种方式，我们仍然可以看到 $\neg(p \vee q)$ 和 $\neg p \wedge \neg q$ 的真值的计算。可以看到，第四列和最后一列是相同的。因此，德摩根律的第一个规则是正确的。通过类似的过程可以验证德摩根律的第二个规则。

为了表明 $p \oplus q$ 等于 $(p \vee q) \wedge \neg(p \wedge q)$，我们使用表 3.4 中的双重真值表。现在解决练习 3.1-3 中的第二个问题。注意，首先 $\neg(\neg(p \vee q))$ 等价于 $p \vee q$，因此，语句 $\neg(\neg(p \vee q)) \wedge \neg(p \wedge q)$ 等价于 $p \oplus q$。通过将德摩律的第一条规则[⊖]应用于 $\neg(\neg(p \vee q)) \wedge \neg(p \wedge q)$，可以知道 $p \oplus q$ 也等价于 $\neg(\neg(p \vee q) \vee (p \wedge q))$。使用德摩根律来验证该等价性比使用双重真值表更加容易。

154

表 3.4 $p \oplus q$ 的等价语句

p	q	$p \oplus q$	$p \vee q$	$p \wedge q$	$\neg(p \wedge q)$	$(p \vee q) \wedge \neg(p \wedge q)$
T	T	F	T	T	F	F
T	F	T	T	F	T	T
F	T	T	T	F	T	T
F	F	F	F	F	T	F

3.1.4 蕴含

另一种复合语句在数学和计算机科学中经常出现。首先复习一下费马小定理（定理 2.21）：

如果 p 是素数，那么对于每个非零 $a \in Z_p$，有 $a^{p-1} \bmod p = 1$。

费马小定理是由两个子语句结合而成：

- p 是素数；
- 对于每个非零 $a \in Z_p$，有 $a^{p-1} \bmod p = 1$。

我们还可以用以下方式表述费马的小定理（有些烦琐）。

- 只有对于每个非零 $a \in Z_p$，有 $a^{p-1} \bmod p = 1$，p 才是素数。
- p 是素数蕴含对每个非零 $a \in Z_p$，有 $a^{p-1} \bmod p = 1$。
- 当 p 是素数时，对于每个非零 $a \in Z_p$，有 $a^{p-1} \bmod p = 1$。

使用 s 表示“p 是一个素数”，t 表示“对于每个非零 $a \in Z_p$，有 $a^{p-1} \bmod p = 1$”，可以用以下符号表示费马小定理四个语句中的任何一个：

$$s \Rightarrow t$$

大多数人读作“s 蕴含 t”。当从符号语言翻译成自然语言时，通常会表述为“如果 s，则 t。”在下面的定义中将总结这个讨论。

定义 3.1 *以下四个短语表示相同的含义。换句话说，它们由相同的真值表定义。*

- *s 蕴含 t。*

⊖ 注意，将规则应用于形式 $\neg s \wedge \neg t$ 的语句，并将其转化成了形式 $\neg(s \vee t)$。

- 如果 s，则 t。
- 当 s，则 t。
- 只有 t，才 s。

可以看出，“只有 …… 才 ……”的使用看起来与自然语言的使用有点不同。还要注意，“如果 ……，则 ……”语句有其他使用方式。许多引理、定理和推论（例如，引理 2.5 和推论 2.6）都有两个句子。第一句为“假设 ……”，第二句为“那么 ……”，两个句子连起来就是“假设 s”和“那么 t”，它等价于句子“$s \Rightarrow t$”。对于 $s \Rightarrow t$，我们将语句 s 称为蕴含的**假设**（hypothesis），将语句 t 称为蕴含的**结论**（conclusion）。 155

3.1.5 当且仅当

“当”和“仅当”经常出现在数学语句中。例如，定理 2.9 为

当且仅当存在整数 x 和 y 使得 $ax + ny = 1$ 时，数字 a 在 Z_n 中具有乘法逆元。

s 代表语句“数字 a 具有 Z_n 中的乘法逆元”，并且 t 代表语句“存在整数 x 和 y 使得 $ax + ny = 1$”，于是该语句可以用符号化方式写为

$$s \text{ 当且仅当 } t$$

参考定义 3.1，可以将其写成

$$\text{当 } t \text{ 则 } s\text{，且只有 } t \text{ 才 } s$$

上面的定义也可以写成

$$t \Rightarrow s \text{ and } s \Rightarrow t$$

用 $s \Leftrightarrow t$ 表示语句“s 当且仅当 t”。形如 $s \Rightarrow t$ 和 $s \Leftrightarrow t$ 的语句称为**条件语句**（conditional statement），连接词 $\Rightarrow$ 和 $\Leftrightarrow$ 称为条件连接词（conditional connectives）。

练习 3.1-4： 用真值表解释 $s \Rightarrow t$ 和 $s \Leftrightarrow t$ 的区别。

为了分析涉及“蕴含”和“当且仅当”语句的真假性，需要准确地理解它们究竟有哪些不同。通过构造这些语句的真值表，可以看到只有在一种情况下它们有不同的真值。特别地，如果 s 为真，t 也为真，那么可以说 $s \Rightarrow t$ 和 $s \Leftrightarrow t$ 都为真。如果 s 是真，t 是假，则说 $s \Rightarrow t$ 和 $s \Leftrightarrow t$ 都是假的。在 s 和 t 都为假的情况下，则说 $s \Leftrightarrow t$ 是真的。那么 $s \Rightarrow t$ 呢？先尝试一个例子。假设 s 是语句“会下雨”，t 是语句“我带一把伞”。如果在给定的某天，不会下雨，我不带伞，则认为语句“如果会下雨，那么我带一把伞”在那一天是真的。这表明，如果 s 为假且 t 也为假的话，$s \Rightarrow t$ 是真的[⊖]。因此，两个真值表的第 1 行、 156

⊖ 注意，这是在一个例子的基础上得出这个结论。为什么可以这样做？不是试图证明什么，而是试图找出连接词 $\Rightarrow$ 的合适定义。因为前文已经说过，$s \Rightarrow t$ 的真假性只取决于 s 和 t 的真假性，这个例子用于引导做出合适的定义。如果另一个不同的例子导致有不同的定义，那么可能会定义两种不同的蕴含，正如我们有两种不同的“或者”：$\vee$ 和 $\oplus$。幸运的是，对于数学和计算机科学来说，需要定义的条件语句只有“蕴含”和“当且仅当”。

第 2 行和第 4 行是对应相同的。由于“蕴含”和“当且仅当”确实含义不同，因此两个真值表在第 3 行（第 3 行是 s 为假且 t 为真的情况）中必须有所不同。显然，在这种情况下，我们希望 $s \Leftrightarrow t$ 为假。因此，无论是 $s \Rightarrow t$ 为真，还是“蕴含”和“当且仅当”是相同的，结果只能是其中一个。

如果实际情况是不会下雨，而我拿着一把雨伞，那么说“如果会下雨，那么我拿一把雨伞”为真有道理吗？这取决于你如何解释“如果”。数学家发现，对于不下雨的日子，我带不带伞对语句没有影响。我可以选择带一把伞或不带伞，这不会和这个语句产生矛盾。通过这种思维方式，语句“即使不会下雨而我带一把雨伞”也为真。

因此就得出如图 3.2 所示的真值表。

蕴含			当且仅当		
s	t	$s \Rightarrow t$	s	t	$s \Leftrightarrow t$
T	T	T	T	T	T
T	F	F	T	F	F
F	T	T	F	T	F
F	F	T	F	F	T

图 3.2　蕴含和当且仅当的真值表

还有另一处与自然语言不一致的地方。假设一位家长说：“如果你在这次测试中得到 A，我会带全家到麦当劳吃饭”，最后这个孩子成绩为 C，家长仍然带家人到麦当劳吃晚饭。虽然这个结果不是我们预期的，但这个语句是真的吗？有些人会说“是”，另外一些人可能会说“不”。那些说“不”的人认为，在这种情况下，家长的意思是“我会带家人在麦当劳吃饭，当且仅当你在这个测试中得 A。”换句话说，对某些人来说，在某些语境下，“当”和“当且仅当”含义相同。幸运的是，孩子抚养的问题不是数学或计算机科学的一部分（至少不是这种问题！）。在数学和计算机科学中，采用图 3.2 中的两个真值表作为复合语句 $s \Rightarrow t$（或“如果 s，则 t”或“当 s，则 t”）和复合语句 $s \Leftrightarrow t$（或“s 当且仅当 t”）的含义。特别地，图 3.2 中的“蕴含”的真值表是定义 3.1 中引用的真值表，因此它定义了 s 蕴含 t 的数学意义，或该定义中引用的另外三个语句。

157

因为自然语言中的歧义，一些人会对真值表中关于 $s \Rightarrow t$ 的解释感到困惑。下面这个例子有助于消除这种歧义。假设一个同学拿着一张普通的扑克牌（扑克牌的背面朝着你）并且说，“如果这张牌是红心，那么这张牌就是王后”。在下面的哪些情况下，你会觉得这位同学撒了谎？

1. 扑克牌是红心并且是王后。
2. 扑克牌是红心并且是国王。
3. 扑克牌是方块并且是王后。
4. 扑克牌是方块并且是国王。

你肯定会认为“当扑克牌是红心并且是国王”时，这位同学撒了谎；“当扑克牌是方块并且是王后”时，这位同学没有撒谎。在这个例子中，语言造成的不一致性并没有出现，在其他情况下，你并不会认为这位同学说了谎话。这里运用了**排中律**（principle of the excluded middle）。

原理 3.1（排中律原理）

一个语句为真当且仅当它不为假。

这个定律表明，在 1,3,4 这三种情况下这位同学的表述是真的，因为在这三种情况下你并不能说这位同学撒了谎。介绍反证法（原理 2.1）时我们潜在地就使用了该原理。现在我们来解释推论 2.6，即如果 Z_n 中有元素 b 使得等式 $a \cdot_n x = b$ 没有解，那么在 Z_n 中不存在 a 的乘法逆元。 158

因为已经假设推论的假设是正确的，所以 $a \cdot_n x = b$ 无解。然后假设结论，在 Z_n 中不存在 a 的乘法逆元是错误的。我们可以发现，这两个假设会导致一个矛盾，因此这两个假设不可能同时为真。于是，可以得到结论，只要第一个假设成立，那么第二个假设必定不成立。为什么能得到这个结论呢？因为排中律原理表明，第二个假设要么成立，要么不成立。当时没有介绍排中律原理是出于以下两个方面的考虑。首先，即使不提这个原理，也能理解该证明。其次是我们不想一次介绍两个定律，以免影响读者对反证法的理解。

重要概念、公式和定理

1. **逻辑语句**：逻辑语句必须使用下面的符号构造：
- 符号（s, t 等），称为变元，用于表示语句。
- 符号 $\wedge$，表示“并且”。
- 符号 $\vee$，表示“或者”。
- 符号 $\oplus$，表示“异或”。
- 符号 $\neg$，表示“否定”。
- 符号 $\Rightarrow$，表示“蕴含”。
- 符号 $\Leftrightarrow$，表示“等价”。
- 左括号和右括号。

操作符 $\wedge$、$\vee$、$\oplus$、$\Rightarrow$、$\Leftrightarrow$ 和 $\neg$ 称为逻辑连接词，操作符 $\Rightarrow$ 和 $\Leftrightarrow$ 称为条件连接词。 159

2. **真值表**：表 3.5 是基本逻辑连接词的真值表。

表 3.5　基本逻辑连接词真值表

AND			OR			XOR			NOT	
s	t	$s \wedge t$	s	t	$s \vee t$	s	t	$s \oplus t$	s	$\neg s$
T	T	T	T	T	T	T	T	F	T	F
T	F	F	T	F	T	T	F	T	F	T
F	T	F	F	T	T	F	T	T		
F	F	F	F	F	F	F	F	F		

3. **逻辑语句的等价**：两个符号化复合语句是等价的，当且仅当它们为真的情况相同。
4. **分配律**：语句 $w \wedge (u \vee v)$ 和 $(w \wedge u) \vee (w \wedge v)$ 是等价的。
5. **德摩根律**：德摩根律表明 $\neg(p \vee q)$ 等价于 $\neg p \wedge \neg q$，$\neg(p \wedge q)$ 等价于 $\neg p \vee \neg q$。
6. **蕴含**：下面四个表述是等价的。
- s 蕴含 t。
- 如果 s，那么 t。
- t，如果 s。
- s 当且仅当 t。

7. **“蕴含”和“当且仅当”的真值表如表 3.6 所示：**

表 3.6　蕴含和当且仅当的真值表

蕴含			当且仅当		
s	t	$s \Rightarrow t$	s	t	$s \Leftrightarrow t$
T	T	T	T	T	T
T	F	F	T	F	F
F	T	T	F	T	F
F	F	T	F	F	T

160

8. **排中律原理**：一个语句为真当且仅当它不为假。

习题

所有带 * 的习题均附有答案或提示。

1. 给出下列语句的真值表。

   a)* $(s \vee t) \wedge (\neg s \vee t) \wedge (s \vee \neg t)$

   b)* $(s \Rightarrow t) \wedge (t \Rightarrow u)$

   c)* $(s \vee t \vee u) \wedge (s \vee \neg t \vee u)$

2. 在第 1 章、第 2 章的引理、定律、推论中找出两个以上和“蕴含”等价的词或短语的例子。
3. 在第 1 章、第 2 章的引理、定律、推论中找出两个以上“当且仅当”的例子。

4*. 证明：语句 $s \Rightarrow t$ 和 $\neg s \vee t$ 是等价的。

5*. 证明：德摩根律说明 $\neg(p \wedge q) = \neg p \vee \neg q$ 成立。

6. 证明：$p \oplus q$ 等价于 $(p \wedge \neg q) \vee (\neg p \wedge q)$。

7*. 给出下列语句的简化形式（用 T 表示永真语句，用 F 表示永假语句）㊀。

   a）$s \vee s$

   b）$s \wedge s$

   c）$s \vee \neg s$

   d）$s \wedge \neg s$

㊀ 一个永远为真的语句称为重言式，一个永远为假的语句称为矛盾式。

8. 给出下列语句的简化形式（用 T 代表永真语句，用 F 代表永假语句）。
   a）$T \wedge s$
   b）$F \wedge s$
   c）$T \vee s$
   d）$F \vee s$

161

9*. 使用德摩根律、分配律结合习题 7、8 来证明 $\neg(s \vee t) \vee \neg(s \vee \neg t)$ 等价于 $\neg s$。
10. 给出自然语言中一个“或者”的意思是异或的例子和一个“或者”的意思是同或的例子。
11. 给出自然语言中一个“如果……那么……”的意思是“当且仅当”和一个意思不是“当且仅当”的例子。
12*. 找出一个仅包括 $\wedge, \vee$ 和 $\neg$（以及 s 和 t）且和 $s \Leftrightarrow t$ 等价的语句。考虑你给出的语句中符号个数是否是最少的，如果不是，试着给出一个具有更少符号且满足要求的语句。
13. 假设有一个每行有两个变量的真值表，并且已知该行最后一列的真值。（例如已知最后一列的真值按顺序应该是 T，F，F 和 T。注意习题 12 也可以按这种模式来解释。）说明如何使用符号 s、t、$\wedge$、$\vee$ 和 $\neg$ 来创建一个逻辑语句，使得最后一列满足上述真值顺序。你能把这个过程扩展到任意个数的变元吗？
14*. 习题 13 中，答案可能使用了符号 $\wedge$、$\vee$ 和 $\neg$，你能给出一个仅使用这些符号中一个符号的答案吗？你能给出一个仅使用这些符号中两个符号的答案吗？
15. 通过给出两个分别代表分配律两端的等价的语句，已经证明了“$\wedge$”能够在“$\vee$”上进行分配。回答下面的问题，并且解释为什么你的答案是正确的。
   a）$\vee$ 能够在 $\wedge$ 上进行分配吗？
   b）$\vee$ 能够在 $\otimes$ 上进行分配吗？
   c）$\wedge$ 能够在 $\otimes$ 上进行分配吗？

162

3.2 变元和量词

3.2.1 变元和论域

在计算机语言中，用来控制循环和条件的语句是关于变元的语句。当声明这些变元时，给了计算机这些变元的可能取值的信息。比如，在一些编程语言中，可能会声明一个变元为布尔值，或者整数，或者实数㊀。在自然语言和数学中，我们同样会说关于变元的语句，但是并不总是清楚哪些词会被用作变元以及这些变元可能的取值是什么。我们使用的短语**变化于**（varies over）来描述变元可能的取值集合。比如，在自然语言中可能会说“如果有

㊀ 注意，在 C 程序中声明一个变元 x 为整型并不意味着 x 是一个整数。在 C 程序中，一个整型可能只是一个 32 位的整数，所以其取值被限定在 $2^{31}-1$ 和 -2^{31} 之间。类似地，一个实数也具有某种固定的精度，因此一个实数变元 y 可能不能取 10^{-985} 这样的值。

人打雨伞，那么一定在下雨”。在这个例子中，“有人”这个词就是一个变元，它可能变化于在一个特定的时间出现在一个特定地点的所有人。在数学中，可能会说“对于任意一对正整数 m 和 n，有非负整数 q 和 r，其中 $0 \leqslant r < n$，使得 $m = nq + r$”。在这个例子中，m、n、q 和 r 显然是变元。该语句本身就表明了两个变元变化于正整数中，两个变元变化于非负整数中。我们称一个变元可能取值的集合为这个变元的**论域**（universe）。

在语句“m 是一个偶数”中，m 很显然是一个变元，但并没有给出论域。论域可能是整数，偶数，有理数，或者其他集合之一。论域的选择对于确定语句的真或假是至关重要的。如果选择整数集合作为 m 的论域，那么这个语句对于一些整数来说为真，对于另一些整数来说为假。另一方面，如果我们整数乘以 10 作为论域，那么该语句就总为真。同理，当我们使用类似于“$i < j$”的语句来控制一个 *while* 循环时，对于 i 和 j 的某些取值该语句为真，对于某些取值该语句为假。在像“m 是一个偶数”和“$i < j$”这样的语句中，变元是不受限的，它们被称为**自由变元**（free variable）。对于一个自由变元的每个可能取值，我们都可以得到一个新语句。新语句可能为真也可能为假，通过将变元替换为可能值来确定。只有当完成替换之后，语句的真假值才能够确定。

163

练习 3.2-1：语句 $m^2 > m$ 在 m 取什么值时为真，在 m 取什么值时为假？因为论域并未指定，所以答案将取决于选择的论域。

当论域为正整数时，对于 m 的除了 1 之外的任何取值，语句都为真。当论域为实数时，对于 m 的除了闭区间 $[0,1]$ 之外的任何取值，语句都为真。这里有两点需要注意。首先，关于某个变元的语句常常能够被解释为关于多个论域的语句。因此，为了使语句没有歧义，必须明确地指出我们所讨论的论域。第二，关于某个变元的语句可能对于变元的某些取值为真，对于另一些取值为假。

3.2.2 量词

相反，语句

$$\text{对于每一个整数 } m\text{，} m^2 > m\text{。} \tag{3.1}$$

为假。不需要限制我们的回答为它在某些时候是真的，在某些时候是假的。要确定语句 3.1 为真还是为假，可以将简单语句 $m^2 > m$ 中的 m 替换为 m 的各种取值来确定。这样做的话，会发现语句对于 $m = -3$ 或者 $m = 9$ 这样的取值为真，但是对 $m = 0$ 或者 $m = 1$ 为假。因此，并不是对于任何的 m，都有 $m^2 > m$。于是语句 3.1 是假的，因为它断言简单语句 $m^2 > m$ 对于替换 m 的每一个整数值都成立。类似于“对于每一个整数 m”的短语被称为一个**量词**（quantifier），它将关于论域中任意成员的符号语句转化为了一个关于论域的语句。断言一个关于某个变元的语句对变元在论域中的每一个取值为真的量词（比如“对每一个整数”）被称为**全称量词**（universal quantifier）。这个例子阐述了一个要点。

如果一个语句断言对于一个变元的每一个取值某件事情成立，那么要证明这个语句为假，只需要找出该变元的某个取值，使得这个断言为假即可。

在语句“存在一个整数 m，使得 $m^2 > m$”中的短语“存在一个整数 m”是关于量词的另一个例子。这个语句也是一个关于整数论域的语句，并且它为真。因为存在大量的整数可以用来替换语句 $m^2 > m$ 中的 m 并使其为真。这是一个关于**存在量词**（existential quantifier）的例子。存在量词断言在论域中存在一个特定的元素。类似于上面提到的要点，第二个要点如下： 164

要证明一个包含存在量词的语句为真，只需要找到被量词限定的变元的一个取值，使得语句为真即可。

下述更加复杂的语句

对任何一对正整数 m 和 n，存在非负整数 q 和 r，其中 $0 \leqslant r < n$，使得 $m = qn + r$。

表明量词在涉及数学的语句中大量存在。数学的定理、引理、推论中通常都有量词。例如，在引理 2.5 中，短语“对任意”是一个量词。在推论 2.6 中，短语“存在”也是一个量词。量词在定义中也经常出现。回忆一下在之前的计算机科学课程中可能已经使用过的下述关于大“O”标记的定义。

定义 3.2　对于值为非负数的函数 $f: R \to R$ 和函数 $g: R \to R$，如果存在正数 c 和 n_0 使得对于每一个 $x > n_0$，都有 $f(x) \leqslant cg(x)$ 成立，那么我们就说 $f(x) = O(g(x))$。

练习 3.2-2：量词也出现在我们日常语言中。语句“每个小孩都想要一匹小马”和“没有哪个小孩想要牙疼”就是两个包含量词语句的范例。给出 10 个使用量词的日常语句，要求使用不同的词来表示量词。

练习 3.2-3：将语句“没有哪个小孩想牙疼”转换为“不存在……”的形式，并找到语句中的存在量词。 165

练习 3.2-4：你需要怎么做才能说明一个包含一个存在量词的语句为假？相应地，你需要怎么做才能说明一个包含一个全称量词的语句为真？

正如练习 3.2-2 中指出的那样，自然语言中有许多不同的方式来表示量词。例如，语句“所有的锤子都是工具”“每一个三明治都是美味的”“没有正常人会做这个”“有人爱着我”和“是的，弗吉尼亚，有一个圣诞老人”中都包含了量词。对于练习 3.2-3，我们可以说“不存在一个想牙疼的小孩”。量词就是短语“存在”。

如果要说明一个包含一个存在量词的语句为假，那么必须说明论域中的每一个元素都使该语句（比如 $m^2 > m$）为假。因此，要说明语句“在 $[0, 1]$ 中存在一个 x 使得 $x^2 > x$”是假的，就必须要说明对区间内的每一个 x，都使得语句“$x^2 > x$”为假。同样，要说明一个包含一个全称量词的语句为真，就必须要说明对论域中的每一个元素都使得该语句为真。稍后在本章节会进一步介绍，如何说明一个只包含一个变元的语句对于论域中的每一个元素为真或为假。

3.2.3　量词化的标准记号

每一个描述量词的语言的变体一般都描述了两种情形之一。一个关于一个变元 x 的量词语句断言

- 对于论域中的所有元素 x，该语句都是真的。
- 存在论域中一个元素 x 使得语句为真。

所有量词语句都具有这两种形式中的一种。使用标准简写“$\forall$”来代表短语“对所有”，使用标准简写“$\exists$”来代表短语“存在”。也采用给受量词限定的表达式加圆括号的惯例。例如，如果用 $\mathbf{Z}$ 来表示所有整数组成的论域，那么可以用

$$\forall n \in \mathbf{Z}\left(n^2 \geqslant n\right)$$

166

作为语句“对所有的整数 $n, n^2 > n$”的简写。把这个记号读作“对于 $\mathbf{Z}$ 中的所有 $n, n^2 > n$”似乎更加自然，这也是我们推荐的记号读法。类似地，我们使用

$$\exists n \in \mathbf{Z}\left(n^2 \not> n\right)$$

来代表“在 $\mathbf{Z}$ 中存在一个 n，使得 $n^2 \not> n$”。注意，要把符号形式的存在语句转换为符合语法的自然语言语句，需要增加附加词“一个”和附加短语“使得”。人们在读一个存在语句时经常会忽略“一个”，但是他们很少会忽略“使得”。而 $\forall$ 就不需要这样的附加语言。

作为另一个例子，使用这些符号来重写大“O”记号的定义。我们使用符号 $\mathbf{R}$ 来代表实数组成的论域，使用符号 $\mathbf{R}^+$ 来代表正实数组成的论域。隐含的假设函数 $g: \mathbf{R} \to \mathbf{R}$ 的值都是正数。

$$f = O(g) \text{ 意味着 } \exists c \in \mathbf{R}^+(\exists n_0 \in \mathbf{R}^+(\forall x \in \mathbf{R}(x > n_0 \Rightarrow f(x) \leqslant cg(x))))$$

可以把这个读作

“f 是 g 的大 O 界”意味着存在一个 $\mathbf{R}^+$ 中的 c 以及一个 $\mathbf{R}^+$ 中的 n_0，使得对于 $\mathbf{R}$ 中的所有 x，如果 $x > n_0$，那么 $f(x) \leqslant cg(x)$。

显然，这个语句跟下面语句有相同的含义：

“f 是 g 的大 O 界”意味着存在一个正实数 c 和 n_0 使得对任意实数 $x > n_0$，$f(x) \leqslant cg(x)$。除了对于 c 和 n_0 是什么的描述更加精确外，这个语句跟定义 3.2 中给出的关于大 O 的定义是一致的。

练习 3.2-5： *使用量词的简写记号，你会如何重写欧几里得除法定理的一部分（定理 2.12），即“对于任意正整数 n 和任意非负整数 m，存在整数 q 和 r，其中 $0 \leqslant r < n$，使得 $m = qn + r$”？使用 $\mathbf{Z}^+$ 代表正整数，$\mathbf{N}$ 代表非负整数。*

重写欧几里得除法定理：

$$\forall n \in \mathbf{Z}^+ (\forall m \in \mathbf{N} (\exists q \in \mathbf{N} (\exists r \in \mathbf{N} ((r < n) \wedge (m = qn + r)))))$$

167

3.2.4 关于变元的语句

在讨论一个只包含一个变元的语句时，需要一个用于指代该语句的符号。例如，可以使用 $p(n)$ 来代表语句 $n^2 > n$。现在就可以说 $p(4)$ 和 $p(-3)$ 为真，但是 $p(1)$ 和 $p(0.5)$ 为假。实际上，这是在引入代表关于其他变元的语句的变元。我们使用像 $p(n)$，$q(x)$ 这样的符号，并以此来代表只包含变元 n 或 x 的语句。语句“对 U 中的所有 x，都有 $p(x)$”也可以写为 $\forall x \in U (p(x))$，语句“存在 U 中的一个 n，使得 $q(n)$”也可以写为 $\exists n \in U (q(n))$。有时候，我们的语句包含不止一个变元。例如，关于大 O 记号的定义可以写为 $\exists c (\exists n_0 (\forall x (p(c, n_0, x))))$，这里 $p(c, n_0, x)$ 代表 $(x > n_0 \Rightarrow f(x) \leqslant cg(x))$。（为了强调语句的形式，这里省略了变元的论域。）

练习 3.2-6：使用关于变元的语句的记号来重写在练习 3.2-5 给出的欧几里得除法定理的一部分。通过省略关于变元论域的描述，使得能更清楚地看到量词出现的顺序。使用 $p(m, n, q, r)$ 来代表“$m = nq + r$，其中 $0 \leqslant r < n$”。

欧几里得除法定理的形式为 $\forall n (\forall m (\exists q (\exists r (p(m, n, q, r)))))$。

3.2.5 重写语句以包含更大的论域

重写量词语句使得论域变得更大，这样语句本身仍聚焦在新论域的一个子集上。

练习 3.2-7：令 $\mathbf{R}$ 代表实数，$\mathbf{R}^+$ 代表正实数，考虑下述两个语句。

a) $\forall x \in \mathbf{R}^+ (x > 1)$

b) $\exists x \in \mathbf{R}^+ (x > 1)$

重写这些语句使得论域变为全体实数，但是不改变语句所表达的意思。

对于练习 3.2-7，存在有许多种重写这些语句的方式。两种特别简单的方式是 $\forall x \in \mathbf{R} (x > 0 \Rightarrow x > 1)$ 和 $\exists x \in \mathbf{R} (x > 0 \wedge x > 1)$。注意到转换这两个语句时一个使用了“蕴含”，一个使用了“并且”。可以将这一规则表达为一个普适的定理。

168

定理 3.2 令 U_1 是一个论域，U_2 是另一个论域，并且 $U_1 \subseteq U_2$。假设 $q(x)$ 是满足下面条件的一个语句：

$$U_1 = \{x | q(x) \text{ 为真}\} \tag{3.2}$$

那么，如果 $p(x)$ 是关于 U_2 的一个语句，也可以认为它是关于 U_1 的一个语句，并且

a) $\forall x \in U_1 (p(x))$ 等价于 $\forall x \in U_2 (q(x) \Rightarrow p(x))$。

b) $\exists x \in U_1 (p(x))$ 等价于 $\exists x \in U_2 (q(x) \wedge p(x))$。

167

证明　由方程 3.2 可知，对于所有的 $x \in U_1$ 而言，语句 $q(x)$ 必定为真；对于所有属于 U_2 但不属于 U_1 的 x 而言，$q(x)$ 必为假。为了证明 a 部分，必须证明 $\forall x \in U_1(p(x))$ 在与语句 $\forall x \in U_2(q(x) \Rightarrow p(x))$ 为真的条件完全相同。为此，首先假设 $\forall x \in U_1(p(x))$ 为真。那么 $p(x)$ 对于 U_1 中的所有 x 均为真。因此，通过"蕴含"的真值表和对于方程 3.2 的说明，语句 $\forall x \in U_2(q(x) \Rightarrow p(x))$ 为真。现在假设 $\forall x \in U_1(p(x))$ 为假，那么在 U_1 中存在一个 x 令 $p(x)$ 为假。通过"蕴含"的真值表可知，语句 $\forall x \in U_2(q(x) \Rightarrow p(x))$ 为假。那么，语句 $\forall x \in U_1(p(x))$ 为真当且仅当语句 $\forall x \in U_2(q(x) \Rightarrow p(x))$ 为真。因而，两个语句为真的情况完全相同。定理的 a 部分可证。

相似地，对于 b 部分，我们观察到如果 $\exists x \in U_1(p(x))$ 为真，那么对一些 $x' \in U_1$ 有 $p(x')$ 为真。对于上述 x' 而言，$q(x')$ 也为真。因此，$p(x') \wedge q(x')$ 为真，$\exists x \in U_2(q(x) \wedge p(x))$ 也为真。另一方面，如果 $\exists x \in U_1(p(x))$ 为假，则不存在 $x \in U_1$ 使得 $p(x)$ 为真。因此，由"并且"的真值表可知，$q(x) \wedge p(x)$ 也不为真。于是，b 部分中的两个语句为真的情况完全相同。所以，它们是等价的。□

3.2.6　证明量词语句的真假

练习 3.2-8：让 $\mathbf{R}$ 代表实数，$\mathbf{R}^+$ 代表正实数。对于下面的每一个语句，指出它是真是假，并解释为什么。

a) $\forall x \in \mathbf{R}^+(x > 1)$

b) $\exists x \in \mathbf{R}^+(x > 1)$

c) $\forall x \in \mathbf{R}(\exists y \in \mathbf{R}(y > x))$

d) $\forall x \in \mathbf{R}(\forall y \in \mathbf{R}(y > x))$

169

e) $\forall x \in \mathbf{R}(x \geqslant 0 \wedge \forall y \in \mathbf{R}^+(y > x))$

在练习 3.2-8 中，因为 $1/2$ 不大于 1，所以语句 a 为假。而因为 $2 > 1$，所以语句 b 是真的。语句 c 表示对于每个实数 x，都存在一个比 x 大的实数 y。我们知道这个语句为真。语句 d 表示 $\mathbf{R}$ 中的每个 y 要比 $\mathbf{R}$ 中的每个 x 要大，因此它为假。语句 e 表示存在一个非负数 x，令每个正数 y 大于 x。由于 $x = 0$ 符合要求，该语句是正确的。我们可以将我们所知道的量词语句的含义总结如下：

168

原理 3.2（量词语句的含义）

- 如果 U 中至少存在一个 x 使得语句 $p(x)$ 为真，那么语句 $\exists x \in U(p(x))$ 为真。
- 如果 U 中不存在使得语句 $p(x)$ 为真的 x，那么语句 $\exists x \in U(p(x))$ 为假。
- 如果 x 在 U 中的每个值都使得语句 $p(x)$ 为真，那么语句 $\forall x \in U(p(x))$ 为真。
- 如果 U 中至少存在一个 x 使得语句 $p(x)$ 为假，那么语句 $\forall x \in U(p(x))$ 为假。

3.2.7 量词语句的否定

语句的否定使得 $\forall$ 和 $\exists$ 之间产生了有趣的联系。

练习 3.2-9：语句“对于所有的整数 n，$n^2 > 0$ 并非事实”的含义是什么？

从我们的语言知识，可以知道语句[⊖] $\neg\forall n \in \mathbf{Z}(n^2 > 0)$ 断言：对于所有的整数 n，并非都有 $n^2 > 0$。因此，这个语句表示必定存在一些整数 n 使得 $n^2 \not> 0$。换句话说，它说明存在一些整数 n 使得 $n^2 \leqslant 0$。因此，“对所有”语句的否定是一个“存在”语句。通过回顾语句等价的概念，我们可以使这个想法更加精确。我们已经说过，两个符号语句是等价的，如果它们为真的情况完全相同。通过考虑对于所有 $x \in U$，$p(x)$ 为真（将这种情况称为“永真”）和至少存在一个 $x \in U$ 使得 $p(x)$ 为假（将这种情况称为“非永真”）两种情况，可以分析等价性。下述定理严格描述了上面的例子，其中 $p(x)$ 是语句 $x^2 > 0$。定理可以通过将变元的所有取值分为两种可能性来证明：使得 $p(x)$ 永真的情况和 $p(x)$ 非永真的情况。

170

定理 3.3　语句 $\neg\forall x \in U\,(p(x))$ 和 $\exists x \in U\,(\neg p(x))$ 是等价的。

证明　考虑下表（类似于真值表，但相关情况的真假的确定不是根据 $p(x)$ 的真假，而是根据 $p(x)$ 对论域 U 中所有 x 是否都为真）。

$p(x)$	$\neg p(x)$	$\forall x \in U(p(x))$	$\neg\forall x \in U(p(x))$	$\exists x \in U(\neg p(x))$
永真	永假	真	假	假
非永真	非永假	假	真	真

因为最后两列是相同的，所以定理成立。□

推论 3.4　语句 $\neg\exists x \in U\,(q(x))$ 和 $\forall x \in U\,(\neg q(x))$ 是等价的。

证明　因为定理 3.3 中的两个语句是等价的，所以它们的否定也是等价的。用 $\neg q(x)$ 替换 $p(x)$ 即可证明该推论。□

换句话说，当你否定一个量词语句时，你需要变换这个量词并且把否定放入里层。

对于更复杂语句的否定，也仅需要每次处理一个量词。回忆定义 3.2，大 O 记号的定义：

$f(x) = O(g(x))$ 如果 $\exists c \in \mathbf{R}^+\,(\exists n_0 \in \mathbf{R}^+\,(\forall x \in \mathbf{R}\,(x > n_0 \Rightarrow f(x) \leqslant cg(x))))$

$f(x)$ 不是 $O(g(x))$ 是什么意思？首先，可以写出

$f(x) \neq O(g(x))$ 如果 $\neg\exists c \in \mathbf{R}^+\,(\exists n_0 \in \mathbf{R}^+\,(\forall x \in \mathbf{R}\,(x > n_0 \Rightarrow f(x) \leqslant cg(x))))$

171

应用推论 3.4 以后，可以得到

⊖ 通常情况下，当 $\neg$ 出现在量词之前时，整个量词语句被否定。

$f(x) \neq O(g(x))$ 如果 $\forall c \in \mathbf{R}^+ (\neg \exists n_0 \in \mathbf{R}^+ (\forall x \in \mathbf{R} (x > n_0 \Rightarrow f(x) \leqslant cg(x))))$

再次应用推论 3.4 后，得到

$f(x) \neq O(g(x))$ 如果 $\forall c \in \mathbf{R}^+ (\forall n_0 \in \mathbf{R}^+ (\neg \forall x \in \mathbf{R} (x > n_0 \Rightarrow f(x) \leqslant cg(x))))$

现在应用定理 3.3，得到

$f(x) \neq O(g(x))$ 如果 $\forall c \in \mathbf{R}^+ (\forall n_0 \in \mathbf{R}^+ (\exists x \in \mathbf{R} (\neg(x > n_0 \Rightarrow f(x) \leqslant cg(x)))))$

因为 $\neg(p \Rightarrow q)$ 等价于 $p \wedge \neg q$，所以可以写出

$f(x) \neq O(g(x))$ 如果 $\forall c \in \mathbf{R}^+ (\forall n_0 \in \mathbf{R}^+ (\exists x \in \mathbf{R} ((x > n_0) \Rightarrow (f(x) \not\leqslant cg(x)))))$

因此，如果对于 $\mathbf{R}^+$ 中的每一个 c 和每一个 n_0，存在一个 x 使得 $x > n_0$ 并且 $f(x) \not\leqslant cg(x)$，那么 $f(x)$ 不是 $O(g(x))$。

在下个练习中，将会使用大 Θ 记号，定义如下：

定义 3.3　$f(x) = \Theta(g(x))$ 意味着 $f(x) = O(g(x))$ 并且 $g(x) = O(f(x))$。

练习 3.2-10：*采用类似于描述 $f(x) \neq O(g(x))$ 的那些术语来说明 $\neg(f(x) = \Theta(g(x)))$。*

练习 3.2-11：*假设语句 $p(x)$ 的论域是从 1 到 10 的整数。采用不使用任何量词的方式来表示语句 $\forall x (p(x))$。依照 $\neg p$，采用不使用任何量词的方式来表示其否定。讨论“对所有”和“存在”语句的否定是如何对应于德摩根律。*

根据德摩根律，$\neg(f = \Theta(g))$ 意味着 $\neg(f = O(g) \vee \neg(g = O(f))$。因此，$\neg(f = \Theta(g))$ 意味着

172

- 对于 $\mathbf{R}^+$ 中的每一个 c 和 n_0，存在一个 $\mathbf{R}$ 中的 x 使得 $x > n_0$ 并且 $f(x) \not< cg(x)$，或者
- 对于 $\mathbf{R}^+$ 中的每一个 c 和 n_0，存在一个 $\mathbf{R}$ 中的 x 使得 $x > n_0$ 并且 $g(x) < cf(x)$，或者两个都成立。对于练习 3.2-11，可以知道 $\forall x (p(x))$ 就是

$$p(1) \wedge p(2) \wedge p(3) \wedge p(4) \wedge p(5) \wedge p(6) \wedge p(7) \wedge p(8) \wedge p(9) \wedge p(10)$$

由德摩根律可知，该语句的否定是

$$\neg p(1) \vee \neg p(2) \vee \neg p(3) \vee \neg p(4) \vee \neg p(5) \vee \neg p(6) \vee \neg p(7) \vee \neg p(8) \vee \neg p(9) \vee \neg p(10)$$

因此，否定给出的“对所有”和“存在”语句之间的关系是德摩根律关于潜在无限论域的扩展：从有限数目的语句到潜在无限多的语句。

3.2.8　隐式量词化

练习 3.2-12：*在语句“偶数的和是偶数”中有没有量词？*

关于数的一个基本事实是，偶数的和是偶数。另一种说法是，如果 m 和 n 是偶数，那么 $m+n$ 是偶数。如果 $p(n)$ 代表语句“n 是偶数”，那么上一句话可翻译成 $p(m) \wedge p(n) \Rightarrow p(m+n)$。从语句的逻辑形式中，可以看到变元是自由的，所以我们可以用不同的整数替

换 m 和 n 来看语句是否为真。然而在练习 3.2-12 中，陈述关于整数的一个更一般性的事实。意思是说，对于每一个整数对 m 和 n，如果 m 和 n 是偶数，那么 $m+n$ 是偶数。通过符号来表示的话，使用 $p(k)$ 代表"k 是偶数"，我们有

$$\forall m \in \mathbf{Z}\,(\forall n \in \mathbf{Z}\,(p(m) \wedge p(n) \Rightarrow p(m+n)))$$

这种表示语句的方式抓住了最初的意图。这也是数学语句和证明有时会令人困惑的原因之一，像自然语言一样，数学中的句子必须在语境中加以解释。因为数学必须用自然语言来表达，并且由于语境是用来消除自然语言中的歧义的手段，所以必须使用语境来消除用自然语言表达的数学语句中的歧义。事实上，用隐含量词来表达数学语句时常常依赖于语境，因为它使语句更易读。例如，引理 2.8 表示 [173]

方程 $a \cdot_n x = 1$ 在 Z_n 中有解，当且仅当存在整数 x 和 y 满足 $ax + ny = 1$

在这个语境中，我们很清楚 a 是 Z_n 中的任意元素。如果这样表述

对任意 $a \in Z_n$，方程 $a \cdot_n x = 1$ 在 Z_n 中有解当且仅当存在整数 x 和 y 满足 $ax+ny = 1$

将会使得语句更加难读。

另一方面，我们正在进行从讨论 Z_n 到讨论整数的过渡，所以包含量词语句"整数 x 和 y 满足 $ax + ny = 1$"对我们来说是重要的。最近，在定理 3.3 中，我们也不觉得有必要在定理的开头提及"对于所有的论域 U 和所有关于 U 的语句 p"。如果保持这些量词的隐含并让你从语境推断它们（不一定是有意的），那么这个定理会更易读。

3.2.9 量词语句的证明

我们说"偶数之和是偶数"是关于数的基本事实。我们怎么知道这是事实？一个答案是因为我们的老师告诉我们是这样（他们知道这个事实大概也是因为他们的老师也是这么告诉他们的）。但是总要有一个人首先将它证明出来。所以我们会问"如何证明这个语句？"一个被要求给出偶数之和为偶数的证明的数学家可能会这么写，"如果 m 和 n 是偶数，那么 $m = 2i$ 并且 $n = 2j$，所以 $m + n = 2i + 2j = 2(i + j)$，因此 $m + n$ 是偶数"[⊖]。因为数学家用自然语言思考和写作，所以他们常常依靠语境来消除歧义。例如，在数学家的证明中没有任何量词。然而，尽管这个句子作为一个证明在学术上是不完整的，但是它抓住了为什么两个偶数之和是偶数的本质。一个典型的完整（但通常更正式和冗长）证明可能如下所示。 [174]

令 m 和 n 为整数。假设 m 和 n 是偶数。如果 m 和 n 是偶数，那么根据定义可知存在整数 i 和 j，使得 $m = 2i$ 和 $n = 2j$。因此，存在整数 i 和 j，使得 $m = 2i$ 和 $n = 2j$。那么

$$m + n = 2i + 2j = 2(i + j)$$

⊖ 在这本书的语境中，一个数学家可能简单地说这个语句从引理 2.3 得到，因为模 2 余 0 和是一个偶数等价。然而，我们证明关于偶数和奇数的基本语句的观点时，我们并不是在学习新的事实。相反，我们已经选择了关于数字的事实，因为它们提供了一个熟悉的语境来展示证明的各种不同方面。我们不期望任何事实对你来说是新的。事实上，我们希望，因为它们不是新的，所以它们将帮助你专注于实际证明技巧。

所以根据定义，$m+n$ 是一个偶数。我们已经证明如果 m 和 n 是偶数，那么 $m+n$ 是偶数。因此，对于每个 m 和 n，如果 m 和 n 是偶数，那么 $m+n$ 也是偶数。

通过假设 m 和 n 是整数来开始这个证明。这个假设提供了讨论两个整数的符号化记号。然后上升到偶数的定义，也就是说，一个整数 h 是偶数，如果存在一个整数 k 使得 $h=2k$。（注意定义中量词的使用。）然后用代数证明 $m+n$ 也是另一个数的两倍。因为是另一个数的两倍是 $m+n$ 为偶数的定义，所以得出了 $m+n$ 是偶数的结论。这个结论允许我们说，如果 m 和 n 是偶数，那么 $m+n$ 是偶数。最后，我们断言对任意一对整数 m 和 n，如果 m 和 n 是偶数，那么 $m+n$ 是偶数。

这里展示了许多证明原理。3.3 节将专门讨论构造证明所使用的原理。现在让我们来用一句话来谈谈逻辑的局限性。我们怎么知道我们需要写下述符号方程

$$m+n=2i+2j=2(i+j)$$

不是逻辑告诉我们要这样做，而是直觉和经验。

重要概念、公式和定理

175

1. **变化于**：使用“变化于”来描述变元的可能取值集合。
2. **论域**：将一个变元的可能取值称为变元的论域。
3. **自由变元**：不受任何方式约束的变元称为自由变元。
4. **量词**：一个将某个关于论域中任何潜在对象的符号化语句转换成一个关于论域的语句的短语称为量词。有两种类型的量词：

   a）**全称量词**断言关于某个变元的语句对于变元在其论域中的每个取值都为真。

   b）**存在量词**断言关于某个变元的语句对于变元在其论域中的至少一个取值为真。
5. **更大的论域**：令 U_1 是一个论域，U_2 是另一个论域，并且 $U_1\subseteq U_2$。假设 $q(x)$ 是使得 $U_1=\{x|q(x)\text{为真}\}$ 的一个语句。如果 $p(x)$ 是关于 U_2 的一个语句，那么它也可以解释为关于 U_1 的一个语句，并且

   a）$\forall x\in U_1(p(x))$ 等价于 $\forall x\in U_2(q(x)\Rightarrow p(x))$。

   b）$\exists x\in U_1(p(x))$ 等价于 $\exists x\in U_2(q(x)\wedge p(x))$。
6. **证明量词语句的真假**。

   a）如果 U 中至少存在一个 x 使得语句 $p(x)$ 为真，那么语句 $\exists x\in U(p(x))$ 为真。

   b）如果 U 中不存在使得语句 $p(x)$ 为真的 x，那么语句 $\exists x\in U(p(x))$ 为假。

   c）如果 x 在 U 中的每个值都使得语句 $p(x)$ 为真，那么语句 $\forall x\in U(p(x))$ 为真。

   d）如果 U 中至少存在一个 x 使得语句 $p(x)$ 为假，那么语句 $\forall x\in U(p(x))$ 为假。
7. **量词语句的否定**：要否定一个量词语句，可以转换量词并且将否定词推入里层。

   a）语句 $\neg\forall x\in U(p(x))$ 和 $\exists x\in U(\neg p(x))$ 是等价的。

   b）语句 $\neg\exists x\in U(q(x))$ 和 $\forall x\in U(\neg q(x))$ 是等价的。
8. **大 O**：如果存在正数 c 和 n_0，对每个 $x>n_0$，使得 $f(x)\leqslant cg(x)$，则称 $f(x)=O(g(x))$。

9. **大 Θ**：$f(x)=\Theta(g(x))$ 意味着 $f=O(g(x))$ 并且 $g=O(f(x))$。
10. **数集的一些记号**：用 $\mathbf{R}$ 代表实数，$\mathbf{R}^+$ 代表正实数，$\mathbf{Z}$ 代表整数（正、负和零），$\mathbf{Z}^+$ 代表正整数，$\mathbf{N}$ 代表非负整数。

176

习题

所有带 * 的习题均附有答案或提示。

1.* 语句 $(x-2)^2+1\leqslant 2$ 对什么正整数 x 为真？对于什么样的整数为真？对于什么实数为真？如果你扩展你正在考虑的关于某个变元的语句的论域，是否总能增加语句为真的集合的大小？
2. 语句“存在一个大于 2 的整数，使得 $(x-2)^2+1\leqslant 2$”为真还是为假？你怎么知道？
3.* 编写语句“每个实数的平方大于或等于 0”作为一个关于实数论域的量词语句。你可以使用 $\mathbf{R}$ 代表实数论域。
4. 质数被定义为大于 1 的整数，其唯一的正整数因子是它自己和 1。找到两种方法来写这个定义，使得所有量词都是显式的。（引入一个变元来代表这个数字，引入一个变元或一些变元代表它的因子，可能会比较方便。）
5. 写出 m 和 n 的最大公约数的定义，使得所有量词都是显式的，并且显式表示为“对所有”或“存在”。写出欧几里得扩展最大公约数定理（定理 2.14）中将 m 和 n 的最大公约数通过代数的方式与 m 和 n 相关联的部分。同样地，确保所有量词都是显式的，并显式表达为“对所有”或“存在”。
6. 使用 $s(x,y,z)$ 代表语句 $x=yz$ 和 $t(x,y)$ 代表语句 $x\leqslant y$，m 和 n 的最大公约数 d 的定义的形式是什么？（不需要包含对变元论域的描述。）
7. 以下哪个语句（其中 $\mathbf{Z}^+$ 代表正整数，$\mathbf{Z}$ 代表所有整数）为真，哪个为假？解释为什么。
   a)* $\forall z\in\mathbf{Z}^+(z^2+6z+10>20)$
   b)* $\forall z\in\mathbf{Z}\,(z^2-z)\geqslant 0$
   c)* $\exists z\in\mathbf{Z}^+(z-z^2>0)$
   d)* $\exists z\in\mathbf{Z}\,(z^2-z=6)$

177

8.* 在语句“奇整数的乘积是奇数”中有任何（隐式）量词吗？如果有，它们是什么？
9. 使用显式表述为“对所有”或“存在”的所有量词（包括奇整数定义中的任何一个）改写语句“奇整数的乘积是奇数”。
10.* 不使用任何否定改写下述语句：“不存在正整数 n，使得对所有的大于 n 的整数 m，所有 m 次多项式方程 $p(x)=0$ 没有实数解。”
11. 考虑下面对定理 3.2 的轻微修改。对于每个部分，证明它为真或给出一个反例。令 U_1 为一个论域，U_2 为另一个论域，并且 $U_1\subseteq U_2$。假设 $q(x)$ 是关于 U_2 使得 $U_1=\{x|q(x)\text{为真}\}$ 的语句并且 $p(x)$ 是关于 U_2 的语句。

a)* $\forall x \in U_1(p(x))$ 等价于 $\forall x \in U_2(q(x) \Rightarrow p(x))$

b)* $\exists x \in U_1(p(x))$ 等价于 $\exists x \in U_2(q(x) \wedge p(x))$

12. 令 $p(x)$ 代表“x 是素数”，$q(x)$ 代表“x 是偶数”，$r(x,y)$ 代表“$x=y$”。使用这三个符号语句和适当的逻辑记号编写语句“有且只有一个偶素数”。（使用正整数集合 $\mathbf{Z}^+$ 作为你的论域。）

13. 以下每一个表达式表示一个关于整数的语句。$p(x)$ 代表“x 是素数”，$q(x,y)$ 代表“$x=y^2$”，$r(x,y)$ 代表“$x \leqslant y$”，$s(x,y,z)$ 代表“$z=xy$”，并且 $t(x,y)$ 代表“$x=y$”。确定哪些表达式表示真语句，哪些表示假语句。

a)* $\forall x \in \mathbf{Z}(\exists y \in \mathbf{Z}(q(x,y) \vee p(x)))$

b)* $\forall x \in \mathbf{Z}(\forall y \in \mathbf{Z}(s(x,x,y) \Leftrightarrow q(x,y)))$

c)* $\forall y \in \mathbf{Z}(\exists x \in \mathbf{Z}(q(y,x))$

d)* $\exists z \in \mathbf{Z}(\exists x \in \mathbf{Z}(\exists y \in \mathbf{Z}(p(x) \wedge p(y) \wedge \neg t(x,y))))$

14. 为什么 $(\exists x \in U(p(x))) \wedge (\exists y \in U(q(y)))$ 不等价于 $\exists z \in U(p(z) \wedge q(z))$？语句 $(\exists x \in U(p(x))) \vee (\exists y \in U(q(y)))$ 和 $\exists z \in U(p(z) \vee q(z))$ 是否等价？

178

15*. 给出一个具有 $\forall x \in U(\exists y \in V(p(x,y)))$ 形式结构的自然语言语句实例。（语句可以是数学语句，关于日常生活的语句，或任何你喜欢的语句。）现在用相同的 $p(x,y)$ 写这个语句，但令其具有 $\exists y \in V(\forall x \in U(p(x,y)))$ 的形式。就“对所有”和“存在”是否可交换做出评论。

3.3　推理

3.3.1　直接推理（演绎推理）和证明

在本节中，将讨论证明的逻辑结构。我们给出的证明例子是被选来在你比较熟悉的语境中说明一个概念。这些例子不一定是唯一或最好的证明结论的方式。如果你看到其他的证明方法，那么非常好，因为这意味着你把你的先验知识用于实践。尝试考虑如何把这个部分的想法应用于你的替代证明非常有利你的理解。

3.2 节以证明两个偶数的和是偶数作为结束。该证明包含几个关键因素。首先，它引入符号来表示整数论域的元素。换句话说，不是说“假设我们有两个整数”，而是使用符号代表论域中的两个元素，说“令 m 和 n 为整数”。我们如何知道要使用代数符号？这个问题有很多种可能的答案。在这种情况下，我们的直觉可能是基于思考偶数是什么，并认识到其定义本身在本质上是符号性的。（你可能会说偶数是另一个数字的两倍。表面上看在定义中没有符号 [变元]。但它们确实存在于短语“偶数”和“另一个数字”中。）因为我们都知道相比于文字，代数更易于用符号变元来表达，所以应该认识到使用代数记号是合情合理的。因此，这个决定基于经验，而不是逻辑。

接下来，假设两个整数是偶数。然后使用偶数的定义。正如前面在括号中注解所建议的，使用符号化的定义非常自然。由该定义可知，如果 m 是偶数，那么存在整数 i，使得 $m=2i$。

将此与假设 m 是偶数结合起来，并得出结论。事实上，存在一个整数 i，使得 $m=2i$。这个论证是使用**直接推理**原理的例子（在拉丁语中称为演绎推理（modus ponens））。 179

原理 3.3 （直接推理）

从 p 和 $p \Rightarrow q$，可以推出 q。

这个常识性的原理是逻辑论证的基石。但是为什么它是有效的？在表 3.7 中，再看一下蕴含的真值表。

表 3.7 蕴含的另一种视角

p	q	$p \Rightarrow q$
T	T	T
T	F	F
F	T	T
F	F	T

在表 3.7 中，只有第一行的 p 列和 $p \Rightarrow q$ 列都是 T。在这一行，q 也为 T。因此，我们推断如果 p 和 $p \Rightarrow q$ 都为真，那么 q 也一定为真。尽管这看上去像是真值表的一种翻转应用，但实际上它只是真值表的一种不同使用方式。

有相当多的规则（被称为“推理规则”），比如直接推理原理，被人们在证明过程中隐式地使用。在正式开始研究推理规则之前，先完成在证明两个偶数的和是偶数的过程中使用了哪些规则的分析。在推导出 $m=2i$ 和 $n=2j$ 之后，使用代数来证明：因为 $m=2i$ 和 $n=2j$，所以存在一个 k 使得 $m+n=2k$（其中 k 就是 $i+j$）。接下来，再次使用偶数的定义来说明 $m+n$ 是偶数。然后使用以下推理规则。

原理 3.4 （条件证明）

如果通过假设 p，能证明 q，那么 $p \Rightarrow q$ 为真。

使用这个原理得出结论，如果 m 和 n 是偶数，那么 $m+n$ 也是偶数。为了说明这个语句对于所有的整数 m 和 n 都成立，要使用另一个更难描述的推理规则。最开始引入了变元 m 和 n。在我们的证明中，只使用了它们属于整数论域这一事实的最为众所周知的结论。因此，我们认为有理由断言关于 m 和 n 的结论对任何一对整数均为真。可以说，把 m 和 n 当作论域中的一个一般元素。因此，推理规则如下： 180

原理 3.5 （全称推广）

如果可以通过假设 x 是论域中的一个元素来证明一个关于 x 的语句，那么可以得出该语句对论域中每个元素均为真。

也许这条规则很难用语言描述出来是因为它不仅是简单的一个关于真值表的描述。相反地，它是用来证明全称量词语句的原理。

3.3.2 直接证明的推理规则

我们已经看到了一个典型证明的构成要素。通常所说的证明是指什么？一个语句的证明是一个关于该语句为真的令人信服的论证。更准确地说，我们都能够赞同一个**直接推理**（direct proof）由一个语句序列组成，其中每个语句要么是假设[⊖]，要么是一个普遍被接受的事实，或者是下述对于符合语句的推理规则之一的结论。

直接证明的推理规则（Rules of Inference for Direct Proof）

1. 从一个不满足 $p(x)$ 的实例 x，可以推断出 $\neg p(x)$。
2. 从 $p(x)$ 和 $q(x)$，可以推断出 $p(x) \wedge q(x)$。
3. 从 $p(x)$ 或者 $q(x)$，可以推断出 $p(x) \vee q(x)$。
4. 从 $q(x)$ 或者 $\neg p(x)$，可以推断出 $p(x) \Rightarrow q(x)$。
5. 从 $p(x) \Rightarrow q(x)$ 和 $q(x) \Rightarrow p(x)$，可以推断出 $p(x) \Leftrightarrow q(x)$。
6. 从 $p(x)$ 和 $p(x) \Rightarrow q(x)$，可以推断出 $q(x)$。
7. 从 $p(x) \Rightarrow q(x)$ 和 $q(x) \Rightarrow r(x)$，可以推断出 $p(x) \Rightarrow r(x)$。
8. 如果通过假设 x 满足 $p(x)$ 可以导出 $q(x)$，那么可以推断出 $p(x) \Rightarrow q(x)$。
9. 如果通过假设 x 是论域 U 中一个（一般的）元素可以导出 $p(x)$，可以推断出 $\forall x \in U\,(p(x))$。
10. 从一个 $x \in U$ 满足 $p(x)$ 的实例，可以推断出 $\exists x \in U\,(p(x))$。

当应用于关于变元的语句时，第一条规则是关于排中律原理的语句。接下来的四条规则实际上是对“并且”“或者”“蕴含”和“当且仅当”的真值表的描述。规则 5 告知写一个关于“当且仅当”语句的证明需要做什么。规则 6 在之前的讨论中做过例证。它是直接推理原理，并且描述了 $p \Rightarrow q$ 真值表中的一行。规则 7 是传递律，可以通过分析真值表导出。规则 8 是之前例证过的条件证明原理，可以被视为 $p \Rightarrow q$ 真值表中的一行的另一种描述。规则 9 是全称推广原理，前面已经讨论并例证过。规则 10 根据原理 3.2 指出了存在量词语句为真的含义。

严格来讲，虽然这些推理规则中有一些是冗余的，但还是引入了它们。因为它们可以使证明更简洁。例如，在不使用规则 8 的情况下，也可以写出关于偶数之和是偶数的证明如下。

令 m 和 n 为整数。如果 m 是偶数，则存在一个 k 使得 $m = 2k$。如果 n 是一个偶数，则存在一个 j 使得 $n = 2j$。因此，如果 m 和 n 都是偶数，则存在一个 k 和 j 使得 $m + n = 2k + 2j = 2(k + j)$。因此，如果 m 和 n 都是偶数，则存在一个整数 $h = k + j$ 使得 $m + n = 2h$。因此，如果 m 和 n 都是偶数，则 $m + n$ 也是偶数。

⊖ 如果要证明推论 $s \Rightarrow t$，称 s 为假设。如果在给出要证明的语句之前做假定说“令……”“假设……”或者类似的东西，那么这些假定也是假设。

181

因为规则 8 总可以通过这种形式的论证来规避，所以该规则不是一条必需的推理规则。然而，因为它允许在证明中避免这种不必要的复杂的“愚蠢”，我们选择了引入它。规则 7（传递律）也是类似的情况。

练习 3.3-1：证明如果 m 是偶数，那么 m^2 是偶数。解释证明的哪些步骤使用了 10 条推理规则中的哪一条。

对于练习 3.3-1，可以模仿偶数之和是偶数的证明：

令 m 为一个整数，并假设 m 是偶数。如果 m 是偶数，则存在一个 k 使得 $m = 2k$。因此，存在一个 k 使得 $m^2 = 4k^2$。因此，存在一个整数 $h = 2k^2$ 使得 $m^2 = 2h$。由此可知，如果 m 是偶数，那么 m^2 是偶数。因此，对所有的整数 m，如果 m 是偶数，那么 m^2 也是偶数。 182

第一句话为使用规则 9 铺平了道路。第二句话简单地说明了隐含的假设。下两句话使用了规则 6，也就是直接推理原理。当说“因此，存在一个整数 $h = 2k^2$ 使得 $m^2 = 2h$”时，只是简单的陈述了一个代数事实。下一句话使用了规则 8 和规则 9。（你可以使用不同的方式书写证明，并使用不同的推理规则）。

3.3.3 推理的逆否（对换）规则

练习 3.3-2：说明“p 蕴含 q”等价于“$\neg q$ 蕴含 $\neg p$”。

练习 3.3-3：“p 蕴含 q”是否等价于“q 蕴含 p”？

为了做练习 3.3-2，在表 3.8 中构造双重真值表。因为 $p \Rightarrow q$ 和 $\neg q \Rightarrow \neg p$ 下的列是完全相同的，所以这两个语句是等价的。

表 3.8 $p \Rightarrow q$ 和 $\neg q \Rightarrow \neg p$ 的双重真值表

p	q	$p \Rightarrow q$	$\neg p$	$\neg q$	$\neg q \Rightarrow \neg p$
T	T	T	F	F	T
T	F	F	F	T	F
F	T	T	T	F	T
F	F	T	T	T	T

练习 3.3-2 表明，如果知道 $\neg q \Rightarrow \neg p$，那么可以推导出 $p \Rightarrow q$。这称为**逆否证明原理**（proof of contraposition）。

原理 3.6（逆否证明）

因为语句 $p \Rightarrow q$ 和 $\neg q \Rightarrow \neg p$ 是等价的，所以对其中一个语句的证明也是另一个语句的证明。

183

语句 $\neg q \Rightarrow \neg p$ 被称为语句 $p \Rightarrow q$ 的**逆否**（contrapositive）语句。下述引理的证明展示了逆否证明的效用。

引理 3.5 如果 n 是一个正整数，并且 $n^2>100$，则有 $n>10$。

证明 假设 n 不大于 10。（现在使用关于不等式的代数规则：如果 $x\leqslant y$ 并且 $c\geqslant 0$，则 $cx\leqslant cy$。）接下来，因为 $1\leqslant n\leqslant 10$，

$$n\cdot n\leqslant n\cdot 10\leqslant 10\cdot 10=100$$

所以，n^2 不大于 100。如果 n 不大于 10，则 n^2 不大于 100。根据逆否证明原理，如果 $n^2>100$，则 n 必定大于 10。 □

采用原理 3.6 作为推理规则，称为**逆否推理规则**（contrapositive rule of inference）：

11. 从 $\neg q(x)\Rightarrow\neg p(x)$，我们可以推断出 $p(x)\Rightarrow q(x)$。

在对中国剩余定理（定理 2.24）的证明中，我们想要证明对某个特定的函数 f，如果 x 和 y 是 0 和 $mn-1$ 之间的不同整数，则 $f(x)\neq f(y)$。为了证明这一点，假设 $f(x)=f(y)$，然后证明 x 和 y 不是 0 和 $mn-1$ 之间的不同整数。如果我们已经知道逆否推理原理，那么可以当场得出 f 是一一对应的结论。相反地，我们使用了更常见的反证法原理来完成证明。反证法也是本节剩余部分的主题。如果回顾中国剩余定理的证明，会看到可以使用逆否推理将其缩短为一个句子。

对于练习 3.3-3，表 3.9 中关于 $p\Rightarrow q$ 和 $q\Rightarrow p$ 的双重真值表表明这两个语句不等价。语句 $q\Rightarrow p$ 被称为语句 $p\Rightarrow q$ 的**逆**。注意：当 $p\Rightarrow q$ 和它的逆均为真时，$p\Leftrightarrow q$ 也为真。令人惊讶的是，人们甚至是专业的数学家们，在他们想证明一个语句本身时，常常心不在焉地试图证明该语句的逆。请不要加入这个群体！

184

表 3.9 $p\Rightarrow q$ 和 $q\Rightarrow p$ 的双重真值表

p	q	$p\Rightarrow q$	$q\Rightarrow p$
T	T	T	T
T	F	F	T
F	T	T	F
F	F	T	T

3.3.4 反证法

逆否推理证明是一个**间接推理**（indirect proof）的例子。我们实际上已经在反证法推理中看到了间接推理的另一个例子。在证明推论 2.6 时引入了反证法原理（原理 2.1），在其中我们试图证明：

假设在 Z_n 中存在 b 使得方程 $a\cdot_n x=b$ 没有解。那么在 Z_n 中，不存在 a 的乘法逆。

假定关于方程 $a\cdot_n x=b$ 没有解的假设为真。同时假设不存在 a 的乘法逆这一结论为假。要说明这两个假设一起将导致矛盾。然后隐含地使用排中律原理（原理 3.1），可以导出，如果假设为真，那么唯一的可能是结论也为真。

在欧几里得除法定理的证明中，再次使用了反证法原理。回想一下那个证明，在开始假设存在一个整数 m，使得不存在整数 q 和 r 满足 $m = qn + r$，其中 $0 \leqslant r < n$。接下来，选择最小的满足上述条件的整数 m。然后通过一些计算证明，在这种情况下，存在整数 q 和 r，其中 $0 \leqslant r < n$，使得 $m = qn + r$。总而言之，从假设定理为假出发，然后从这个假设，得出一个（与假设本身的）矛盾。因为在所有推理中，除了假设定理为假以外，使用的都是广泛接受的推理规则，所以矛盾的唯一来源就是假设。因此，根据排中律原理，我们的假设是不正确的。采用**反证法原理**（也称为**归谬法**（reduction to absurdity）原理）作为最后一条推理规则。

185

12. 如果从假设 $p(x)$ 和 $\neg q(x)$ 能对于某语句 $r(x)$ 导出 $r(x)$ 和 $\neg r(x)$，我们可以推断出 $p(x) \Rightarrow q(x)$。

反证法可以有许多变种。这些变种都是我们所谓的“间接证明”的实例。接下来关于同一语句的三个间接证明得到了不同的矛盾。在每种情况下，p 是语句 $x^2 + x - 2 = 0$，q 是语句 $x \neq 0$，证明 p 蕴含 q。

1. 假设 p 为真和 q 为假，可推出矛盾 p 为假。如下例所示。

证明：如果 $x^2 + x - 2 = 0$，那么 $x \neq 0$。

证明 假设 $x^2+x-2 = 0$ 并且 $x = 0$。在多项式中将 0 代入 x 得 $x^2+x-2 = 0+0-2 = -2$，这与 $x^2 + x - 2 = 0$ 矛盾。因此，根据反证法原理，如果 $x^2 + x - 2 = 0$，那么 $x \neq 0$。 □

这里的语句 r 与 p 相同，即 $x^2 + x - 2 = 0$。

2. 假设 p 为真和 q 为假，可推出关于某个已知事实的矛盾。如下面的例子。

证明：如果 $x^2 + x - 2 = 0$，那么 $x \neq 0$。

证明 假设 $x^2 + x - 2 = 0$ 并且 $x = 0$，则 $x^2 + x - 2 = 0 + 0 - 2 = -2$。因此，$0 = -2$，导致矛盾。因此，根据反证法原理，如果 $x^2 + x - 2 = 0$，那么 $x \neq 0$。 □

这里的语句 r 是一个已知事实 $0 \neq -2$。

3. 有时反证法原理中的语句 r 是在构造证明的过程中自然出现的，如下例所示。

证明：如果 $x^2 + x - 2 = 0$，那么 $x \neq 0$。

证明 假设 $x^2 + x - 2 = 0$，则 $x^2 + x = 2$。假设 $x = 0$，则 $x^2 + x = 0 + 0 = 0$。但这是与 $x^2 + x = 2$ 矛盾。因此，根据反证法原理，如果 $x^2 + x - 2 = 0$，那么 $x \neq 0$。 □

这里的语句 r 是 $x^2 + x = 2$。

186

4. 最后，如果你觉得反证法和逆否推理没有太多不同，那么你是对的，如下例所示。

证明：如果 $x^2 + x - 2 = 0$，那么 $x \neq 0$。

证明 假设 $x = 0$，则 $x^2 + x - 2 = 0 + 0 - 2 = -2$，所以 $x^2 + x - 2 \neq 0$。因此，根据逆否推理原理，如果 $x^2 + x - 2 = 0$，那么 $x \neq 0$。 □

任何使用了间接方法进行推理的证明，无论是反证法还是逆否推理，都被称为**间接证明**。前面的四个例子说明了间接证明为我们提供了丰富的可能性。当然，它们也说明了为什么间接证明是易被混淆的。在使用反证法时，没有一套固定的公式。相反地，要问自己，如果假设与试图证明的语句相反，是否能让我们洞悉为什么假设无意义。如果可以，那么就有了使用间接证明的基础。至于写证明的方式则纯粹是个人喜好的问题。

练习 3.3-4：不取平方根，证明如果 n 是一个正整数并且 $n^2<9$，则 $n<3$。可以使用代数规则处理不等式。

练习 3.3-5：证明 $\sqrt{5}$ 不是有理数。

为了证明练习 3.3-4，出于反证的目的，假设 $n \geqslant 3$。不等式两边都取平方，则得到

$$n^2 \geqslant 9$$

这与假设 $n^2<9$ 矛盾。因此，根据反证法原理，$n<3$。

为了证明练习 3.3-5，出于反证的目的，假设 $\sqrt{5}$ 是有理数，这意味着它可以用分数 m/n 表示，其中 m 和 n 都是整数。对等式 $m/n=\sqrt{5}$ 的两边都取平方，得到

$$\frac{m^2}{n^2}=5$$

或者

187

$$m^2=5n^2$$

现在，m^2 必然有偶数个素因子（计算每个素因子出现的次数），n^2 也是。但是 $5n^2$ 有奇数个素因子。因此，偶数个素因子的乘积等于奇数个素因子的乘积。这是一个矛盾，因为任何正整数都能唯一地表示为（正）素数的乘积。因此，根据反证法原理，$\sqrt{5}$ 不是有理数。

重要概念、公式和定理

1. **直接推理或演绎推理原理**：从 p 和 $p \Rightarrow q$，可以推导出 q。
2. **条件证明原理**：如果通过假设 p，可以证明 q，那么语句 $p \Rightarrow q$ 为真。
3. **全称推广原理**：如果通过假定 x 是论域的一个元素，能证明一个关于 x 的语句，那么可以推导出对论域中的每个元素，该语句都为真。
4. **推理规则**：下面是本章出现的 12 条推理规则。
   (1) 从一个不满足 $p(x)$ 的实例 x，可以推导出 $\neg p(x)$。
   (2) 从 $p(x)$ 和 $q(x)$，可以推导出 $p(x) \wedge q(x)$。
   (3) 从 $p(x)$ 或者 $q(x)$，可以推导出 $p(x) \vee q(x)$。
   (4) 从 $q(x)$ 或者 $\neg p(x)$，可以推导出 $p(x) \Rightarrow q(x)$。
   (5) 从 $p(x) \Rightarrow q(x)$ 和 $q(x) \Rightarrow p(x)$，可以推导出 $p(x) \Leftrightarrow q(x)$。

(6) 从 $p(x)$ 和 $p(x) \Rightarrow q(x)$，可以推导出 $q(x)$。

(7) 从 $p(x) \Rightarrow q(x)$ 和 $q(x) \Rightarrow r(x)$，可以推导出 $p(x) \Rightarrow r(x)$。

(8) 如果通过假设 x 满足 $p(x)$ 可以导出 $q(x)$，那么可以推导出 $p(x) \Rightarrow q(x)$。

(9) 如果通过假设 x 是论域 U 中的一个（一般的）元素可以导出 $p(x)$，可以推导出 $\forall x \in U\,(p(x))$。

(10) 从一个 $x \in U$ 满足 $p(x)$ 的例子，可以推导出 $\exists x \in U\,(p(x))$。

(11) 从 $\neg q(x) \Rightarrow \neg p(x)$，可以推导出 $p(x) \Rightarrow q(x)$。

(12) 如果从假设 $p(x)$ 和 $\neg q(x)$ 能对于某语句 $r(x)$ 导出 $r(x)$ 和 $\neg r(x)$，则可以推导出 $p(x) \Rightarrow q(x)$。

188

5. **$p \Rightarrow q$ 的逆否**：语句 $p \Rightarrow q$ 的逆否是语句 $\neg q \Rightarrow \neg p$。
6. **$p \Rightarrow q$ 的逆**：语句 $p \Rightarrow q$ 的逆是语句 $q \Rightarrow p$。
7. **逆否推理规则**：从 $\neg q \Rightarrow \neg p$，能推导出 $p \Rightarrow q$。
8. **反证法规则**：如果通过假设 p 和 $\neg q$ 能对某语句 r 导出 r 和 $\neg r$，则可以推导出 $p \Rightarrow q$。

习题

所有带 * 的习题均附有答案或提示。

1. 写出下述每条语句的逆和逆否。

   a)* 如果软管长 60 英尺，那么软管就能够到番茄。

   b)* 只有 Mary 去散步时，George 才会去散步。

   c)* 如果 Andre 被要求背诵一首诗，那么 Pamela 就会背诵一首诗。

2. 证明：如果 m 是奇数，那么 m^2 也是奇数。

3. 证明：对所有的整数 m 和 n，如果 m 是偶数并且 n 是奇数，则 $m+n$ 是奇数。

4*. 语句“证明如果 m 和 n 是奇数，那么 $m+n$ 是偶数”的真实含义是什么？证明这个更准确的语句。

5. 证明：对所有的整数 m 和 n，如果 m 和 n 是奇数，那么 mn 是奇数。

6*. 语句 $p \Rightarrow q$ 是否等价于 $\neg p \Rightarrow \neg q$？

7*. 构造一个“对所有实数 x，如果 $x^2 - 2x \neq -1$，那么 $x \neq -1$”的逆否证明。

8. 构造一个“对所有实数 x，如果 $x^2 - 2x \neq -1$，那么 $x \neq -1$”的反证法证明。

9*. 证明：如果 $x^3 > 8$，那么 $x > 2$。

10. 证明：$\sqrt{3}$ 是无理数。

11*. 证明：如果整数 m 使得 m^2 是偶数，那么 m 是偶数。

189

12*. 证明或否证下述语句：“对每个正整数 n，如果 n 是素数，那么 12 和 $n^3 - n^2 + n$ 有一个大于 1 的公因子”。

13. 证明或否证下述语句：“对所有整数 b、c、d，如果有理数 x 使得 $x^2 + bx + c = d$，那么 x 是一个整数”。（提示：是否所有量词都显示给出了？可以使用二次方程公式，但不是必须使用。）

14* 证明：没有最大的素数。

15. 证明：如果从 $\mathbf{R}^+$ 到 $\mathbf{R}^+$ 的函数 f、g、h 使得 $f(x)=O(g(x))$、$g(x)=O(h(x))$，那么 $f(x)=O(h(x))$。

190

归纳、递归和递推式

4.1 数学归纳法

4.1.1 最小反例

在 3.3 节中，我们展示了一种证明无限论域的语句的方法。我们考虑论域的一个“一般”成员，并导出了关于该成员的期望语句。当论域是整数域时，或者当它与整数一一对应时，有第二种技术可以使用。

回顾对欧几里得除法定理（定理 2.12）的证明，即证明当 n 是正整数时，对于每个非负整数 m，存在唯一的非负整数 q 和 r，使得 $m = nq + r$，其中 $0 \leqslant r < n$。为了通过反证法证明，假设存在非负整数 m，使得不存在非负整数 q 和 r 有 $m = nq + r$ 成立。选择满足该条件的最小的 m，并观察到 $m - n$ 是小于 m 的非负整数。然后我们说：

存在整数 q' 和 r' 使得 $m-n = nq'+r'$ 成立，其中 $0 \leqslant r' < n$。但是 $m = n(q'+1)+r'$。因此，通过取 $q = q'+1$ 和 $r = r'$，得到 $m = qn + r$，其中 $0 \leqslant r < n$。这与不存在整数 q 和 r 且 $0 \leqslant r < n$ 使得 $m = qn + r$ 的假设相矛盾。因此，根据反证法原理，存在这样的整数 q 和 r。

为了分析这些句子，令 $p(m)$ 表示命题“存在整数 q' 和 r' 使得 $m = nq' + r'$ 成立，其中 $0 \leqslant r' < n$”。上面这段引用的前两句话提供了 $p(m-n) \Rightarrow p(m)$ 的证明。这个蕴含式实际上是证明的关键。分析一下证明，并指出这个蕴含式的关键作用。

- 假设存在一个 m 最小的反例⊖。
- 根据对每一个小于 m 的 m'，都有 $p(m')$ 为真这一事实，选择 $m' = m - n$，并观察到 $p(m')$ 肯定为真。
- 使用蕴含式 $p(m-n) \Rightarrow p(m)$ 来推出 $p(m)$ 也为真。
- 然而，已经假设 $p(m)$ 为假，所以这个假设在反证法中导致了矛盾。

练习 4.1-1： 在第 1 章中，我们学习了高斯求和法，它表明对于所有的正整数 n，

$$1 + 2 + 3 + 4 + \cdots + n = \frac{n(n+1)}{2} \tag{4.1}$$

使用断言若存在一个反例，则存在一个最小反例，并导出矛盾的方法来证明和为 $n(n+1)/2$。在这个过程中需要证明什么蕴含式？

⊖ 非负整数是有序的。

练习 4.1-2： 当 n 为何值时，使得 $n \geqslant 0$ 且 $2^{n+1} \geqslant n^2+2$？使用断言“若存在一个反例，则存在一个最小反例”并导出矛盾的方法来证明你是正确的。在这个过程中需要证明什么蕴含式？

练习 4.1-3： 当 n 为何值时，使得 $n \geqslant 0$ 且 $2^{n+1} \geqslant n^2+3$？是否有可能使用断言“若存在一个反例，则存在一个最小反例”并导出矛盾的方法来证明你是正确的？如果可能，请给出证明并描述在这个过程中需要证明的蕴含式。如果不能，请说明理由。

在练习 4.1-1 中，假设求和的公式是错的。那么必然有一个最小的 n，使得求和公式不适用前 n 个正整数的和。因此，对于比 n 小的任何正整数 i，

$$1+2+3+4+\cdots+i=\frac{i(i+1)}{2} \tag{4.2}$$

192

因为 $1=1\cdot 2/2$，当 $n=1$ 时，公式 4.1 成立。所以，最小反例不是 $n=1$。故 $n>1$，并且 $n-1$ 是满足公式的正整数 i 之一。在公式 4.2 中代入 $n-1$ 得到

$$1+2+3+4+\cdots+n-1=\frac{(n-1)n}{2}$$

在等号两边同时加上 n 得到

$$\begin{aligned}1+2+3+4+\cdots+n-1+n&=\frac{(n-1)n}{2}+n\\&=\frac{n^2-n+2n}{2}\\&=\frac{n(n+1)}{2}\end{aligned}$$

因此，n 不是一个反例，该求和公式没有反例。换句话说，该公式对所有正整数 n 都成立。注意，关键步骤是证明 $p(n-1) \Rightarrow p(n)$，其中 $p(n)$ 是公式

$$1+2+3+4+\cdots+n=\frac{n(n+1)}{2}$$

在练习 4.1-2 中，令 $p(n)$ 为语句 $2^{n+1} \geqslant n^2+2$。使用较小的 n 值进行若干试验可以让我们确信该命题对所有非负整数都是正确的。因此，我们想证明 $p(n)$ 对于任意的非负整数 n 是正确的。为此，假设语句“对任意非负整数 $n, p(n)$ 为真”为假。当“对任意”语句为假时，必存在一些 n 使其为假。因此，假设存在一个最小的非负整数 n，使得 $2^{n+1} \ngeqslant n^2+2$。现在假设 n 是该值，就意味着对于满足 $i<n$ 的所有非负整数 i，$2^{i+1} \geqslant i^2+2$。因为从试验中知道 $n \neq 0$，所以知道 $n-1$ 是小于 n 的非负整数。因此，使用 $n-1$ 替换 i，得到

$$2^{(n-1)+1} \geqslant (n-1)^2+2$$

或

$$\begin{aligned}2^n &\geqslant n^2-2n+1+2\\&=n^2-2n+3\end{aligned} \tag{4.3}$$

193

从这里，要导出一个矛盾——与 $2^{n+1} \not\geqslant n^2+2$ 的矛盾。

为了构造矛盾，将公式 4.3 的左边转换为 2^{n+1}。为此，将两边乘以 2。因为 $2^{n+1}=2\cdot 2^n$，可以将公式 4.3 改写成下述形式

$$\begin{aligned} 2^{n+1} &\geqslant 2\cdot(n^2-2n+3) \\ \text{或 } 2^{n+1} &\geqslant 2n^2-4n+6 \end{aligned} \tag{4.4}$$

你可能会想得更远，并想知道，"下一步应该怎么做？"因为我们想导出一个矛盾，想把不等式 4.4 的右边转换成类似 n^2+2 的形式。更确切地说，将右边转换为 n^2+2 加上一个附加项。如果可以证明附加项是非负的，那么证明就完成了。因此，有

$$\begin{aligned} 2^{n+1} &\geqslant 2n^2-4n+6 \\ &= (n^2+2)+(n^2-4n+4) \\ &= n^2+2+(n-2)^2 \\ &\geqslant n^2+2 \end{aligned} \tag{4.5}$$

其中最后一行的不等式成立是因为 $(n-2)^2 \geqslant 0$。这与假设 $2^{n+1} \not\geqslant n^2+2$ 相矛盾，所以不存在一个最小的反例。因此，不存在反例。从而，对于所有非负整数 n，都有 $2^n \geqslant n^2+2$。

我们证明了什么蕴含式？令 $p(n)$ 表示 $2^{n+1} \geqslant n^2+2$。在公式 4.3 和 4.5 中，证明了 $p(n-1) \Rightarrow p(n)$。在证明中的某一处，我们必须声明我们已经考虑了 $n=0$ 的情况。虽然已经通过最小反例给出了一个证明，但是我们自然也想知道直接证明语句 $p(n-1) \Rightarrow p(n)$ 是否更有意义。

一旦证明了

$$p(n-1) \Rightarrow p(n)$$

就可以应用它来得到 $p(0)$ 蕴含 $p(1)$，$p(1)$ 蕴含 $p(2)$，$p(2)$ 蕴含 $p(3)$，等等。这样，对于每个 k，都有 $p(k)$。这不是一种更为直接的证明吗？我们将很快解决这个问题。

首先，考虑练习 4.1-3。注意，对于 $n=0$ 和 $n=1$ 来说 $2^{n+1} \not> n^2+3$ 成立，但是看到对更大的 n，$2^{n+1} > n^2+3$ 成立。让我们试着证明对于 $n \geqslant 2$ 都有 $2^{n+1} > n^2+3$。我们现在让 $p'(n)$ 表示语句 $2^{n+1} > n^2+3$。可以很容易地证明 $p'(2)$ 如下：$8=2^3 \geqslant 2^2+3=7$。现在，假设在大于 2 的整数中，有一个 $p'(n)$ 的反例 m。也就是说，假设存在 m 使得 $m>2$ 并且 $p'(m)$ 为假。那么存在满足该条件的最小的 m，并且 $p'(k)$ 对于 2 到 $m-1$ 之间的 k 都为真。如果回顾对 $p(n-1) \Rightarrow p(n)$ 的证明，你会看到，当 $n \geqslant 2$ 时，大体上相同的证明也适用于 p'。也就是说，通过非常类似的计算，只要 $n \geqslant 2$，就可以证明 $p'(n-1) \Rightarrow p'(n)$。因此，由于 $p'(m-1)$ 为真，蕴含式告诉我们 $p'(m)$ 也为真。这与我们的假设 $p'(m)$ 为假产生矛盾。因此，$p'(m)$ 为真。

194

再次地，可以从 $p'(2)$ 和 $p'(2) \Rightarrow p'(3)$ 得出 $p'(3)$ 为真（对于 $p'(4)$ 等也是类似的）。这种方法似乎给出了某种比最小反例证明更直接的证明。必须证明的蕴含式是 $p'(n-1) \Rightarrow p'(n)$。

4.1.2　数学归纳法原理

可以看出，重复使用蕴含式 $p(n-1) \Rightarrow p(n)$ 可以证明，对所有的 n（或所有 $n \geqslant 2$），$p(n)$ 为真。这一观察是数学归纳原理的中心思想，也是即将介绍的内容。在对整数的理论讨论中，数学归纳法原理或其等价形式**良序原理**（well-ordering principe）——每个非负整数集合都有最小元，这允许使用“最小反例”技术，是假设的最基本的原理之一。数学归纳法原理通常有两种描述形式。我们迄今为止所使用的数学归纳法，被称为“弱形式”，适用于关于整数 n 的语句。

原理 4.1（弱数学归纳法原理）

如果语句 $p(b)$ 为真并且对所有的 $n > b$，语句 $p(n-1) \Rightarrow p(n)$ 为真，那么对于所有整数 $n \geqslant b$，$p(n)$ 为真。

假设，例如我们希望给出 $n \geqslant 2$ 时 $2^{n+1} > n^2+3$ 的直接归纳证明。具体步骤如下。（方括号中的说明不是证明的一部分，它是对证明中具体步骤的评论。）

将通过数学归纳法证明 $n \geqslant 2$ 时 $2^{n+1} > n^2+3$。首先，$2^{2+1} = 2^3 = 8$，而 $2^2+3 = 7$。[我们只是证明了 $p(2)$。现在将证明 $p(n-1) \Rightarrow p(n)$。] 现在假设 $n > 2$ 和 $2^n > (n-1)^2+3$。[我们只是做出了关于 $p(n-1)$ 的假设，以便使用推理规则的第 8 条。]

195

现在把这个不等式的两边乘以 2，得到

$$2^{n+1} > 2(n^2-2n+1)+6$$

但是

$$\begin{aligned}2\left(n^2-2n+1\right)+6 &= n^2+3+n^2-4n+4+1\\ &= n^2+3+(n-2)^2+1\end{aligned}$$

因此，$2^{n+1} > n^2+3+(n-2)^2+1$。

因为 $(n-2)^2+1$ 是正的，这证明了 $2^{n+1} > n^2+3$。[刚刚证明，从关于 $p(n-1)$ 的假设，可以推导出 $p(n)$。现在可以应用推理规则 8 来断言 $p(n-1) \Rightarrow p(n)$。] 所以，$2^n > (n-1)^2+3 \Rightarrow 2^{n+1} > n^2+3$，并且根据数学归纳法原理，$n \geqslant 2$ 时，$2^{n+1} > n^2+3$。

在这个证明中，句子“首先，$2^{2+1} = 2^3 = 8$，而 $2^2+3 = 7$”被称为**基本情况**（base case）。它包括直接证明 $p(b)$ 为真，在上述案例中，b 是 2 并且 $p(n)$ 是 $2^{n+1} > n^2+3$。句子“现在假设 $n > 2$ 和 $2^n > (n-1)^2+3$”被称为**归纳假设**（inductive hypothesis），即假设 $p(n-1)$ 为真。在归纳证明中，我们总是做出这样的假设[⊖]来证明蕴含式 $p(n-1) \Rightarrow p(n)$。该蕴含式的证明被称为**归纳步骤**（inductive step）。证明的最后一句话称为**归纳结论**（inductive conclusion）。

⊖ 有时，假设 $p(n)$ 为真并且使用该假设来证明 $p(n+1)$ 为真可能更方便。这证明了蕴含式 $p(n) \Rightarrow p(n+1)$，最终导向同样的推理方式。

练习 4.1-4: 使用数学归纳法证明，对于每个正整数 k，

$$1+3+5+\cdots(2k-1)=k^2$$

练习 4.1-5: 当 n 为何值时 $2^n > n^2$？使用数学归纳法证明你的结论是正确的。

对于练习 4.1-4，我们注意到当 $k=1$ 时公式成立。假设 $k=n-1$ 时公式成立，使得 $1+3+5+\cdots(2n-3)=(n-1)^2$。将 $2n-1$ 加到该等式的两侧得到 [196]

$$\begin{aligned}1+3+5+\cdots+(2n-3)+(2n-1)&=n^2-2n+1+2n-1\\&=n^2\end{aligned}\tag{4.6}$$

因此，当 $k=n$ 时，公式成立。所以，根据数学归纳法原理，该公式对所有正整数 k 成立。

注意，在对练习 4.1-4 的讨论中，我们没有提到语句 $p(n)$。事实上，$p(n)$ 是在公式中用 n 代替 k 得到的语句。在公式 4.6 中，我们证明了 $p(n-1)\Rightarrow p(n)$。接下来，请注意，不明确说我们将通过归纳给出证明；相反，当通过"归纳地假设……"这一说法来做归纳假设时，就是指我们在做归纳证明。这个惯例使得证明流畅，但仍然告诉读者他正在阅读一个归纳证明。请注意，上述练习的语句中的符号是如何帮助我们写证明的。如果申明我们试图以一个非 n 的变量（例如 k）的形式做证明，那么可以假设语句在这个变量 k 是 $n-1$ 时成立，然后证明这个语句在 $k=n$ 时也成立。如果没有这个符号机制，则必须明确地提到要证明的语句 $p(n)$，或避免任何关于将值代入待证公式的讨论。关于 $2^{n+1}>n^2+3$ 的证明展示了这种方法，即用自然语言写一个归纳证明。这种方法通常是写归纳证明的"最巧妙"方式（虽然它通常是最难掌握的）。我们将在下一个练习中首次使用这种方法。

对于练习 4.1-5，注意到 $2=2^1>1^2=1$，但是对于 $n=2,3,4$，不等式都是不成立的。然而，$32>25$。现在我们归纳地假设，对 $n>5$，有 $2^{n-1}>(n-1)^2$。两边同时乘以 2 有

$$\begin{aligned}2^n&>2(n^2-2n+1)\\&=n^2+n^2-4n+2\\&>n^2+n^2-n\cdot n\\&=n^2\end{aligned}$$

因为 $n>5$ 意味着 $-4n>-n\cdot n$。（我们也使用了 $n^2+n^2-4n+2>n^2+n^2-4n$ 这一事实。）所以，根据数学归纳法原理，对所有 $n\geqslant 5$ 有 $2^n>n^2$。

或者，可以采用如下的写法：令 $p(n)$ 表示不等式 $2^n>n^2$。因为 $32>25$，所以 $p(5)$ 为真。假设 $n>5$ 并且 $p(n-1)$ 为真。这意味着 $2^{n-1}>(n-1)^2$。对不等式两边乘以 2 有 [197]

$$\begin{aligned}2^n&>2(n^2-2n+1)\\&=n^2+n^2-4n+2\\&>n^2+n^2-n\cdot n\\&=n^2\end{aligned}$$

因为 $n>5$ 意味着 $-4n>-n\cdot n$。从而有 $p(n-1)\Rightarrow p(n)$。所以，根据数学归纳法原理，对所有 $n\geqslant 5$，有 $2^n>n^2$。注意，这种“巧妙”的方法是如何通过“归纳地假设……”简单地假定读者知道我们正在做归纳证明的。它也假设读者已经给出了适当的 $p(n)$，并且注意到我们已经在适当的时机证明了 $p(n-1)\Rightarrow p(n)$。

下面是变量变换方法的一个变种。为了证明当 $n\geqslant 5$ 时，$2^n>n^2$ 成立，注意到 $n=5$ 时，有 $32>25$，所以该不等式成立。我们归纳地假设 $n=k$ 时不等式成立，所以有 $2^k>k^2$。现在，当 $k\geqslant 5$ 时，把这个不等式的两边乘以 2，得到下面的不等式序列（在公式下面的文本中会有详细解释）：

$$
\begin{aligned}
2^{k+1} &> 2k^2 \\
&= k^2+k^2 \\
&> k^2+5k \\
&> k^2+2k+1 \\
&= (k+1)^2
\end{aligned}
$$

因为 $k\geqslant 5$ 意味着 $k^2\geqslant 5k$ 且 $5k=2k+3k>2k+1$。所以，根据数学归纳法原理，对所有 $n\geqslant 5$，$2^n>n^2$ 成立。

证明的最后一个变体说明了两种思想。首先，不必特意保留 n 作为应用数学归纳法时使用的变量。在这个例子中，使用了 k 作为归纳变量。其次，如上一个脚注所建议的，也没有必要限制自己必须证明蕴含式 $p(n-1)\Rightarrow p(n)$。在这个例子中，证明了蕴含式 $p(k)\Rightarrow p(k+1)$。显然，这两个蕴含式是等价的，因为 n 的取值范围是大于 b 的所有整数，且 k 的取值范围是大于等于 b 的所有整数。 198

4.1.3 强归纳法

在对欧几里得除法定理的证明中，使用了一个形如 $p(m)$ 的语句，并且假设它为假，选择一个最小的 m，使得 $p(m)$ 对于某些 n 为假。这个选择意味着可以假定对所有非负的 $m'<m$，$p(m')$ 为真。我们需要这个假设，因为必须证明 $p(m-n)\Longrightarrow p(m)$ 来导出矛盾。这种情况不同于我们用来介绍数学归纳法的例子，因为在这些例子中使用了形如 $p(n-1)\Longrightarrow p(n)$ 的蕴含式。证明欧几里得除法定理的方法的实质如下：

1. 有一个语句 $q(k)$，并且想证明当 k 大于某个整数时 $q(k)$ 成立。
2. 假设它为假。因此，肯定存在一个最小的 k 使得 $q(k)$ 为假。
3. 上一个步骤意味着可以假设对于 q 的论域中的所有满足 $k'<k$ 的 k'，$q(k')$ 为真。
4. 然后可以使用这个假设来导出 $q(k)$ 的证明，从而产生矛盾。

再次地，可以避免通过下述方式导出矛盾。假设首先有 $q(0)$ 的证明。同时假设有

$$q(0)\wedge q(1)\wedge q(2)\wedge\cdots\wedge q(k-1)\Longrightarrow q(k)$$

对于所有 k 大于 0 都成立的证明。换句话说，由 $q(0)$ 可以推出 $q(1)$；由 $q(0)\wedge q(1)$ 可以推出 $q(2)$；由 $q(0)\wedge q(1)\wedge q(2)$ 可以推出 $q(3)$；以此类推。这种方法可以对所期望的

任何 n 给出 $q(n)$ 的证明，是数学归纳法原理的另一种形式。当我们使用这种方法时，正如在欧几里得除法定理的证明中那样，可以得到形如对某些 $k' < k$，$q(k') \Rightarrow q(k)$ 的蕴含式；或者是形如 $q(0) \wedge q(1) \wedge q(2) \wedge \cdots \wedge q(k-1) \Longrightarrow q(k)$ 的蕴含式。（正如在欧几里得除法定理的证明中，常常不知道 k' 具体是什么，所以第一类情况只是第二种情况的一个特例。正因为这个原因，没有分别处理这两个蕴含式。）刚刚描述的证明方法被称为强数学归纳法原理。

199

原理 4.2 （强数学归纳法原理）

如果语句 $p(b)$ 为真，且对所有的 $n > b$ 都有语句 $p(b) \wedge p(b+1) \wedge \ldots \wedge p(n-1) \Longrightarrow p(n)$ 为真，那么对所有的整数 $n \geqslant b$ 都有 $p(n)$ 为真。

弱和强是针对归纳假设中的假设而言的。添加更多限制会增强断言，而移除限制会削弱断言。比如说，Sandy 是一个十几岁的年轻人相比于 Sandy 已经 16 岁是一个更弱的断言。在弱归纳法下，归纳假设仅为 $p(n-1)$。在强归纳法下，不仅有 $p(n-1)$，而且有 $p(b) \wedge p(b+1) \wedge \ldots \wedge p(n-2)$。这是一个更强的断言。

练习 4.1-6： *证明每个正整数是素数的幂或素数幂的乘积。*

在练习 4.1-6 中，我们观察到 1 是素数的幂。例如，$1 = 2^0$。假设现在我们知道每一个小于 n 的数是素数的幂或素数幂的乘积。然后，如果 n 不是素数，它是两个更小的数的乘积，那么根据假设可知，每个更小的数都是素数的幂或素数幂的乘积。但将两个素数的幂或素数幂的乘积相乘会得到素数幂的乘积。因此，n 是素数的幂或素数幂的乘积。所以，根据强数学归纳法，每个正整数都是素数的幂或素数幂的乘积。

注意，这里没有明确提及以下形式的蕴含式

$$p(b) \wedge p(b+1) \wedge \cdots \wedge p(n-1) \Longrightarrow p(n)$$

还要注意，在证明中，我们也没有明确地指出基本情况或归纳假设。这些是归纳证明的共同约定。期望归纳证明的读者能够识别到何时给出了基本情况以及何时证明了形如 $p(b) \wedge p(b+1) \wedge \cdots \wedge p(n-1) \Longrightarrow p(n)$ 的蕴含式。

数学归纳法在离散数学和计算机科学中经常被使用。许多我们感兴趣的量，例如运行时间或占用内存的空间，通常被限定为正整数。因此，数学归纳法是证明有关这些量的事实的一种自然方式。我们将在本书中经常使用它。我们通常不会区分强归纳法和弱归纳法，会认为它们都是归纳法。（习题 13 和 14 要求你从一个版本的原理推导出其另一个版本。）

200

4.1.4 归纳法的一般形式

现在总结一下到目前为止所讨论的内容。使用数学归纳法证明语句 $p(n)$ 对所有 $n \geqslant b$ 都成立的典型证明主要由以下三个步骤组成。

1. 证明 $p(b)$ 为真。此步骤称为建立基本情况。
2. 或者证明

$$p(n-1) \Longrightarrow p(n)$$

对于所有 $n>b$ 成立，或者证明

$$p(b) \wedge p(b+1) \wedge \cdots \wedge p(n-1) \Longrightarrow p(n)$$

对于所有 $n > b$ 成立。为此，需要做出归纳假设 $p(n-1)$ 或归纳假设 $p(b) \wedge p(b+1) \wedge \cdots \wedge p(n-1)$。然后通过导出 $p(n)$ 来完成对蕴含式 $p(n-1) \Longrightarrow p(n)$ 或 $p(b) \wedge p(b+1) \wedge \cdots \wedge p(n-1) \Longrightarrow p(n)$ 的证明。
3. 根据数学归纳法原理得出结论，对于大于或等于 b 的所有整数 n，$p(n)$ 都为真。

第二步是归纳证明的核心，也是最需要我们洞察要证的是什么之处。回顾本章中的归纳法的示例，可能会注意到：在示例 4.1-5 中，我们不是证明 $p(n-1) \Longrightarrow p(n)$ 而是证明了 $p(n) \Longrightarrow p(n+1)$。从逻辑上来说，在归纳证明的上下文中，这些语句是等价的（简单地将 n 替换为 $n-1$）。为了方便起见，我们现在给出条件 2 的另一种形式：

2′ 证明对于所有的 $n \geqslant b$，有

$$p(n) \Longrightarrow p(n+1)$$

或者

201

$$p(b) \wedge p(b+1) \wedge \cdots \wedge p(n) \Longrightarrow p(n+1)$$

为此，做出归纳假设 $p(n)$ 或归纳假设 $p(b) \wedge p(b+1) \wedge \cdots \wedge p(n)$。然后通过导出 $p(n+1)$ 来完成对蕴含式 $p(n) \Longrightarrow p(n+1)$ 或 $p(b) \wedge p(b+1) \wedge \cdots \wedge p(n) \Longrightarrow p(n+1)$ 的证明。

我们需要认识到的是，某些场景下的归纳并不符合我们所给出的典型描述。首先，我们可能需要给出多个基本情况，而不是单个基本情况。第二，除了需要证明一个表示对于一些 $n' < n$，$p(n')$ 为真能够推出 $p(n)$ 为真蕴含式，我们可能还需要证明一组这样的蕴含式。

举例来说，考虑以下语句的证明问题：

$$\sum_{i=0}^{n}\left\lfloor\frac{i}{2}\right\rfloor=\begin{cases}\dfrac{n^2}{4} & n \text{ 是偶数}\\[2mm] \dfrac{n^2-1}{4} & n \text{ 是奇数}\end{cases} \tag{4.7}$$

为了证明这一点，我们必须证明 $p(0)$ 为真，$p(1)$ 为真，当 n 为奇数时有 $p(n-2) \Longrightarrow p(n)$，并且当 n 为偶数时有 $p(n-2) \Longrightarrow p(n)$。把所有这些综合在一起，我们看到上述公式对所有 $n \geqslant 0$ 成立。我们可以把它看成是两个基于归纳法的证明，一个针对偶数，一个针对奇数；或者是一个证明，其中有两个基本情况和两种从前面结果推出结果的方法。第二种观点更有用，因为它扩展了我们关于归纳法含义的理解，使归纳证明更容易找到。在式 (4.7) 的证明中，有两个基本情况和两个归纳蕴含式。我们还可以找到这样的情况，其中

只有一个要证明的蕴含式，但是有多个基本情况需要验证（将很快看到一个这样的情况），或者只有一个基本情况，但是需要证明几个不同的蕴含式。

从逻辑上讲，可以重新设计式 (4.7) 的证明，使它符合强归纳法的模式。例如，当证明第二个基本情况时，可以证明它可以由第一个基本情况推出，因为真语句推出真语句。然而，在数学文献中，以及特别是在计算机科学文献中，归纳证明被写成具有多个基本情况和多个蕴含式的形式，而没有努力将它们简化为数学归纳法的某种标准形式。只要这个证明能够涵盖所有应该考虑的情况，就可以将其重写为标准的归纳证明。因为这种证明的读者应该知道这个惯例，并且因为将证明修改为标准的归纳证明会增加不必要的烦琐，所以这些证明几乎永远都不会被重写成“标准形式”。 202

4.1.5 从递归视角看归纳法

熟悉递归程序的人可能会注意到归纳和递归[⊖]的相似性。这二者都讨论基本情况。两者都可能看起来是循环的。在递归中，函数调用它自己。当在归纳证明里证明归纳步骤中的蕴含式时，我们通过假设其他实例为真来证明大小为 n 的实例的性质。在这两种情况下，同样的东西终止了循环：

- 当函数调用自身时，通过递归解决的实例总是小于当前实例，并且递归最终归结为可以直接处理的基本情况。
- 在归纳证明的归纳步骤中假定的实例总是小于当前实例，并且归纳法最终归结为可以直接处理的基本情况。

编写了若干递归程序的学生明白递归是有效的，只要所有递归调用都是关于更小规模的实例的，那么递归就不是循环的。只要正确处理基本情况并通过构建基于较小实例的解决方案来正确解决较大实例，递归将终止并计算出正确的答案。

在这一节中，我们使用递归的这种理解来呈现归纳法的另一种视角。这样做有两个原因。首先，许多人觉得归纳法难以理解且违反直觉，从许多不同的角度去看待它，可以帮助人们理解它。第二，基于递归来思考归纳法是构造归纳证明的一种非常有效的方法。

归纳证明可以看作是递归程序的描述，只要 n 大于某个值，递归程序就会为任意选择的大小为 n 的实例打印完整的、非常详细的证明。因为递归是有效的，所以可以调用这个程序来打印对于任何 n 的证明。因为存在一个可以为任何 n 生成完整证明的程序，所以该性质对于所有 n 都肯定为真。

举例来说，再次证明对于任何正整数 n，有

$$s(n) = 1 + 2 + \cdots + n = \frac{n(n+1)}{2}$$

递归程序通过调用自身来证明 $s(n-1) = (n-1)n/2$，然后使用这个证明的引理来验证关于 n 的公式。当递归不再起作用时，使用基本情况来证明。证明了这个关于正整数的公式，所以当 n 是正整数时，$s(n)$ 有定义。如果尝试递归地证明公式 $s(1)$ 为真，它将基于 $s(0)$ 203

⊖ 在这一节中，当谈到递归时，指的是计算机程序中的递归。简单地称之为递归，避免重复。

来证明。但是 0 不是正整数，所以 $s(0)$ 未定义。因此，必须直接证明公式对于 $s(1)$ 是正确的，而不使用递归。

以下程序实现了这一点。

ProveSum(n)

// 假设 n 是一个正整数

// 这是一个递归程序，输入 n 并打印 $s(n) = n*(n+1)/2$ 的详细证明

```
(1) if ( n == 1)
(2)        print "We note that"
(3)        print " s (1) = 1 = 1*2/2, so the formula is correct for
     n = 1."
(4) else
(5)        print "To prove that s (", n , ") = ", n , "*", n +1,
     "/2, we
           first prove that"
(6)        print " s (", n -1, ") = ", n-1, "*", n , "/2."
(7)        proveSum( n -1)
(8)        print "Having proved s (", n -1, ") = ", n -1, "*", n ,
     "/2 = ",
           (n -1)* n /2," we add ",n
(9)     print " to the first and last values, getting ",
          "s (", n , ") = ", (( n -1)* n /2 + n ), "."
(10)    print " This equals ", n , "*", n +1,
          "/2, so the formula is correct for n =", n , "."
```

打印语句很乱，但代码相当直接。它测试是否处于基本情况 ($n = 1$)，如果是，则打印 $s(1)$ 的证明。否则，它会递归调用自身打印 $s(n-1)$ 的证明，并使用该结果来证明 $s(n)$。函数调用 ProveSum（4）的输出是：

```
To prove that s(4) = 4*5/2, we first prove that
  s(3) = 3*4/2.
To prove that s(3) = 3*4/2, we first prove that
  s(2) = 2*3/2.
To prove that s(2) = 2*3/2, we first prove that
  s(1) = 1*2/2.
We note that
  s(1) = 1 =1*2/2, so the formula is correct for n = 1.
Having proved s(1) = 1*2/2 = 1 we add 2
  to the first and last values, getting s(2) = 3.
  This equals 2*3/2, so the formula is correct for n = 2.
Having proved s(2) = 2*3/2 = 3 we add 3
  to the first and last values, getting s(3) = 6.
```

```
  This equals 3*4/2, so the formula is correct for n = 3.
 Having proved s(3) = 3*4/2 = 6 we add 4
  to the first and last values, getting s(4) = 10.
  This equals 4*5/2, so the formula is correct for n = 4.
```

当你被要求用归纳法做证明时，不希望你写这样的程序。然而，递归地思考往往是最容易发现归纳证明的方法。给定要证明性质的实例，首先弄清楚如何将它分解为一个或多个相同形式的较小实例。因为实例较小，所以可以假定性质对于它们是成立的。毕竟，如果需要的话，可以通过编写递归程序来生成这种情况的证明，就像我们刚才所做的那样。然后，你需要证明性质在这些较小实例上成立是如何推出该性质对于原始实例也是成立的。最后，你决定对于给定的同样形式的问题，递归分解在什么时候停止。这些不能被递归分解成更小的问题就是基本情况。你必须直接检查性质是否对基本情况成立。

请注意，此过程与实际编写证明的方式正好相反。首先进行递归分解。然后，该分解决定是强归纳法还是弱归纳法，同时确定需要什么样的基本情况。证明可以写成这种形式，但是传统的做法是先证明基本情况，然后证明较小实例可以推出较大实例。

当通过归纳法证明公式的有效性时，正如在练习 4.1-4 中做的，思考如何将较小实例"增长"为较大实例有时会有用。然而，考虑将较大实例分解为较小的而不是考虑以较小实例构建较大的通常更为有利。（将较小实例构建为较大的只是了解如何将较大实例分解为较小规模的一种方式。）正如我们将在 6.1 节和 6.2 节中看到的（特别是在练习 6.2-6 和练习 6.2-7 中），这种思维方式有时显然是获得有效证明的最佳方式。这些例子贯穿整个计算机科学。因此，通过从更大的实例开始递归地分解以获得更小的实例来进行归纳是一种好的习惯。

这种自上而下的方法还有两个优点。首先，如果递归地分解问题，那么我们知道所有可能的更大的实例都可以通过这种方式进行分解。将小规模实例"构建"为较大的实例需要一个额外的步骤，即表明可以通过给定的构造方法来创建所有较大的实例。通常情况下，"构建"过程构造了所有可能情况的一个真子集。基于"构建"的证明必须表明，所有较大的实例都可以被涵盖。

其次，采用自上而下的方法，不需要考虑什么是基本情况或基本情况应该是什么。基本情况就是递归分解不再起作用的情况。这回答了学生们经常提出的一个问题，即"我应该如何选择基本情况？"

205

为了更好地展示这一思想，我们重新考虑每个正整数是素数或素数幂乘积的证明。递归分解是将一个数分解为两个较小的因子，这种分解总是可能的，除非该数是素数或 1。因此，基本情况是 $1 = 2^0$ 和所有素数。（你可能还记得，在练习 4.1-6 的第一个解决方案中，基本情况就是数字为 1 的情况。）在所有这些情况下，数字要么是素数，要么是素数的幂。对于任意其他数 n，假设该性质对所有 $k < n$ 成立。因为该数不是素数或 1，所以可以把它分解成两个更小的数，并且通过归纳假设，这两个数都是素数或素数幂的乘积。两个素数幂乘积相乘会得到另一个素数幂的乘积。因此，我们的数是素数幂的乘积。根据强数学归纳法原理，每个正整数都是素数或素数幂的乘积。

谈论无穷多的基本情况（所有素数）可能看起来很奇怪，但是这些可能是递归程序将一个数分解为素数幂的乘积的基本情况。如果你重读习题 4.1-6 的原始解法，你会发现素数是一种不用归纳假设来处理的特殊情况。它们是递归意义上的基本情况。不论是选择称它们为归纳意义上的基本情况，还是将它们看作不需要归纳假设来证明的归纳情况，这都只是一种品味[⊖]问题。如果将基本情况定义为不需要使用归纳假设进行证明的任何情况，归纳证明通常更加清晰。

4.1.6　结构归纳法

到目前为止，我们将归纳法视为一种对整数有效的证明方法。然而，归纳法还有其他作用。在上一节中，注意到在计算机科学中，我们经常想要证明与结构相关的东西。这些数据结构通常包括集合、列表、树和图等，并且在这些情况下，归纳法是一种常用的证明方法。递归分解某种结构上的问题通常需要在与原结构具有相同形式的一个或多个真子结构上解决该问题。假定归纳假设对于这些子结构成立，并且归纳假设被证明对原结构也是成立的。假定归纳假设对于真子结构为真的方法被称为结构归纳法。

206

通过定义结构的规模使得任意真子结构的规模都小于原结构的规模，可以将使用结构归纳法的证明转换为使用关于整数的普通归纳法证明。然后，对原结构的规模使用归纳法（强归纳法或弱归纳法）。然而，为了找到合适的规模定义，需要引入了额外的步骤，这可能会使证明不那么清晰。简单地假设归纳假设在所有较小的结构上都为真反而通常更容易，其中“较小”意味着“是一个真子结构”。

作为一个例子，我们将考虑一个关于三角化多边形的定理。要对多边形进行三角化，人们要在多边形中添加连接顶点的对角线，直到没有对角线可被添加为止。这些对角线必须完全位于多边形的内部，不允许相交。它们将多边形的内部分成多个三角形，因为任何较大的多边形都可以通过添加对角线来分割。（这个事实可能并不明显，但我们在这里不会证明这一点。）图 4.1 显示了一个三角化多边形的例子。如果多边形的顶点是某条对角线的端点，那么说该顶点与对角线相关联。将三角化多边形的耳定义为不跟任何对角线关联的顶点。如果两个顶点通过多边形的某条边相连，则称这两个顶点相邻。

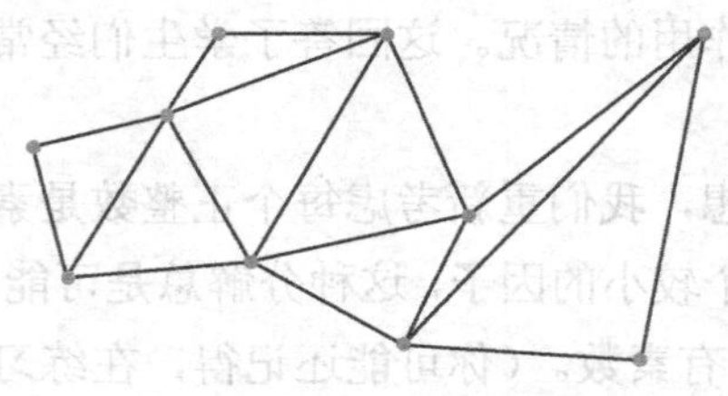

图 4.1　三角化多边形

207

⊖ 回顾 $p \Rightarrow q$ 的真值表，在 q 为真的每一行中，语句 $p \Rightarrow q$ 也为真。因此，证明 $p \Rightarrow q$ 为真的一种方式是证明 q 没有对 p 做任何假设。这就是我们写“假设现在知道每个小于 n 的数字都是素数或素数幂的乘积。那么，如果 n 不是素数，它是两个较小数的乘积。”时所做的事情。将 n 是素数的情况作为特殊情况来处理，可以在不使用假设的情况下证明我们的结论为真。

我们想要证明耳引理，它指出三角形有三个耳，而一个较大的三角化多边形至少有两个在原多边形中不相邻的耳。我们将通过结构归纳法证明这一点。首先注意到，如果多边形是三角形，则它有三个耳。这是基本情况。

现在需要递归地将三角化多边形分解为一个或多个较小的三角化多边形。一种方法是移除一个耳和与其相邻的两条边。然而，这种方法存在一个问题：我们怎么知道这样的耳存在？因此，选择另外一种分解方法。

如果三角化多边形比三角形更大，则它至少有一条对角线。将三角化多边形沿着某些对角线分成两个较小的三角化多边形（见图 4.2）。对于每个子问题，这些对角线变为较小多边形中的边。这些三角化多边形比原三角化多边形更小，因此根据我们的归纳假设，每个都是具有三个耳的三角形或具有两个不相邻耳的较大多边形。当沿着对角线将两个多边形合并为更大的多边形时，考虑这些耳会发生什么。如果多边形是三角形，则新对角线将消除两个耳，在三角形中留下一个耳。如果它是较大的多边形，则对角线可能最多关联到两个不相邻的耳中的一个耳，因为对角线的端点在子问题中是相邻的。因此，在每个子问题中至少剩余一个耳。在合并之后，每个子问题中的至少剩余一个耳意味着在原三角化多边形中存在至少两个耳。它们不可能相邻，因为它们被对角线的端点分开。因此，通过数学归纳法原理，我们证明了耳引理。

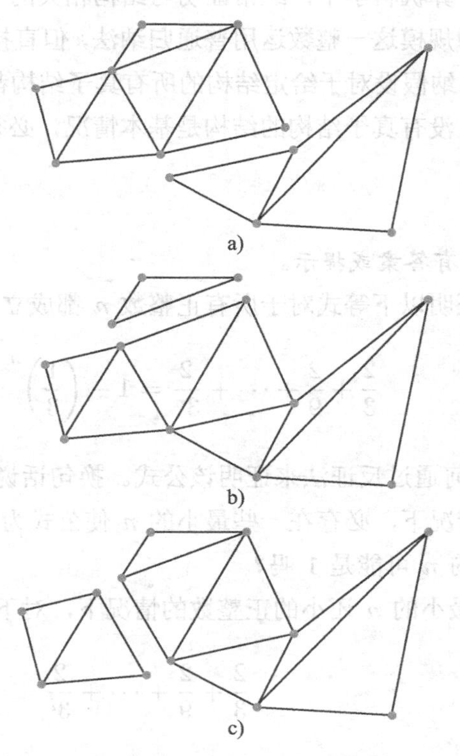

图 4.2 沿对角线分解三角化多边形的三种方法

重要概念、公式和定理

1. **弱数学归纳法原理**：弱数学归纳法原理指出，如果语句 $p(b)$ 为真，并且语句 $p(n-1) \Rightarrow p(n)$ 对所有 $n > b$ 为真，那么 $p(n)$ 对所有整数 $n \geqslant b$ 为真。
2. **强数学归纳法原理**：强数学归纳法原理指出，如果语句 $p(b)$ 为真，并且语句 $p(b) \wedge p(b+1) \wedge \cdots \wedge p(n-1) \Rightarrow p(n)$ 对所有 $n > b$ 为真，则 $p(n)$ 对所有整数 $n \geqslant b$ 为真。
3. **基本情况**：使用强或弱数学归纳法的每个证明都从一个基本情况开始，它对所归纳变量的至少一个值给出了已证结果。这个基本情况证明了断言结果中变量的最小值对应的结果。在具有多个基本情况的证明中，基本情况应涵盖证明中归纳步骤所未涵盖的变量的所有值。
4. **归纳假设**：使用归纳法的每一个证明都包括一个归纳假设，其中假定当 $n = k-1$ 或当 $n < k$ (或假设一个等价语句) 时，$p(n)$ 为真。
5. **归纳步骤**：使用归纳法的每一个证明都包括一个归纳步骤，其中证明蕴含式 $p(k-1) \Rightarrow p(k)$ 或 $p(b) \wedge p(b+1) \wedge \cdots \wedge p(k-1) \Rightarrow p(k)$，或一些等价的蕴含式。
6. **归纳结论**：使用数学归纳法的证明应该至少含蓄地包括形如"因此，根据数学归纳法原理……"的结论陈述，它断言根据数学归纳法原理，试图证明的结果 $p(n)$ 对于所有的 n 都为真，包括并不限于基本情况。
7. **结构归纳法**：在计算机科学中，经常证明与结构相关的事物（例如列表、图和树）。虽然可以对结构的规模这一整数运用普通归纳法，但直接在结构上直接进行归纳通常更简单。假定归纳假设对于给定结构的所有真子结构都为真，并使用该假设对给定结构进行证明。没有真子结构的结构是基本情况，必须直接证明。

208 ~ 209

习题

*所有带 * 的习题均附有答案或提示。*

1*. 这个问题探讨了证明以下等式对于所有正整数 n 都成立的方法。

$$\frac{2}{3}+\frac{2}{9}+\cdots+\frac{2}{3^n}=1-\left(\frac{1}{3}\right)^n$$

a）首先，探讨如何通过反证法来证明该公式。换句话说，假设有一些整数 n 使公式为假。在这种情况下，必存在一些最小的 n 使公式为假。

（i） 这个最小的 n 可能是 1 吗？

（ii） 在 i 是比最小的 n 还小的正整数的情况下，对下述公式你知道什么？

$$\frac{2}{3}+\frac{2}{9}+\cdots+\frac{2}{3^i}$$

（iii） 对于这个最小的 n 来说，$n-1$ 是正整数吗？

（iv） 针对这个最小的 n，对下述公式你知道什么？

$$\frac{2}{3}+\frac{2}{9}+\cdots+\frac{2}{3^{n-1}}$$

210

（v）　将第 iv 问的答案写为等式，两侧均加上 $2/3^n$，并简化右侧。

（vi）　从第 v 问得到的等式和公式为假的假设之间有什么关系？

（vii）　你对这个公式的真假能够得出什么结论？

（viii）　如果 $p(k)$ 是语句

$$\frac{2}{3}+\frac{2}{9}+\cdots+\frac{2}{3^k}=1-\left(\frac{1}{3}\right)^k$$

你在导出矛盾的过程中需要证明什么蕴含式？

b）　（i）通过数学归纳法证明下述公式

$$\frac{2}{3}+\frac{2}{9}+\cdots+\frac{2}{3^n}=1-\left(\frac{1}{3}\right)^n$$

对所有正整数 n 都成立的基本情况是什么？

（ii）　你会将什么作为归纳假设？

（iii）　使用归纳法证明这个公式时，你在归纳步骤时要证明什么？

（iv）　证明它。

（v）　数学归纳法原理允许你得到什么结论？

（vi）　如果 $p(k)$ 是以下语句

$$\frac{2}{3}+\frac{2}{9}+\cdots+\frac{2}{3^k}=1-\left(\frac{1}{3}\right)^k$$

使用归纳法证明的过程中，你会证明什么蕴含式？

2. 使用反证法证明

$$1\cdot 2+2\cdot 3+\cdots+n\,(n+1)=n(n+1)(n+2)/3$$

3* 使用归纳法证明

$$1\cdot 2+2\cdot 3+\cdots+n\,(n+1)=n(n+1)(n+2)/3$$

4. 证明等式 $1^3+2^3+3^3+\cdots+n^3=n^2\,(n+1)^2\,/4$。

5* 使用强归纳法给出欧几里得除法定理的一个详细证明。

6. 证明等式 $\sum_{i=j}^{n}\binom{i}{j}=\binom{n+1}{j+1}$。除了归纳证明之外，该公式还有一个很好的“故事”证明。请尝试一下用这两种方式证明。

211

7* 证明大于 7 的每一个数都是 3 的非负整数倍数和 5 的非负整数倍数之和。

8. 用规则 $a^0=1$ 和 $a^{n+1}=a^n\cdot a$ 定义数 a 的非负幂。请解释为什么这样就对所有非负整数 n 定义了 a^n。从这个定义出发，证明对非负整数 m 和 n 有幂运算规则 $a^{m+n}=a^m a^n$。

9* 我们支持求和原理的论点非常直观。实际上，n 个集合的求和原理可以从 2 个集合的求和原理得到。使用归纳法从 2 个集合的并集的求和原理出发，证明 n 个集合并集的求和原理。

10. 已经证明，每个正整数都是素数的幂或素数幂的乘积。证明这种因子分解在以下意义上是唯一的：如果你有一个正整数的两种因子分解，则两种因子分解使用完全相同的素数，并且每个素数在两种因子分解中都有相同的幂。对于这个证明，一个有用的结论是，如果一个素数能整除整数的乘积，那么它能整除乘积中的一个整数。（另一种说法是，如果一个素数是整数乘积的一个因子，则它是乘积中某一个整数的因子。）

11. 在下面证明所有正整数 n 相等的“证明论述”中找出错误：令 $p(n)$ 是表示 n 元正整数集合中所有数字都相等的语句。那么 $p(1)$ 为真。现在假设 $p(n-1)$ 为真，并且令 N 表示前 n 个整数组成的集合。令 N' 表示前 $n-1$ 个整数组成的集合，让 N'' 是后 $n-1$ 个整数组成的集合。根据 $p(n-1)$，N' 的所有元素是相等的，N'' 的所有元素是相等的。因此，N 的前 $n-1$ 个元素相等，N 的后 $n-1$ 个元素相等，可知 N 的所有元素都相等。所以，所有正整数都是相等的。

12* 使用归纳法证明 n 元集合的子集数量为 2^n。

13. 证明强数学归纳法原理蕴含弱数学归纳法原理。

14* 证明弱数学归纳法原理蕴含强数学归纳法原理。

15. 证明式 4.7。

212

16. 耳引理的另一种形式是，三角化多边形是有三个耳或至少有两个耳的三角形。（这个版本没有说明耳是不相邻的。）如果尝试使用归纳法，采用与证明耳引理相同的分解来证明这一引理会发生什么。

17. 多边形中的顶点数与该多边形的任意三角化中的三角形数之间存在某种关系。陈述这种关系，并使用归纳法证明。

4.2 递归、递推式和归纳法

4.2.1 递归

练习 4.2-1： 描述你在编写程序时是如何使用递归，包含尽可能多的用法。

练习 4.2-2： 对于学习递归的计算机科学学生来说，一个经典问题是汉诺塔问题。在这个问题中，有 3 个楔子，分别编号为 1, 2 和 3。一个楔子上有一叠 n 个圆盘，每个圆盘的直径小于位于其下方圆盘的直径，如图 4.3 所示。允许的移动包括从一个楔子上卸下圆盘并将其移动到另一个楔子上，使其不在另一个较小的圆盘之上。要确定将圆盘从一个楔子完全移到另一个楔子需要多少次允许的移动。描述你在解决此问题的递归程序中使用或将要使用的策略。

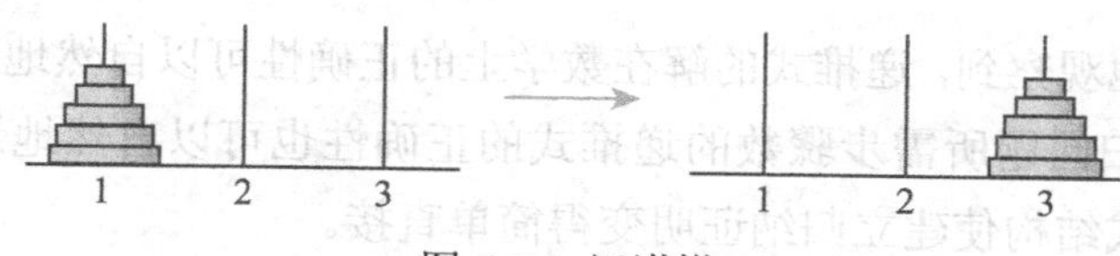

图 4.3 汉诺塔

对于汉诺塔问题，如果没有圆盘，不需要任何操作。要解决将所有 n 个圆盘移动到楔子 3 的问题，可以执行以下操作：

1. 递归解决将前 n-1 个圆盘从楔子 1 移到楔子 2 的问题。
2. 将圆盘 n 移至楔子 3。
3. 递归解决将楔子 2 上的 $n-1$ 个圆盘移动到楔子 3 的问题。

因此，如果 $M(n)$ 是将 n 个圆盘从楔子 i 移到楔子 j 所需的移动数，则有

213

$$M(n) = 2M(n-1) + 1$$

此公式是**递推公式**（recurrence equation）或**递推式**（recurrence）的一个实例。在大于或等于某个数字 b 的整数集合上定义的递推公式告诉我们，如何从第 $n-1$ 个值计算第 n 个值，或如何从某些或全部的前 $n-1$ 个值计算第 n 个值。为了基于递推来完全描述一个函数，必须给出有关该函数的充足的信息才能开始。此信息称被称为递推式的**初始条件**（initial condition）（也称为基本情况）。在汉诺塔问题中，我们说过 $M(0)=0$。使用这个条件，从递推式中得出 $M(1)=1$，$M(2)=3$，$M(3)=7$，$M(4)=15$ 和 $M(5)=31$。因此猜测 $M(n)=2^n-1$。

严格地，将递推式和初始条件一起写为

$$T(n) = \begin{cases} 1 & n = 0 \\ 2M(n-1)+1 & \text{其他} \end{cases} \tag{4.8}$$

现在来归纳证明猜测 $M(n)=2^n-1$ 是正确的。基础情况是显而易见的，因为定义了 $M(0)=0$，并且 $0=2^0-1$。对于归纳步骤，假设 $n>0$ 且 $M(n-1)=2^{n-1}-1$。根据递推式，$M(n)=2M(n-1)+1$。然而根据归纳假设，$M(n-1)=2^{n-1}-1$。因此，得到

$$\begin{aligned} M(n) &= 2M(n-1)+1 \\ &= 2(2^{n-1}-1)+1 \\ &= 2^n-1 \end{aligned}$$

从而，根据数学归纳法原理，对于所有非负整数 n，有 $M(n)=2^n-1$。

轻松求解此递推式并证明我们的解正确无误并非偶然。递归、递推式和归纳法是紧密联系的。递归和递推式之间的关系是相当透明的，递推式是分析递归算法的一种自然方式。递归和递推式都使用更小的实例的解来描述一个问题的实例的解。归纳法也很自然地属于这一范式，因为在 $n'<n$ 时，从语句 $p(n')$ 中推出语句 $p(n)$。实际上，在 4.1 节末尾看到，使用归纳法的证明可以被认为是使用递归的证明。因此，我们有了同一主题的三个变体。

214

我们还更具体地观察到，递推式的解在数学上的正确性可以自然地通过归纳法来证明。同样，描述解决递归问题所需步骤数的递推式的正确性也可以自然地通过归纳法来证明。问题的递归或递推式结构使建立归纳证明变得简单直接。

4.2.2 一阶线性递推式举例

练习 4.2-3： 空集 ($\varnothing$) 是没有元素的集合。它有多少个子集？单元素集合 $\{1\}$ 有多少个子集？两个元素的集合 $\{1,2\}$ 有多少个子集？这些子集中有多少个包含 2？$\{1,2,3\}$ 有多少个子集？有多少个包含 3？给出 n 元素集合的子集数 $S(n)$ 的一个递推式，并证明你的递推式是正确的。

练习 4.2-4： 当以利率 $p\%$ 偿还初始金额为 A 且每月还款额为 M 的贷款时，n 个月后的贷款总额 $T(n)$ 由 $n-1$ 个月之后的贷款总额 $T(n-1)$ 增加 $(p/12)\%$，然后减去每月还款额 M 来计算。将此描述转换为 n 个月后贷款金额的递推式。

练习 4.2-5： 给定递推式

$$T(n) = rT(n-1) + a$$

其中 r 和 a 为常数，找到一个用 $T(n-2)$ 而不是 $T(n-1)$ 表示 $T(n)$ 的递推式。再找到一个用 $T(n-3)$ 而不是 $T(n-2)$ 或 $T(n-1)$ 表示 $T(n)$ 的递推式。然后找到一个用 $T(n-4)$ 而不是 $T(n-1)$，$T(n-2)$ 或 $T(n-3)$ 表示 $T(n)$ 的递推式。根据你到目前为止的工作，找到下列递推式的解的通用公式

$$T(n) = rT(n-1) + a$$

215 其中 $T(0) = b$，且 r 和 a 为常数。

如果为练习 4.2-3 构造一些小的实例，会看到 $\varnothing$ 只有 1 个子集，$\{1\}$ 有 2 个子集，$\{1,2\}$ 有 4 个子集，而 $\{1,2,3\}$ 有 8 个子集。这些小例子让我们对通用公式是什么有一个很好的猜测，但是要证明这一点，我们需要递归地思考。考虑 $\{1,2,3\}$ 的子集：

$$\begin{array}{cccc} \varnothing & \{1\} & \{2\} & \{1,2\} \\ \{3\} & \{1,2\} & \{1,2\} & \{1,2,3\} \end{array}$$

前 4 个子集不包含 3，但是后 4 个子集包含 3。此外，前 4 个子集正好是 $\{1,2\}$ 的子集，而后 4 个则在 $\{1,2\}$ 的每个子集中都添加了 3。因此，可以通过获取 $\{1,2\}$ 的子集或将 3 添加到 $\{1,2\}$ 的子集中来得到 $\{1,2,3\}$ 的子集。这表明 n 元集合（可以假设为 $\{1,2,\cdots,n\}$）的子集数的递推式为

$$S(n) = \begin{cases} 2S(n-1) & n \geqslant 0 \\ 1 & n = 1 \end{cases} \tag{4.9}$$

为了证明这个递推式是正确的，我们注意到 $\{1,2,\cdots,n\}$ 的子集可以根据它们是否包含元素 n 进行分类。包含元素 n 的 $\{1,2,\cdots,n\}$ 的子集可以通过将元素 n 添加到不包含

元素 n 的子集中来构造。因此，包含元素 n 的子集数量与不包含元素 n 的子集数量相同。而不包含元素 n 的子集数就是 $(n-1)$ 元集合的子集数。因此，分类后每个类别的大小均等于 $(n-1)$ 元集合的子集数。根据求和原理，$\{1,2,\cdots,n\}$ 的子集数量是 $\{1,2,\cdots,n-1\}$ 的子集数量的两倍。这证明如果 $n>0$，那么 $S(n)=2S(n-1)$。我们已经观察到 $\varnothing$ 只有一个子集（它本身），因此证明了递推式 4.9 的正确性。

对于练习 4.2-4，我们可以将问题的叙述用下述代数公式来描述

$$T(n)=\left(1+\frac{0.01p}{12}\right)T(n-1)-M$$

其中 $T(0)=A$。请注意，我们将每月贷款增加 $(0.01p/12)$ 倍，因为一个数字的 $(p/12)\%$ 是该数字的 $(0.01p/12)$ 倍。

216

4.2.3 迭代递推式

在练习 4.2-5 中，我们可以在递推式的右边用等式 $T(n-1)=rT(n-2)+a$ 替换 $T(n-1)$，然后用类似的等式替换 $T(n-2)$ 和 $T(n-3)$：

$$\begin{aligned}
T(n)&=r(rT(n-2)+a)+a\\
&=r^2T(n-2)+ra+a\\
&=r^2(rT(n-3)+a)+ra+a\\
&=r^3T(n-3)+r^2a+ra+a\\
&=r^3(rT(n-4)+a)+r^2a+ra+a\\
&=r^4T(n-4)+r^3a+r^2a+ra+a
\end{aligned}$$

由此可以猜测

$$\begin{aligned}
T(n)&=r^nT(0)+a\sum_{i=0}^{n-1}r^i\\
&=r^nb+a\sum_{i=0}^{n-1}r^i
\end{aligned}\tag{4.10}$$

我们用来猜测解的方法称为**迭代递推式**（iterating the recurrence），因为用越来越小的值代替 n 来反复使用递推式。也可以写成

$$\begin{aligned}
T(0)&=b\\
T(1)&=rT(0)+a\\
&=rb+a\\
T(2)&=rT(1)+a\\
&=r(rb+a)+a\\
&=r^2b+ra+a
\end{aligned}$$

$$\begin{aligned} T(3) &= rT(2) + a \\ &= r^3 b + r^2 a + ra + a \end{aligned}$$

这也能让我们有相同的猜测。为什么要引入两种方法？采用不同的方法来解决问题通常会产生仅凭一种方法所不能获得的洞察力。例如，当研究递归树时，将看到如何可视化迭代某些递推式以简化求解它们所使用的代数式的过程。

217

4.2.4 等比级数

你可能认识公式 4.10 中的求和 $\sum_{i=0}^{n-1} r^i$。它被称为**公比为 r 的有穷等比级数**（finite geometric series with common ratio r）。和 $\sum_{i=0}^{n-1} ar^i$ 被称为**公比为 r 和初值为 a 的有穷等比级数**（finite geometric series with common ratio r and initial value a）。

为了在 $r \neq 1$ 时获得有穷等比级数的通项公式，在等式两边乘以 r 并作差：

$$\begin{aligned} S &= 1 + r + r^2 + \cdots + r^{n-1} \\ rS &= r + r^2 + \cdots + r^n \\ S - rS &= 1 + 0 + \cdots + 0 - r^n \\ (1-r)S &= 1 - r^n \\ S &= \frac{1-r^n}{(1-r)} \end{aligned}$$

结合上面第一个和最后一个等式并使用求和符号，得到：

$$\sum_{i=0}^{n-1} r^i = \frac{1-r^n}{(1-r)} \tag{4.11}$$

这个公式让我们以非常好的形式重写 $T(n)$ 的公式。

定理 4.1　如果 $T(n) = rT(n-1) + a$，$T(0) = b$，且 $r \neq 1$，那么对于所有非负整数 n 有

$$T(n) = r^n b + a\frac{1-r^n}{(1-r)} \tag{4.12}$$

证明　通过归纳证明上述公式。注意到公式

$$T(0) = r^0 b + a\frac{1-r^0}{1-r}$$

等于 b。所以 $n = 0$ 时公式是正确的。现在考虑 $n > 0$ 且

$$T(n-1) = r^{n-1} b + a\frac{1-r^{n-1}}{1-r}$$

218

那么有

$$\begin{aligned} T(n) &= rT(n-1)+a \\ &= r\left(r^{n-1}b + a\frac{1-r^{n-1}}{1-r}\right)+a \\ &= r^n b + \frac{ar-ar^n}{1-r}+a \\ &= r^n b + \frac{ar-ar^n+a-ar}{1-r} \\ &= r^n b + a\frac{1-r^n}{1-r} \end{aligned}$$

因此，根据数学归纳法原理，对于所有整数 $n \geqslant 0$，公式成立。 □

我们可以使用定理 4.1 作为证明式 (4.11) 的另一种方法。定理 4.1 中 r 的一个可能值是 0。当 $r=0$ 时，我们的递推式给出 $T(0)=b$，因此我们期望式 (4.12) 也得到 b。将 0^0 定义为 1 原因很多，但它正是使式 (4.12) 在这种特殊情况下成立所需要的条件。

推论 4.2 在 $r \neq 1$ 时，等比级数的求和公式为

$$\sum_{i=0}^{n-1} r^i = \frac{1-r^n}{1-r} \tag{4.13}$$

证明 定义 $T(n)=\sum\limits_{i=0}^{n-1} r^i (n>0)$，并且 $T(0)=0$。于是 $T(n)=rT(n-1)+1$。应用定理 4.1，其中 $b=0$ 并且 $a=1$，得到

$$T(n)=\frac{1-r^n}{1-r}$$

□

当看到等比级数时，通常只关注用大 O 表示法所表示的和。在这种情况下，可以证明等比级数最多是其最大项乘以一个常数因子，其中常数因子取决于 r 而不是取决于 n。例如，如果 $|r|<1$，那么总和中的最大项是 1，并且 $(1-r^n)/(1-r)$ 的分子小于 1。所以系数不大于常数 $1/(1-r)$。从而，数列之和不大于常数 $1/(1-r)$ 乘以 1。换句话说，数列之和是 $O(1)$。 219

引理 4.3 设 r 是一个值与 n 无关，且不等于 1 的量。设 $t(n)$ 是等比级数的最大项

$$\sum_{i=0}^{n-1} r^i$$

那么等比级数的值是 $O(t(n))$。

证明 显而易见，只需要证明 $r>0$ 情况下的引理。考虑两种情况，$r>1$ 或 $r<1$。如果 $r>1$，那么

$$\begin{aligned}\sum_{i=0}^{n-1} r^i &= \frac{1-r^n}{1-r}\\ &= \frac{r^n-1}{r-1}\\ &\leqslant \frac{r^n}{r-1}\\ &= r^{n-1}\frac{r}{r-1}\\ &= O(r^{n-1})\end{aligned}$$

另一方面，如果 $r<1$，那么最大的项是 $r^0=1$，那么总和的值

$$\frac{1-r^n}{1-r} < \frac{1}{1-r}$$

因此，总和为 $O(1)$，并且因为 $t(n)=1$，所以总和为 $O(t(n))$。□

事实上，当 r 是非负的时候，一个更强的表述也是成立的。回想一下，我们说过对于两个从实数到实数的函数 f 和 g，若 $f=O(g)$ 且 $g=O(f)$，则 $f=\Theta(g)$。

220

定理 4.4 令 r 为一个非负量，其值与 n 无关且不等于 1。令 $t(n)$ 为等比级数的最大项

$$\sum_{i=0}^{n-1} r^i$$

那么等比级数的值是 $\Theta(t(n))$。

证明 由引理 4.3 可知，只需证明

$$t(n)=O\left(\frac{r^n-1}{r-1}\right)$$

因为所有 r^i 都是非负的，所以总和 $\sum_{i=0}^{n-1} r^i$ 至少和任何它的被加数一样大。但是 $t(n)$ 是这些被加数之一，所以

$$t(n)=O\left(\frac{r^n-1}{r-1}\right)$$

□

注意，在上述证明中，$t(n)$ 和大 O 与大 Θ 上限中的常数取决于 r。在随后的章节中将使用该定理。

4.2.5 一阶线性递推式

形如 $T(n)=f(n)T(n-1)+g(n)$ 的递推式被称为**一阶线性递推式**（first-order linear recurrence）。当 $f(n)$ 是一个常数，比如 r 时，其通解几乎和定理 4.1 一样简单。迭代递推式可以得到

$$
\begin{aligned}
T(n) &= rT(n-1)+g(n) \\
&= r(T(n-2)+g(n-1))+g(n) \\
&= r^2T(n-2)+rg(n-1)+g(n) \\
&= r^2(rT(n-3)+g(n-2))+rg(n-1)+g(n) \\
&= r^3T(n-3)+r^2g(n-2)+rg(n-1)+g(n) \\
&= r^3(rT(n-4)+g(n-3))+r^2g(n-2)+rg(n-1)+g(n) \\
&= r^4T(n-4)+r^3g(n-3)+r^2g(n-2)+rg(n-1)+g(n) \\
&\ \ \vdots \\
&= r^nT(0)+\sum_{i=0}^{n-1} r^i g(n-i)
\end{aligned}
$$

221

这个计算给出了下一个定理。

定理 4.5 对于任意正常数 a 和 r，以及任意非负整数上的函数 g，一阶线性递推式

$$
T(n)=\begin{cases} rT(n-1)+g(n) & n>0 \\ a & n=0 \end{cases}
$$

的解为

$$
T(n)=r^n a+\sum_{i=1}^{n} r^{n-i} g(i) \tag{4.14}
$$

证明 用归纳法来证明。 □

由于公式 4.14 中的求和 $\sum_{i=1}^{n} r^{n-i}g(i)$ 在 $n=0$ 时没有项，而公式得出 $T(0)=a$，所以，当 $n=0$ 时，公式是有效的[⊖] 现在假设 n 为正数，且 $T(n-1)=r^{n-1}a+\sum_{i=1}^{n-1} r^{(n-1)-i}g(i)$。利用递推式的定义和归纳假设，可以得出

$$
T(n)=rT(n-1)+g(n)
$$

⊖ 求和符号的一部分定义是把 0 赋给一个没有项的求和，因为求和符号下面的求和指标的值比符号上面的求和指标的值更大。

$$\begin{aligned}
&= r\left(r^{n-1}a + \sum_{i=1}^{n-1} r^{(n-1)-i}g(i)\right) + g(n) \\
&= r^n a + \sum_{i=1}^{n-1} r^{(n-1)+1-i} g(i) + g(n) \\
&= r^n a + \sum_{i=1}^{n-1} r^{n-i} g(i) + g(n) \\
&= r^n a + \sum_{i=1}^{n} r^{n-i} g(i)
\end{aligned}$$

222

因此，根据数学归纳法原理，对所有非负整数 n，递推式

$$T(n) = \begin{cases} rT(n-1) + g(n) & n > 0 \\ a & n = 0 \end{cases}$$

的解由式 4.14 给出。

定理 4.5 中的公式比定理 4.1 中的公式要稍微难用一些，因为它需要计算一个求和。幸运的是，对于许多常见的函数 g，求和 $\sum_{i=1}^{n} r^{n-i}g(i)$ 不难计算。

练习 4.2-6：*求解递推式* $T(n) = 4T(n-1) + 2^n$，*其中* $T(0) = 6$。

练习 4.2-7：*求解递推式* $T(n) = 3T(n-1) + n$，*其中* $T(0) = 10$。

对于练习 4.2-6，可以利用公式 4.14 写成

$$\begin{aligned}
T(n) &= 6 \cdot 4^n + \sum_{i=1}^{n} 4^{n-i} \cdot 2^i \\
&= 6 \cdot 4^n + 4^n \sum_{i=1}^{n} 4^{-i} \cdot 2^i \\
&= 6 \cdot 4^n + 4^n \sum_{i=1}^{n} \left(\frac{1}{2}\right)^i \\
&= 6 \cdot 4^n + 4^n \cdot \frac{1}{2} \cdot \sum_{i=1}^{n-1} \left(\frac{1}{2}\right)^i \\
&= 6 \cdot 4^n + \left(1 - \left(\frac{1}{2}\right)^n\right) \cdot 4^n \\
&= 7 \cdot 4^n - 2^n
\end{aligned}$$

对于练习 4.2-7，以同样的方式开始，但很快会遇到一点意外。利用公式 4.14，可以得出

$$T(n) = 10 \cdot 3^n + \sum_{i=1}^{n} 3^{n-i} \cdot i$$

223

$$= 10 \cdot 3^n + 3^n \sum_{i=1}^{n} i3^{-i}$$

$$= 10 \cdot 3^n + 3^n \sum_{i=1}^{n} i \left(\frac{1}{3}\right)^i \tag{4.15}$$

现在出现了一个你可能不熟悉的求和，它的形式如下：

$$\sum_{i=1}^{n} ix^i = x \sum_{i=1}^{n} ix^{i-1}$$

其中 $x = 1/3$。然而，通过写成这种形式，可以利用微积分把它看成 x 乘以一个导数。特别地，利用 $0x^0 = 0$，可以得出

$$\sum_{i=1}^{n} ix^i = x \sum_{i=1}^{n} ix^{i-1} = x \frac{d}{dx} \sum_{i=0}^{n} x^i = x \frac{d}{dx} \left(\frac{1 - x^{n+1}}{1 - x}\right)$$

用微积分公式求商的导数，可以得出

$$x \frac{d}{dx} \left(\frac{1 - x^{n+1}}{1 - x}\right) = x \frac{(1 - x)\left(-(n + 1)\,x^n\right) - (1 - x^{n+1})(-1)}{(1 - x)^2}$$

$$= \frac{nx^{n+2} - (n + 1)\,x^{n+1} + x}{(1 - x)^2}$$

联立第一个方程和最后一个方程，可以得到

$$\sum_{i=1}^{n} ix^i = \frac{nx^{n+2} - (n + 1)\,x^{n+1} + x}{(1 - x)^2} \tag{4.16}$$

代入 $x = 1/3$，得到

$$\sum_{i=1}^{n} i \left(\frac{1}{3}\right)^i = -\frac{3}{2}(n + 1)\left(\frac{1}{3}\right)^{n+1} - \frac{3}{4}\left(\frac{1}{3}\right)^{n+1} + \frac{3}{4}$$

把它代入公式 4.15，得到

$$T(n) = 10 \cdot 3^n + 3^n \left(-\frac{3}{2}(n + 1)\left(\frac{1}{3}\right)^{n+1} - \frac{3}{4}\left(\frac{1}{3}\right)^{n+1} + \frac{3}{4}\right)$$

$$= 10 \cdot 3^n - \frac{n + 1}{2} - \frac{1}{4} + \frac{3^{n+1}}{4}$$

$$= \frac{43}{4} 3^n - \frac{n + 1}{2} - \frac{1}{4}$$

224

这个练习中出现的求和会经常出现，所以把这个公式作为一个定理给出。因为公式过于复杂，所以建议在需要的时候将它推导出来，而不是死记硬背[⊖]。

⊖ 它的推导过程包括：将公式的左边视为 x 乘以一个等比级数的导数，对该导数使用除法法则，然后代入。

定理 4.6　对于任何实数 $x \neq 1$，

$$\sum_{i=1}^{n} ix^i = \frac{nx^{n+2} - (n+1)\,x^{n+1} + x}{(1-x)^2}$$

证明　该定理的证明已经在定理陈述之前给出。 □

重要概念、公式和定理

1. **递推公式或递推式**：一个定义在大于或等于某个数字 b 的整数集合上的函数的递推公式表明，如何从函数的第 $(n-1)$ 个值计算第 n 个值，或如何从部分或全部前 $(n-1)$ 个值计算出第 n 个值。
2. **初始条件**：为了通过递推式完全描述一个函数，必须从提供足够的关于该函数的信息开始。此信息被称为递推式的初始条件（可以有多个）。
3. **一阶线性递推式**：递推式 $T(n) = f(n)T(n-1) + g(n)$ 被称为一阶线性递推式。
4. **常系数递推式**：对于某些 $k < n$（或关于 n 的某个函数），如果 $T(n)$ 被表示为 $T(k)$ 的常数倍之和，那么该递推式被称为常系数递推式。
5. **一阶常系数线性递推式的解**：如果 $T(n) = rT(n-1) + a, T(0) = b$，且 $r \neq 1$，那么对所有非负整数 n，有

$$T(n) = r^n b + a\frac{1-r^n}{1-r}$$

225

6. **有穷等比级数**：一个公比为 r 的有穷等比级数是形如 $\sum\limits_{i=0}^{n-1} r^i$ 的求和。在 $r \neq 1$ 时，等比级数的求和公式为

$$\sum_{i=0}^{n-1} r^i = \frac{1-r^n}{1-r}$$

7. **等比级数的大 Θ 上限**：令 r 为一个非负量，其值不依赖于 n 且不等于 1。令 $t(n)$ 为等比级数

$$\sum_{i=0}^{n-1} r^i$$

的最大项，那么等比级数的值是 $\Theta(t(n))$。

8. **一阶线性递推式的解**：对于任意正常数 a 和 r 以及定义在非负整数上的任意函数 g，一阶线性递推式

$$T(n) = \begin{cases} rT(n-1) + g(n) & n > 0 \\ a & n = 0 \end{cases}$$

的解为

$$T(n) = r^n a + \sum_{i=1}^{n} r^{n-i} g(i)$$

9. **迭代递推式**：当通过以下的步骤来猜测递推式的解时，就在迭代递推式。
   a）使用通过 k 小于 n 的 $T(k)$ 来表示 $T(n)$ 的公式，将 $T(n)$ 用 k 小于 $n-1$ 的 $T(k)$ 来重新表示，
   b）使用 k 小于 $n-2$ 的 $T(k)$ 来重新表示 $T(n)$，并且
   c）重复此过程，直到可以猜出求和公式为止。
10. **一个重要的求和**：对于任何实数 $x \neq 1$，

$$\sum_{i=1}^{n} ix^i = \frac{nx^{n+2} - (n+1)\,x^{n+1} + x}{(1-x)^2}$$

226

此公式的推导包括：将公式的左边视为 x 乘以等比级数的导数，并对该导数使用除法规则，然后代入。

习题

所有带 * 的习题均附有答案或提示。

1. 使用归纳法直接证明公式 4.13。（记得 $r \neq 1$）
2. 使用归纳法直接证明公式 4.16。（假定 $x \neq 1$）
3*. 求解递推式 $M(n) = 2M(n-1) + 2$，其中基本情况为 $M(1) = 1$。它与递推式 4.8 的解有何不同？
4*. 求解递推式 $M(n) = 3M(n-1) + 1$，其中基本情况为 $M(1) = 1$。它与递推式 4.8 的解有何不同？
5*. 求解递推式 $M(n) = M(n-1) + 2$，其中基本情况为 $M(1) = 1$。它与递推式 4.8 的解有何不同？
6*. 从单元素集合到集合 $\{1, 2, \cdots, m\}$ 的函数共有 m 个。从两元素集合到 $\{1, 2, \cdots, m\}$ 的函数有多少个？从三元素集合呢？求解从 n 元集合到 $\{1, 2, \cdots, m\}$ 的函数数量的递推式 $T(n)$。
7. 求解练习 4.2-4 中的递推式。
8*. 每年年底，一个国家级鱼类孵化场将 2000 只鱼放入湖中。由于繁殖，每年年初湖中的鱼类数量翻了一番。给出 n 年后湖中鱼的数量的递推式，并求解该递推式。
9. 考虑递推式 $T(n) = 3T(n-1) + 1$，其中初始条件是 $T(0) = 2$。可以使用定理 4.1 来求解。也可以尝试从 $T(n)$ 的前四个值猜测解，然后尝试通过迭代递推式四次来猜测解。
10*. 对公比为 $r = 1$ 的等比级数 $1 + r + r^2 + \cdots + r^n$，它的大 Θ 上限是多少？
11. 求解递推式 $T(n) = 2T(n-1) + n2^n$，其中初始条件为 $T(0) = 1$。
12*. 求解递推式 $T(n) = 2T(n-1) + n^3 2^n$，其中初始条件为 $T(0) = 2$。

227

13. 求解递推式 $T(n) = 2T(n-1) + 3^n$，其中初始条件为 $T(0) = 1$。
14*. 求解递推式 $T(n) = rT(n-1) + r^n$，其中初始条件为 $T(0) = 1$。

15. 求解递推式 $T(n) = rT(n-1) + r^{2n}$，其中初始条件为 $T(0) = 1$。（假定 $r \neq 1$）

16* 求解递推式 $T(n) = rT(n-1) + s^{n}$，其中初始条件为 $T(0) = 1$。（假定 $r \neq s$）

17. 求解递推式 $T(n) = rT(n-1) + n$，其中初始条件为 $T(0) = 1$。（假定 $r \neq 1$）

18. 斐波那契数列由下述递推式定义：

$$T(n) = \begin{cases} T(n-1) + T(n-2) & n > 0 \\ 1 & n = 0 \text{ 或 } n = 1 \end{cases}$$

a） 从 $T(0)$ 开始写出前 10 个斐波那契数。

b） 证明 $\left(\frac{1+\sqrt{5}}{2}\right)^n$ 和 $\left(\frac{1-\sqrt{5}}{2}\right)^n$ 是方程 $F(n) = F(n-1) + F(n-2)$ 的解。

c） 为什么对任意实数 c_1 和 c_2，方程 $F(n) = F(n-1) + F(n-2)$ 的解为

$$c_1\left(\frac{1+\sqrt{5}}{2}\right)^n + c_2\left(\frac{1-\sqrt{5}}{2}\right)^n$$

d） 找到常数 c_1 和 c_2，使得斐波那契数可以写成下面的形式

$$F(n) = c_1\left(\frac{1+\sqrt{5}}{2}\right)^n + c_2\left(\frac{1-\sqrt{5}}{2}\right)^n$$

19. 通过推导式 4.11 时使用的“乘 x 再减”方法来求解定理 4.6 中的求和。

4.3 递推式解的增长率

4.3.1 分治算法

分治（divide and conquer）是最基本、最强大的算法技术之一。例如，考虑二分搜索算法，我们在猜测 1 到 100 之间的某个数字的背景下对其进行描述。假设某人选择了 1 到 100 之间的某个数字，并允许你提出以下形式的问题：“数字是否大于 k?”或“数字等于 k 吗?”其中 k 是你选择的一个整数。你的目标是问尽可能少的问题，以得到对类似“数字是否等于 k?”形式的问题的“是”的回答。为什么你的第一个问题应该是“数字是否大于 50?”。因为在询问数字是否大于 50 之后，你会知道数字是在 1 到 50 之间，还是在 51 到 100 之间。在两种情况下，你都将问题简化为范围只有一半大小的问题。因此，你已将问题划分为仅一半大小的问题，现在可以（递归）解决剩余的问题。（如果你提出的是任何其他问题，那么你要解决的问题的范围的大小可能会超过原始问题大小的一半。）如果以此方式继续操作，问题的大小会继续减少一半，你将很快将问题大小减小为 1，然后你就会知道数字是什么。当然，如果我们猜测的是 1 到 128 之间的数字，那么很容易每次将问题的大小精确地减少一半，但是这个问题听起来就不那么可信。因此，为了更好地分析问题，我们假设有人要求你找出 0 到 n 之间的数字，其中 n 是 2 的幂。

228

练习 4.3-1： 令 $T(n)$ 为在 1 到 n 之间的数字范围内的二分搜索中询问的问题数。假设 n 为 2 的幂，给出 $T(n)$ 递推式。

对于练习 4.3-1，我们得到

$$T(n)=\begin{cases}T\left(\dfrac{n}{2}\right)+1 & n\geqslant 2\\ 1 & n=1\end{cases} \tag{4.17}$$

也就是说，对 n 个数进行二分搜索所需的问题数等于一个问题（第一个问题）加上对剩余 $n/2$ 个数进行二分搜索所需的问题数。注意，基本情况是 $T(1)=1$，因为当将可能值的范围减小到 1 时，还必须问一个形如“数字等于 k 吗?”的问题。

我们真正感兴趣的是在计算机程序中使用二分搜索来查找有序列表中的元素所花费的时间。虽然询问的问题数给我们所需时间的大体感受，但是对每个问题的处理在计算机程序中可能需要执行若干步骤。这些步骤花费的确切时间可能取决于某些无法控制的因素，例如列表的某些部分存储在何处。同样，我们可能必须处理长度不是 2 的幂的列表，因此，对所需的最大时间的更现实的描述是 229

$$T(n)=\begin{cases}T\left(\left\lceil\dfrac{n}{2}\right\rceil\right)+C_1 & n\geqslant 2\\ C_2 & n=1\end{cases} \tag{4.18}$$

其中 C_1 和 C_2 都是常数。

注意 $\lceil x\rceil$ 代表大于或等于 x 的最小整数，而 $\lfloor x\rfloor$ 代表小于或等于 x 的最大整数。事实证明，递推式 4.17 和 4.18 的解从某种意义上来说大致相同，将随后进行更清晰的讨论。暂时不考虑 $\lfloor x\rfloor$ 和 $\lceil x\rceil$，以及花费一个单位时间的事物与花费不超过某个常数时间的事物之间的区别。

将目光转向**合并排序**（merge sort），这是分治算法的另一个实例。在此算法中，我们希望对 n 个项的列表进行排序。假设数据存储在数组 A 的位置 1 到 n 上，并且 n 为 2 的幂。如果列表中只有一个元素，那么不需要做任何排序。否则，为了对列表进行排序，我们将 A 分为从 1 到 $n/2$ 和从 $n/2+1$ 到 n 两部分。我们递归地对前半部分和后半部分进行排序，然后将两个排好序的“半列表”合并为一个排好序的列表。（在第 3.1 节的开头，我们看到了合并两个列表的一种方法的例子）合并排序可以用伪代码描述如下：

MergeSort(A,low,high)

```
// 该算法将列表A的部分从低位置到高位置排序
if (low == high)
    return
else
    mid = ⌊(low + high)/2⌋
    MergeSort(A,low,mid)
    MergeSort(A,mid+1,high)
    Merge the sorted lists from the previous two steps
    return
```

有关合并排序的更多详细信息可以在几乎所有算法教科书中找到。基本情况 (low == high) 需要执行一个步骤。其他情况也执行一个步骤，对大小为 $n/2$ 的问题进行两次递归调用，然后执行可以在 n 个步骤内完成的合并指令。

230

因此，对于合并排序的运行时间，可以得到以下递推式：

$$T(n)=\begin{cases}2T\left(\frac{n}{2}\right)+n & n>1\\ 1 & n=1\end{cases} \tag{4.19}$$

此类递推式可以通过递归树的概念来理解，接下来将介绍它。这个概念使我们能够分析出现在分治算法中的递推式，以及出现在其他递归情况下的递推式，例如汉诺塔。

4.3.2　递归树

递推式的递归树是递推式迭代过程的一种可视化和概念性表示。用几个例子来介绍递归树的思想。对递推式有一个“算法化”的解释能够帮助理解递归树。例如，暂时忽略基本情况的话，可以解释递推式

$$T(n)=2T\left(\frac{n}{2}\right)+n \tag{4.20}$$

为“为了解决一个大小为 n 的问题，必须解决两个大小为 $n/2$ 的问题，并做 n 个单位的额外工作。”同样，可以解释递推式

$$T(n)=T\left(\frac{n}{4}\right)+n^2$$

为“为了解决一个大小为 n 的问题，必须解决一个大小为 $n/4$ 的问题，并做 n^2 个单位的额外工作。”还可以解释递推式

$$T(n)=3T(n-1)+n$$

为“为了解决一个大小为 n 的问题，必须解决三个大小为 $n-1$ 的子问题，并做 n 个单位的额外工作。”

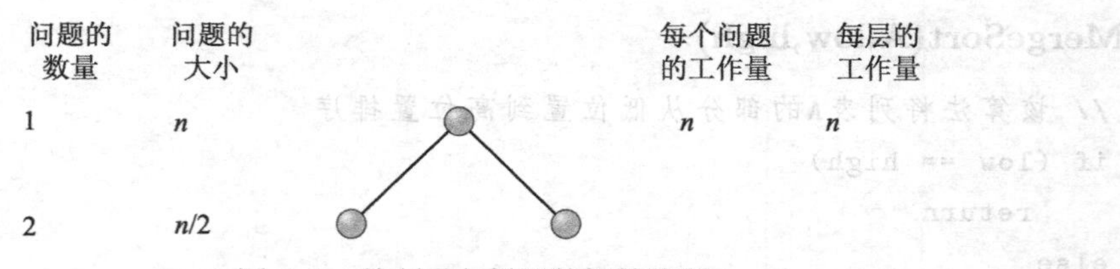

图 4.4　绘制递归树图的初始阶段

在图 4.4 中，我们画出了递推式 4.20 的递归树图的开头部分。现在，假设 n 是 2 的幂。我们一层层地绘制图，每一层都表示一层递归。与此等价，图的每一层也表示递推式的一个层次的迭代。递归树图的一个层次包括五个部分：左边两个，中间一个，右边两个。在左边，记录问题的大小和问题的数量；在中间，画树；在右边，记录了每个问题所完成

的工作以及当前层次完成的总工作。所以，在递推式 4.20 的递归树图的开始，在层 0 的左边说明了我们有一个大小为 n 的问题。然后通过画一个根节点和两条从根节点出发边，在中间展示了我们将问题划分为两个子问题。在右边记录了我们在两个新创建问题之外所做的额外的 n 个单位的工作。因为这一层只有一个问题，所以这一层做的总的工作是 n 个单位的工作。在下一层，中间画了两个节点，代表由主问题划分成的两个问题；在左边说明了我们有两个大小为 $n/2$ 的问题。

注意，递推式是如何反映在递归树图的层 0 和层 1 的。树的顶点代表 $T(n)$。在下一层，我们有两个大小为 $n/2$ 的问题，代表递推式中的递归项 $2T(n/2)$。在解决了这两个问题之后，返回到树的层 0，并做递推式中递归项以外的 n 个单位的额外工作。

现在继续用同样方式的画这棵树。补上层 1 剩下的部分（这实际上是树的第二层，因为第一层是层 0）并添加更多的层数，得到图 4.5。

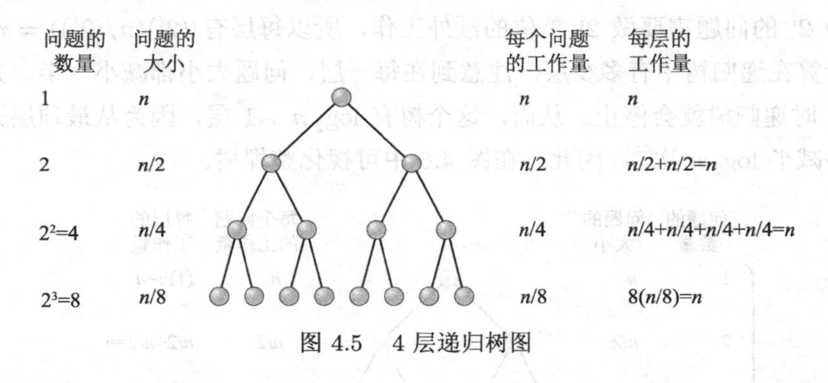

图 4.5　4 层递归树图

231 ~ 232

总结一下这个图告诉我们的东西。在层 0（顶层），完成了 n 个单位的工作。我们看到在每个相继层上，将问题大小减半，将子问题数量增加一倍。还看到，在层 1 中，两个子问题中任意一个都需要 $n/2$ 单位的额外工作。因此，一共完成了 n 个单位的额外工作。同样，层 2 有 4 个大小为 $n/4$ 的子问题。因此，完成了 $4(n/4) = n$ 个单位的额外工作。注意到，要计算某个层上所做的总工作，需要加上每个子问题上所做的工作。当所有的问题都具有相同的大小时，就像在这里一样，总工作量等价于将子问题的数量乘以每个子问题的额外工作量。为了查看递推式的迭代是如何在图中反映出来的，将递推式进行一次迭代获得：

$$\begin{aligned}
T(n) &= 2T\left(\frac{n}{2}\right) + n \\
&= 2\left(2T\left(\frac{n}{4}\right) + \frac{n}{2}\right) + n \\
&= 4T\left(\frac{n}{4}\right) + n + n \\
&= 4T\left(\frac{n}{4}\right) + 2n
\end{aligned}$$

如果检查图 4.5 中的层 0、层 1 和层 2，我们会看到在层 2 有 4 个顶点，它们代表了 4 个问题，每个问题的大小为 $n/4$。这对应着迭代递推式后得到的递归项。然而，在解决这些问题之后，回到层 1，在那里我们做了两次 $n/2$ 单位的额外工作，之后返回层 0，又做了另一次 n 个单位的额外工作。这样，每次向树中添加一层时，都在展示递推式多进行一次迭代的结果。现在有足够的信息来描述一般的递归树图。为此，我们需要为每个层确定四件事。

- 子问题的数量。
- 每个子问题的大小。
- 每个子问题所做的工作量。
- 每一层的总工作量。

一旦我们知道了每一层所做的总工作量，就可以将所有层的工作量求和获得总工作量。为此，还需要知道在递归树有多少层。

对于这个问题，可以看到在层 i 中，有 2^i 个大小为 $n/2^i$ 的子问题。更进一步，因为一个大小为 2^i 的问题需要做 2^i 单位的额外工作，所以每层有 $(2^i)(n/(2^i)) = n$ 单位的工作。为了计算在递归树中有多少层，注意到在每一层，问题大小都减小一半，并且当问题的大小为 1 时递归树就会停止。从而，这个树有 $\log_2 n + 1$ 层，因为从最顶层开始并将这个问题大小减半 $\log_2 n$ 次[⊖]。因此，在图 4.6 中可视化整棵树。

233

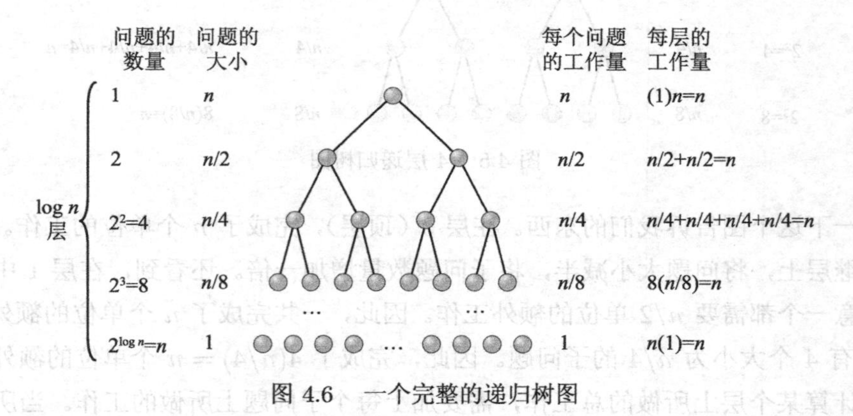

图 4.6　一个完整的递归树图

在最底层所做工作的计算方式不同于其他层，在其他层中，所做的工作是由递归式中的递归方程所描述的。在最底层，工作量来源于基本情况。因此，需要计算大小为 1 的问题 (在这个递推式中，基本情况是 $n = 1$) 的数量，然后将这个数量乘以 $T(1) = 1$。在图 4.6 的递归树中，最底层的节点的个数是 $2^{\log_2 n} = n$。因为 $T(1) = 1$，所以在递归树的底层做了 n 个单位的工作。但是，如果选择 $T(1)$ 为某个常数 c 而不是 1，那么底层所做的工作量就是 cn。我们强调在底层每个问题的正确的工作量总是来自基本情况。

树的最底层代表迭代递推式的最后阶段。在这一层已经看到，有 n 个问题，每个问题都需要 $T(1) = 1$ 的工作量，这一层的总工作量为 n。在我们解决了最底层所表示的问题之后，还必须完成前面所有层的额外的工作。由于这个原因，对在树的所有层次上所做的

234

⊖ 为了简化本书其余部分的记号，如果省略对数的底数，则假定底数是 2。

工作量求和以得到总的工作量。递推式的迭代表明，递推式的解是递归树所有层次上完成的所有工作量的总和。

重要的是，我们现在知道在每一层上做了多少工作。一旦知道了这一点，就可以对每一层所做的总工作量求和，从而给出递推式的解。在这个例子中，有 $\log_2 n + 1$ 层。在每一层上，我们所做的工作量都是 n 个单位。因此，得出的结论是，解决由递推式 4.20 描述的问题的总工作量是 $n(\log_2 n + 1)$。

由于在不同计算机上的单位时间不同，并且因为一些工作会比其他工作花费更长的时间，所以通常对 $T(n)$ 的大 Θ 行为更感兴趣。例如，可以考虑除了 $T(1) = a$ 以外，与递推式 4.19 相同的一个递推式，其中 a 为常数。在这种情况下，$T(n) = an + n\log n$，因为在层 1 完成了 an 单位的工作，在剩余的 $\log n$ 层中，每层完成了 n 单位的额外工作。$T(n) = \Theta(n\log n)$ 依旧为真，因为不同的基本情况不会令递推式的解产生超过一个常数因子的改变[⊖]。虽然递归树可以给出递推式的精确的解（例如 $T(n) = an + n\log n$），但是对解的大 Θ 行为的兴趣通常会导致我们使用递归树来确定递推式实际解的大 Θ 行为（或者在复杂情况下，大 O 行为）。习题 18 探究了 $T(1)$ 的值对由分治算法所产生的递推式的解的大 Θ 行为是否有影响。

再看一个递推式

$$T(n) = \begin{cases} T(n/2) & n > 1 \\ 1 & n = 1 \end{cases} \tag{4.21}$$

同样，假设 n 是 2 的幂，我们将其解释为，要解决大小为 n 的问题，必须首先解决大小为 $n/2$ 的问题并做 n 个单位的额外工作。图 4.7 展示了这个问题的递归树图。我们看到问题的大小和上一个树相同。然而，其余部分是不同的。子问题的数量不会增加 1 倍；相反在每层上保持为 1。因此，每层的工作量减半。注意，这里仍然有 $\log n + 1$ 层，因为层数由问题大小的变化决定，而不是由子问题的数量决定。所以，在层 i，有一个大小为 $n/2^i$ 的问题，并且总工作量也为 $n/2^i$。

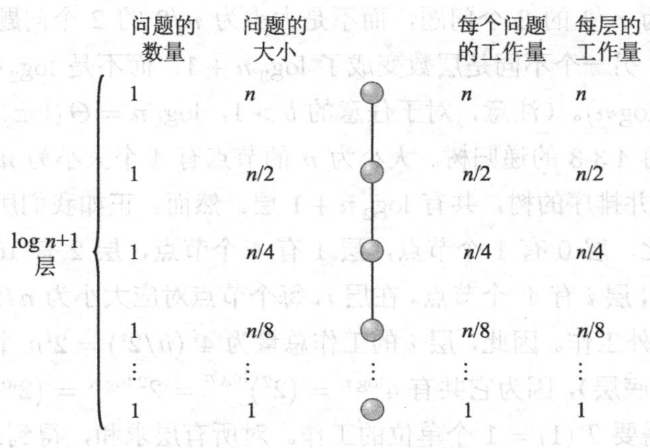

图 4.7　递推式 4.21 的递归树图

⊖ 更准确地说，对任意的 $a > 0$ 都有 $n\log n < an + n\log n < (a+1)n\log n$。

现在我们希望计算解决给出这个递推式的问题所需的总工作量。请注意，每层做的额外工作是不同的，所以工作总量为

$$n+\frac{n}{2}+\frac{n}{4}+\cdots+2+1=n\left(1+\frac{1}{2}+\frac{1}{4}+\cdots+\left(\frac{1}{2}\right)^{\log n}\right)$$

即 n 与一个等比级数的乘积。根据定理 4.4，最大项为 1 的等比级数的值是 $\Theta(1)$，这意味着所完成的工作量被描述为 $T(n)=\Theta(n)$。

我们强调递推式 4.21 只有一个解，它是通过使用递推式从 $T(1)$ 计算 $T(2)$，再从 $T(2)$ 计算 $T(4)$，以此类推得到的。这里，我们已经证明 $T(n)=\Theta(n)$。实际上，对于已经考察过的递推式而言，只要知道 $T(1)$，就可以通过重复使用递推式来计算关于任意 n 的 $T(n)$。因此，毫无疑问，解确实存在，并且原则上可以对任意 n 值计算得到。在大多应用中，我们对解的确切形式不感兴趣，相反我们感兴趣的是解的大 O 上界或者大 Θ 界。

练习 4.3-2： 使用递归树找到一个递推式的解的大 Θ 界，假设 n 是 3 的幂。

$$T(n)=\begin{cases}3T(n/3)+n & n\geqslant 3\\ 1 & n<3\end{cases}$$

236

练习 4.3-3： 使用递归树解决下述递推式

$$T(n)=\begin{cases}4T(n/2)+n & n\geqslant 2\\ 1 & n=1\end{cases}$$

假设 n 是 2 的幂。将你的解转化为关于解的行为的大 Θ 语句。

练习 4.3-4： 你能否给出形如 $T(n)=aT(n/2)+n$（n 是 2 的幂）的递推式的解的大 Θ 界吗？对于不同的 a，你可能会有不同的回答。

练习 4.3-2 中的递推式与合并排序的递推式相似。一个不同之处在于，我们在每步中将问题划分成大小为 $n/3$ 的 3 个问题，而不是大小为 $n/2$ 的 2 个问题。因此，我们得到了图 4.8 中的结构。另一个不同是层数变成了 $\log_3 n+1$，而不是 $\log_2 n+1$。因此，总的工作量仍然为 $\Theta(n\log n)$。（注意，对于任意的 $b>1$，$\log_b n=\Theta(\log_2 n)$）

现在看一下练习 4.3-3 的递归树。大小为 n 的节点有 4 个大小为 $n/2$ 的子节点，并且得到图 4.9。正如合并排序的树，共有 $\log_2 n+1$ 层。然而，正如我们所指出的，每个节点有四个子节点。因此，层 0 有 1 个节点，层 1 有 4 个节点，层 2 有 16 个节点。

并且，一般而言，层 i 有 4^i 个节点。在层 i，每个节点对应大小为 $n/2^i$ 的问题。从而，需要 $n/2^i$ 个单位的额外工作。因此，层 i 的工作总量为 $4^i(n/2^i)=2^i n$ 个单位。这个公式也适用于层 $\log_2 n$（最底层），因为它共有 $4^{\log n}=(2^2)^{\log n}=2^{2\log n}=\left(2^{\log n}\right)^2=n^2=2^{\log n}n$ 个节点，每个节点需要 $T(1)=1$ 个单位的工作。对所有层求和，得到：

$$\sum_{i=0}^{\log n}2^i n=n\sum_{i=0}^{\log n}2^i$$

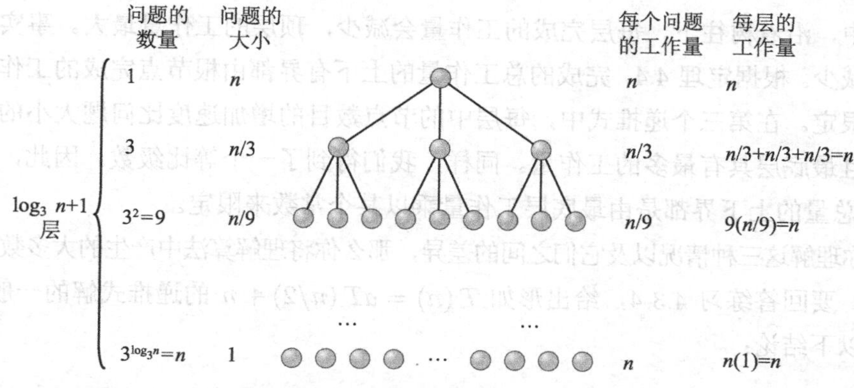

图 4.8 练习 4.3-2 中递推式的递归树图

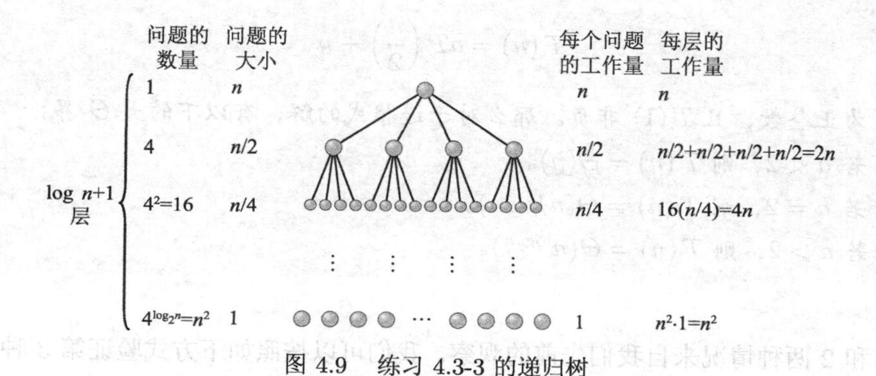

图 4.9 练习 4.3-3 的递归树

这个表达式有许多的简化方法。例如，根据等比级数的求和公式，可以得到：

$$
\begin{aligned}
T(n) &= n\sum_{i=0}^{\log n} 2^i \\
&= n\frac{1-2^{(\log n)+1}}{1-2} \\
&= n\frac{1-2n}{-1} \\
&= 2n^2 - n \\
&= \Theta(n^2)
\end{aligned}
$$

另一个更简单的办法是，根据定理 4.4，可以得到 $T(n) = n\cdot\Theta\left(2^{\log n}\right) = \Theta\left(n^2\right)$。

237
~
238

4.3.3 三种不同的行为

比较递推式 $T(n) = 2T(n/2) + n$，$T(n) = T(n/2) + n$ 和 $T(n) = 4T(n/2) + n$ 的递归树图。请注意，三棵树的深度都为 $1 + \log_2 n$，因为这是由子问题相对于父问题的大小决定的，并且在每种情况下，每个子问题的大小都是父问题大小的一半。然而，每棵树在每个层级中完成的工作量有所不同。对于第一个递推式，每层的工作量是相同的。在第二个递推式中，沿着树往下，每层完成的工作量会减少，顶层的工作量最大。事实上，它按等比级数减少。根据定理 4.4，完成的总工作量的上下有界都由根节点完成的工作量乘以某个常数来限定。在第三个递推式中，每层中的节点数目的增加速度比问题大小的减小速度更快，并且最底层具有最多的工作量。同样，我们得到了一个等比级数。因此，根据定理 4.4，工作总量的上下界都是由最底层工作量乘以某个常数来限定。

如果你理解这三种情况以及它们之间的差异，那么你将理解算法中产生的大多数递归树。

因此，要回答练习 4.3-4，给出形如 $T(n) = aT(n/2) + n$ 的递推式解的一般大 Θ 界，可以得出以下结论：

引理 4.7　假设有以下形式的递推式：

$$T(n) = aT\left(\frac{n}{2}\right) + n$$

其中 a 为正整数，且 $T(1)$ 非负。那么对于递推式的解，有以下的大 Θ 界：

1. 若 $a < 2$，则 $T(n) = \Theta(n)$。
2. 若 $a = 2$，则 $T(n) = \Theta(n \log n)$。
3. 若 $a > 2$，则 $T(n) = \Theta(n^{\log_2 a})$。

证明　1 和 2 两种情况来自我们先前的观察。我们可以按照如下方式验证第 3 种情况：在层 i 中，有 a^i 个节点，每个对应大小为 $n/2^i$ 的问题。因此，在层 i，工作总量为 $a^i(n/2^i) = n(a/2)^i$ 个单位。对 $\log_2 n$ 个层求和，可以获得

$$a^{\log_2 n}T(1) + n\sum_{i=0}^{(\log n)-1}\left(\frac{a}{2}\right)^i$$

239

求和符号给出的和是一个等比级数。因此，因为 $a/2 \neq 1$，所得和是其最大项的大 Θ 界（详见定理 4.4）。因为 $a > 2$，这种情况下的最大项很明显是最后一项，即 $n\left(\frac{a}{2}\right)^{(\log n)-1}$。根据指数和对数的运算规则，可以得到 n 乘以最大项是

$$\begin{aligned}
n\left(\frac{a}{2}\right)^{(\log_2 n)-1} &= \frac{2}{a}\cdot\frac{n\cdot a^{\log n}}{2^{\log n}} \\
&= \frac{2}{a}\cdot\frac{n\cdot a^{\log n}}{n} \\
&= \frac{2}{a}\cdot a^{\log n} \\
&= \frac{2}{a}\left(2^{\log a}\right)^{\log n} \\
&= \frac{2}{a}\left(2^{\log n}\right)^{\log a} \\
&= \frac{2}{a}\cdot n^{\log a}
\end{aligned} \tag{4.22}$$

因此，$\mathrm{T}(1)a^{\log n}=\mathrm{T}(1)n^{\log a}$。因为 $2/a$ 和 $T(1)$ 均为非负数，所以完成的总工作量为 $\Theta(n^{\log_2 a})$。

□

实际上，引理 4.7 对所有正实数 a 均成立，可以通过迭代递推式来观察这一点。当 a 是一个整数时，递归树是一种可视化呈现递推式迭代过程的方式；当 a 不为整数时，尝试迭代是一种自然而然的做法。

请注意，在公式 4.22 的最后两个等式中，使用了 $a^{\log n}=n^{\log a}$。这个事实非常有用，所以将它（在稍微更一般的情况下）表述为一个推论。

推论 4.8 *对于任意基数 b，存在 $a^{\log_b n}=n^{\log_b a}$。*

重要概念、公式和定理

1. **分治算法**：分治算法是通过将问题划分为小于原问题，但与原问题同类的“子问题”来解决问题的算法；递归地解决这些子问题；然后将这些子问题的解组装成原问题的解。虽然并非所有问题都可以通过这样的策略解决，但是计算机科学中存在许多令人感兴趣的问题可以用这种方式来解决。

240

2. **合并排序**：在合并排序中，通过将具有某种潜在顺序的项的列表分成两半，排序前半部分（通过递归使用合并排序），排序后半部分（通过递归使用合并排序），然后合并两个排好序的列表。对于长度为 1 的列表，合并排序直接返回该列表。
3. **递归树图**：针对一个递推式，按层绘制一个递归树图，每一层代表一层递归。递归树图的每一层包括五个部分：左边两个，中间一个，右边两个。在左边，记录问题的大小和问题的数量；在中间，画树；在右边，跟踪每个问题所完成的工作量以及在当前层完成的总工作量。树具有表示初始问题的节点和表示要求解的每个子问题的节点。除了最底层之外，每一层的每个问题所做的工作都由递推式的“额外工作”部分给出。在最底层完成的工作取决于递推式的基本情况，以及最底层问题的数量。递推式的解是在递归树的每个层级完成的总工作量的总和。
4. **递归树的基础层**：在递归树的最底层上完成的工作量是节点数乘以初始条件给出的值。它不是通过尝试计算在最底层完成的“额外工作”来确定的。
5. **对数的基数**：使用 $\log n$ 作为 $\log_2 n$ 的一种替代标记。关于对数的一个基本事实是，对于任何实数 $b>1$，$\log_b n=\Theta(\log_2 n)$。
6. **关于对数的一个重要事实**：对于任何 $b>0$，有 $a^{\log_b n}=n^{\log_b a}$。
7. **解的三种行为**：形如 $T(n)=aT(n/2)+n$ 的递推式的解的行为表现为以下方式之一：
   a. 如果 $a<2$，则 $T(n)=\Theta(n)$。
   b. 如果 $a=2$，则 $T(n)=\Theta(n\log n)$。
   c. 如果 $a>2$，则 $T(n)=\Theta(n^{\log_2 n})$。

241

习题

所有带 * 的习题均附有答案或提示。

1. 为

$$T(n)=\begin{cases}4T(n/4)+n & n\geqslant 2\\ 1 & n=1\end{cases}$$

绘制一个递归树图。用它来找到递推式的精确解。假设 n 是 4 的幂。

2* 为

$$T(n)=\begin{cases}2T(n/2)+2n & n\geqslant 2\\ 2 & n=1\end{cases}$$

绘制一个递归树图。用它来找到递推式的精确解。假设 n 是 2 的幂。

3* 为

$$T(n)=\begin{cases}9T(n/3)+n & n>1\\ 1 & n=1\end{cases}$$

绘制一个递归树图。用它来找到这个递推式解的大 Θ 界。假设 n 是 3 的幂。

4. 为

$$T(n)=\begin{cases}T(n/4)+n & n\geqslant 2\\ 1 & n=1\end{cases}$$

绘制一个递归树图。用它来找到这个递推式解的大 Θ 界。假设 n 是 4 的幂。

5* 为

$$T(n)=\begin{cases}2T(n/4)+n & n\geqslant 2\\ 1 & n=1\end{cases}$$

242

绘制一个递归树图。用它来找到这个递推式解的大 Θ 界。假设 n 是 4 的幂。

6. 为

$$T(n)=\begin{cases}4T(n/2)+n^2 & n\geqslant 2\\ 3 & n=1\end{cases}$$

绘制一个递归树图。用它来找到递推式的精确解。假设 n 是 2 的幂。

7* 为

$$T(n)=\begin{cases}3T(n/3)+1 & n\geqslant 2\\ 2 & n=1\end{cases}$$

绘制一个递归树图。用它来找到递推式的精确解。假设 n 是 3 的幂。

8. 为 $T(n)=T(n/3)+1$，其中 $T(1)=3$ 绘制一个递归树图。用它来找到递推式的精确解。

9. 绘制递归树，并用它们来找到下列递推式解的大 Θ 界。对于每个递推式，假设 $T(1)=1$ 并且 n 是适当整数的幂。

   a)* $T(n)=8T(n/2)+n$

b)* $T(n) = 8T(n/2) + n^3$

c) $T(n) = 3T(n/2) + n$

d)* $T(n) = T(n/4) + 1$

e) $T(n) = 3T(n/3) + n^2$

10. 绘制递归树，并用它们来找到下列递推式的精确解。对于每个递推式，假设 $T(1) = 1$ 并且 n 是适当整数的幂。

a)* $T(n) = 8T(n/2) + n$

b)* $T(n) = 8T(n/2) + n^3$

c) $T(n) = 3T(n/2) + n$

d)* $T(n) = T(n/4) + 1$

e) $T(n) = 3T(n/3) + n^2$

11. 找到递推式 4.21 的精确解。

12*. 对于任意常数 $b > 1$，证明 $\log_b n = \Theta(\log_2 n)$。

13. 通过证明任意 $b > 0$ 有 $a^{\log_b n} = n^{\log_b a}$ 来证明推论 4.8。

243

14. 即使问题不能按等比级数分解，或者每层的工作不是 n^c 个单位，递归树也可以起作用。绘制递归树，并找到以下递推式解的最优大 O 界。对于每个递推式，假设 $T(1) = 1$。

a)* $T(n) = T(n-1) + n$

b) $T(n) = 2T(n-1) + n$

c)* $T(n) = T(\lfloor\sqrt{n}\rfloor) + 1$（假设 n 的形式为 $n = 2^{2^i}$。）

d)* $T(n) = 2T(n/2) + n\log n$（假设 n 是 2 的幂。）

15*. 在问题 14 中的每个小问中，你发现大 O 界是否是大 Θ 界？

16. 当 $1 \leqslant c < a$ 时，如果 $S(n) = aS(n-1) + g(n)$ 并且 $g(n) < c^n$，那么 $S(n)$ 能增长得多快（用大 Θ 项表示）？

17*. 当 $0 \leqslant a < c$ 时，如果 $S(n) = aS(n-1) + g(n)$ 并且 $g(n) = c^n$，那么 $S(n)$ 能增长得多快（用大 Θ 项表示）？

18. 假设你给出了形如 $T(n) = aT(n/b) + g(n)$ 的递推式，其中 $T(1) = d > 0$ 且所有 n 有 $g(n) > 0$，并且 $S(n) = aS(n/b) + g(n)$，其中 $S(1) = 0$（和前面相同的 a，b 和 $g(n)$）。这两个递推式的解的大 Θ 行为有什么区别吗？初始条件对这样的递推式的大 Θ 行为有何影响？

4.4　主定理

4.4.1　主定理基础

在 4.3 节中，看到了以下形式的递推式的三种不同行为：

$$T(n)=\begin{cases} aT(n/2)+n & n>1 \\ d & n=1 \end{cases}$$

这些行为取决于 $a<2$，$a=2$ 还是 $a>2$。请记住，a 是问题划分成的子问题数。除以 2 表示问题的大小每次减少一半。项 n 表示在完成递归工作之后，对大小为 n 的问题，还有 n 个单位的额外工作需要处理。没有理由要求每个子问题所需的额外工作量必须是子问题的大小。在许多应用中，它将是其他东西。在随后的主定理中，考虑更一般的情况。类似地，子问题的大小也不必是父问题的一半。得到以下定理，即**主定理**（master theorem）的第一个版本。（在附录中将证明这个定理的一些更强形式。）

244

定理 4.9（主定理，初步版本） 设 a 为大于或等于 1 的整数，并且令 b 为大于 1 的实数。设 c 为正实数，d 为非负实数。给定以下形式的递推式

$$T(n)=\begin{cases} aT(n/b)+n^c & n>1 \\ d & n=1 \end{cases}$$

其中 n 被限制为 b 的幂，得到以下结论：

1. 若 $\log_b a<c$，则 $T(n)=\Theta(n^c)$。
2. 若 $\log_b a=c$，则 $T(n)=\Theta(n^c\log n)$。
3. 若 $\log_b a>c$，则 $T(n)=\Theta(n^{\log_b a})$。

证明 将证明一种特殊情况 $d=1$。d 的一般情况也并不比它困难，在习题 6 中进行了处理。

考虑这个递推式的递归树。将有 $1+\log_b n$ 层。在每一层，子问题的数量将增加 a 倍。所以，层 i 的子问题数量将是 a^i。层 i 的每个子问题的大小均为 n/b^i。大小为 n/b^i 的子问题需要 $(n/b^i)^c$ 的额外工作，并且因为在层 i 上有 a^i 个问题，所以层 i 上的总工作量是

$$a^i\left(\frac{n}{b^i}\right)^c=n^c\left(\frac{a^i}{b^{ci}}\right)=n^c\left(\frac{a}{b^c}\right)^i \tag{4.23}$$

在最底层级，$n/b^i=1$ 且存在 a^i 个子问题，每个子问题需要一个单位的工作量，因此式 4.23 也给出了最底层的工作量。在引理 4.7 中，即 $c=1$ 时，在每层的工作量减少、不变或增加时，出现了几种不同情况。同样的分析方法也适用于此。根据层 i 上工作量的计算公式，可以看到每个层级的工作量分别随 $(a/b^c)^i$ 的递减、恒定或增加，而减少、不变或增加。这三种情况取决于 (a/b^c) 是否小于 1，等于 1 或大于 1。现在观察一下

$$\left(\frac{a}{b^c}\right)=1$$

$$\Longleftrightarrow a=b^c$$

$$\Longleftrightarrow \log_b a=c\log_b b$$

$$\iff \log_b a = c$$

245

这个等式展示了定理陈述中的三种情况来自何处。现在需要在不同的情况下，给出 $T(n)$ 的界。下面，将使用以下事实（其证明是对数定义和指数运算规则的直接应用）。

- 对于任意大于 1 的 x，y 和 z，有 $x^{\log_y z} = z^{\log_y x}$。（参见 4.3 节的推论 4.8，习题 13 和本节末尾的习题 7）
- 对于任意 $y > 0$ 和任意实数 $x > 1$，有 $\log_x y = \Theta(\log_2 y)$。（参见 4.3 节的习题 12）

一般而言，通过对表示每层工作量的表达式（如公式 4.23 所示）在所有层上进行求和来计算总工作量。这就得到

$$\sum_{i=0}^{\log_b n} n^c \left(\frac{a}{b^c}\right)^i = n^c \sum_{i=0}^{\log_b n} \left(\frac{a}{b^c}\right)^i$$

在情况 1（定理陈述中的第 1 部分）中，这是一个公比小于 1 的等比级数乘以 n^c。现在完成情况 1 的证明，并将情况 2 和 3 作为练习。定理 4.4 可得

$$n^c \sum_{i=0}^{\log_b n} \left(\frac{a}{b^c}\right)^i = \Theta(n^c)$$

这就完成了情况 1 的证明。 □

练习 4.4-1：证明主定理的情况 2。

练习 4.4-2：证明主定理的情况 3。

在情况 2 中，已知 $a/b^c = 1$，因此

$$\begin{aligned} n^c \sum_{i=0}^{\log_b n} \left(\frac{a}{b^c}\right)^i &= n^c \sum_{i=0}^{\log_b n} (1)^i \\ &= n^c (1 + \log_b n) \\ &= \Theta(n^c \log n) \end{aligned}$$

246

在情况 3 中，已知 $a/b^c > 1$，因此，级数

$$\sum_{i=0}^{\log_b n} n^c \left(\frac{a}{b^c}\right)^i = n^c \sum_{i=0}^{\log_b n} \left(\frac{a}{b^c}\right)^i$$

的最大项是最后一项。根据定理 4.4，总和是 $\Theta(n^c (a/b^c)^{\log_b n})$。但是

$$\begin{aligned} n^c \left(\frac{a}{b^c}\right)^{\log_b n} &= n^c \cdot \frac{a^{\log_b n}}{(b^c)^{\log_b n}} \\ &= n^c \cdot \frac{n^{\log_b a}}{n^{\log_b b^c}} \end{aligned}$$

$$= n^c \cdot \frac{n^{\log_b a}}{n^c}$$

$$= n^{\log_b a}$$

因此，最终解是 $\Theta(n^{log_b a})$。

请注意，可以假设 a 是一个大于 1 的实数，并给出一个类似的主定理证明（用递推式的迭代替换递归树），但不在这里给出细节。

4.4.2 求解更一般的递推式

练习 4.4-3： 计算下列递推式解的大 Θ 行为，其中 n 是 3 的任意非负幂。

$$T(n) = \begin{cases} 2T(n/3) + 4n^{3/2} & n > 1 \\ d & n = 1 \end{cases}$$

练习 4.4-4： 若 $f(n) = n\sqrt{n+1}$，计算下列递推式解的大 Θ 行为，其中 n 是 3 的任意非负幂。

$$S(n) = \begin{cases} 2S(n/3) + f(n) & n > 1 \\ d & n = 1 \end{cases}$$

247

对于练习 4.4-3，除了最底层，在递归树每层完成的工作量，将是以下递推式工作量的四倍：

$$T'(n) = \begin{cases} 2T'(n/3) + n^{3/2} & n > 1 \\ d & n = 1 \end{cases}$$

因此，T 的工作量不会超过 T' 工作量的 4 倍，但会比 T' 的工作量更大。因此，$T(n) = \Theta(T'(n))$。根据主定理，因为 $\log_3 2 < 1 < 3/2$，所以 $T(n) = \Theta(n^{3/2})$。

对于练习 4.4-4，因为 $n\sqrt{n+1} > n\sqrt{n} = n^{3/2}$，所以 $S(n)$ 至少与递推式 T' 的解一样大。

$$T'(n) = \begin{cases} 2T'(n/3) + n^{3/2} & n > 1 \\ d & n = 1 \end{cases}$$

其中，n 是 3 的任意非负幂。但 S 的递推式的解不大于练习 4.4-3 中 T 的递推式的解，因为 $n \geqslant 0$ 时 $n\sqrt{n+1} \leqslant 4n^{3/2}$。因为 $T(n) = \Theta(T'(n))$，所以 $S(n) = \Theta(T'(n))$。因此 $S(n) = \Theta(n^{3/2})$。

4.4.3 扩展主定理

正如练习 4.4-3 和 4.4-4 所示，一系列有趣的递推式不适用主定理的初步版本，但与适用的递推式有密切关系。这些递推式具有原始版本主定理预测的某一类行为。然而，该定理的原始版本并不适用于它们，正如它不适用于练习 4.4-3 和 4.4-4 中的递推式一样。

现在将给出涵盖这些情况的主定理的第二个版本。在 Cormen 等人的《算法导论》一书中可以找到该定理的更强版本 [13]。本文的版本包含了算法分析中出现的递推式的许多有趣行为。

248

定理 4.10（主定理） 设 a 和 b 为正实数，且 $a \geqslant 1$，$b > 1$。设 $T(n)$ 定义如下，整数 n 为 b 的幂

$$T(n) = \begin{cases} aT(n/b) + f(n) & n > 1 \\ d & n = 1 \end{cases}$$

那么有

1. 若 $f(n) = \Theta(n^c)$，其中 $\log_b a < c$，则 $T(n) = \Theta(n^c) = \Theta(f(n))$。
2. 若 $f(n) = \Theta(n^c)$，其中 $\log_b a = c$，则 $T(n) = \Theta(n^c \log n) = \Theta(f(n) \log n)$。
3. 若 $f(n) = \Theta(n^c)$，其中 $\log_b a > c$，则 $T(n) = \Theta(n^{\log_b a})$。

证明 构造一个递归树或迭代递推式。因为假设 $f(n) = \Theta(n^c)$，且常数 c_1 和 c_2 与层数无关，所以每层的工作量在 $c_1 n^c (a/b^c)^i$ 和 $c_2 n^c (a/b^c)^i$ 之间。从这一步开始，这个证明就是原证明的另一种形式了。 □

练习 4.4-5：根据主定理，计算递推式 $T(n)$

$$T(n) = \begin{cases} 3T(n/2) + n\sqrt{n+1} & n > 1 \\ 1 & n = 1 \end{cases}$$

的解是什么？

练习 4.4-4 的解表明 $x\sqrt{x+1} = \Theta(x^{3/2})$。因为 $2^{3/2} = \sqrt{2}^3 = \sqrt{8} < 3$，所以得到 $\log_2 3 > 3/2$。然后，根据主定理的第三个结论，可得 $T(n) = \Theta(n^{\log_2 3})$。

在附录中仔细分析了分治递推式，其中 n 不是 b 的幂，$T(n/b)$ 被 $T(\lceil n/b \rceil)$ 代替。尽管存在某些技术细节，但最终结果是，这种递推式解的大 Θ 行为和定义在 b 的幂上的函数的相应的递推式一样。特别地，以下定理是证明的结论。

249

定理 4.11 令 a 和 b 为正实数，$a \geqslant 1$ 且 $b \geqslant 2$。设 $T(n)$ 满足递推式

$$T(n) = \begin{cases} aT(\lceil n/b \rceil) + f(n) & n > 1 \\ d & n = 1 \end{cases}$$

那么有下述结论：

1. 若 $f(n) = \Theta(n^c)$，其中 $\log_b a < c$，则 $T(n) = \Theta(n^c) = \Theta(f(n))$。
2. 若 $f(n) = \Theta(n^c)$，其中 $\log_b a = c$，则 $T(n) = \Theta(n^c \log n) = \Theta(f(n) \log n)$。
3. 若 $f(n) = \Theta(n^c)$，其中 $\log_b a > c$，则 $T(n) = \Theta(n^{\log_b a})$。

（条件 $b \geqslant 2$ 可以变为 $b > 1$，并且对递推式的基本情况进行适当的修改，但是基本情况将依赖于 b。不在这里证明这一点。）

重要概念、公式和定理

1. **主定理，初始版本**：主定理的简化版本声明，设 a 是大于或等于 1 的整数，b 是大于 1 的实数。设 c 为正实数，d 为非负实数。给定以下形式的递推式：

$$T(n)=\begin{cases}aT(n/b)+n^c & n>1\\ d & n=1\end{cases}$$

对为 b 的幂的 n，有下述结论：

a）如果 $\log_b a<c$，那么 $T(n)=\Theta(n^c)$。

b）如果 $\log_b a=c$，那么 $T(n)=\Theta(n^c\log n)$。

c）如果 $\log_b a>c$，那么 $T(n)=\Theta\left(n^{\log_b a}\right)$。

2. **对数的性质**：对于任何大于 1 的 x，y 和 z，都有 $x^{\log_y z}=z^{\log_y x}$。此外，如果 x 是常数，则 $\log_x y=\Theta(\log_2 y)$。

3. **主定理，最终版本**：令 a 和 b 为正实数，$a\geqslant 1$ 且 $b\geqslant 2$。设 $T(n)$ 由下述递推式定义在为 b 的幂的整数 n 上：

250

$$T(n)=\begin{cases}aT(n/b)+f(n) & n>1\\ d & n=1\end{cases}$$

那么有下述结论：

a）若 $f(n)=\Theta(n^c)$，其中 $\log_b a<c$，则 $T(n)=\Theta(n^c)=\Theta(f(n))$。

b）若 $f(n)=\Theta(n^c)$，其中 $\log_b a=c$，则 $T(n)=\Theta(n^c\log n)=\Theta(f(n)\log n)$。

c）若 $f(n)=\Theta(n^c)$，其中 $\log_b a>c$，则 $T(n)=\Theta\left(n^{\log_b a}\right)$。

当 $1<b<2$ 时，对依赖于 b 的一个基本情况也有类似的结果成立。

4. **更一般的主定理**：令 a 和 b 为正实数，$a\geqslant 1$ 且 $b\geqslant 2$。设 $T(n)$ 满足递推式

$$T(n)=\begin{cases}aT(\lceil n/b\rceil)+f(n) & n>1\\ d & n=1\end{cases}$$

那么有下述结论：

a）若 $f(n)=\Theta(n^c)$，其中 $\log_b a<c$，则 $T(n)=\Theta(n^c)=\Theta(f(n))$。

b）若 $f(n)=\Theta(n^c)$，其中 $\log_b a=c$，则 $T(n)=\Theta(n^c\log n)=\Theta(f(n)\log n)$。

c）若 $f(n)=\Theta(n^c)$，其中 $\log_b a>c$，则 $T(n)=\Theta\left(n^{\log_b a}\right)$。

习题

*所有带 * 的习题均附有答案或提示。*

1. 使用主定理给出下列递推式解的大 Θ 界。对每一个问题，假设 $T(1)=1$ 且 n 是适当整数的幂。

a）* $T(n)=8T(n/2)+n$

b）* $T(n) = 8T(n/2) + n^3$

c）$T(n) = 3T(n/2) + n$

d）* $T(n) = T(n/4) + 1$

e）$T(n) = 3T(n/3) + n^2$

251

2. 给出以下递推式解的大 Θ 界。

$$T(n)=\begin{cases}3T(\lceil n/2\rceil)+\sqrt{n+3} & n>1\\ d & n=1\end{cases}$$

3* 给出以下递推式解的大 Θ 界。

$$T(n)=\begin{cases}3T(\lceil n/2\rceil)+\sqrt{n^3+3} & n>1\\ d & n=1\end{cases}$$

4. 给出以下递推式解的大 Θ 界。

$$T(n)=\begin{cases}3T(\lceil n/2\rceil)+\sqrt{n^4+3} & n>1\\ d & n=1\end{cases}$$

5* 给出以下递推式解的大 Θ 界。

$$T(n)=\begin{cases}2T(\lceil n/2\rceil)+\sqrt{n^2+3} & n>1\\ d & n=1\end{cases}$$

6. 将主定理的初步版本（定理 4.9）的证明扩展到 $T(1) = d$ 的情况。

7* 通过证明对于任何大于 1 的 x，y 和 z，都有 $x^{\log_y z} = z^{\log_y x}$ 来证明推论 4.8。

4.5 更一般的递推式

4.5.1 递推不等式

我们一直致力于研究的递推式源于对计算机科学中重要过程的理想化描述。例如，在 n 个项的列表上的合并排序中，将列表分成两个大小相等的部分，对每个部分进行排序，然后合并两个已排序的部分。执行此操作所需的时间是将列表分成两部分所需的时间，加上对每个部分进行排序所需的时间，以及合并两个已排序列表所需的时间。我们没有说明如何划分列表或我们如何进行合并。假设较小列表的排序可以通过将相同的方法应用于较小的列表来完成，除非它们的大小为 1，在这种情况下什么都不需要做。我们所知道的是，将列表分成两部分的任何合理方式都不会超过 n 个时间单位的某个常数倍（如果通过将列表放在适当的位置并操作指针，可能只需要常数时间），并且任何合并两个列表的合理算法都不会超过 n 个时间单位的某个（其他的）常数倍。因此，如果 $T(n)$ 是将合并排序应用于 n 个数据项所花费的时间，那么就存在一个常数 c，对于我们提到的两个常数倍的总和，使得：

252

$$T(n) \leqslant 2T\left(\frac{n}{2}\right) + cn \tag{4.24}$$

因此，现实问题往往将我们导向**递推不等式**（recurrence inequalities），而不是递推公式。这些不等式表示 $T(n)$ 小于或等于某些涉及的 $T(m)$ 的值的表达式，其中 $m < n$。（也可以包括大于或等于符号的不等式，但它们不会出现在我们所研究的应用中）。一个递推不等式的**解**（solution）是一个满足不等式的函数 T。为简单起见，将扩展我们所说的"递推"一词的含义，使之包括递推不等式或递推公式。

在递推式 4.24 中，隐式地假设 T 仅定义在正整数值上，并且因为每次将列表分成两个相等的部分，所以分析只有在假设 n 是 2 的幂时才有意义。

请注意，递推式 4.24 实际上存在无穷多的解。（例如，对于任意 $c' < c$，对任意常数 k，

$$T(n) = \begin{cases} 2T(n/2) + c'n & n \geqslant 2 \\ k & n = 1 \end{cases} \tag{4.25}$$

的唯一解满足递推式 4.24。递推式 4.24 具有无穷多个解，而递推式 4.25 只有一个解的原因可以类比于 $x-3 \leqslant 0$ 具有无穷多个解，而 $x-3=0$ 却只有一个解。有几种方法可以证明递推式 4.24 的所有解都满足 $T(n) = O(n \log n)$。换句话说，无论如何合理地实现合并排序，合并排序过程需要执行的时间都有一个 $O(n \log n)$ 的时间限制。

4.5.2 不等式主定理

讨论到递推式 4.24 的唯一解也是递推式 4.25 的解。$x-3 \leqslant 0$ 的最大解是 3，这也是 253 $x-3=0$ 的唯一解。递推式也有类似的现象。

定理 4.12 设 a 和 b 为实数，$a > 0$ 且 $b > 1$，并且令 f 为从 b 的非负整数幂到实数的函数。假设 T 是定义在 b 的非负整数幂 n 上的递推式

$$T(n) = \begin{cases} aT(n/b) + f(n) & n \geqslant 1 \\ k & n = 1 \end{cases}$$

的唯一解，并且 S 是下面递推不等式的解。

$$S(n) \leqslant \begin{cases} aS(n/b) + f(n) & n > 1 \\ k & n = 1 \end{cases}$$

那么对所有 $n \geqslant 1$，$S(n) \leqslant T(n)$

证明 根据定义，$S(1) \leqslant k = T(1)$。假设对 $j < m$ 且两者都是 b 的幂，有 $S(j) \leqslant T(j)$。那么

$$S(m) \leqslant S\left(\frac{m}{b}\right) + f(m) \leqslant T\left(\frac{m}{b}\right) + f(m) = T(m)$$

因此，根据数学归纳法原理，对于 b 的所有非负整数幂 n，都有 $S(n) \leqslant T(n)$。 □

推论 4.13（递推不等式的主定理） 设 a 和 b 为实数，$a \geqslant 1$ 且 $b > 1$，同时令 S 是从 b 的非负整数幂到实数的函数。如果

$$S(n) \leqslant \begin{cases} aS(n/b) + f(n) & n > 1 \\ k & n = 1 \end{cases}$$

那么将 Θ 替换为 O 后，主定理（定理 4.10）的结论对 S 成立。

证明 定义 T 为将上式中的 $\leqslant$ 替换成 $=$，S 替换为 T。那么 T 满足主定理的结论，并且根据定理 4.15 可得 $S(n) \leqslant T(n)$。 □

这个论证表明，递推式 4.24 的所有解都是 $O(n\log n)$。因此，在函数 $f(n)$ 告诉我们在分治算法中对大小为 n 的问题的额外工作满足主定理中的三种情况之一的情况下，对递推不等式的分析就可以像递推式的分析一样简单。然而，并非所有实际的递推式都满足主定理的假设。例如，如果 $f(n) = n\log n$，那么主定理的三个条件都不满足。在这种情况下，可以通过递归树图分析递推不等式。这个过程实际上与我们之前对递归树的使用基本相同。但是，必须记住，在每一层上，实际计算的是该层所做工作的上限。我们还可以使用解决练习 4.2-2 时所使用方法的变体——猜测答案（在这种情况下是一个上限）并通过归纳法进行验证。在这种情况下，归纳证明中有时会需要使用某些归纳方法。我们将使用熟悉的递推式来更容易地阐述它们。

254

4.5.3 归纳法的一个窍门

练习 4.5-1：通过归纳法仔细证明，对于定义在 2 的非负整数幂上的任何函数 T，如果对于某些常数 c，

$$T(n) \leqslant 2T\left(\frac{n}{2}\right) + cn$$

那么有 $T(n) = O(n\log n)$。

我们希望证明 $T(n) = O(n\log n)$。根据大 O 的定义，可以看到需要证明对某些正常数 k，$T(n) \leqslant kn\log n$ 成立（只要 n 大于某个值 n_0）。

我们现在将做一些看似相当奇怪的事情：将考虑存在一个使不等式成立的 k 值的可能性。然后，在分析这种可能性的后果时，将发现需要对 k 做某种假设才能使这样的 k 存在。我们真正要做的是通过试验来观察如何选择 k 才能使归纳证明起作用。

对所有为 2 的幂的正整数 n，已知 $T(n) \leqslant 2T(n/2) + cn$。想要证明存在另一个正实数 $k > 0$ 和 $n_0 > 0$，使得当 $n > n_0$ 时有 $T(n) \leqslant kn\log n$。不能期望 $n = 1$ 时不等式 $T(n) \leqslant kn\log n$ 成立，因为 $\log 1 = 0$。要得到 $T(2) \leqslant k \cdot 2\log 2 = k \cdot 2$，必须选择 $k \geqslant T(2)/2$。这是我们必须对 k 做的第一个假设。我们的归纳假设是，如果 n 是 2 的幂，m 是 2 的幂，并且 $2 \leqslant m < n$，那么 $T(m) \leqslant km\log m$。现在 $n/2 < n$，并且因为 n 是大

255 于 2 的 2 的幂，所以有 $n/2 \geqslant 2$。根据归纳假设，$T(n/2) \leqslant k(n/2)\log n/2$。但是

$$\begin{aligned} T(n) &\leqslant 2T\left(\frac{n}{2}\right) + cn \leqslant 2k\frac{n}{2}\log\frac{n}{2} + cn \\ &= kn\log\frac{n}{2} + cn \\ &= kn\log n - kn\log 2 + cn \\ &= kn\log n - kn + cn \end{aligned}$$

回想一下，试图证明 $T(n) \leqslant kn\log n$，但这并不是上述不等式所能得到的。相反，该不等式表明，需要做出关于 k 的另一个假设，即 $-kn + cn \leqslant 0$，或等价地说，$k \geqslant c$。如果对 k 的假设都满足，我们将得到 $T(n) \leqslant kn\log n$，并且可以通过数学归纳法得出结论：对所有 $n > 1$（所以 n_0 是 2），$T(n) \leqslant kn\log n$。因此，$T(n) = \mathrm{O}(n\log n)$。

$T(n) = \mathrm{O}(n\log n)$ 的完整归纳证明实际上嵌入在上述讨论中。但是，因为它看起来并不像一个证明，所以在下一段中，将用更传统的证明来总结观察结果。请注意，一些作者和教师更喜欢以说明他们为什么对 k 作出某些选择的风格来编写他们的证明。你应该学会如何将上述讨论理解为证明。

我们想要证明，如果 $T(n) \leqslant 2T(n/2) + cn$，那么 $T(n) = \mathrm{O}(n\log n)$。我们有一个实数 $c > 0$，使得所有 $n > 1$ 的 $T(n) \leqslant 2T(n/2) + cn$ 成立。选择 k 大于或等于 $T(2)/2$，且大于或等于 c。那么

$$T(2) \leqslant k \cdot 2\log 2$$

因为 $k \geqslant T(2)/2$ 和 $\log 2 = 1$。现在假设 $n > 2$，且对于满足 $2 \leqslant m < n$ 的 m，有 $T(m) \leqslant km\log m$。因为 n 是 2 的幂，所以 $n \geqslant 4$，因此 $n/2$ 是满足 $2 \leqslant m < n$ 的 m。因此，根据归纳假设，

$$T\left(\frac{n}{2}\right) \leqslant k\frac{n}{2}\log\frac{n}{2}$$

那么根据递推式，

$$\begin{aligned} T(n) &\leqslant 2k\frac{n}{2}\log\frac{n}{2} + cn \\ &= kn(\log n - 1) + cn \\ &= kn\log n + cn - kn \\ &\leqslant kn\log n \end{aligned}$$

256 因此，根据数学归纳法原理，对任意 $n > 2$，$T(n) \leqslant kn\log n$，并且所以 $T(n) = O(n\log n)$。

关于这个证明，需要注意三件事。首先，没有前面的讨论，k 的选择似乎是任意的；其次，没有前面的讨论，在大 O 语句中 n_0 为 2 的隐含选择似乎也是任意的；第三，常数 k 依据之前的常数 c 来选择。因为 c 是通过递推式得到的，所以可以用它来选择用于证明关

于递推式解的大 O 语句的常数。如果将刚刚给出的正式证明与之前的非正式讨论进行比较的话，会发现正式证明的每一步都对应我们在非正式讨论中的某些说法。因为非正式讨论解释了为什么做出这种选择，所以相比正式证明，有一些人更喜欢非正式的解释。

4.5.4 更多归纳证明的窍门

练习 4.5-2： 假设 c 是一个大于 0 的实数，通过归纳法，证明对于以下递推式的任意解 $T(n)$，

$$T(n) \leqslant T\left(\frac{n}{3}\right) + cn$$

都有 $T(n) = O(n)$，其中 n 是 3 的幂。

练习 4.5-3： 假设 c 是一个大于 0 的实数，通过归纳法，证明对于以下递推式的任意解 $T(n)$，

$$T(n) \leqslant 4T\left(\frac{n}{2}\right) + cn$$

都有 $T(n) = O(n^2)$，其中 n 是 2 的幂。

在练习 4.5-2 中，对给定的常数 c，$T(n) \leqslant T\left(\frac{n}{3}\right) + cn$，$n > 1$。因为我们想要得出 $T(n) = O(n)$，所以要找到另外两个常数 n_0 和 k，使得 $n > n_0$ 时，$T(n) \leqslant kn$。

我们在这里选择 $n_0 = 1$（这不是一个随意的选择，它基于以下观察，即当 $n = 1$ 时 $T(n) \leqslant kn$ 不是不可能满足的）。为了使 $n = 1$ 时 $T(n) \leqslant kn$，必须假定 $k \geqslant T(1)$。当 $1 \leqslant m < n$ 时，归纳地假设 $T(m) \leqslant km$，可以写出 257

$$\begin{aligned} T(n) &\leqslant T\left(\frac{n}{3}\right) + cn \\ &\leqslant k\left(\frac{n}{3}\right) + cn \\ &= kn + \left(c - \frac{2k}{3}\right)n \end{aligned}$$

（注意，使用 $kn/3 = kn - 2kn/3$ 是因为想要比较 $T(n)$ 和 kn。）因此，只要 $c - 2k/3 \leqslant 0$，即 $k \geqslant (3/2)c$，就可以根据数学归纳法得出结论，即对所有 $n \geqslant 1$，都有 $T(n) \leqslant kn$。再次说明，归纳证明的要素在前面的讨论中。你应该学习如何将刚刚完成的论证转换为一个有效的归纳证明。然而，我们将要呈现一个更像归纳证明的东西。

选择 k 为 $T(1)$ 和 $3c/2$ 中的较大者，并且 $n_0 = 1$。为了使用归纳法证明 $T(x) \leqslant kx$，我们观察到 $T(1) \leqslant k \cdot 1$。接下来假设 $n > 1$，并且归纳地假设对满足 $1 \leqslant m < n$ 的 m，有 $T(m) \leqslant km$。现在可以写出

$$\begin{aligned} T(n) &\leqslant T\left(\frac{n}{3}\right) + cn \\ &\leqslant \frac{kn}{3} + cn \\ &= kn + \left(c - \frac{2k}{3}\right)n \end{aligned}$$

$$\leqslant kn$$

因为我们选择的 k 至少与 $3c/2$ 一样大，使得 $c-2k/3$ 为负数或 0。所以，根据数学归纳法原理，对所有 $n \geqslant 1$，有 $T(n) \leqslant kn$，故 $T(n)=O(n)$。

现在分析练习 4.5-3。我们不会点出所有的点，因为这个练习和前一个练习只有一个主要的不同。想要证明存在两个常数 n_0 和 k，使得 $n > n_0$ 时，$T(n) \leqslant kn^2$。假设选择的 n_0 和 k 使得基本情况成立，则可以通过假设对于 $m < n$ 有 $T(m) \leqslant km^2$ 来归纳地找到 $T(n)$ 的界，并推理如下：

258

$$\begin{aligned} T(n) &\leqslant 4T\left(\frac{n}{2}\right)+cn \\ &\leqslant 4\left(k\left(\frac{n}{2}\right)^2\right)+cn \\ &= 4\left(\frac{kn^2}{4}\right)+cn \\ &= kn^2+cn \end{aligned}$$

为了像以前一样继续证明，要选择一个 k 使得 $cn \leqslant 0$。但是有一个问题，因为 c 和 n 总是正的！例如，有一个正确的语句，并且根据主定理，有一个在相似的问题上很好用的证明方法（归纳法）。那么，出了什么问题？

描述所面临的问题的通常方式是，尽管语句是正确的，但是它太弱以至于不能使用归纳法来证明。为了使归纳证明正常工作，必须做一个能将某些负量，比如 $-kn$，放入不等式的最后一行的归纳假设。让我们看看是否可以证明实际上比最初试图证明更强的东西，即对于某些正常数 k_1 和 k_2，有 $T(n) \leqslant k_1n^2-k_2n$。像之前一样，得到

$$\begin{aligned} T(n) &\leqslant 4T\left(\frac{n}{2}\right)+cn \\ &\leqslant 4\left(k_1\left(\frac{n}{2}\right)^2-k_2\left(\frac{n}{2}\right)\right)+cn \\ &= 4\left(\frac{k_1n^2}{4}-k_2\left(\frac{n}{2}\right)\right)+cn \\ &= k_1n^2-2k_2n+cn \\ &= k_1n^2-k_2n+(c-k_2)n \end{aligned}$$

为了使最后一行最大为 $k_1n^2-k_2n$，必须使 $(c-k_2)n \leqslant 0$。所以选择 $k_2 \geqslant c$。一旦选择了 k_2 的值，就可以选择尽可能大的 k_1，使得基本情况得到满足。因此，我们归纳地证明了，对于某些正常数 k_1 和 k_2，有 $T(n) \leqslant k_1n^2-k_2n$。所以 $T(n)=O(n^2)$。

259

乍一看，这种方法似乎是自相矛盾的：为什么证明一个更强的语句比证明一个更弱的语句更容易呢？答案与归纳法的自然特性有关，即 $p(n)$ 的证明取决于 $m \leqslant n$ 时，$p(m)$ 的证明。因此，如果你的语句太弱，基本情况可能更容易证明，但是较弱的语句会阻止你证

明 n 更大时的语句。换句话说，当你想要证明 $p(n)$ 时，你正在使用 $p(1)\wedge\cdots\wedge p(n-1)$。因此，如果这些命题更强，它们对于 $p(n)$ 的证明可能更有帮助。在上面的例子中，问题在于语句 $p(1)$，…，$p(n-1)$ 太弱了，因此我们无法用它们来证明 $p(n)$。然而，通过使用更强的 $p(1)$，…，$p(n-1)$，我们能够证明一个更强的 $p(n)$，它蕴含了我们最初想要证明的 $p(n)$。当用这种方法进行归纳证明时，我们使用的是**更强的归纳假设**（stronger inductive hypothesis）。

4.5.5 处理 n^c 以外的函数

我们对主定理的陈述涉及一个递归项和一个 $\Theta(n^c)$ 的附加项。有时候，算法问题导致我们要考虑其他函数类型的附加项。最常见的例子是涉及对数的附加项。比如，考虑这个递推式

$$T(n)=\begin{cases}2T(n/2)+n\log n & n>1\\ 1 & n=1\end{cases} \tag{4.26}$$

其中 n 是 2 的幂。和以前一样，我们可以画一个递归树，整个方法论是有效的，但是最后的和可能有点复杂。该递归树如图 4.10 所示。

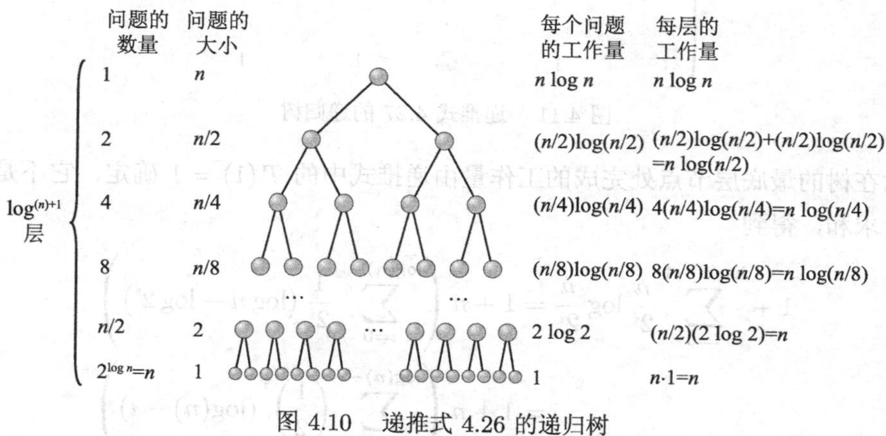

图 4.10 递推式 4.26 的递归树

这个树类似于 $T(n)=2T(n/2)+n$ 的树，除了对于 $i\geqslant 2$，层 i 的工作量是 $n\log(n/2i)$，对于最底层，工作量是 n（子问题的数量）乘 1。因此，如果对每层的工作量求和，可以得到

$$\begin{aligned}\sum_{i=0}^{\log(n)-1} n\log\left(\frac{n}{2^i}\right)+n &= n\left(\sum_{i=0}^{\log(n)-1}\log\left(\frac{n}{2^i}\right)+1\right)\\ &= n\left(\sum_{i=0}^{\log(n)-1}(\log n-\log 2^i)+1\right)\\ &= n\left(\sum_{i=0}^{\log(n)-1}\log n-\sum_{i=0}^{\log n-1} i\right)+n\end{aligned}$$

注意，在倒数第二行，有两个地方用 $\log n$ 乘它本身。由于分母中的 2，第二项不会抵消第一项（并且其他执行乘法得到的项小于 $n\log^2 n$）。因此，解实际上是 $\Theta(n\log^2 n)$。

练习 4.5-4： 假设 n 是 2 的幂，找到你能在以下递推式上得到的最优的大 O 界

$$T(n) = \begin{cases} T(n/2) + n\log n & n > 1 \\ 1 & n = 1 \end{cases} \tag{4.27}$$

这个界限是一个大 Θ 界吗？

该递推式的递归树如图 4.11 所示。

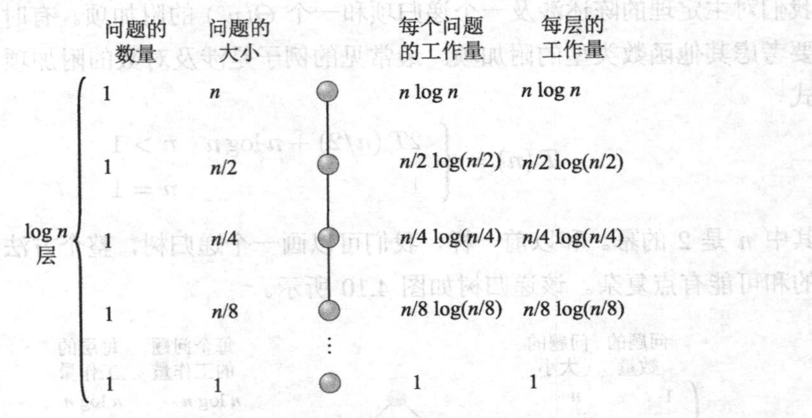

图 4.11　递推式 4.27 的递归树

注意在树的最底层节点处完成的工作量由递推式中的 $T(1) = 1$ 确定，它不是 $1\log 1$。对工作量求和，得到

$$\begin{aligned} 1 + \sum_{i=0}^{\log(n)-1} \frac{n}{2^i}\log\frac{n}{2^i} &= 1 + n\left(\sum_{i=0}^{\log(n)-1} \frac{1}{2^i}\left(\log n - \log 2^i\right)\right) \\ &= 1 + n\left(\sum_{i=0}^{\log(n)-1} \left(\frac{1}{2}\right)^i (\log(n) - i)\right) \\ &\leqslant 1 + n\left(\log n \sum_{i=0}^{\log(n)-1} \left(\frac{1}{2}\right)^i\right) \\ &\leqslant 1 + n(\log n)(2) \\ &= O(n\log n) \end{aligned}$$

注意，公式最后三行的等式和不等式的求和中，最大项是 $\log(n)$，并且求和中不存在负项。这意味着 n 乘以求和结果最少是 $n\log n$。因此，有 $T(n) = \Theta(n\log n)$。

重要概念、公式和定理

1. **递推不等式**：递推不等式表明 $T(n)$ 是小于或等于某个涉及 $T(m)$ 值的表达式，

其中 $m < n$。一个递推不等式的解是一个满足这个不等关系的函数 T。

260~262

2. **递推不等式的递归树**：通过递归树来分析递推不等式。该过程实际上与之前对递归树的使用方式相同。但是，必须记住实际上计算了在每一层上所做工作的上限。
3. **发现归纳证明的必要假设**：假设试图证明一个包含值 k 的语句，使得形式为 $f(n) \leqslant kg(n)$ 的不等式为真，或者某个涉及参数 k 的其他语句为真。可以在不知道 k 确切值的情况下开始归纳证明，然后为了使证明有效，要分析需要作出的假设来确定 k 应满足的条件。当正确的表述时，这样的解释就是一个有效的证明。
4. **做一个更强的归纳假设**：如果试图通过归纳法证明形式为 $p(n) \Rightarrow q(n)$ 的语句，并且有一个语句 $s(n)$ 使得 $s(n) \Rightarrow q(n)$，那么有时证明 $p(n) \Rightarrow s(n)$ 是更有效的。这个过程被称为证明一个更强的语句，或者做一个更强的归纳假设。这有时是有效的，因为它给出了一个足以证明更强语句的归纳假设，虽然原始命题 $q(n)$ 没有给出能够证明它本身的足够有效的归纳假设。然而，在选择 $s(n)$ 时必须很小心，因为必须能够证明 $p(n) \Rightarrow s(n)$。
5. **主定理不适用时**：为了处理下面形式的递推式

$$T(n) = \begin{cases} aT(\lceil n/b \rceil) + f(n) & n > 1 \\ k & n = 1 \end{cases} \tag{4.28}$$

其中 $f(n)$ 不是 $\Theta(n^c)$。即使主定理不适用，递归树和迭代递推式仍是有效的工具。以上同样适用于递推不等式。

习题

所有带 * 的习题均附有答案或提示。

1*. 假设 c 是一个大于 0 的实数。通过归纳证明，以下递推式的任意解 $T(n)$

$$T(n) \leqslant T\left(\frac{n}{4}\right) + cn$$

都有 $T(n) = O(n)$，其中 n 是 4 的幂。

263

2. 通过归纳法证明，如果 $T(n) \leqslant 4T(n/2) + n^2$，那么 $T(n) = O(n^2 \log n)$。（假设 n 是 2 的幂。）

3*. 通过归纳法证明，对于以下形式的递推式

$$T(n) \leqslant 2T\left(\frac{n}{3}\right) + c\log_3 n$$

的任何解都是 $O(n\log_3 n)$。如果将 2 替换为 3 会发生什么？解释一下为什么。如果使用一个不同的对数底会有什么不同（这里只需要做一个直观的解释）？

4. 如果将问题 3 中的 2 替换为 3 会发生什么？是否仍得到相同的大 O 上界？如果不是，会得到什么？（提示：一个解决这个问题的途径是递归树，它可能对于解释将 $\log_3 n$ 替换为 1 或者 n 后的结果也有帮助。）

5* 问题 3 中的大 O 上界是否实际上也是一个大 Θ 界？

6. a)* 找到以下递推式的任意解的最优大 O 上界

$$T(n)=\begin{cases}8T(n/2)+n\log n & n>1\\ 1 & n=1\end{cases}$$

b)* 通过归纳法证明你在上述问题上的猜测结果是正确的。

7* 问题 6 中的大 O 上界是否实际上是一个大 Θ 界？

8. 通过归纳法证明

$$T(n)=\begin{cases}8T(n/2)+n\log n & n>1\\ d & n=1\end{cases}$$

的任意解 $T(n)$ 都有 $T(n)=O(n^3)$。

9. 问题 8 中的大 O 上界是否实际上是一个大 Θ 界？

10. 给出以下递推式的任意解的最优大 O 上界

$$T(n)=2T\left(\frac{n}{3}-3\right)+n$$

264

（在这里可以做一个有根据的猜测）。然后通过归纳法证明你的上界是正确的。

11* 找到以下递推式的任意解的最优大 O 上界，该递推式定义在非负整数上

$$T(n)\leqslant 2T\left(\left\lceil\frac{n}{2}\right\rceil+1\right)+cn$$

（在这里可以做一个有根据的猜测）。然后通过归纳法证明你的答案是正确的。

4.6 递推式和选择

4.6.1 选择的理念

在算法中出现的一个常见问题是**选择**（selection）。在这种情况下，我们有从某个具有潜在顺序的集合中给定的 n 个不同的数据项。也就是说，给定该集合中任意两项 a 和 b，可以确定是否 $a<b$。（整数满足这种性质，但是颜色没有这种性质）。给定这 n 项和某个值 i，其中 $1\leqslant i\leqslant n$，我们要找到集合中的第 i 小的项。例如，在这个集合中

$$S=\{3,2,8,6,4,11,7\} \tag{4.29}$$

最小的项（$i=1$）是 2，第三小的项（$i=3$）是 4，第七小的项（$i=n=7$）是 11。一个重要的特殊情况是寻找**中位数**（median），也就是 $i=\lceil n/2\rceil$ 的情况。另一个重要的特殊情况是寻找百分位数，例如，第 90 分位数是 $i=\lceil 0.9n\rceil$ 的情况。这表明，i 经常被给定为 n 的某个分数。

练习 4.6-1： 如何找到一个集合的最小值（$i=1$）和最大值（$i=n$）？运行时间是什么？如何找到第二小的元素？这个方法可以扩展到找第 i 小的元素吗？运行时间是什么？

练习 4.6-2： 给出你能找到的最快的寻找中位数（$i = \lceil n/2 \rceil$）的算法。

在练习 4.6-1 中，简单的 $O(n)$ 时间算法遍历列表并记录当前的最小元素，这样是可以找到最小值的。类似地，如果我们要找第二小的元素，可以遍历列表一次找到最小值，移除它，然后遍历新的列表来找到新的最小值。这个过程需要 $O(n+n-1) = O(n)$ 的时间。如果扩展它到寻找第 i 小元素上，该算法需要 $O(in)$ 的时间。因此，为了找到中位数，该方法需要 $O(n^2)$ 时间。实际上，它需要 $\Theta(n^2)$ 的时间。

265

一个更好的寻找中位数的理念是，首先排序，之后获得位置在 $n/2$ 的元素。因为我们可以在 $O(n \log n)$ 时间内排序，所以该算法需要 $O(n \log n)$ 的时间。因此，如果 $i = O(\log n)$，可以使用上一段中的算法，否则，我们使用这个算法[㊀]。

所有的这些方法，当被用于找中位数时，需要至少 $(n \log n)$ 的倍数的时间[㊁]。最好的排序算法也需要 $O(n \log n)$ 的时间，并且可以证明任何基于比较的排序算法需要 $\Omega(n \log n)$ 的时间。这引发了一个问题，即是否可能做出比排序更快的选择。换句话说，寻找一个集合的中位数或者第 i 小元素是否显然比排序整个集合更简单？

4.6.2　一种递归选择算法

假设我们神奇地知道了如何在 $O(n)$ 时间内找到中位数。也就是说，有一个叫作 MagicMedian 的函数，当给定一个集合 A 作为输入时，它返回中位数。然后可以在一个分治算法中使用它来做选择，如下所示。

```
    Select1 (A, i, n)
 // 选择集合A中的第i小元素
 // 其中n = |A|
 (1) if (n == 1)
 (2)     return the one item in A
 (3) else
 (4)     p = MagicMedian(A)
 (5)     Let H be the set of elements greater than p
 (6)     let L be the set of elements less than of equal to p
 (7)     if (i ⩽ |L|)
 (8)         return Select(L, i,|L|)
 (9)     else
 (10)        return Select(H, i - |L|,|H|)
```

266

H 中的元素并不是位置在 p 之后，而是其潜在的序大于 p。该算法基于以下简单观察：如果可以把集合 A 分成一个"小的"半份（L）和一个"大的"半份（H），那么就会知道

㊀ 我们也注意到（对于那些知道堆的人而言），通过首先创建一个堆（需要 $O(n)$ 的时间），然后进行 i 次删除最小元素操作，整体运行时间可以被提升至 $O(n + i \log n)$。

㊁ $f(x) = O(g(x))$ 也可以写作 $g(x) = \Omega(f(x))$。注意 f 和 g 的角色变化。在这种标记方法中，涉及的所有的这种算法都需要 $\Omega(n \log n)$ 的时间。（在解析数论中，Ω 在很多不同的地方使用，并且有着不同的含义。）

A 的第 i 小元素应该在这两集合的哪个当中。也就是说，如果 $i \leqslant \lceil n/2 \rceil$，它会在 L 中，否则，它会在 H 中。因此，我们可以递归地查看这两个集合。通过一次遍历，复制小于等于 p 的元素到 L 中，复制大于 p 的元素到 H 中[㊀]，就能够很容易地将数据分为两部分。

唯一的附加细节是如果在 H 中寻找，那么我们寻找的不再是第 i 小元素，而是第 $i - \lceil n/2 \rceil$ 小元素，因为 H 是通过移除 A 中最小的 $\lceil n/2 \rceil$ 个元素构成的。

例如，如果输入是式 4.28 中给出的集合，并且 $p = 6$，那么集合 L 将会是 $\{3, 2, 6, 4\}$，H 将会是 $\{8, 11, 7\}$。如果 i 是 2，那么将会在集合 L 上递归，并且 $i = 2$。另一方面，如果 i 是 6，那么将会在集合 H 上递归，并且 $i = 6 - 4 = 2$。观察到 H 中的第二小元素是 8，它同样也是集合 S 的第六小元素。

可以通过下面的递推式来表示选择过程的运行时间：

$$T(n) \leqslant T\left(\left\lceil \frac{n}{2} \right\rceil\right) + cn$$

通过主定理，我们知道任何满足该递推式的函数都有 $T(n) = O(n)$。

所以，可以推断，如果我们已经知道如何在线性时间内找到中位数，那么可以设计一个分治算法在线性时间内解决选择问题[㊁]。然而，这（仍然）不值一提。

4.6.3　中位数未知情况下的选择

有时求解递推式的知识能够帮助我们设计算法。什么样的递推式的解 $T(n)$ 具有 $T(n) = O(n)$ 的形式？特别地，考虑形式为 $T(n) \leqslant T(n/b) + cn$ 的递推式，然后思考它们什么时候有 $T(n) = O(n)$ 形式的解。使用主定理，可以看到因为对于任何 b 都有 $\log_b 1 = 0 < 1$，所以对于任何主定理允许的 b，所有该递推式的解都有 $T(n) = O(n)$（注意 b 不一定是一个整数）。

267

如果令 $b' = 1/b$，那么只要能够递归地解决一个规模为 $b'n$ 的问题（$b' < 1$），并且做 $O(n)$ 的额外工作来解决一个规模为 n 的问题，就可以等价地说该算法将会在 $O(n)$ 时间内运行。在选择问题中做解释就是，只要能够在 $O(n)$ 时间内选择 p 来保证 L 和 H 的规模最大是 $b'n$，那么就可以有一个线性时间的算法。（你可能会问，“将我们的集合实际划分为 L 和 H 会怎么样？那不也需要一些时间吗？”是的，它需要时间，但是已经知道可以在 $O(n)$ 时间内划分 L 和 H。所以如果我们也能够在 $O(n)$ 时间内找到 p，那么就能够在 $O(n)$ 时间内把这些事情都做完。）

特别地，假定能够在 $O(n)$ 时间内选择 p 来保证 L 和 H 的规模最大是 $(3/4)n$，那么运行时间可以用递推式 $T(n) \leqslant T(3n/4) + O(n)$ 描述，并且我们将能够在线性时间内解决选择问题。

为了理解为什么和 $(3/4)n$ 有关系，假定不同于“黑箱”MagicMedian，我们有一个更弱的魔术黑箱，它只保证会在 $O(n)$ 时间内返回集合中间一半的某个数字。换句话说，它

㊀ 通过使用快速排序的划分算法，我们可以更高效地且“相对位置不变地”完成这个工作。

㊁ 如果一个算法在规模为 n 的输入上的运行时间是 $O(n)$，则称它为在线性时间内运行。

将会返回一个在第 $n/4$ 小数字到第 $3n/4$ 小数字之间的数字。如果使用该魔术箱给出的数字来划分我们的集合为 L 和 H，那么不会有一个集合的规模大于 $3n/4$。我们称这个黑箱为 MagicMiddle 箱，并且在下面算法中使用它：

```
Select1 (A, i, n)
// 选择集合A中的第i小元素
// 其中n = |A|
(1) if (n == 1)
(2)     return the one item in A
(3) else
(4)     p = MagicMedian(A)
(5)     Let H be the set of elements greater than p
(6)     let L be the set of elements less than of equal to p
(7)     if (i ⩽ |L|)
(8)         return Select1(L,i,|L|)
(9)     else
(10)        return Select1(H,i - |L|,|H|)
```

这个 Select1 算法与 Select 算法很像。唯一的不同是，p 现在只保证在中间一半。当在 Select1 中递归时，基于 i 是否小于等于 $|L|$ 来确定是在 L 上递归，还是在 H 上递归。元素 p 被称为**分割元素**（partition element），因为它被用来划分集合 A 为两个集合 L 和 H。

268

我们已经前进了一步，因为现在不再需要为了得到一个线性时间算法来假定能找到中位数，只需要假定能够找到中间一半中的一个数即可。这个问题看上去比原问题要更简单一些，并且从概念上来说它确实是这样。因此，关于具有 $O(n)$ 形式解的递推式的知识使我们得到了一个更可信的算法。

4.6.4 一种查找中间一半中元素的算法

从集合的中间一半中找到一个项需要设计一个聪明的算法。现在描述这样一个算法，首先选择一个子集，之后递归地寻找子集的中位数。（第 2 行 $n < 60$ 是一个技巧性的条件，稍后将证明该条件是合理的。）

```
Magicmiddle(A)
(1) Let n = |A|
(2) if (n < 60)
(3)     use sorting to return the median of A
(4) else
(5)     Break A into k = ⌈n/5⌉ groups G_1,...,G_k
      with ⌊n/5⌋ of size 5 and perhaps one of smaller size
(6)     for i = 1 to k
(7)         find m_i, the median of G_i (by sorting)
(8)     Let M = {m_1,..., m_k}
(9)     return Select1(M,⌈k/2⌉,k)
```

首先对在 A 的规模是 5 的倍数的特殊情况下，为什么这些中位数的中位数在 A 的中间一半里给出一个可视化的描述。之后我们将证明它的普遍性。假设 $|A|$ 是 5 的倍数，即 $|A|=5k$。

考虑将元素按以下方式组织：将每个大小为 5 的集合 G_i 竖直地按顺序列出，是小元素在最上面；之后从左到右排列这 $n/5$ 个列表，其中左边列的中位数小于所有列中位数的中位数（右边列的中位数大于所有列中位数的中位数）。我们得到图 4.10。在该图中，每列的中位数为白色，中位数的中位数为灰色。该图包含我们从排序信息中知道的所有不等关系。使用箭头表示左边的中位数小于所有列中位数的中位数，右边的中位数大于所有列中位数的中位数。

269

我们使用 m^* 来表示所有列中位数的中位数，它是通过 MagicMiddle 函数返回的。我们通过考虑一个所有元素小于 m^* 的集合 S 和一个所有元素大于 m^* 的集合 B，来证明当 $|A|$ 足够大时，m^* 一定在 A 的中间一半。之后确定 $|A|$ 需要多大才能保证 $|S|$ 和 $|B|$ 都至少是 $|A|/4$。

将小于 m^* 的中位数称为“小中位数”，大于 m^* 的称为“大中位数”。如果 m_i 是一个小中位数，那么 m_i 和 G_i 中小于它的两个元素（在图 4.12 中位于 m_i 上方）都小于 m^*。m^* 上方的两个元素都小于 m^*。在图 4.13 中，画出集合 S 元素的边界曲线。

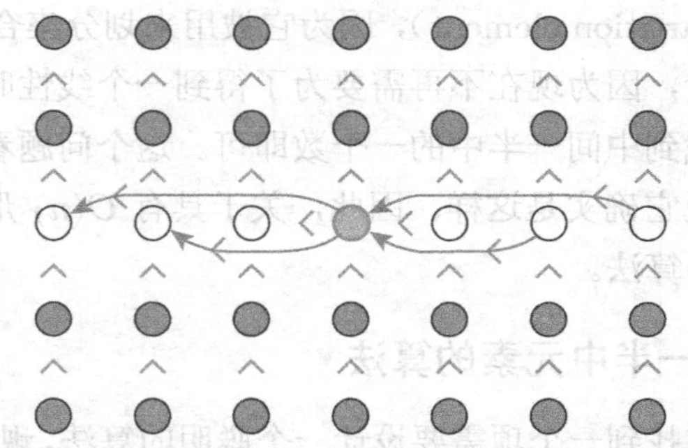

图 4.12　将一个集合划分为 $n/5$ 份，每个规模为 5，找到每个部分的中位数，然后找到这些中位数的中位数

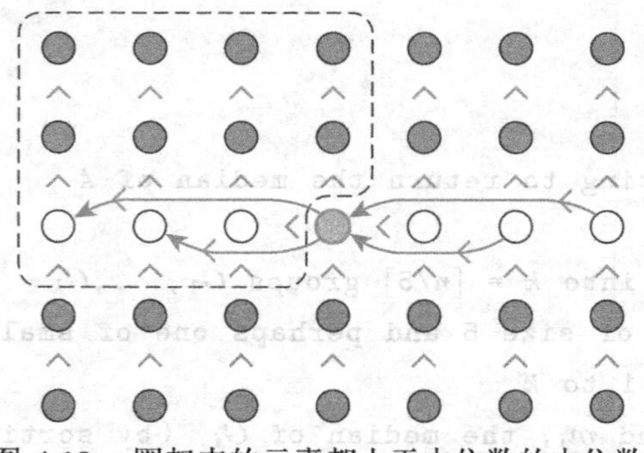

图 4.13　圈起来的元素都小于中位数的中位数

对称地，每个大中位数都大于 m^*，m^* 下方的两个元素也大于 m^*。集合 B 中的元素在图 4.14 中被曲线圈起来。

270

如果可以选择 n，使得 S 和 B 每个都至少有 A 中四分之一多的元素，就能够知道 m^* 一定在 A 的中间一半中，因为 m^* 不可能在 S 或者 B 中。所以，我们试图用 n 来计算 S 和 B 的大小。

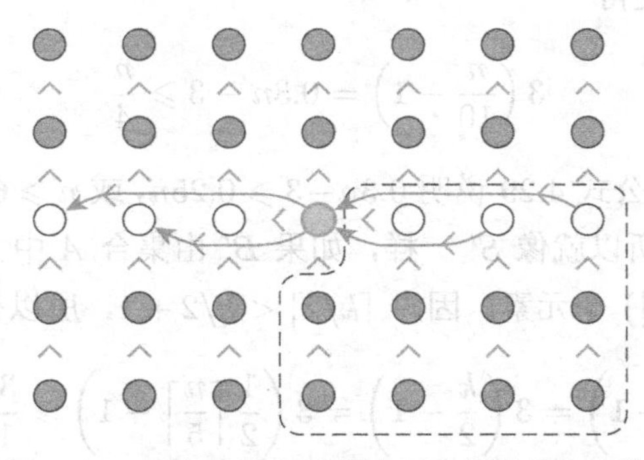

图 4.14　圈起来的元素都大于中位数的中位数

使用 MagicMiddle 中的 k，m^* 在图 4.11 中的第 $\lceil k/2\rceil$ 列。因此，在前 $\lceil k/2\rceil-1$ 列中，每列有 3 个元素属于 S，在第 $\lceil k/2\rceil$ 列中有 2 个元素属于 S。使用 $k=n/5$，得到

$$|S|=3\left(\left\lceil\frac{n}{2\cdot5}\right\rceil-1\right)+2=3\left\lceil\frac{n}{10}\right\rceil-1$$

因为 $\lceil n/10\rceil>n/10$，我们通过令 $3n/10-1\geqslant n/4$，使得 $|S|\geqslant n/4$。求得 $0.05n\geqslant1$ 或者 $n\geqslant20$。

列 $\lceil k/2\rceil$ 右边共有 $k-\lceil k/2\rceil$ 列，所以 B 的大小为

$$3\left(k-\left\lceil\frac{k}{2}\right\rceil\right)+2=3\left(\frac{n}{5}-\left\lceil\frac{n}{10}\right\rceil\right)-2$$

因为 $\lceil n/10\rceil<1+n/10$，所以有

$$|B|>3\left(\frac{n}{5}-\frac{n}{10}-1\right)+2=\frac{3n}{10}-1$$

因此，通过令 $0.3n-1\geqslant0.25n$ 或者 $0.05n\geqslant1$，也即 $n\geqslant20$，可以使 $|B|>n/4$。可见，在 n 被 5 整除的情况下，只要 $n\geqslant20$，就有 m^* 在 A 的中间一半内。现在考虑一般情况，即 n 不一定是 5 的倍数。

271

引理 4.14　MagicMiddle(A) 的返回值在 A 的中间一半内。

证明　令 m^* 表示 MagicMillde(A) 的输出，m^* 是 m_i 按序排列的第 $\lceil k/2\rceil$ 个元素。因此，$\lceil k/2\rceil-1$ 个中位数 m_i 比 m^* 小，G_i 中小于 m_i 的元素也比 m^* 小。选择使 $m^*\in G_j$ 的 j，那么 G_j 中小于 m_j 的元素也比 m^* 小。然而，除去一个可能有 $m_i\leqslant m^*$ 的 G_i（包括

G_j)，其他 G_i 都有 2 个元素小于 m_i，因此所有小于 m^* 的元素构成的集合 S' 的大小都有至少为 $3(\lceil k/2\rceil-1)$。因为 k 至少是 $n/5$，并且 $\lceil n/10\rceil \geqslant n/10$，有

270

$$|S'| \geqslant 3\left(\left\lceil \frac{n}{10}\right\rceil - 1\right) \geqslant 3\left(\frac{n}{10} - 1\right)$$

因此，如果选择 n 使得

$$3\left(\frac{n}{10}-1\right) = 0.3n - 3 \geqslant \frac{n}{4} \tag{4.30}$$

就有 $S' \geqslant n/4$。但是公式 4.29 说明 $0.3n-3 \geqslant 0.25n$，或 $n \geqslant 60$。现在因为有 $k-\lceil k/2\rceil$ 个中位数 m_i 大于 m^*，所以就像 S' 一样，如果 B' 由集合 A 中大于 m^* 的元素组成，那么 B' 最少有 $3(k-\lceil k/2\rceil)$ 个元素。因为 $\lceil k/2\rceil < k/2+1$，所以有

$$|B'| \geqslant 3\left(k - \frac{k}{2} - 1\right) = 3\left(\frac{k}{2}-1\right) = 3\left(\frac{1}{2}\left\lceil\frac{n}{5}\right\rceil - 1\right) \geqslant \frac{3n}{10} - 3 = 0.3n - 3$$

因此，如果选择 n 使得公式 4.29 成立，也就是 $n \geqslant 60$，那么我们有 $|S'| > n/4$ 并且 $|B'| > n/4$。因此，m^* 在 A 的中间一半内。 □

注意，我们并没有真正地识别所有小于中位数的中位数的节点，只是保证至少有适当数量的节点存在。

因为我们只保证了如果集合至少有 60 个元素，那么 MagicMiddle 会给出一个位于中间一半的元素，所以修改 Select1，在一开始加入判断是否 $n < 60$，然后如果 $n < 60$，那么将集合排序来寻找位置 i 的元素。因为 60 是一个常数，排序和寻找需要的元素最多需要一个常数的时间。

4.6.5 对修改后的选择算法的分析

练习 4.6-3： 令 $T(n)$ 是修改后的 Select1 在 n 个项上的运行时间。如何用 $T(n)$ 来表示 MagicMiddle 的运行时间？

272

练习 4.6-4： Select1 的运行时间的递推式是什么？（提示：练习 4.6-3 怎么能帮助你？）

练习 4.6-5： 你能通过归纳法证明 Select1 的递推式的每个解都是 $O(n)$ 吗？

对于练习 4.6-3，有以下几步。

1. 将整体分成大小为 5 的集合，这需要 $O(n)$ 时间。
2. 找到每个大小为 5 的集合的中位数。（我们能够通过任何选择的简单方法来找到中位数，并且这最多只花费常数时间。在这里不使用递归。）总共有 $n/5$ 个集合，并且每个集合使用的时间不超过某个常数，所以总时间是 $O(n)$。
3. 递归地调用 Select1 来找到中位数的中位数，这需要 $T(n/5)$ 的时间。
4. 将 A 划分为小于等于“Magic Middle”的元素和大于它的元素，这需要 $O(n)$ 的时间。

因此，总的运行时间是 $T(n/5)+O(n)$，这意味着对某个 n_0 都存在一个 $c_0>0$，使得对于任意 $n>n_0$，运行时间不超过 c_0n。即使 $n_0>60$，在 60 和 n_0 之间也只有有穷多的情况，这意味着存在一个常数 c，使得对于 $n\geqslant 60$，MagicMiddle 的运行时间不超过 $T(n/5)+cn$。

现在得到了一个关于 Select1 的运行时间的递推式。注意：对于 $n\geqslant 60$，Select1 需要调用 MagicMiddle 然后在 L 或者 H 上递归，其中 L 和 H 的大小都不超过 $3n/4$。对于 $n<60$，通过排序，它需要不超过某个常数时间 d 来找到中位数。因此，得到下面的关于 Select1 运行时间的递推式：

$$T(n)\leqslant\begin{cases}T(3n/4)+T(n/5)+c'n & n\geqslant 60\\ d & n<60\end{cases}$$

上式回答了练习 4.6-4。

如练习 4.6-5 所问，现在可以通过归纳法证明 $T(n)=O(n)$。我们想要证明的是存在一个常数 k，使得 $T(n)\leqslant kn$。递推式说明，存在一个 c 和 d，使得如果 $n\geqslant 60$，$T(n)\leqslant T(3n/4)+T(n/5)+cn$；否则，$T(n)\leqslant d$。对于基本情况 $n<60$，有 $T(n)\leqslant d\leqslant dn$，所以选择 k 大于或等于 d。然后，对于 $n<60$，有 $T(n)\leqslant kn$。现在假设 $n\geqslant 60$，并且对于 $m<n$ 都有 $T(m)\leqslant km$。可以得到 [273]

$$\begin{aligned}T(n)&\leqslant T\left(\frac{3n}{4}\right)+T\left(\frac{n}{5}\right)+cn\\&\leqslant\frac{3kn}{4}+\frac{kn}{5}+cn\\&=\frac{19kn}{20}+cn\\&=kn+\left(c-\frac{k}{20}\right)n\end{aligned}$$

只要 $k\geqslant 20c$，$T(n)$ 最大就是 kn。所以我们简单地选择满足该条件的 k，且根据数学归纳法原理，对于任意正整数 n，有 $T(n)<kn$。

定理 4.15 修改后的 Select1 算法运行时间 $T(n)=O(n)$。

证明 这个证明已经在练习 4.6-3 到练习 4.6-5 的讨论中给出。 □

4.6.6 不均匀划分

我们找到的关于 Select1 的运行时间的递推式实际上是马上要探索一个更加一般类的一个实例。

练习 4.6-6：现在已经知道，当 $g(n)=O(n)$ 时，$T(n)=T(n/2)+g(n)$ 的任意解都满足 $T(n)=O(n)$。假设 $g(n)=O(n)$，对于任意常数 $c<1$，使用主定理找到 $T(n)=T(cn)+g(n)$ 的解的大 O 界。

练习 4.6-7：假设 $g(n)=O(n)$，对于任意常数 $c<1/2$，使用主定理找到 $T(n)=2T(cn)+g(n)$ 的解的大 O 界。

练习 4.6-8：假设 $g(n)=O(n)$，且有一个 $T(n)=T(an)+T(bn)+g(n)$ 形式的递推式，其中常数 a 和 b 非负。a 和 b 满足什么条件才能保证该递推式的所有解都有 $T(n)=O(n)$?

对于练习 4.6-6 使用主定理，我们得到 $T(n)=O(n)$，因为 $\log_{1/c}1<1$。对于练习 274 4.6-7 我们也得到 $T(n)=O(n)$，因为对于 $c<1/2$，$\log_{1/c}2<1$。你现在可能会想只要 $a+b<1$，递推式 $T(n)=T(an)+T(bn)+g(n)$ 的所有解都有 $T(n)=O(n)$。现在来看看为什么这是正确的。

首先，回到递推式 $T(n)=T(3n/4)+T(n/5)+g(n)$，其中 $g(n)=O(n)$。试着画出递归树。这个递推式不是很符合递归树的模型，因为两个子问题规模不相同（因此，我们甚至不能在左边写出问题的大小），但是无论如何将会试着在图 4.15 中画一个递归树，然后看看会发生什么。

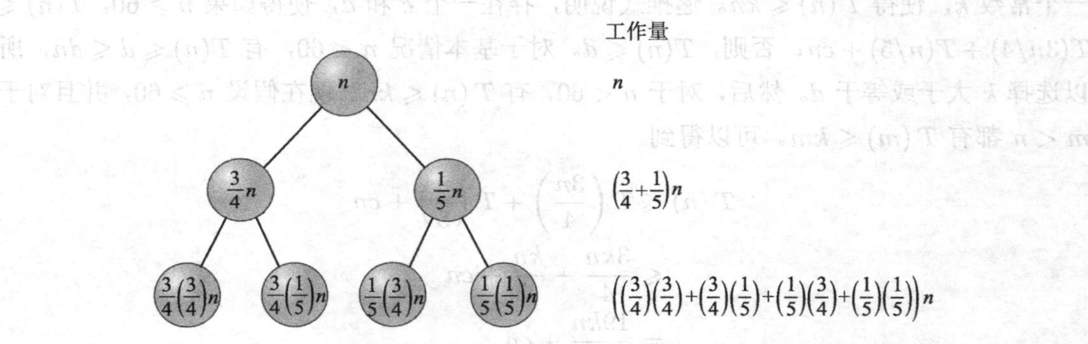

图 4.15　尝试给 $T(n)=T(3n/4)+T(n/5)+g(n)$ 画一个递归树

正如在层 1 和层 2 中所示：在层 1 中，有 $(3/4+1/5)n$ 的工作量；在层 2，有

$$\left(\left(\frac{3}{4}\right)^2+2\left(\frac{3}{4}\right)\left(\frac{1}{5}\right)+\left(\frac{1}{5}\right)^2\right)n$$

的工作量。如果画出第 3 层，将会看到有

$$\left(\left(\frac{3}{4}\right)^3+3\left(\frac{3}{4}\right)^2\left(\frac{1}{5}\right)+3\left(\frac{3}{4}\right)\left(\frac{1}{5}\right)^2+\left(\frac{1}{5}\right)^3\right)n$$

可以看到某种模式正在出现。在层 1，有 $(3/4+1/5)n$ 的工作量；在层 2，根据二项式定理，有 $(3/4+1/5)^2n$ 的工作量；在层 3，根据二项式定理，有 $(3/4+1/5)^3n$ 的工作 275 量。并且类似地，在层 i，有 $(3/4+1/5)^in=(19/20)^in$ 的工作量。因此，当对所有层求和时，得到

$$\sum_{i=0}^{O(\log n)}\left(\frac{19}{20}\right)^i n\leqslant\left(\frac{1}{1-\frac{19}{20}}\right)n=20n$$

作为总工作量的一个上界。这里我们实际上忽略了一个细节。相比于同一层中子问题大小相等的递归树，这个树的“最底层”更加复杂。该树的不同分支会达到大小为 1 的问题，并且在不同的层终止。例如，3/4s 的分支将在 $\log_{4/3}n$ 层结束，1/5s 的分支将在 $\log_5 n$ 层结束。然而，上面的分析高估了工作量——也就是说，它假设除非所有的分支都结束，不然没有任何一个分支结束，这发生在 $\log_{20/19}n$ 层。实际上，我们给出的和的上界是假设递推式永远不会提前结束时能得到的值。

在这里我们看到某种普遍的事情发生了。看上去如果要理解形如 $T(n)=T(an)+T(bn)+g(n)$ 的递推式，其中 $g(n)=O(n)$，可以研究更为简单的递推式 $T(n)=T((a+b)n)+g(n)$。更加精确的表达可以看问题 4，它解决了练习 4.6-8。这个简化的东西足够让我们分析一个更大类别的递推式（尤其是它让我们能够使用主定理）。而中位数算法表明，这里重要的事是两个大小分别为 $3n/4$ 和 $n/5$ 的递归调用加起来得到一个 n 的真分式。只要一个算法有 $T(n)=T(an)+T(bn)+g(n)$ 形式的递推式，并且 $a+b<1$，$g(n)=O(n)$，该算法就可以在 $O(n)$ 时间内运行。

重要概念、公式和定理

1. **中位数**：如果集合是按序排列的，那么一个 n 元素集（具有潜在顺序）的中位数是出现在 $\lceil n/2 \rceil$ 位置的数。
2. **百分位数**：如果集合是按序排列的，那么一个集合（具有潜在顺序）的 p 分位数是出现在 $\lceil (p/100)n \rceil$ 位置的数。
3. **选择**：给定一个具有某种顺序的 n 元素集合，第 i 小元素的选择问题是找到如果集合按序排列，将会出现在第 i 个位置的元素。注意 i 经常表示为 n 的分式。
4. **划分元素**：一个算法中的划分元素是一个集合（具有潜在顺序）中的一个元素，它被用来将集合划分成两部分，一部分是在该元素之前或等于该元素的（按潜在顺序），另一部分是剩下的元素。注意，集合提供给算法的顺序不必须是该潜在顺序（实际上经常不是）。 276
5. **线性时间算法**：如果一个算法的运行时间满足形如 $T(n) \leqslant T(an)+cn$ 的递推式，其中 $0 \leqslant a<1$，或者是形如 $T(n) \leqslant T(an)+T(bn)+cn$，其中 a 和 b 非负，并且 $a+b<1$，那么 $T(n)=O(n)$。
6. **寻找一个好的划分元素**：如果一个集合（具有潜在顺序）有至少 60 个元素，那么将该集合划分成大小为 5 的片段（如果需要的话，再加上一个剩余的片段），寻找这些片段的中位数，然后再寻找这些中位数的中位数的过程，给出了一个确保位于该集合的中间一半的元素。
7. **选择算法**：在线性时间内运行的选择算法将一个规模小于 60 的集合排序来寻找第 i 个位置的元素；否则，
   - 它递归地使用中位数的中位数来寻找划分元素，
   - 它使用划分元素将集合划分为两部分，并且

- 它递归地在一个合适的片段内寻找合适的元素。

习题

所有带 * 的习题均附有答案或提示。

1* 如果 $T(n)$ 满足递推式 $T(n) \leqslant T(n/4) + T(n/2) + n$，寻找你能找到的关于 $T(n)$ 的最好的大 O 界。其中，如果 $n < 4$，$T(n) = 1$。

2. 在 MagicMiddle 算法中，假如将数据划分成 $n/7$ 个大小为 7 的集合。Select1 的运行时间是什么？

3* 令

$$T(n) = \begin{cases} T(n/3) + T(n/2) + n & n \geqslant 6 \\ 1 & n < 6 \end{cases}$$

并且令

$$S(n) = \begin{cases} S(5n/6) + n & n \geqslant 6 \\ 1 & n < 6 \end{cases}$$

277

画出 T 和 S 的递归树。这两个递推式的解的大 O 界是什么？使用递归树说明对于所有的 n 都有 $T(n) \leqslant S(n)$。

4. 假设给你两个非负实数 a 和 b，并且 $a + b < 1$，c 也是一个非负实数。如果 $T(n) \leqslant T(an) + T(bn) + cn$，解释为什么 $T(n) = O(n)$。解释这如何用于求解练习 4.6-8。

5. 寻找递推式 $T(n) = T(n/3) + T(n/6) + T(n/4) + n$ 的解的一个大 Θ 界（你能找到的最优的），其中 $T(1) = 1$。

6. 寻找递推式 $T(n/4) + T(3n/4) + dn \leqslant T(n) \leqslant T(n/4) + T(3n/4) + cn$ 的解的一个大 Θ 界。

7* 在 MagicMiddle 算法中，假设将数据划分为 $n/3$ 个大小为 3 的片段。Select1 的运行时间是什么？

8* 寻找递推式 $T(n) = T(n/4) + T(n/2) + n^2$ 的解的一个大 O 上界（你能找到的最优的），其中对于 $n < 4$，$T(n) = 1$。

9. 注意我们已经选择一个 n 元素集合的中位数作为位于 $\lceil n/2 \rceil$ 处的元素。在算法 Select1 中，我们也选择将中位数的中位数置于集合 L 中。说明这能够让我们证明对 $n \geqslant 40$ 有 $T(n) \leqslant T(3n/4) + T(n/5) + cn$，而不是对于 $n \geqslant 60$。（需要分别分析 $\lceil n/5 \rceil$ 是奇数和是偶数的情况。）40 是可能的最小的值吗？

278

概率

5.1 概率导论

5.1.1 为什么学习概率

你们大概已经学过将**散列法**（hashing）作为一种存储数据的有效方法，以便快速获取数据。但是，对于你们当中不了解这些的，我们会在这里通过关于本书的两个作者曾经使用商品目录订货商店的一个真实故事来加以解释。

顾客会来到这家商店，并且填写订单表格来订购商品目录中的货物（或者他们通过打电话来订购）。这之后，商店的雇员会去订购这些货物，这些货物会从一个仓库花几天时间运到。当货物到达这家商店的时候，订购该货物的顾客会被通知来商店里取走货物。同时，数十张（或者忙碌的时候能有数百张）订单表格会堆积在订单取货桌上。然而，为了寻找一个客户的订单而去搜寻所有的订单是不切实际的。

这家商店想出一个很巧妙的解决办法。前台桌子后面放着 100 个编号从 00 到 99 文件架用来放置订单表格。订单表格会根据顾客电话号码的最后两位数字放在对应的文件架里。当顾客来前台桌子的时候，会被问一下他或她的电话号码的最后两位。工作人员之后会在对应的文件架中查找该顾客的订单表格。即使有成百上千张订单表格，一个文件架也不会有太多订单表格。因此，通过将订单表格放在文件架并且在对应文件架寻找变得快捷又方便。

计算机中的**散列表**（hash tables）使用了相同的思想。散列表使用具有 m 个编号位置的一个**表**（table），而不是文件架。表中的每个位置称为一个**桶**（bucket）或者**槽**（slot），都储存着一个数据项的**列表**（list）[1]。每个数据项有一个唯一的标识符，称作**键**（key）。当一个数据项到达要储存到表中时，一个将数据项的键映射到桶编号的散列函数 h 提供该数据项应该插入到的桶的编号。（在那个通过商品目录订购货物的商店的例子中，数据项就是订单表格，键就是电话号码，散列函数返回电话号码的最后两位数字。）要查找一个键对应的数据，可以简单地计算该键所对应散列函数的值，并在对应的桶中寻找该数据[2]。

一个好的散列函数可以把键平均分配在不同的桶中。用电话号码的最后两位数字就是一个好的散列函数。然而，用电话号码的开始两位数字将会是一个不好的选择，因为大多

[1] 桶中的数据项常常存储在一个链表中，不过在目前这个阶段，我们所有需要知道的是这些数据项在一个列表（list）中。

[2] 这个我们已经描述的散列模式（scheme）被称为开放散列（open hashing）。其他的模式也是有可能的。例如，散列表可能包含仅能放一个数据项的槽；如果散列函数放置第二个数据项到一个已经满的槽，那么需要额外的计算找到散列表中的一个空槽。分析这样的模式不在这本书的讨论范围。

数本地的电话号码都是从数量相对较少的三位数数字之一开始的。散列函数是为所有可能的键而定义的，即使这些键中有些很少有机会作为输入出现。如果我们对来的数据一点不了解，那就不能猜测出怎么构造出一个好的散列函数。因此，在构造散列的模型之前，将假设可以通过使用散列函数，具有相同的可能性，得到所有从接收的键映射到散列表的槽的函数。

假定我们有一个 100 个桶的表和 50 个要放在这些桶的键，把全部 50 个键都指派到表中同一个桶中是有可能的。然而，有经验使用散列函数的人会跟你说，这种情况你一百万年也见不到。但是这同一个人有可能也会告诉你另一件事，你一百万年也见不到所有的键散射到不同的位置。事实上，全部 50 个键散射到同一个位置的可能性比全部 50 个键散射到不同的位置的可能性小得多，不过这两种事件都不太可能发生。能够理解这些事件有多大可能发生或者不发生是学习概率论的一个主要原因。

为了给事件设定概率，我们需要对这些事件有足够的了解。因此，我们介绍一个在多种情况的合理确定概率的模型，然后把关于概率的问题转变成关于这个模型的问题。我们用**样本空间**（sample space）一词来特指一个过程可能结果的集合。当前，我们仅仅处理有限样本空间的过程，比如一个纸牌游戏，一个散列序列映射到散列表，一连串的测试一个数是否是素数，一次投掷骰子，一连串硬币抛掷，一次实验室的实验，一个调查，或者其他任意可能的过程。

280

就像所有的集合一样，样本空间内的数据项叫**元素**（element）。例如，如果一个教授每次课都以三个判断**真假**（True-False）的问题开始，那么样本空间的所有可能的正确答案的模式是

$$\{\text{TTT, TTF, TFT, FTT, TFF, FTF, FFT, FFF}\}$$

并且 TTT 是样本空间中对应所有答案都是真（True）的元素。样本空间中的一个元素的集合称为一个**事件**（event）。前两个问题答案为真的事件是 {TTT, TTF}。

为了计算概率，我们给样本空间中的每个元素指派一个**概率权重**（probability weight）$P(x)$，该权重代表了那个结果出现的相对可能性。指派权重有两条规则。第一，权重必须是非负数；第二，一个样本空间中所有元素的权重之和必须是 1。定义事件 E 的**概率** (probability)$P(E)$ 是事件 E 的所有元素的权重之和。用代数的方法，写作

$$P(E) = \sum_{x:x\in E} P(x) \tag{5.1}$$

将其读作“$P(E)$ 等于 $P(x)$ 的之和, 其中 x 是 E 中所有的元素。”特别地，我们刚刚已经定义了集合 $\{x\}$ 的概率，记作 $P(\{x\})$，等于权重 $P(x)$，这样使得符号保持一致。

注意, 在一个样本空间 S 上的概率函数 P 满足下面的规则㊀：

㊀ 这些规则被叫作概率的公理。对于有限的样本空间，可以证明：如果从这三个公理出发，那么对于概率，即 S 中元素权重的定义是唯一的。如果采用其他的定义方法，只要取 $w(x) = P(\{x\})$，也可以计算出相同的概率。

1. 对于任意 $A \subseteq S$，$P(A) \geqslant 0$；

2. $P(S) = 1$；

3. 对于任意两个不相交事件 A 和 B，$P(A \cup B) = P(A) + P(B)$。

前两条规则反映指派权重的规则。如果两个事件 $A \cap B = \varnothing$，那么事件 A 和 B 是不**相交的**（disjoint）。第三条规则可以直接从不相交事件的定义和事件概率的定义得到。一个需要满足这些规则的函数 P 称为一个**概率分布**（probability distribution）或者一个**概率度量**（probability measure）。

281

在教授的三个问题测试的例子中，人们会很自然地假设每个真假序列以相等的可能性发生。（如果教授表现出任何偏好的模式，那么观察到这种模式的学生就可以用它来做有根据的猜测。）因此，我们很自然地对测验样本空间中的所有 8 个元素指派一个相等的权重 1/8。我们已经定义一个事件 E 的概率，记作 $P(E)$，是它元素的权重之和。因此，事件“第一个答案为真”的概率是

$$\frac{1}{8} + \frac{1}{8} + \frac{1}{8} + \frac{1}{8} = \frac{1}{2}$$

事件“有且仅有一个答案为真”是 {TFF, FTF, FFT}；所以，P(有且仅有一个答案为真)是 3/8。

5.1.2 概率计算举例

练习 5.1-1： 尝试抛掷一枚硬币 5 次。是不是至少得到一次正面？重复抛掷 5 枚硬币多几次。一枚硬币 5 次抛掷中至少得到一次正面的概率是多少？没有正面的概率是多少？

练习 5.1-2： 找出摇两个骰子的一个好的样本空间。样本空间中成员的合适权重是什么？用两个骰子得到总和为 6 或者 7 的概率是多少？假设两个骰子分别是红色和绿色的。得到红色骰子小于 3 并且绿色骰子大于 3 的概率是多少？

练习 5.1-3： 假设将一列 n 个键散射到一个有 20 个位置的散列表。一个合适的样本空间是什么？且一个合适的权重函数是什么？（假设键和散列函数跟数字 20 没有任何特别的关系。）如果 $n = 3$，那么三个键全部都离散到不同位置的概率是多少？如果要散射 10 个键到表中，至少两个键散射到同一位置的概率是多少？两个键被散射到同一个位置，则称为**冲突**（collide）。n 要多大才可以保证至少有一次冲突的概率最少是 1/2？

在练习 5.1-1 中，一个好的样本空间是由 H 和 T 组成的 5 元组的集合。在样本空间中有 32 个元素，并且所有元素发生的可能性都一样。因此，对样本空间中的每个元素使用的权重都是 1/32。事件至少一次正面是除了 TTTTT 的其他所有元素的集合。因为这个集合有 31 个元素，它的概率是 31/32，这表明你应该能够相当频繁地观察到一次正面事件的发生。

282

5.1.3　互补概率

抛掷一枚硬币没有正面的概率是集合 {TTTTT} 的概率，也就是 1/32。注意事件“没有正面”的概率和其相对立的事件“至少有一个正面”的概率之和是 1。这个观察引出了一个定理。事件 E 在样本空间 S 里的**互补事件**（complement），记作 $S-E$，是在 S 中去掉 E 的全部元素的集合。这个定理告诉我们如何从一个事件的概率计算其互补事件的概率。如果在样本空间中两个事件 E 是 F 的互补事件，那么称事件 E 和 F 是**互补的**（complementary）。

定理 5.1　如果两个事件 E 和 F 是互补的，那么 $P(E)=1-P(F)$。

证明　样本空间中所有元素的概率之和是 1。因为把这个概率和可以拆成 E 中元素的概率和加上 F 中元素的概率和，所以有

$$P(E)+P(F)=1$$

从而可以得到 $P(E)=1-P(F)$。 □

对于练习 5.1-2，一个好的样本空间是有序数字对 (a,b)，其中 $1\leqslant a$，$b\leqslant 6$。运用乘法原理（参见 1.1 节），这个样本空间的大小是 $6\cdot 6=36$。因此，每个有序对的权重为 1/36。如何计算总和为 6 或者 7 的概率？这里分别有五种方法得到总和为 6 和六种方法得到总和为 7，因此该事件就有 11 个元素，其中每个元素的权重是 1/36。因此，该事件发生的概率是 11/36。对于红色和绿色骰子的问题，这里分别有两种方法使红色骰子小于 3 和三种方法使绿色骰子大于 3。因此，根据乘法原理，红色骰子小于 3 且绿色骰子大于 3 的事件是一个 $2\cdot 3=6$ 个元素的集合。因为这个事件的每个元素的权重是 1/36，所以该事件的概率是 6/36 或者 1/6。

283

5.1.4　概率与散列法

在练习 5.1-3 中，一个适当的样本空间是由介于 1 到 20 的数字组成的 n 元组的集合。其中，n 元组中的第一位置是第一个键的散列，第二个位置是第二个键的散列，以此类推。因此，每个 n 元组代表了一个可能的散列函数，并且每个应用到键上的散列函数会生成一个 n 元组。样本空间的大小是 20^n（为什么？），因此对一个 n 元组的合适的权重是 $1/20^n$。为了计算冲突的概率，首先要计算所有键都散射到不同的位置的概率，然后可以运用定理 5.1 通过 1 减去上面的概率而得到冲突的概率。

为了计算所有键散射到不同位置的概率，我们要考虑所有键都散射到不同的位置的事件，也即是每个项都不一样的 n 元组的集合。（按照函数的专业术语，这些 n 元组对应于一一映射的散列函数）。该事件中，一个 n 元组的第一项有 20 种选择。因为第二项需要不一样，n 元组的第二项有 19 种选择。同理，对于第三项有 18 种选择（它必须和前两个不

一样），对于第四项有 17 种选择，总之，对于 n 元组的第 i 项有 $20-i+1$ 种可能性。因此，该事件中有

$$(20)(19)(18)\cdots(20-n+1)=20^{\underline{n}}$$

个元素⊖。因为这个事件中的每个元素权重是 $1/20^n$，所有键散射到不同位置的概率就是

$$\frac{(20)(19)(18)\cdots c(20-n+1)}{20^n}=\frac{20^{\underline{n}}}{20^n}$$

特别地，当 n 是 3 的时候，概率就是 $(20\cdot19\cdot18)/20^3$ =0.855。

表 5.1 显示了这个函数当 n 介于 0 到 20 的情况。注意其中冲突概率的快速增长现象。可以看到 n =10 时，没有发生冲突的概率约为 0.065，所以发生至少一次冲突的概率是 0.935。当 $n=5$ 时，没有发生冲突的概率大约是 0.58，并且当 n =6 时，没有发生冲突的概率大约是 0.43。根据定理 5.1，发生冲突的概率是 1 减去所有键都散射到不同位置的概率。因此，要散射 6 个项到散列表中，发生冲突的概率要大于 1/2。我们的直觉可能会告诉我们，需要散射 10 个项到散列表才会得到 1/2 的冲突发生概率。这个例子说明用严谨的计算来补充证明直觉的重要性！ 284

表 5.1 集合中所有元素散射到大小为 20 的散列表中的概率

n	空槽的概率	没有冲突的概率
1	1	1
2	0.95	0.95
3	0.9	0.855
4	0.85	0.722 675
5	0.8	0.581 4
6	0.75	0.436 05
7	0.7	0.305 235
8	0.65	0.198 402 75
9	0.6	0.119 041 65
10	0.55	0.065 472 908
11	0.5	0.032 736 454
12	0.45	0.014 731 404
13	0.4	0.005 892 562
14	0.35	0.002 063 97
15	0.3	0.000 618 719
16	0.25	0.000 154 68
17	0.2	0.000 030 935 9
18	0.15	0.000 004 640 39
19	0.1	0.000 000 464 039
20	0.05	0.000 000 023 202

假设创建一个类似的表，将键散射到一个有 100 个槽的散列表中。如果把 50 个键映射到 100 个槽中，将会看到全部 50 个项进入不同的槽的概率是 0.000 003，或者是千万分之三。因此，如果重复把 50 个项散射到 100 个槽一千万次，那么我们应该不会惊讶于一 285

⊖ 这里，该符号表示在 1.2 节介绍过的下降阶乘幂。

次或者多次所有的键散射到不同的槽。所以，尽管所有键散射到不同槽的概率很小，但如果有人说我们一百万年都不会看到这个，那么这个人就错了，即使每月只做一次试验。

计算所关注事件发生的概率，首先计算它的互补事件发生的概率，然后再用 1 减去其互补事件发生的概率。这是一种很有用的方法，你们将会有很多机会用到这个方法，因为有一半情况，计算一个事件不发生的概率要比这个事件发生的概率更加容易。我们将定理 5.1 陈述为一个定理，以此来强调这个方法的重要性。

5.1.5　均匀概率分布

在前三个练习中，相同的权重被很合理地指派到样本空间的所有成员。当把相同的概率分配给样本空间的所有成员时，我们说 P 是**均匀概率度量**（uniform probability measure）或者**均匀概率分布** (uniform probability distribution)。练习中的计算隐含了下面一个有用的定理。

定理 5.2　假设 P 是定义在样本空间 S 中的均匀概率度量。对于任意事件 E，则有

$$P(E)=\frac{|E|}{|S|}$$

也就是事件 E 的大小除以样本 S 的大小。

证明　设 $S=\{x_1,x_2,\cdots,x_{|S|}\}$。因为 P 是均匀概率度量，所以一定会存在一个 p 值使得对于每个 $x_i\in S$ 都有 $P(x_i)=p$。结合前面的第二和第三条概率规则，可以得到

$$\begin{aligned}1&=P(S)\\&=P(x_1\cup x_2\cup\cdots\cup x_{|S|})\\&=P(x_1)+P(x_2)+\cdots+P(x_{|S|})\\&=p|S|\end{aligned}$$

等价于

$$p=\frac{1}{|S|}\tag{5.2}$$

286　因为 E 是 S 的子集并有 $|E|$ 个元素，所以

$$P(E)=\sum_{x_i\in E}p(x_i)=|E|p\tag{5.3}$$

结合式 5.2 和 5.3，可以得到

$$P(E)=|E|p=|E|(1/|S|)=|E|/|S|$$

□

练习 5.1-4：抛掷一枚硬币三次得到奇数次正面的发生概率是多少？运用定理 5.2，对任何具有均匀概率度量的事件 E，

$$P(E) = \frac{|E|}{|S|}$$

即是 E 的大小除以 S 的大小。

使用类似第一个例子中的一个样本空间（用 T 和 F 分别取代 H 和 T），可以看到三组有一个 H 的序列，和一组有三个 H 的序列。因此，共有四组序列属于“发生奇数次正面”的事件。因为有八组序列在其样本空间，所以运用定理 5.2 得知其发生的概率是 4/8=1/2。

我们得到 1/2 说明问题中的内在的一个对称性。在抛掷硬币的过程中，正面和背面有相同出现的机会。更进一步，如果抛掷三枚硬币，奇数次正面意味着有偶数次背面。因此，下列所有事件发生的概率全部一样。

- 奇数次正面
- 偶数次正面
- 奇数次背面
- 偶数次背面

在这里用“谨慎”这一词很恰当。定理 5.2 只能用于等概率权重函数的概率。下面这个练习说明这个定理没办法运用到一般情况。

练习 5.1-5：一个样本空间有数字 0，1，2，3。分别把权重 1/8 给 0，3/8 给 1，3/8 给 2，1/8 给 3。这个样本空间中有一个元素是正数的概率是多少？证明这是一个不能用定理 5.2 得到结果的例子。

287

“x 是正数”的事件是集合 $E = \{1, 2, 3\}$。E 的概率是

$$P(E) = P(1) + P(2) + P(3) = \frac{3}{8} + \frac{3}{8} + \frac{1}{8} = \frac{7}{8}$$

然而，运用定理 5.2 得到 $|E|/|S| = 3/4$。

练习 5.1-5 看起来像是为了证明这一点用非常规的方法来伪造的一个例子。然而，样本空间和概率度量可以很容易地运用在像抛掷硬币这样简单的研究中。

练习 5.1-6：用集合 $\{0, 1, 2, 3\}$ 作为三次抛掷硬币并记录正面次数的样本空间。确定合适的概率权重 $P(0)$，$P(1)$，$P(2)$ 和 $P(3)$。

只有一种方法不得到正面，那就是每次都是背面。然而，有三种方法得到一个正面并且三种方法得到两个正面。因此，$P(1)$ 和 $P(2)$ 都是 $P(0)$ 的三倍。只有一种方法得到三个正面——三次抛掷都是正面。因此，$P(3)$ 应该和 $P(0)$ 相等。可以把这些命题改成下列等式：

$$P(1) = 3P(0)$$

$$P(2) = 3P(0)$$

$$P(3) = P(0)$$

也有这些权重之和为 1 的等式：

$$P(0) + P(1) + P(2) + P(3) = 1$$

有且只有一个方案满足上面这些等式，即

$$P(0) = \frac{1}{8}$$
$$P(1) = \frac{3}{8}$$
$$P(2) = \frac{3}{8}$$
$$P(3) = \frac{1}{8}$$

这里是否注意到 $P(x)$ 和二项式系数 $\binom{3}{x}$ 的关系？能否预测 4 次抛掷一枚硬币的过程中，出现 0，1，2，3，4 次正面的概率吗？

288

综上，前面两个练习说明只有使用均匀概率度量时，才能运用定理 5.2。

重要概念、公式和定理

1. **样本空间**：样本空间是指一个过程所有可能结果的集合。
2. **事件**：样本空间中的一个元素的集合称为一个事件。
3. **不相交**：如果两个事件 $E \cap F = \varnothing$，则称事件 E 和 F 是不相交的。
4. **概率**：为了计算概率，给个样本空间中的每个元素指派一个概率权重，该权重代表了那个结果出现的相对可能性。必须遵守指派权重的两条规则。第一，权重必须是非负数；第二，一个样本空间中所有元素的权重之和必须是 1。定义事件 E 的概率 $P(E)$ 是 E 中所有元素的权重之和。函数 P 被称为一个概率度量（probability measure）。
5. **概率的公理**：一个有限样本空间的概率度量必须满足下面三条规则。（换言之，这些规则可以用来定义概率）
   a) 对于任意 $A \subseteq S$，$P(A) \geqslant 0$；
   b) $P(S) = 1$；
   c) 对于任意两个不相交事件 A 和 B，$P(A \cup B) = P(A) + P(B)$。
6. **概率分布**：一个给样本空间的每个元素指派概率的函数称为一个（离散）概率分布。
7. **互补**：样本空间 S 中一个事件 E 的互补事件，记为 $S - E$，是在 S 中去掉 E 后剩余元素的集合。如果在样本空间 S 中事件 E 是 F 的互补事件，我们说事件 E 和 F 是互补的。
8. **互补事件的概率**：如果两个事件 E 和 F 是互补的，则

$$P(E) = 1 - P(F)$$

9. **散列法中的冲突**：若两个键被散射到同一个位置，则称这两个键冲突。 289

10. **均匀概率分布**：当对样本空间内所有的元素指派相等的概率时，称 P 是一个均匀概率度量或者均匀概率分布。

11. **计算具有均匀分布的概率**：假设 P 是定义在样本空间 S 上的均匀概率度量。那么对于每个事件 E，有 $P(E) = |E|/|S|$，即是 E 的大小除以 S 的大小。这个方法不能应用在一般性的概率分布上。

习题

*所有带 * 的习题均有答案或提示。*

1* 抛掷一枚硬币 5 次正好出现三次正面的概率是多少？抛掷一枚硬币 5 次出现 3 次或者更多正面的概率是多少？

2. 扔掷两个骰子，顶部出现总和等于或者小于 4 的概率是多少？

3* 把 3 个键散射到一个 10 个槽的散列表，三个键散射到不同的槽的概率是多少？如果让 n 个键散射到一个 10 个槽的表，那么 n 需要多大才可以保证至少有两个键散射到同一个槽的概率最少是 1/2？需要多少个键才可以保证至少有 2/3 的概率使得两个键散射到同一个槽？

4. 扔掷三枚骰子，出现总和是奇数的概率是多少？

5* 假设使用介于 2 到 12 的数字作为扔掷 2 枚骰子的顶部数字之和的样本空间。如果在这个样本使用等概率的度量，那么得到总和是 2，3 或者 4 的概率是多少？答案是否说得通？

6. 两枚一分，一枚五分和一枚一角硬币放在一个杯子中。抽出第一枚硬币和第二枚硬币。

   a)* 假设使用无放回采样（在取第二枚硬币前，不能替换第一枚硬币），字母 P，N 和 D 组成的有序对的样本空间，其中 P 代表一分硬币，N 代表五分硬币，D 代表一角硬币。你认为这个样本空间元素的合适的权重是多少？

   b)* 有多大的概率得到 11 分？ 290

7* 为什么抛掷一枚硬币 10 次出现 5 次正面的概率等于 63/256？

8. 用由 5 个元素构成的所有可能的集合（set）作为一个样本空间，从一副 52 张正常卡牌中一手抽 5 张牌，确定 5 张牌都是同一个花色的概率。

9* 用由 5 个元素构成的所有可能的排列（permutation）作为一个样本空间，从一副 52 张正常卡牌中一手抽 5 张牌，确定 5 张牌都是同一个花色的概率。

10. 有多少从一副标准扑克牌中取 5 张连续牌的取法（比如方片 9，梅花 10，梅花 J，红心 Q，黑桃 K）？这样的一手牌叫顺子（straight）。一手 5 张牌是顺子的概率是多少？解释一下用 5 个元素是集合或者 5 个元素是排列的模型得到的是相同的答案吗？

11* 一个学生回答一个 10 道判断真假题目的诊断测试，不知道任何一个答案，每个问

280

题的答案都必须要猜。计算学生得到 80 分及以上的概率。得到 70 分及以下的概率是多少？

12. 一个骰子是一个立方体，其中一面上是正方形，两面上是圆形，三面上是三角形。如果扔掷一个骰子两次，有多大的概率两次骰子上面是同一图案？

13.* 下面两个事件是否具有相同的可能性？事件一是在 13 张黑桃中抽两张牌，一张 A 和一张 K。事件二是在一整副牌中抽两张牌，一张 A 和一张 K。

14.* 一位退休教师曾经喜欢走进一间学生人数为 30 及以上的概率课的教室，并宣布"我会给出对等赔率赌这个教室的两人是同一天生日。"一间 30 个学生的教室，所有学生生日都不相等的概率是多少？在教室里至少有多少个学生才能保证教授有至少 1/2 的概率赢得赌注？如果有 50 个学生，他赢得赌注的概率是多少？这个概率能让你理解吗？（最后一个问题没有对错！）解释为什么或者为什么不。（编程计算器，电子表格，计算机编程或者计算机代数系统会对解决这个问题有所帮助）。

291

15. 哪个事件是更可能发生，或者有相同可能性发生？

    a)* 在 13 张黑桃牌中抽两张牌，一张 A 和一张 K，或者在一副常用的完整 52 张牌中抽两张牌，一张 A 和一张 K。

    b)* 在一副牌中抽取两张相同花色的牌，一张 A 和一张 K，或者从 13 张黑桃牌中抽两张牌，一张是 A 和一张是 K。

5.2 并集和交集

5.2.1 并集事件的概率

练习 5.2-1：抛掷两个骰子，得到偶数和或者得到和大于等于 8（或者两者都发生）的概率是多少？

练习 5.2-2：在练习 5.2-1 中设 E 为"得到偶数和"的事件，F 为"得到大于等于 8"的事件。我们求出了事件 E 和 F 的并集的概率，为什么不是 $P(E \cup F) = P(E) + P(F)$？什么样的权重出现在 $P(E) + P(F)$ 里面两次？找到 $P(E \cup F)$ 的用概率 E，F 和 $E \cap F$ 表达的公式。在练习 5.2-1 里运用这个公式，得到概率的值是多少？

练习 5.2-3：$P(E \cup F \cup G)$ 是多少？用事件 E，F 和 G 和它们交集的概率来表示。

在 $P(E)+P(F)$ 的和中，$E \cap F$ 中的每个元素的权重出现了两次，但是所有其他 $E \cup F$ 中元素只出现了一次。我们可以通过**文氏图**（Venn diagram，如图 5.1 所示）来了解这一点。在**文氏图**，正方形表示整个样本空间，圆代表事件。

假如用阴影来表示 E 和 F，则阴影区域 $E \cap F$ 被包含了两次。在图 5.2 中，采用数字标记，表示被阴影覆盖了多少次。这表明了为什么 $P(E) + P(F)$ 包含 $E \cap F$ 中每个元素的两次概率权重。因此，为得到表示每个元素概率权重被包含只有一次的求和，必须从

290

$P(E)+P(F)$ 中减去 $E\cap F$ 的权重。这就是下式成立的原因。

$$P(E\cup F)=P(E)+P(F)-P(E\cap F) \tag{5.4}$$

292

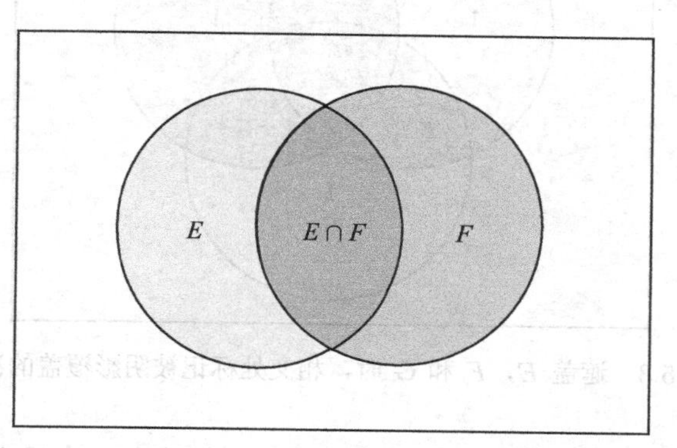

图 5.1 两个事件的文氏图

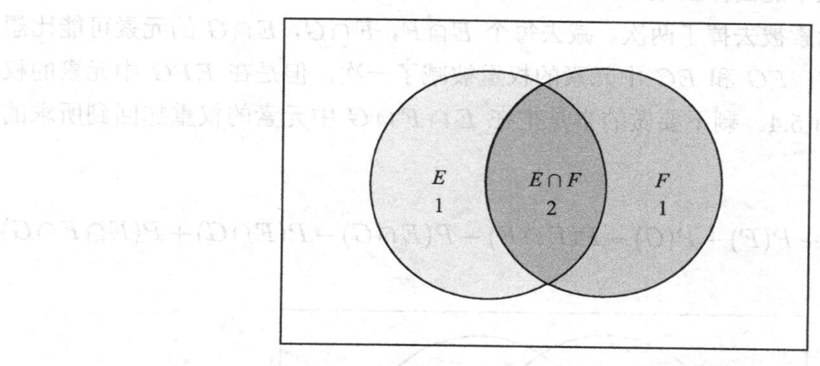

图 5.2 阴影 E 和 F 各一次，$E\cap F$ 被阴影了两次

现在可以将这个等式运用到练习 5.2-1。得到偶数和的概率是 1/2，同时得到和大于等于 8 的概率是

$$\frac{1}{36}+\frac{2}{36}+\frac{3}{36}+\frac{4}{36}+\frac{5}{36}=\frac{15}{36}$$

同理，得到偶数和并且值大于等于 8 的概率是 9/36，所以得到和是偶数或者大于等于 8 的概率是

$$\frac{1}{2}+\frac{15}{36}-\frac{9}{36}=\frac{2}{3}$$

这个例子中，我们的计算不太能够阐明公式的作用。使用更少的计算量，可以把和是偶数的概率加上和是 9 或者 11 的概率。然而，在很多例子中，每个事件的概率和他们之间的交集的概率比并集的概率更加容易直接计算（在这个小节后面可以看到这样的例子），在这样的情况下，公式会非常有用。

现在，考虑三个事件的一个例子。画一个文氏图，并且在阴影 E，F 和 G 上填上数字。为了避免图过于拥挤，用 EF 来标记 $E\cap F$ 对应的区域，并且使用类似的方式标记其他区域。这样得到了图 5.3。

293

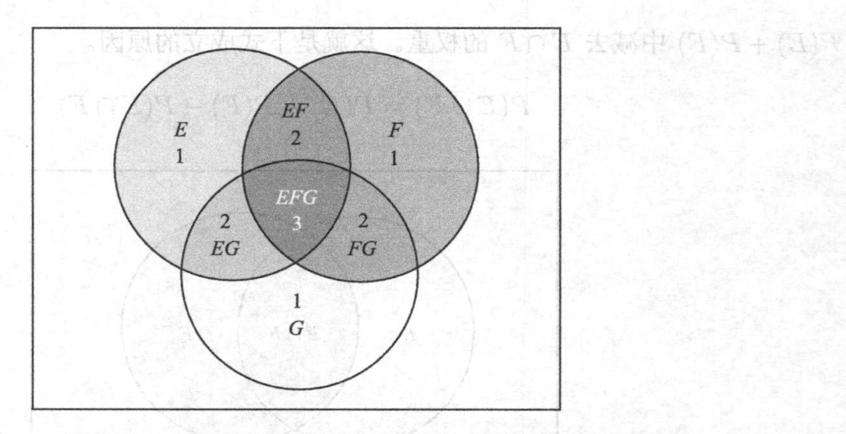

图 5.3　遮盖 E，F 和 G 时，相交处标记被阴影覆盖的次数

这样，必须想出一个方法从 $P(E)+P(F)+P(G)$ 减去一次元素在区域 $E\cap F$，$F\cap G$ 和 $E\cap G$ 的权重，并且不能去掉区域 $E\cap F\cap G$ 中元素的权重（对应标记 EF，FG，EG），实际上 EFG 区域的元素被去掉了两次。减去每个 $E\cap F$，$F\cap G$，$E\cap G$ 的元素可能比想要的更多，因为在 EF，FG 和 EG 中元素的权重被减了一次，但是在 EFG 中元素的权重被减了三次，给出图 5.4。剩下要做的事是把在 $E\cap F\cap G$ 中元素的权重加回到所求的和中。因此，有

$$P(E\cup F\cup G)=P(E)+P(F)+P(G)-P(E\cap F)-P(E\cap G)-P(F\cap G)+P(E\cap F\cap G)$$

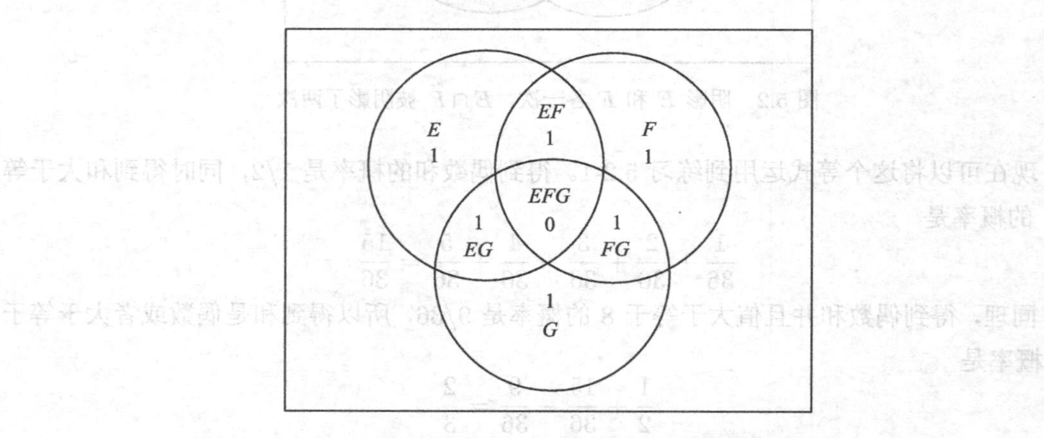

图 5.4　去掉所有两个事件集合交集权重之后的结果

294

5.2.2　概率的容斥原理

从前面两个练习中，很自然猜想到以下公式

$$P\left(\bigcup_{i=1}^{n}E_i\right)=\sum_{i=1}^{n}P(E_i)-\sum_{i=1}^{n-1}\sum_{j=i+1}^{n}P(E_i\cap E_j)+$$

$$\sum_{i=1}^{n-2}\sum_{j=i+1}^{n-1}\sum_{k=j+1}^{n}P(E_i\cap E_j\cap E_k)-\cdots \tag{5.5}$$

这个表达式中的所有求和符号表明需要引入新的符号来表示求和。我们要抽象我们的符号并且引入新的符号来简洁地表示式 5.5 中的求和。这个符号是介绍式 5.1 的一个扩展。用

$$\sum_{\substack{i_1,i_2,\cdots,i_k:\\1\leqslant i_1<i_2<\cdots<i_k\leqslant n}} P(E_{i_1}\cap E_{i_2}\cap\cdots\cap E_{i_k})$$

来表示集合 $E_{i_1}\cap E_{i_2}\cdots\cap E_{i_k}$ 在一个从 1 到 n 的不断增加的整数序列 $i_1,i_2,\cdots,i_k$ 的概率和。一般来说，

$$\sum_{\substack{i_1,i_2,\cdots,i_k:\\1\leqslant i_1<i_2<\cdots<i_k\leqslant n}} f(i_1,i_2,\cdots,i_k)$$

是在 $f(i_1,i_2,\cdots,i_k)$ 上由所有 k 个从 1 到 n 的数字组成的递增序列的求和。

练习 5.2-4： 练习用这个符号，下面结果是什么？

$$\sum_{\substack{i_1,i_2,i_3:\\1\leqslant i_1<i_2<i_3\leqslant 4}} i_1+i_2+i_3$$

练习 5.2-4 中的和是 (1+2+3)+(1+2+4)+(1+3+4)+(2+3+4)=3(1+2+3+4)= 30。

有了对这个符号的掌握，现在可以给式 5.5 写一个更为简洁的公式。注意式 5.5 包括：单个集合的概率用加号，两个集合交集的概率用减号，并且一般来说任何偶数个集合交集的概率用减号，且任何奇数个集合交集的概率用加号（包括奇数 1)。因此，对于 k 个集合交集，这些交集概率的合适系数是 $(-1)^{k+1}$。(使用 $(-1)^{k-1}$ 也一样正确，但是使用 $(-1)^{k+3}$ 是不合常规的。）可以利用这些将式 5.5 转化成**概率的容斥原理**，如下所示。我们提供两个完全不同的定理证明：一个是计数论点，不过有点抽象；另一个是直接归纳，但是因为需要引入很多符号表示发生了什么，所以复杂一些。

295

定理 5.3 (概率的容斥原理)　样本空间 S 上事件的并集 $E_1\cup E_2\cup\cdots\cup E_n$ 的概率如下

$$P\left(\bigcup_{i=1}^{n}E_i\right)=\sum_{k=1}^{n}(-1)^{k+1}\sum_{\substack{i_1,i_2,\cdots,i_k:\\1\leqslant i_1<i_2<\cdots<i_k\leqslant n}} P(E_{i_1}\cap E_{i_2}\cap\cdots\cap E_{i_k}) \tag{5.6}$$

证明 1　考虑 $\bigcup_{i=1}^{n}E_i$ 中的一个元素 x。设 $E_{i1},E_{i2},\cdots,E_{ih}$ 是所有包含元素 x 的事件 E_i 的集合。设 $H=\{i_1,i_2,\cdots,i_h\}$，则 x 在另一个事件 $E_{j_1}\cap E_{j_2}\cap\cdots\cap E_{j_m}$ 中当且仅当 $\{j_1,j_2,\cdots,j_m\}\subseteq H$。为什么会是这样？假设这里有一个 j_r 不在 H 中，就有 $x\notin E_{j_r}$，因此 $x\notin E_{j_1}\cap E_{j_2}\cap\cdots\cap E_{j_m}$。注意到 x 在 $\bigcup_{i=1}^{n}E_i$ 中意味着 x 至少在其中一个 E_i，所以它

至少出现在一个 $E_{i_1}\cap E_{i_2}\cap\cdots\cap E_{j_k}$ 集合中，即 E_i。回想一下，对 $x\in E_{i_1}\cap E_{i_2}\cap\cdots\cap E_{i_k}$ 用 $P(E_{i_1}\cap E_{i_2}\cap\cdots\cap E_{i_k})$ 作为概率权重 $P(x)$ 的和。假设我们用这个和来替代公式 5.6 的右边部分，则右边成为一个项的求和，每一项都是一个或正或负的概率权重。式 5.6 右边涉及 $P(x)$ 的全部项的和，包含对于 H 中的每个非空子集 $\{j_1,j_2,\cdots,j_m\}$ 的一个涉及 $P(x)$ 的项，并且没有其他涉及 $P(x)$ 的项。对应子集 $\{j_1,j_2,\cdots,j_m\}$ 的项的概率权重 $P(x)$ 的系数是 $(-1)^{m+1}$。因为大小为 m 的 H 有 $\binom{h}{m}$ 个子集，所以涉及 $P(x)$ 的各个项的和是

296

$$\begin{aligned}\sum_{m=1}^{h}(-1)^{m+1}\binom{h}{m}P(x)&=\left(-\sum_{m=0}^{h}(-1)^{m}\binom{h}{m}P(x)\right)+P(x)\\&=0\cdot P(x)+P(x)=P(x)\end{aligned}$$

当 $h\geqslant 1$ 会得到项 $0\cdot P(x)$, 所以运用二项式定理，$\sum_{j=0}^{h}\binom{h}{j}(-1)^j=(1-1)^h=0$。这证明对于每个 x，在将概率权重和替代式 5.6 后，涉及 $P(x)$ 的所有项的和就正好是 $P(x)$。注意我们每个在 $\bigcup_{i=1}^{n}E_i$ 中的 x 至少一次出现在集合 $E_{i_1}\cap E_{i_2}\cap\cdots\cap E_{i_k}$ 中。因此，式 5.6 右边是 x 在 $\bigcup_{i=1}^{n}E_i$ 中每个 $P(x)$ 的和，也就是式 5.6 的左边。□

证明 2　这个证明简单运用式 5.4 的数学归纳法。当 $n=1$，式 5.6 成立，因为 $P(E_1)=P(E_1)$。现在递归地假设对于任意的 $n-1$ 个集合 $F_1,F_2,\cdots,F_{n-1}$，有

$$P\left(\bigcup_{i=1}^{n-1}F_i\right)=\sum_{k=1}^{n-1}(-1)^{k+1}\sum_{\substack{i_1,i_2,\cdots,i_k:\\1\leqslant i_1<i_2<\cdots<i_k\leqslant n-1}}P(F_{i_1}\cap F_{i_2}\cap\cdots\cap F_{i_k})\tag{5.7}$$

如果式 5.4 中，假设 $E=E_1\cup\cdots\cup E_{n-1}$ 和 $F=E_n$，然后可以使用式 5.4 计算 $P(\bigcup_{i=1}^{n}E_i)$ 如下：

$$P\left(\bigcup_{i=1}^{n}E_i\right)=P\left(\bigcup_{i=1}^{n-1}E_i\right)+P(E_n)-P\left(\left(\bigcup_{i=1}^{n-1}E_i\right)\cap E_n\right)\tag{5.8}$$

运用分配律，得到

$$\left(\bigcup_{i=1}^{n-1}E_i\right)\cap E_n=\bigcup_{i=1}^{n-1}(E_i\cap E_n)$$

在式 5.8 中代替这个, 可以得

$$P\left(\bigcup_{i=1}^{n}E_i\right)=P\left(\bigcup_{i=1}^{n-1}E_i\right)+P(E_n)-P\left(\bigcup_{i=1}^{n-1}(E_i\cap E_n)\right)$$

297

现在在两个地方使用递归的假设（式 5.7）可以得

$$P\left(\bigcup_{i=1}^{n}E_i\right)=\left(\sum_{k=1}^{n-1}(-1)^{k+1}\sum_{\substack{i_1,i_2,\cdots,i_k:\\1\leqslant i_1<i_2<\cdots<i_k\leqslant n-1}}P(E_{i_1}\cap E_{i_2}\cap\cdots\cap E_{i_k})\right)+$$

$$P(E_n) - \sum_{k=1}^{n-1} (-1)^{k+1} \sum_{\substack{i_1, i_2, \cdots, i_k: \\ 1 \leqslant i_1 < i_2 < \cdots < i_k \leqslant n-1}} P(E_{i_1} \cap E_{i_2} \cap \cdots \cap E_{ik} \cap E_n)$$

第一个是右边不包括 n 的所有序列 $i_1, i_2, \cdots, i_k$ 上的求和 $(-1)^{k+1} P(E_{i1} \cap E_{i2} \cap \cdots \cap E_{ik})$，然而 $P(E_n)$ 和第二项一起加上包括 n 在内的所有列 $i_1, i_2, \cdots, i_k$ 上的和 $(-1)^{k+1} P(E_{i1} \cap E_{i2} \cap \cdots \cap E_{ik})$。从而得到

$$P\left(\bigcup_{i=1}^{n} E_i\right) = \sum_{k=1}^{n} (-1)^{k+1} \sum_{\substack{i_1, i_2, \cdots, i_k: \\ 1 \leqslant i_1 < i_2 < \cdots < i_k \leqslant n}} P(E_{i_1} \cap E_{i_2} \cap \cdots \cap E_{i_k})$$

因此，运用数学归纳法的原理，这个公式对于所有整数（$n > 0$）都成立。 □

练习 5.2-5： 在一个高档餐厅，有 n 个学生储存他们的双肩背包。他们是仅有的在餐厅储存双肩背包的一群人。有一个小朋友进入衣帽间，玩弄这些双肩背包上的标签，以至于标签都打乱了。如果有 5 个学生，分别叫 Judy，Sam，Pat，Jill 和 Jo，有多少种 Judy 可以拿到正确背包的归还背包的方式（可能其他学生也拿到）？这个发生的概率是多少？Sam 得到正确的背包的概率是多少（其他学生也可能拿到）？Judy 和 Sam 同时拿到正确背包的概率是多少（可能其他同学也拿到）？对于任何指定的包含 2 个元素的学生集合，这两个学生得到正确背包的概率是多少（可能其他学生也得到）？至少一个同学拿到他自己的背包的概率是多少？没有学生拿到自己背包的概率是多少？对于最后两个问题当学生个数等于 n 时，你期待的答案是多少？因为经典的问题经常声明使用帽子而不是背包（有趣吧?），被称为**帽子保管问题**。它也被称为**错排问题**——集合的一个错排是一个从一个集合映射到它自身的一一映射（双射）函数，使得每个元素传递到一个不同于它本身的位置。

298

对于练习 5.2-5，设 E_i 是名单中第 i 个人得到正确背包的事件。因此，E_1 是 Judy 得到正确背包的事件，E_2 是 Sam 得到正确背包的事件。$E_1 \cap E_2$ 是 Judy 和 Sam 同时得到正确背包的事件（可能其他一些人也得到）。在练习 5.2-5 中，这里有 4! 种方法归还背包可以让 Judy 得到她自己的背包（正如 Sam 或者其他某个学生）。因此，$P(E_1) = P(E_i) = 4!/5!$。对于任何一个特定的两个元素的子集，比如 Judy 和 Sam，有 3! 种方法使两个人得到正确的背包。因此，对于每个 i 和 j，$P(E_i \cap E_j) = 3!/5!$。对于特定一组 k 个学生，其中每个学生从中得到他或者她自己背包的概率是 $(5-k)!/5!$。这里可以用另个方法说同一件事：如果 E_i 是学生得到他或者她自己背包的事件，那么 k 个事件相交的概率是 $(5-k)!/5!$。至少一个人拿到他或者她自己的书包的概率是 $E_1 \cup E_2 \cup E_3 \cup E_4 \cup E_5$。然后，运用概率的容斥原理，至少有一个人得到他或者她自己背包的概率是

$$\begin{aligned} & P(E_1 \cup E_2 \cup E_3 \cup E_4 \cup E_5) \\ = & \sum_{k=1}^{5} (-1)^{k+1} \sum_{\substack{i_1, i_2, \cdots, i_k: \\ 1 \leqslant i_1 < i_2 < \cdots < i_k \leqslant 5}} P(E_{i1} \cap E_{i2} \cap \cdots \cap E_{ik}) \end{aligned} \tag{5.9}$$

基于以上给出的讨论，对于包含 k 个人的一个集合，全部所有 k 个人得到他们背包的概率是 $\frac{(5-k)!}{5!}$。用符号表示为 $P(E_{i1}\cap E_{i2}\cap\cdots\cap E_{ik})=\frac{(5-k)!}{5!}$。从 5 个学生中选 k 个人有 $\binom{5}{k}$ 个集合。有 $\binom{5}{k}$ 个列 $i_1,i_2,\cdots,i_k$ 并且 $1< i_1 < i_2 < \cdots < i_k \leqslant 5$。因此，可以把右边的式 5.9 改写成

$$\sum_{k=1}^{5}(-1)^{k+1}\binom{5}{k}\frac{(5-k)!}{5!}$$

这也提供给我们

$$\begin{aligned}P(E_1\cup E_2\cup E_3\cup E_4\cup E_5)&=\sum_{k=1}^{5}(-1)^{k-1}\binom{5}{k}\frac{(5-k)!}{5!}\\&=\sum_{k=1}^{5}(-1)^{k-1}\frac{5!}{k!(5-k)!}\frac{(5-k)!}{5!}\\&=\sum_{k=1}^{5}(-1)^{k-1}\frac{1}{k!}\\&=1-\frac{1}{2}+\frac{1}{3!}-\frac{1}{4!}+\frac{1}{5!}\end{aligned}$$

299

没有人得到他或者她自己背包的概率是 1 减去上面的概率，或者

$$\frac{1}{2}-\frac{1}{3!}+\frac{1}{4!}-\frac{1}{5!}$$

运用在一般 n 个学生的情况，简单地用 n 代替 5，得到并且最少一个人得到他或者她自己背包的概率是

$$\sum_{i=1}^{n}(-1)^{i-1}\frac{1}{i!}=1-\frac{1}{2}+\frac{1}{3!}-\cdots+\frac{(-1)^{n-1}}{n!}$$

并且没有人得到他或者她自己背包的概率是 1 减去上面的概率，或者

$$\sum_{i=2}^{n}(-1)^{i}\frac{1}{i!}=\frac{1}{2}-\frac{1}{3!}+\ldots+\frac{(-1)^{n}}{n!}\tag{5.10}$$

如果你在微积分中学习过幂级数，你可能会想到幂级数 e^x 的表达式，即

$$e^x=1+x+\frac{x^2}{2!}+\frac{x^3}{3!}+\ldots=\sum_{i=0}^{\infty}\frac{x^i}{i!}$$

因此，在公式 5.10 中的表达式大约等于 e^{-1}，可以用 -1 代替 x 在幂级数运算中，并且这个幂级序列会在 $i=n$ 的时候停止。注意结果对于 n 的依赖很轻，只要我们有最少 4 或者 5 个人，以后不管我们有多少人，没有人得到他或者她自己背包（或者帽子）的概率大概保持在 e^{-1}。通过直觉或许可以推测出我们的直觉也许会建议当学生数量增加的时候，有人得到他或者她自己背包的概率更接近 1 而不是 $1-e^{-1}$。因此，这是另一个例子告诉我们通过概率规则进行计算是重要的，而不是依靠直觉。

300

5.2.3　计数的容斥原理

练习 5.2-6：有多少个函数可以将一个 n 元集合 N 映射到一个 m 元集合 $M=\{y_1,y_2,\cdots,y_m\}$，使得没有元素映射到 y_1？用另一种说法就是，如果有 n 个不同的方块糖果和 m 个孩子 (Sam, Mary, Pat 等)，有多少方法满足发完糖果但是 Sam 没有得到任何糖果（有可能其他小孩也没有得到)？

练习 5.2-7：有多少个函数使得没有元素映射到 M 中的包含 k 个元素的子集 K 的任何元素？用另一种说法就是，如果有 n 个不同的方块糖果和 m 个孩子 (Sam, Mary, Pat 等)，有多少种方法满足发完糖果但是一个特定的 k 个元素子集中的孩子没有得到任何糖果（可能其他别的孩子也没得到)？

练习 5.2-8：有多少个函数可以从一个 n 元集合 N 对应到一个 m 元集合 M，使得 M 中至少一个元素没有被映射到？用另一种说法就是，如果我有 n 个不同的方块糖果和 m 个孩子 (Sam, Mary, Pat 等)，有多少种方法满足发完糖果但是有一个孩子没有得到任何糖果(可能其他别的孩子也没得到)？

练习 5.2-9：在练习 5.2-6～练习 5.2-8 的基础上，有多少个从一个 n 元集合映射到一个 m 元集合的满射函数？

从一个 n 元集合到一个 m 元集合 $M=\{y_1,y_2,\cdots,y_m\}$ 使得只有 y_1 没有被映射到的函数个数是 $(m-1)^n$，因为有 $m-1$ 个选择去映射 n 个元素中的每个元素。类似地，使得一个有 k 个元素的集合 K 没有被映射的情况的函数的个数是 $(m-k)^n$。这个计算是对练习 5.2-8 的热身。

在练习 5.2-8 中，需要一个类推到对 m 个集合并集大小的容斥原理。因为我们能对 2 个或者 3 个集合的并集做出同样的结论，就像对 2 个或者 3 个集合并集的概率一样，这是一个很自然的类比。因为事件就是集合，我们有可能用从改变事件 E_i 的概率到集合 E_i 的大小。（这里集合 E_i 是一组没有任何映射到集合 M 中的元素 i 的函数，也就是一个函数没有映射到 i 的事件）。这个类比是**计数的容斥原理**：

301

$$\left|\bigcup_{i=1}^{m} E_i\right| = \sum_{k=1}^{m}(-1)^{k+1}\sum_{\substack{i_1,i_2,\cdots,i_k:\\ 1\leqslant i_1<i_2<\cdots<i_k\leqslant m}}|E_{i_1}\cap E_{i_2}\cap\cdots\cap E_{i_k}|$$

事实上，这个公式可以通过归纳法或者用一个本质上相同的关于计数的论证来证明。运用这个公式，求从集合 N 到 M 的函数使得没有映射到集合 K 中至少一个元素的个数，提供

$$\begin{aligned}\left|\bigcup_{i=1}^{m} E_i\right| &= \sum_{k=1}^{m}(-1)^{k+1}\sum_{\substack{i_1,i_2,\cdots,i_k:\\ 1\leqslant i_1<i_2<\cdots<i_k\leqslant m}}|E_{i_1}\cap E_{i_2}\cap\cdots\cap E_{i_k}| \\ &= \sum_{k=1}^{m}(-1)^{k+1}\binom{m}{k}(m-k)^n \end{aligned} \tag{5.11}$$

这里的 $|E_{i_1} \cap E_{i_2} \cap \cdots \cap E_{i_k}|$ 是没有映射到有 k 个元素的集合 $\{i_1, i_2, \cdots, i_k\}$ 的函数个数。运用练习 5.2-7 的答案，函数中没映射到 k 个元素的集合 $\{i_1, i_2, \cdots, i_k\}$ 的个数是 $(m-k)^n$。式 5.11 中的个数是函数从 N 没有映射到 M 中任何元素的个数。函数从 N 到 M 的总个数是 m^n。因此，映射函数的个数是

$$m^n - \sum_{k=1}^{m}(-1)^{k+1}\binom{m}{k}(m-k)^n = \sum_{k=0}^{m}(-1)^k\binom{m}{k}(m-k)^n$$

这里得到等式结果是因为 $\binom{m}{0}$ 等于 1，$(m-0)^n$ 等于 m^n 并且 $-(-1)^{k+1} = (-1)^k$。

定理 5.4　从一个 n 元集合到一个 m 元集合的满射函数的个数是

$$\sum_{k=0}^{m}(-1)^k\binom{m}{k}(m-k)^n$$

302

证明　如上所示。□

重要概念、公式和定理

1. **文氏图**：为两个或者三个集合画文氏图，画一个正方形表示样本空间和 2 个或者 3 个互相相交的圆形表示不同事件。
2. **两个事件并集的概率**：$P(E \cup F) = P(E) + P(F) - P(E \cap F)$。
3. **三个事件并集的概率**：

$$P(E \cup F \cup G) = P(E) + P(F) + P(G) - P(E \cap F) - P(E \cap G) - P(F \cap G) + P(E \cap F \cap G)$$

4. **一个求和符号**：$f(i_1, i_2, \cdots, i_k)$ 是所有由 k 个从 1 到 n 递增的数字组成的序列之和，记为

$$\sum_{\substack{i_1, i_2, \cdots, i_k: \\ 1 \leqslant i_1 < i_2 < \cdots < i_k \leqslant n}} f(i_1, i_2, \cdots, i_k)$$

5. **概率的容斥原理**：在样本空间 S 上的并集事件 $E_1 \cup E_2 \cup \cdots \cup E_n$ 的概率是

$$P\left(\bigcup_{i=1}^{n} E_i\right) = \sum_{k=1}^{n}(-1)^{k+1} \sum_{\substack{i_1, i_2, \cdots, i_k: \\ 1 \leqslant i_1 < i_2 < \cdots < i_k \leqslant n}} P(E_{i_1} \cap E_{i_2} \cap \cdots \cap E_{i_k})$$

6. **帽子保管问题**：储存保管问题或者更列问题，问一个一一映射将所有 n 个元素映射不到自己本身的概率，答案是

$$\sum_{i=2}^{n}(-1)^i \frac{1}{i!} = \frac{1}{2} - \frac{1}{3!} + \cdots + \frac{(-1)^n}{n!}$$

这是在 $(-1)^n/n!$ 项删减 e^{-1} 幂级数展开的结果。因此，其结果很接近 $1/e$，即使 n 在取值相对较小时。

7. **计数的容斥原理**：

$$\left|\bigcup_{i=1}^{n} E_i\right| = \sum_{k=1}^{n}(-1)^{k+1} \sum_{\substack{i_1,i_2,\ldots,i_k:\\ 1\leqslant i_1<i_2<\ldots<i_k\leqslant n}} |E_{i_1}\cap E_{i_2}\cap\cdots\cap E_{i_k}|$$

303

习题

所有带 * 的习题均有答案或提示。

1*. 计算三次抛掷一枚硬币，硬币向上出现在第一次或者最后一次的概率。

2. 从一副 52 张的牌中拿出 8 张国王和女王，然后从中选出两张牌。黑桃国王或女王从这套牌中被选中的概率是多少？

3*. 抛掷两个骰子。得到一个六点在顶部的骰子的概率是多少？

4. 一个碗中有 2 个红球，2 个白球和 2 个蓝球。如果拿走两个球，至少一个是红球或者白球的概率是多少？计算至少一个是红球的概率。

5*. 从一副正常的 52 张牌中拿走一张，它是一张 A，一张方片或一张黑牌的概率分别是多少？

6. 给出公式表示概率 $P(E\cup F\cup G\cup H)$，请使用 E，F，G 和 H 和它们之间的相交的概率。

7*. 下列公式的结果是什么？

$$\sum_{\substack{i_1,i_2,i_3:\\ 1\leqslant i_1<i_2<i_3\leqslant 4}} i_1 i_2 i_3$$

8. 下列公式的结果是什么？

$$\sum_{\substack{i_1,i_2,i_3:\\ 1\leqslant i_1<i_2<i_3\leqslant 5}} i_1+i_2+i_3$$

9*. 老板要求秘书去把 n 封信塞进信封，忘记提到他已经在这些信中加入特别说明，并且在过程中他对信进行重新安排但是没有对信封进行相关处理。问有多少种方法使得信可以被塞进信封以至于没有人得到原本要给他或者她的信？有多大概率使得没有人得到原本要给他或者她的信？

10. 如果要将 n 个键散列到一个有 k 个位置的散列表，有多大可能性每个位置都有至少一个键？

11*. 根据定理 5.2，寻找在 1.5 节习题 12 中定义的 $S(n,m)$ 的公式。这些数字被称为 **Stirling 数（第 2 类）**。

304

12. 如果抛掷 8 个骰子，有多大的概率使得数字从 1 到 6 至少出现一次在骰子顶部？如果用 9 个骰子会怎么样？

13*. 解释为什么将 k 个完全一样的苹果分给 n 个孩子的方法的个数是 $\binom{n+k-1}{k}$。有多少种方法使得你可以将苹果发放给孩子并且 Sam 得到的苹果多于 m 个？有多少种方法使得你给孩子发放苹果并且没有一个孩子得到的苹果多于 m 个？

14.* n 对已婚夫妻围坐在一个圆形的桌子讨论结婚的问题。顾问随机指派每个人做到不同的座位上。丈夫和妻子有多大概率没有坐在一起？

15. 假设你收集了一组 m 个对象和一个包含 p 个“性质”的集合 P。（我们不能定义“性质”这个词，不过注意到一个性质是一些对象具有或者不具有的东西。）对于全部性质集合 P 的每个子集 S，定义 $N_a(S)$ 是至少具有 S 中性质的对象的个数（a 表达的是“至少”）。这样，举例来说，$N_a(\varnothing) = m$。在一般应用中，$N_a(S)$ 对于其他集合 $S \subseteq P$ 的公式不难找到。定义 $N_e(S)$ 是恰好具有 S 中性质中的对象的个数（e 是“恰好”）。证明以下成立：

$$N_e(\varnothing) = \sum_{K:K\subseteq P} (-1)^{|K|} N_a(K)$$

解释如何使用这个公式来计算满射函数的个数，并且可以比使用集合的并集更直接。如何在习题 9 运用这个公式？

16. 在习题 14 中，两个同样性别的人可以相邻而坐。如果在没有夫妇可以相邻而坐的基础上还要求没有同性别的相邻而坐，则会得到著名的家庭问题。请解决这个问题[⊖]。

17.* 有多少种方法可以将 n 本不同的书放在 j 个书架，使得第一个书架至少有 m 本书？（参考在 1.5 节中的习题 7。）有多少种方法使得你可以将 n 本不同的书放在 j 个书架上并让每个书架上没有超过 m 本书？

305

18. 在习题 15 中，假设所有物件是等同可能性的，有多大概率使得一个物件不具有任何性质？如何在问题 10 中运用？

5.3 条件概率和独立性

5.3.1 条件概率

练习 5.3-1： 两个立方体的骰子，每个都有一面画着一个三角形，两面画着一个圆形，其他三面画着一个正方形。看到一次圆形在顶部的概率指的是圆形在第一个骰子顶部或者圆形在第二个骰子顶部的概率。利用容斥原理，可以计算当抛掷两个骰子时，看到圆形在顶部至少出现一次的概率是 $1/3 + 1/3 - 1/9 = 5/9$。需要通过试验看事实是否和计算一致。在地板上抛掷骰子，它们弹起几次然后落到旁边的房间。在旁边房间的朋友告诉我们两个骰子顶部是一样的。朋友看到至少一面是圆形的概率是多少？

直观上，可能好像得到圆形的概率应该是得到三角形的概率的 4 倍，并且得到正方形的概率应该是得到三角形的概率的 9 倍。将其改成代数表达式，即 P(圆形，C)=4P(三角形，T) 和 P (正方形，S)=9P(三角形)。这两个等式和一个表达概率和为 1 的等式足够得到结论：我们的朋友看到两个圆形的概率是 2/7。但是这个分析说得通吗？为了说服自己，从原来试验的样本空间开始，看看我们用于确定新概率的自然假设是什么。在过程中，我

⊖ 尽管这个问题可以用习题 14 的延伸方法解决，但它比这章其他问题需要更多的洞察力。

们将会使用算式来取代在相同情况下的直观计算，这些算式可以在许多相似的情况下应用。这是一件很好的事情，因为在很多情况下通过直觉得出的概率不总是与概率规则给出的结果保持一致。

我们关于这个试验的样本空间是表 5.2 中所示的有序对的集合及其概率。

表 5.2 抛掷两个不寻常的骰子

TT	TC	TS	CT	CC	CS	ST	SC	SS
$\frac{1}{36}$	$\frac{1}{18}$	$\frac{1}{12}$	$\frac{1}{18}$	$\frac{1}{9}$	$\frac{1}{6}$	$\frac{1}{12}$	$\frac{1}{6}$	$\frac{1}{4}$

306

我们知道事件 $\{TT, CC, SS\}$ 发生了。因此，虽然这个事件曾经的概率是

$$\frac{1}{36}+\frac{1}{9}+\frac{1}{4}=\frac{14}{36}=\frac{7}{18} \tag{5.12}$$

但是它现在的概率是 1。在这个前提下，看到一个圆形事件的概率是多少？注意看到一个圆形的事件已经变成事件 CC。对比 TT 或者 SS，仅仅因为现在知道三个结果中的一个已经发生，我们应该期望 CC 的可能性变得更大还是更小？让我们期待的没有发生，所以无论如何指派这两个事件的新概率，它们应该和旧的概率有相同的比例。

新的概率由三个旧的概率乘以 18/7 得到。这样会使三个新的概率保持原来的比例，并且使得三个新的概率和为 1。（会不会有另外的方法使得新概率的和是 1，并且使得新比例和旧比例相同？）这样得到两个圆形的概率是 (1/9)(18/7) =2/7。注意：到目前为止没有学习到任何关于概率的东西来指导我们做什么，我们只是根据常识做了一个决定。当将来遇到相同的情况时，以相同的方式使用常识是合理的。不过，真的需要重新经历建立一个新样本空间并再次推理它的概率的过程吗？幸运的是，整个推理过程可以通过一个公式来表达。想知道事件 E 在已知事件 F 发生的情况下的概率。可以分析出事件 $E\cap F$ 是多少，并且把这个概率乘上 $1/P(F)$。在一个定义中总结这个过程。

事件 E 在给定事件 F 下的**条件概率**（conditional probability）记作 $P(E|F)$，读作“F 发生的情况下 E 的概率”，是

$$P(E|F)=\frac{P(E\cap F)}{P(F)} \tag{5.13}$$

在知道 F 已经发生的情况下，想要知道 E 的概率时，需要计算 $P(E|F)$。（如果 $P(F)=0$，则不能除以 $P(F)$，但是 F 没有给出任何关于情况的新信息。例如，如果在旁边房间的朋友说“五角形在上面”，那么我们没有得到任何信息，除了学生没有在看我们抛掷的骰子。因为没理由去改变样本空间或者元素的概率权重，所以定义 $P(E|F)=P(E)$，当 $P(F)=0$ 时。）

注意，我们并没有证明给定 F 的情况下 E 的概率是我们前面说的那样。我们只是简单用这个方式定义，因为在推导的过程中，做了一个额外的假设：当 F 发生时，结果的相对概率不会改变。这个假设使我们得到等式 5.13。然后选择这个等式作为给定 F 的情况下

307

E 的条件概率的定义[㊀]。

在之前的例子中，设 E 为出现 1 个或者多个圆形的事件，F 为两个骰子出现的图案一样的事件。然后 $E\cap F$ 是两个骰子均为圆形的事件，并且从表格 5.2 得知，$P(E\cap F)$ 是 1/9。从式 (5.12) 得知，$P(F)$ 是 7/18。相除得到概率 $P(E|F)$ 是 $(1/9)/(7/18)=2/7$。

在给定 $P(E|F)$ 的情况下，可以发现 $P(E|F)$ 在计算 $P(E\cap F)$ 时很有用。如果 $P(F)\neq 0$，用式 (5.13)，并且在两边乘以 $P(F)$ 得到

$$P(E\cap F)=P(E|F)P(F) \tag{5.14}$$

这个等式在 $P(F)=0$ 时也成立，因为这种情况 $P(E\cap F)=0$。

练习 5.3-2：当我们抛掷两个正常的骰子，在给定和大于或者等于 10 的情况下，两个骰子上面的和为偶数的概率是多少？运用条件概率的定义解决这个问题。

练习 5.3-3：如果 $P(E|F)=P(E)$，则 E **独立** (independent) 于 F。证明：抛掷两个骰子 (一个红色，一个绿色) 时，骰子上面总点数和为奇数的事件独立于红色骰子上面总点数和为奇数的事件。

练习 5.3-4：有时候关于条件概率的信息在问题的陈述中间接地提供，因此，需要提取有关其他概率或者条件概率的信息。下面就是一个这样的例子：

308

如果一个学生知道一门课程内容的 80%，你期待她在（均匀分布的）100 道简答题测试中的分数是多少？假设她对每道她不知道答案的问题进行猜测，在 100 道真假判断题测试中，她有多大概率正确回答一个判断问题？（我们假设她了解她知道的题目，也就是如果她知道这个答案，她回答得出来。）你期待她在 100 道真假判断题测试的成绩是多少？

对练习 5.3-2，设 E 是和为偶数的事件，F 是和大于或者等于 10 的事件。使用一个有序对的样本空间，每个权重是 1/36，$P(F)=1/6$ 和 $P(E\cap F)=1/9$，因为后者是投掷结果为 10 或者 12 的概率。$P(E\cap F)$ 除以 $P(F)$，得到 2/3。

在练习 5.3-3 中，总点数是奇数的事件有 1/2 的概率。类似地，在已知红色骰子有奇数个点数的情况下，得到奇数和的概率是 1/2，因为事件正好决定于绿色骰子得到偶数的事件。即

$$P(\text{偶数点数在上面}\mid\text{红色骰子是奇数})=\frac{3}{6}=\frac{1}{2}$$

因此，运用独立性的定义，红色骰子得到奇数点数的事件与总点数是奇数的事件是相互独立的。

在练习 5.3-4 中，如果一个学生知道一门课程内容的 80%，那么将期望她在一个精心设计的关于这门课程的考试中的成绩在 80% 左右。不过如果测试是判断题呢？设 R 是她得到正确回答的事件，K 是她知道正确答案的事件并且 $\overline{K}$ 是她猜的事件。然后，$R=$

㊀ 对于那些喜欢用概率公理思考的人，注意如果 F 是在样本空间 S 中的一个事件并且 $P(F)\neq 0$，并且函数 E 给定 $P'(E\cap P)/P(F)$ 满足在 S 上的概率公理。因此，函数是在 S 上的概率度量。我们然后定义它是在给定 F 的情况下 E 的条件概率。

$(R\cap K)\cup(R\cap\overline{K})$。因为 R 是两个不相交集合的并集，所以它的概率是两个事件概率的和。怎么样才能得到这两个事件的概率？问题的陈述暗示条件概率 $P(R|K)$——也就是 1——在她知道答案的情况下，她得到正确答案。这也给出概率 $P(R|\overline{K})$——也就是 1/2——如果她不知道答案，她得到正确答案。问题也给出 $P(K)=0.8$ 和 $P(\overline{K})=0.2$。我们怎么用这个信息？注意：式 (5.14) 右边的两项中，E 是 R 并且 F 是 K 或者 $\overline{K}$。因此，可以用等式

$$P(E\cap F)=P(E|F)P(F)$$

来计算 $P(R\cap K)$ 和 $P(R\cap\overline{K})$。符号化表示为

$$\begin{aligned}P(R)&=P(R\cap K)+P(R\cap\overline{K})\\&=P(R|K)P(K)+P(R|\overline{K})P(\overline{K})\\&=1\cdot 0.8+0.5\cdot 0.2\\&=0.9\end{aligned}$$

可以得出她得到正确答案的概率是 0.9。因此，我们期待她得到一个 90% 的分数。 309

5.3.2　贝叶斯定理

$P(E|F)$ 和 $P(F|E)$ 是什么关系？这是一个实践上和智力上都很有趣的问题，因为很多条件概率问题给定 $P(E|F)$，并且需要计算 $P(F|E)$。

由式 5.14 可得

$$P(E\cap F)=P(E|F)P(F)$$

变换 E 和 F 的位置得到

$$P(F\cap E)=P(F|E)P(E)$$

因为 $P(E\cap F)=P(F\cap E)$，可以得出

$$P(E|F)P(F)=P(F|E)P(E)$$

在等式两边同除以 $P(F)$ 得到**贝叶斯定理** (Bayes' Theorem)

$$P(E|F)=\frac{P(F\mid E)\,P(E)}{P(F)}\tag{5.15}$$

按照惯例，称 $P(E)$ 是 E 的先验概率，这是在考虑 F 信息之前 E 的概率。

5.3.3　独立性

在练习 5.3-3 中表明如果 $P(E|F)=P(E)$，则称 E 独立于 F。**独立概率的乘法原理** (product principle for independent probability) 给出另外一种独立性测试。

定理 5.5 (独立概率的乘法原理)　假设 E 和 F 是一个样本空间的事件，则 E 独立于 F，当且仅当 $P(E\cap F)=P(E)P(F)$。

证明　首先，考虑当 F 是非空的情况。那么从练习 5.3-3 中的定义（回想在定义中用“如果”的惯例，尽管想表达的意思是当且仅当），

$$E\text{独立于}F \Longleftrightarrow P(E|F)=P(E) \tag{5.16}$$

310

从式 (5.16) 的右边开始，使用在式 (5.13) 中 $P(E|F)$ 的定义，得到

$$\begin{aligned} & P(E|F)=P(E)\\ \Leftrightarrow & \frac{P(E\cap F)}{P(F)}=P(E)\\ \Leftrightarrow & P(E\cap F)=P(E)P(F)\end{aligned}$$

因为这个证明的每一步都是“当且仅当”的语句，所以完成了当 F 是非空的情况的证明。

如果 F 是空集，那么 E 独立于 F，并且 $P(E)P(F)$ 和 $P(E\cap F)$ 都是零。因此，在这种情况下，E 独立于 F，当且仅当 $P(E\cap F)=P(E)P(F)$。□

推论 5.6　E 独立于 F，当且仅当 F 独立于 E。

当抛掷一个硬币两次时，会认为第二次的结果独立于第一次。如果在定义的独立性时，没有捕捉到这个直观的想法，那么会很遗憾！此时计算相关概率来看一下。对于抛掷一枚硬币两次，样本空间是 {HH, HT, TH, TT}，并且每个结果的权重是 1/4。第二个结果独立于第一个结果的意思是，第二次是 H 独立于第一次的 H 或者 T；对于得到第二次为 T 是同样的情况。因为样本空间中每个元素的权重是 1/4, P (第一次是 H) $=1/4+1/4=1/2$ 并且 P(第二次是 H) $=1/2$，而 P(第一次是 H 和第二次是 H)$=1/4$。注意：

$$P(\text{第一次是 H})P(\text{第二次是 H})=\frac{1}{2}\cdot\frac{1}{2}=\frac{1}{4}=P(\text{第一次是 H 和第二次是 H})$$

根据定理 5.5，这意味着第二次是 H 的事件是独立于第一次是 H 的事件。可以对每一个第一次抛掷和第二次抛掷可能的组合进行相似的计算，并且看出独立性的定义可以捕捉到这种情况时我们对于独立性直观的想法。明显地，同样的计算方式也适用于抛掷骰子。

练习 5.3-5：讨论散列时的样本空间和概率是什么？证明：当 $i\neq j$ 时，“键 i 散列到位置 r”的事件和“键 j 散列到位置 q”的事件是独立的。如果 $i=j$ 时，它们是独立的吗？

311

在练习 5.3-5 中，如果将一列 n 个键散列到大小为 k 的散列表中，样本空间包括所有由 1 到 k 数字组成的 n 元组。键 i 散列到数字 r 的事件包含所有 r 在 i 位置的 n 元组，

所以它的概率是 $k^{n-1}/k^n = 1/k$。键 j 散列到数字 q 的事件的概率也是 $1/k$。如果 $i \neq j$，键 i 散列到 r 并且键 j 散列到 q 有概率 $k^{n-2}/k^n = 1/k^2$，等于键 i 散列到 r 和键 j 散列到 q 的概率的乘积。因此，这两个事件是独立的。如果 $i = j$，键 i 散列到 r 并且键 j 散列到 q 的概率是 0，除非 $r = q$（这种情况概率是 1）。因此，如果 $i = j$，这两个事件不是独立的。

5.3.4 独立试验过程

硬币抛掷和散列都是“独立试验过程”的例子。假如有一个在多个阶段发生的过程。（比如，可能抛掷一枚硬币 n 次。）用 x_i 表示阶段 i 的结果。（对于抛掷一枚硬币 n 次，$x_i =$ H 表示第 i 次抛掷是正面的结果。）设 S_i 为在阶段 i 的所有可能结果的集合。（因此，如果抛掷一枚硬币 n 次，对于每个 i 都有 $S_i =\{\text{H,T}\}$，$1 \leqslant i \leqslant n$。）一个在每个阶段发生的过程叫作**独立试验过程** (independent trials process)，如果

$$P(x_i = a_i|x_1 = a_1, \cdots, x_{i-1} = a_{i-1}) = P(x_i = a_i) \tag{5.17}$$

对于每个序列 a_1，a_2，$\cdots$，a_n，其中 $a_i \in S_i$。设 E_i 是事件 $x_i = a_i$，可以改写式 (5.17) 为

$$P(E_i|E_1 \cap E_2 \cap \cdots \cap E_{i-1}) = P(E_i) \tag{5.18}$$

换言之，一个独立试验过程有这样的性质，即阶段 i 的结果独立于前面从 1 到 $i-1$ 阶段的结果。运用独立概率的乘法原理（定理 5.5），由式 (5.18) 可知

$$P(E_1 \cap E_2 \cap \cdots \cap E_{i-1} \cap E_i) = P(E_1 \cap E_2 \cap \cdots \cap E_{i-1})P(E_i) \tag{5.19}$$

定理 5.7 *在独立试验过程中，序列 $a_1, a_2, \cdots, a_n$ 产生的概率是 $P(\{a_1\})P(\{a_2\})\cdots P(\{a_n\})$。*

证明 使用数学归纳法和式 (5.19) 可以证明这个定理。

312

独立试验如何与硬币抛掷发生联系？抛掷硬币时，样本空间包括 n 个 H 和 T 的序列，一个 H(或者 T) 出现第 i 次抛掷的事件独立于前 $i-1$ 次的每次抛掷为 H(或者 T) 的事件。特别地，在 i 次抛掷出现 H 的概率是 $2^{n-1}/2^n = 0.5$，并且对于一个特定队列的前 $i-1$ 次抛掷，H 在第 i 次抛掷的概率是 $2^{n-i-1}/2^{n-i}$ =0.5。

独立试验如何与散列一列键值发生联系？在练习 5.3-5 中，如果有一列 n 个键散列到大小为 k 的散列表，样本空间包含所有由从 1 到 k 数字组成的 n 元组。

概率 P(键 i 散列到 r 和键从 1 到 $i-1$ 散列到 $q_1, q_2, \cdots, q_{i-1}$) 是

$$\frac{k^{n-i}}{k^n} = k^{-i} = \frac{1}{k^i}$$

概率 P(键从 1 到 $i-1$ 散列到 $q_1, q_2, \cdots, q_{i-1}$) 是

$$\frac{k^{n-i+1}}{k^n} = k^{1-i}$$

运用条件概率的定义，得到

$$P(\text{键 } i \text{ 散列到 } r | \text{ 键从 } 1 \text{ 到 } i-1 \text{ 散列到 } q_1, q_2, \cdots, q_{i-1}) = \frac{k^{n-i}/k^n}{k^{n-i+1}/k^n} = \frac{1}{k}$$

这样，键 i 散列到数字 r 的事件是独立于前 $i-1$ 个键散列到数字 $q_1, q_2, \cdots, q_{i-1}$。因此，该散列模型是一个独立试验过程。□

练习 5.3-6：假设从一副标准的 52 张扑克牌中抽一张，把它放回再抽另一张，这样持续总共 10 次。这是一个独立试验过程吗？

练习 5.3-7：假设从一副标准的 52 张扑克牌中抽一张，把它丢弃（举例，不放回它）再抽另一张牌，这样持续总共 10 次。这是一个独立试验过程吗？

313

在练习 5.3-6 中，有一个独立试验过程，因为抽到给定牌在一个阶段的概率不取决于在以前阶段已经抽出的牌。然而，在练习 5.3-7 中，没有独立试验过程。在第一次抽取时，有 52 张牌可以被抽取，然而第二次抽取时，有 51 张牌可以被抽取。特别地，不同于第一次抽取，第二次抽取时牌已经与第一次不同了。因此，第二次抽取的每个可能的结果的概率取决于第一次抽取的结果。

5.3.5　树形图

当样本空间由多个结果的序列组成，用树形图将结果可视化是一种常见的手段。举一个例子进行说明，为下面的试验做一个树形图。在一个杯子里面我们有一枚 5 分，2 枚 10 分和 2 枚 25 分硬币。取第一个和第二个硬币，图 5.5 表示了这个图形化的过程。注意：在概率论中，通常遵循树的开口向右边的规则，而不是向上或者向下。

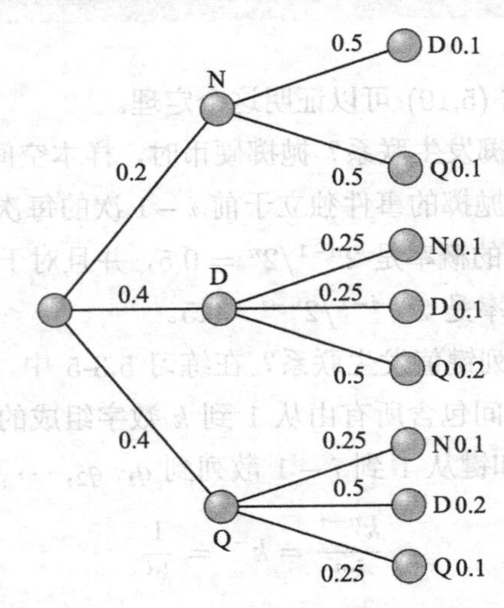

图 5.5　一个表达 2 阶段过程的树形图

树的每层对应在样本空间内产生序列过程中的一个阶段。对每个顶点用在那个阶段可能的一个结果来标记。用条件概率来标记每条边——在给定序列目前已经发生的情况下，得到边右端结果的概率。因为在阶段 0 没有任何结果发生，所以用从根到第一阶段的顶点发生的概率来标记对应的边。每个从根到树的最右边的顶点的路径表示了该过程中结果的一个可能序列。用对应从根到该顶点的路径序列的概率来标记每个叶子顶点。根据条件概率的定义，路径的概率是从它的所有边上概率的乘积。对于任何（有限）序列的连续试验可以画一个树形图（也称为概率树）。 314

有时候一个树形图提供了一种有效的途径来回答一些关于过程的问题。例如，在我们硬币试验中有一枚五分硬币的概率是多少？我们在图 5.5 中可以看到有四条路径包含 N，并且它们的权重之和是 0.4。因此，两枚硬币中有一枚五分硬币的概率是 0.4。

练习 5.3-8： 怎样识别树形图，看它是不是一个独立试验过程的树形图？

练习 5.3-9： 练习 5.3-4 问过一个问题，如果一个学生知道一门课 80% 的内容，她在 100 个判断题测试中答对一道题的概率（假设在回答任何不知道答案的问题时，她选择猜测）？（假设她知道她自己了解什么——换句话说，如果她觉得她知道答案，那么她就可以做对。）展示如何用树形图来回答这个问题。

练习 5.3-10： 一个疾病测试中，该疾病影响 0.1% 人口，并且对 99% 带这种疾病的人有反应（换句话说，测试表明他们有 99% 的可能性患有该疾病）。这个测试也对 2% 不携带疾病的人口有错误的检测结果（即错误地将未感染的人检测为感染的概率为 2%）。可以认为选择某些人并且检查他们的患病情况是一个有两个阶段的过程。在阶段 1 中，选择患有这个疾病的人或者未患有该疾病的人。在阶段 2 中，测试结果是阳性或者是阴性。给这个过程提供一个树形图。某人被随机选中并且被进行疾病的测试，测试结果是阳性的概率是多少？某人被测试是阳性且事实上确实带病的概率是多少？

独立测试过程的树在每层都有一个性质：在该层的每个节点，包括该节点及其所有子节点的标记树等同于在该层其他每个顶点及其所有子节点的标记树。如果有这样一个树，那么它自动满足独立试验过程的定义。

在练习 5.3-9 中，如果一个学生知道一门课 80% 的内容，我们期待她有 0.8 的概率答对一个精心设计的判断题测试中的题目。将她的工作视为一个两阶段的过程。在阶段 1，她判断是否知道答案。在阶段 2，或者她以概率 1 正确地回答问题，或者用猜测的方式以 1/2 的可能正确回答问题（或 1/2 的可能错误地回答问题）。如图 5.6 所示，有两条根到叶路径对应她得到正确的答案。其中的一条有 0.8 的概率，另一条有 0.1 的概率。因此，如果她对不知道答案的问题猜测答案，那么她实际上有 0.9 的概率得到正确答案。 315

练习 5.3-10 可以视为一个有两阶段的过程，图 5.7 展示了其树形图。在第一阶段，一个人有或者没有疾病。在第二阶段，执行这个测试，结果要么是阳性，要么是阴性。用 D 代表患有疾病，ND 代表没有疾病。分别使用 pos 代表阳性结果，neg 代表阴性结果。假设一个测试要么是阳性，要么是阴性。问题是求当给他或者她的测试是阳性时，这个人携带疾病的条件概率：

$$P(\mathrm{D}|\mathrm{pos}) = \frac{P(\mathrm{D} \cap \mathrm{pos})}{P(\mathrm{pos})}$$

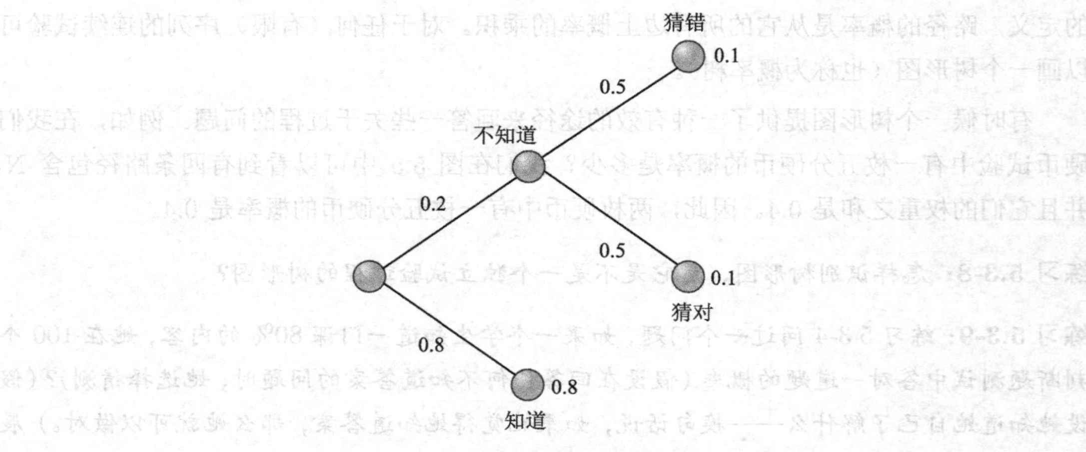

图 5.6　回答正确的概率是 0.9

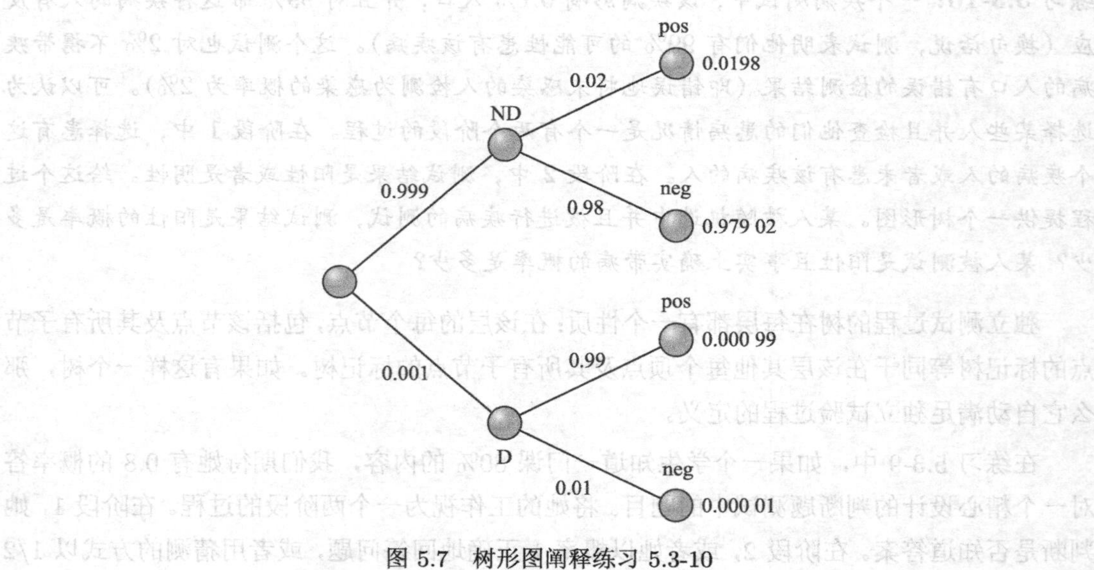

图 5.7　树形图阐释练习 5.3-10

从树上可以得到 $P(\mathrm{D} \cap \mathrm{pos}) = 0.000\ 99$，因为这个事件包含只有一个根到叶的路径。事件 pos 包含两个根到叶的路径，它们概率的总和是 0.0198 +0.000 99 =0.020 97。因此 $P(\mathrm{D}|\ \mathrm{pos})= P(\mathrm{D} \cap \mathrm{pos})/P(\mathrm{pos})= 0.000\ 99/0.020\ 97= 0.0472$。给定疾病的罕见程度和测试的错误率，一个阳性结果只提供大约 5% 的概率携带该疾病。这是另一个例子，展示了概率分析是如何得出一些我们最初未曾预见的东西。这也解释了为什么医生通常不想给某人进行测试，除非这个人已经表现了很多这个要被检测的疾病的症状。

也能通过纯粹的代数求解练习 5.3-10。给定了以下条件：

$$P(\mathrm{D}) = 0.001 \tag{5.20}$$

$$P(\mathrm{pos}|\mathrm{D}) = 0.99 \tag{5.21}$$

$$P(\mathrm{pos}|\mathrm{ND}) = 0.02 \tag{5.22}$$

我们希望计算 $P(\mathrm{D}|\mathrm{pos})$。因为提供 $P(\mathrm{pos}|\mathrm{D})$ 和 $P(\mathrm{D})$，所以运用等式 5.15 和贝叶斯定理，得到

$$P(\mathrm{D}|\mathrm{pos}) = \frac{P(\mathrm{pos}\,|\,\mathrm{D})\,P(\mathrm{D})}{P(\mathrm{pos})} \tag{5.23}$$

将式 (5.20) 和式 (5.21) 的值代入，可以得到分子。为了计算分母，我们观察每个人要么携带疾病，要么不携带疾病，所以

$$P(\mathrm{pos}) = P(\mathrm{pos} \cap \mathrm{D}) + P(\mathrm{pos} \cap \mathrm{ND})$$

运用式 (5.14) 计算在右边的两个概率。观察到 $P(\mathrm{ND}) = 1 - P(\mathrm{D})$，并且代入已知数值得到

$$P(\mathrm{pos} \cap \mathrm{D}) = P(\mathrm{pos}|\mathrm{D})P(\mathrm{D}) = 0.99 \cdot 0.001 = 0.000\ 99$$

$$P(\mathrm{pos} \cap \mathrm{ND}) = P(\mathrm{pos}|\mathrm{ND})P(\mathrm{ND}) = 0.02(1 - 0.001) = 0.019\ 98$$

$$P(\mathrm{pos}) = P(\mathrm{pos} \cap \mathrm{D}) + P(\mathrm{pos} \cap \mathrm{ND}) = 0.0099 + 0.019\ 98 = 0.020\ 97$$

316
~
317

最后，得到式 (5.23) 所有需要的数值，并且得到以下结论

$$P(\mathrm{D}|\mathrm{pos}) = \frac{0.99 \cdot 0.001}{0.020\ 97} = 0.0472$$

很明显，利用树形图可以反映这些计算，但它既简化思考过程，也降低所需运算量。

5.3.6 素数测试

练习 5.3-10 表明了在确定一个数字有多大可能是素数时我们可能会面对的问题。我们已经讨论一个非素数将会无法通过我们使用的 3/4 的素性测试。因此，如果使用 5 个这样的独立测试，一个非素数不能被证明为非素数的概率只有 $1/4^5$，或者大约 1/1000。在 5.4 节中，将会看到需要保证什么样的假设才能得到 $1/4^5$ 的概率。我们已经注意到在长度为 $\ln n$ 并且以数字 n 为中心的区间内素数的期望个数是 1。因此，如果我们要随机选择一个数字 n，n 是素数的概率大约是 $1/\ln n$。因为 $\ln n$ 增长相对 n 来说比较慢，甚至当 n 是很大的数值时，这个概率不是太小。不过如果 n 有 150 位，那么 $\ln n$ 是大约 350。（对于 RSA，建议选择大约 150 位数是足够的。）因此，如果要选择有 150 位的素数，它是素数的概率大约是 1/350。测试素数的树形图有点类似于图 5.6。素数对应于树的最底层分支并且有 1/350 的概率。不为素数对应于树的上层分支并且有 349/350 的概率（在图 5.6 的 0.2

的位置。）测试非素数对应于猜测正确并且有大概 999/1000 的概率，是合数但是没有被检测出来对应做错并且有大概 1/1000 的概率。这提供给我们一个随机数字没有被测试出是非素数的概率是 $1/350+349/(350 \cdot 1000)$。因此，用练习 5.3-10 的方法，没被测出是非素数的一个数字是素数的概率是

$$\frac{1/350}{1/350+349/(350 \cdot 1000)} \approx \frac{1/350}{1/350+1/1000}$$

大约为 0.74。所以一个数字在 5 次测试中都没有测试出是非素数，这就不能很好地证明它是素数。

假设我们用 $5k$ 次测试，其中 k 为大于 1 的整数。那么一个非素数在很多测试中没有检测是非素数的概率大约是 $1/1000^k$。一个数字没有被 $5k$ 次测试检测是素数的概率大约是

$$\frac{1/350}{1/350+1/1000^k} = \frac{1}{1+350/1000^k}$$

318

这个公式用起来有点笨拙。但是，当 $x<1$ 时，有

$$\frac{1}{1-x^2}>1$$

所以

$$\frac{1}{1+x}>1-x$$

316 ~ 317

由此可知

$$\frac{1}{1+350/1000^k} > 1-\frac{350}{1000^k} > 1-\frac{1}{1000^{(k-1)}}$$

这个表示能保证随机选中的数字是素数的概率最少是 $1-1000^{-k}$，在给定它没通过 $5(k+1)$ 次测试的情况下。如果用 1000 替换 350，不等式依然成立。逆转该过程得到从 150 位数到一个 350 位数的区间的这个过程，该过程告诉我们运用这个保障到有 $\log_{10} \mathrm{e}^{1000} \approx 435$ 位数上。为了保证一个随机选择的最多有 435 位数的数字是素数并且其错误的概率小于 1000^{-k}，只需要运行 $5(k+1)$ 次非素数测试。

重要概念、公式和定理

1. **条件概率**：给定 F 的情况下 E 的条件概率记作 $P(E|F)$，读作“F 发生的情况下 E 的概率”。当 $P(F) \neq 0$，$P(E|F)$ 满足

$$P(E|F)=\frac{P(E \cap F)}{P(F)}$$

2. **贝叶斯定理**：$P(E|F)$ 和 $P(F|E)$ 的关系是

$$P(E|F)=\frac{P(F \mid E) P(E)}{P(F)}$$

3. **独立性**：如果 $P(E|F)=P(E)$，则称 E 独立于 F。

4. **独立概率的乘法原理**：定理 5.5 提供另一种事件独立性的测试。如果 E 和 F 是一个样本空间的事件，那么 E 独立于 F 当且仅当 $P(E \cap F) = P(E)P(F)$。
5. **独立的对称性**：事件 E 独立于事件 F，当且仅当 F 独立于 E。
6. **独立试验过程**：一个在每个阶段发生的过程被叫作独立试验过程，如果对于队列中每个 $a_1, a_2, \cdots, a_n, a_i \in S_i$，有 $P(x_i = a_i | x_1 = a_1, \cdots, x_{i-1} = a_{i-1}) = P(x_i = a_i)$。
7. **独立试验结果的概率**：在一个独立试验过程中，序列 $a_1, a_2, \cdots, a_n$ 的结果的概率是 $P(\{a_1\})P(\{a_2\}) \cdots P(\{a_n\})$。
8. **硬币抛掷**：反复抛掷一枚硬币是一个独立试验过程。
9. **散列法**：散列一个 n 个键的序列到 k 个槽是一个包含 n 个阶段的独立试验过程。
10. **树形图**：一个有多阶段过程的树形图中，树的每层对应的是过程的一个阶段。每个顶点用在该阶段的其中一种可能的结果表示。每条边被条件概率标记——得到它在给定已经发生结果的情况下右边的结果。每条从根到叶的路径表示一个序列的结果，并用在路径上概率的乘积标记。这就是该序列结果的概率。

319

习题

所有带 * 的习题均附有答案或提示。

1* 三次抛掷一枚硬币，在给定有偶数个正面的情况下，连续抛掷两次是正面的概率是多少？
2. 三次抛掷一枚硬币，连续两次抛掷是正面的事件是不是独立于有偶数个正面的事件？
3* 三次抛掷一枚硬币，得到至多一次背面的事件是不是独立于不是所有抛掷都一样的事件？
4. 抛掷两个骰子，先投第一个，然后再投第二个，这个事件的样本空间是多少？利用这个样本空间，解释为什么如果抛掷两个骰子，“i 点在第一个骰子的上面”的事件和“j 点在第二个骰子上面”的事件是独立的。
5* 如果抛掷一枚硬币两次，得到奇数个正面的事件是不是独立于第一次抛掷是正面的事件？它是不是独立于第二次抛掷正面朝上的事件？可以说这三个事件相互独立？（“相互独立”这个词还没有被定义，所以这个问题是一种观点。但是，你可以用一个说得通的理由支持你的观点。）

320

6. 假设在一个判断题测验中，学生会正确回答他们所知道的内容的任何问题。假设学生会对不知道的问题猜测答案。对于了解 60% 这门课内容的学生，有多大概率他们正确回答一个问题？他们知道自己正确回答问题的概率是多少？
7* 一枚 5 分，两枚 10 分和两枚 25 分的硬币在一个杯子里面。你抽三枚硬币，一次一枚并且没有放回。画出表示这个过程的树形图。运用这个树形图确定最后一次得到 5 分硬币的概率。在给定最后一枚是 25 分硬币的情况下，用树形图确定第一枚硬币是 25 分的概率。

8. 写出在有一个 A（最少有一个）的情况下，一手桥牌（从一副完整的扑克中抽出 13 张牌）有 4 个 A 的概率公式。写出在有一个黑桃 A 的情况下，一手牌有 4 个 A 的概率公式。它们中哪个的概率更大？

9* 一枚 5 分，两枚 10 分和三枚 25 分的硬币在一个杯子里面。你抽三枚硬币，一次一枚并且没有放回。第一枚硬币是一枚 5 分的概率是多少？第二枚硬币是一枚 5 分的硬币是多少？第三枚硬币是一枚 5 分的概率是多少？

10. 如果一个学生知道一门课中的 75% 内容，如果有一项包含 100 个单项选择问题的均衡覆盖内容的测试，并且每个问题有五个选项。在学生对于不知道答案的问题进行猜测的情况下，这个学生得到正确问题的概率是多少？

11* 假设 E 和 F 是事件，并且 $E \cap F = \varnothing$。描述什么条件下 E 和 F 是独立的，并且解释原因。

12. 在一个由一个母亲，一个父亲和两个年龄不同的孩子组成的家庭中，给定其中一个孩子是女孩，这个家庭有两个女孩的概率是多少？给定年长的孩子是一个男孩，两个孩子都是男孩的概率是多少？

13* 你是电视节目游戏“让我们做个决定”的竞赛者。这个游戏中有三个布帘。在其中一个布帘后面是一辆新轿车，并且在其他两个的后面是两包垃圾。你要选中其中一个布帘。在你选中一个布帘后，主持人蒙特霍尔假设知道车在哪里，掀开你没有选中的一个布帘并且告诉这是一些垃圾。他然后问你是否想改变你选中的布帘。你是不是要改变？为什么？为什么不？请谨慎回答这个问题。你有回答这个问题所需的工具，但根据记载（*Parade*杂志），很多数学博士的回答是错误的。

321

5.4 随机变量

5.4.1 什么是随机变量

对于一个样本空间为 S 的试验，一个将 S 的每个元素指定一个数值的函数称为一个**随机变量**（random variable）。一般地，将随机变量记为 X 而不是 f。（最初，一个随机变量被设想成一个跟试验相关的变量，用于解释 X 的使用。不过从数学角度意识到 X 实际上是样本空间的一个函数是非常有帮助的。）

例如，如果考虑抛掷一枚硬币 n 次的过程，可以得到一个包含所有有可能的 n 个 H 和 T 的序列的集合作为样本空间。随机变量“正面朝上的个数”选取任意一个序列，并告诉我们这个序列里面有多少正面。例如，设 X 表示一枚硬币 5 次抛掷中正面朝上的个数，则有 $X(\mathrm{HTHHT}) = 3$，$X(\mathrm{THTHT}) = 2$。这里用 X 来表示函数虽然不常见，但这却是一个随机变量的标准符号。

对一个有 n 个键的序列散射到具有 k 个位置的散列表，可用一个随机变量 X_i 表示散射到散列表第 i 个位置键的个数，或者可用随机变量 X 表示冲突（不同的键散射到同一个位置）的个数。对于一个有非对即错的 n 个问题测试（例如，简答，判断，或者多项选择测试)，可以用一个随机变量表示在一个答案序列中正确答案的个数。又比如餐厅的一顿饭，可以用一个随机变量表示任意一个菜单中选择项序列的价格。

练习 5.4-1：给出可能让一个医生感兴趣的几个随机变量，样本空间是她的病人。

练习 5.4-2：如果你抛掷一枚硬币 6 次，你期待有多少次正面？

322

一个医生可能对病人的年龄，体重，体温，血压，胆固醇水平等指标感兴趣。

对于练习 5.4-2，在一枚硬币的 6 次抛掷中，自然期待有三个正面。有人可能会辩解道，如果对所有可能的结果中正面的个数取平均值，则平均值应该是抛掷次数的一半。因为每一个序列出现的概率相同，所以这个平均值是符合期望的。因此，我们期望正面的次数是抛掷次数的一半。之后将更正式地探讨这个概念。

5.4.2　二项式概率

当研究的是每个阶段仅有两种结果的一个独立试验过程（independent trial process）时，习惯将这些结果指定为成功和失败。当抛掷一枚硬币时，通常对正面朝上的次数感兴趣。当分析学生在考试中的表现时，通常对正确答案的个数感兴趣。当分析药品的实验结果时，通常对药品能够成功治疗疾病的实验个数感兴趣。这自然而然地产生了一个随机变量与一个每个阶段有两种结果的独立试验过程相关联，即 n 次试验中成功的次数。一般地，分析一个 n 次独立试验中正好成功 k 次的概率，其中每次试验成功的概率为 p（因此失败概率为 $1-p$）。通常把这样一个独立试验过程称作**伯努利试验过程**（Bernoulli trials process）。

练习 5.4-3：假设有 5 次伯努利试验，每次试验的成功概率为 p。前三次试验成功且后两次失败的概率是多少？前两次失败且后三次成功的概率是多少？试验 1、3、5 次成功且其他两次失败的概率是多少？任意三次成功，其他两次失败的概率是多少？

因为一个结果序列的概率是每个独立结果概率的乘积，所以任意的 3 次成功并且 2 次失败的概率是 $p^3(1-p)^2$。更一般的情况下，在 n 次伯努利试验中，任给定一个 k 次成功和 $n-k$ 次失败序列的概率是 $p^k(1-p)^{n-k}$。然而，这不是 n 次试验中有 k 次成功的概率，因为很多不同的序列可能有 k 次成功。

有多少个长度为 n 的序列恰好有 k 次成功？从 n 中选出 k 个位置成功的方式有 $\binom{n}{k}$ 中。因此，有 k 次成功的序列个数是 $\binom{n}{k}$。结合本段和上段可得出以下定理。

323

定理 5.8　在一个有两种结果的 n 次独立试验的序列中，每次试验成功的概率为 p，则恰好有 k 个成功的概率为

$$P(\text{成功}k\text{次})=\binom{n}{k}p^k(1-P)^{n-k}$$

证明 定理之前的两个段落即为定理的证明。 □

因为这些概率和二项式系数（binomial coefficient）之间的联系，所以定理 5.8 的概率被称为**二项式概率**（binomial probabilities），或**二项式概率分布**（binomial probability distribution）。

322

练习 5.4-4：一个学生进行一次有 10 个问题的客观题测试[⊖]。假设一个了解这门课内容 80% 的学生，对任意问题有 0.8 的答对概率，且他回答问题时相互独立。有多少概率他可以得到 80 分或者更好（总分 100）?

练习 5.4-5：回想一下 2.4 章节部分的素数测试算法。在那里说过为对 n 进行测试，可以选取一个小于等于 n 的随机数。如果 n 不是素数（换句话说，n 是合数），该测试有 3/4 的概率验证这个事实。假设进行 20 次这样的试验。合理地假设每次测试都是相互独立。一个合数被验证是合数的概率是多少?

在 10 个题的测试中 80 分以上的成绩对应于 10 次试验中的 8，9，10 次成功，在练习 5.4-4 中，有

$$P(80\text{分以上})=\binom{10}{8}(0.8)^8(0.2)^2+\binom{10}{9}(0.8)^9(0.2)^1+\binom{10}{10}(0.8)^{10}(0.2)^0$$

部分计算借助于计算器，可以得到总和近似为 0.678。

在练习 5.4-5 中，首先计算合数不能被验证是合数的概率。如果将成功认为该合数被检验出是合数，否则为失败，那么可以看出只有 20 次检测全部失败时才会检验出错。运用公式，得到一个合数未被检测出的概率是 $\binom{20}{20}(0.25)^{20}=\frac{1}{1\,099\,511\,627\,776}$。因此，该事件发生的概率小于万亿分之一，该合数被验证为合数的概率是 $1-\frac{1}{1\,099\,511\,627\,776}$。因此，合数被证明为合数的概率是 $\frac{1\,099\,511\,627\,775}{1\,099\,511\,627\,776}$，比 0.999 999 999 999 还要大，所以一个合数几乎可以确定被验证是合数。

324

5.4.3 体验生成函数

可以注意到一个恰好有 k 个成功的概率和二项式定理的联系。通过一个例子思考多项式 $(\mathrm{H}+\mathrm{T})^3$。利用二项式定理，得到

$$(\mathrm{H}+\mathrm{T})^3=\binom{3}{0}\mathrm{H}^3+\binom{3}{1}\mathrm{H}^2\mathrm{T}+\binom{3}{2}\mathrm{H}\mathrm{T}^2+\binom{3}{3}\mathrm{T}^3$$

可以这样解读这个等式，就像抛掷一枚硬币三次，每次结果不是正面就是背面，则有

- $\binom{3}{0}=1$ 种方式得到 3 个正面

⊖ 客观题测试是指答案要么对要么错，不需要猜的测试（也即，不是判断或者多选的测试）。

- $\binom{3}{1}=3$ 种方式得到 2 个正面和 1 个背面
- $\binom{3}{2}=3$ 种方式得到 1 个正面和 2 个背面
- $\binom{3}{3}=1$ 种方式得到 3 个背面

类似地，如果用 px 和 $(1-p)y$ 分别替换 H 和 T，可以得到

$$(px+(1-p)y)^3=\binom{3}{0}p^3x^3+\binom{3}{1}p^2(1-p)x^2y+\binom{3}{2}p(1-p)^2xy^2+\binom{3}{3}(1-p)^3y^3$$

将此推广至 n 次重复试验，其中每次试验的成功概率为 p，我们通过 $(px+(1-p)y)^n$ 可以得到

$$(px+(1-p)y)^n=\sum_{k=0}^{k}\binom{n}{k}p^k(1-p)^{n-k}x^ky^{n-k}$$

观察求和公式中 x^ky^{n-k} 的系数，得到与定理 5.8 一样的结果。

325

这种联系是一个称为**生成函数**（generating functions）的强大工具的简单例子。称多项式 $(px+(1-p)y)^n$ 生成了二项式概率。实际上，甚至不需要 y，因为

$$(px+1-p)^n=\sum_{i=0}^{n}\binom{n}{i}p^i(1-p)^{n-i}x^i$$

一般地，序列 $a_0,a_1,a_2,\cdots,a_n$ 的生成函数为 $\sum_{i=1}^{n}a_ix^i$，一个无限序列 $a_0,a_1,a_2,\cdots,a_n,\cdots$ 的生成函数是无穷级数 $\sum_{i=1}^{\infty}a_ix^i$。

5.4.4 期望值

在练习 5.4-2 中，曾提出这样一个问题：你期望一个随机变量取什么值（在该情况下，6 次抛掷硬币中正面向上的次数）。虽然还没有定义期望的值是什么意思，但这个提法却似乎是有意义的。如果抛掷两次硬币，期望的结果是其中一次正面向上，可以解释为取平均值的原因。试验共有 4 种结果——1 种没有正面向上，2 种一个正面向上，和 1 种有两个正面向上——可得平均值

$$\frac{0+1+1+2}{4}=1$$

注意，使用平均值计算会得到一些不可能在试验中出现的期望值。比如，在将一枚硬币向上抛掷 3 次的过程中，8 个可能结果的正面向上的次数是 0，1，1，1，2，2，2，3，则均值为

$$\frac{0+1+1+1+2+2+2+3}{8}=1.5$$

练习 5.4-6：用游戏和赌博的一个解释可以清晰地说明，期望一个随机变量取不是任何一个可能出现的值是有意义的。假设我提出下面这个游戏：你付我一些钱，然后抛三枚硬币。

对于每一个正面朝上的硬币，我会付你 1 美元。若你最初必须给我 2 美元，你会玩这个游戏吗？如果你付我 1 美元呢？为了游戏的公平性，你觉得玩这个游戏应该花多少钱？

因为期望是 1.5 个正面，所以你期望赚到 1.5 美元。因此玩这个游戏的合理花费最多是 1.5 美元。

326

当然，像在练习 5.4-6 做的那样，将样本空间内每个元素对应的随机变量的结果取平均数是不现实的，即便是将一枚硬币抛掷 10 次这样简单的情况。但是将一枚硬币向上抛掷 10 次，可以问每种正面向上可能取值的次数，然后用正面朝上的个数乘以对应情况出现的次数，得到正面朝上的平均个数是

$$\frac{0\binom{10}{0}+1\binom{10}{1}+2\binom{10}{2}+\ldots+9\binom{10}{9}+10\binom{10}{10}}{1024}=\frac{\sum_{i=0}^{10} i\binom{10}{i}}{1024} \tag{5.24}$$

看到过 $\sum_{i=0}^{n} i\binom{n}{i}$ 这个公式吗？可能看到过，但是在任何情况下，利用二项式定理和一点微积分知识或归纳法证明（见习题 14）可以得出

$$\sum_{i=0}^{n} i\binom{n}{i}=2^{n-1}n$$

从而得出式 (5.24) 的结果 $(512\cdot 10)/1024=5$ 。你可能会问，“这个过程必须这么复杂？”，你问得很好。一旦了解一点关于随机变量期望值的理论，计算将大为简化。

此外，这个简单问题的复杂计算表明，一个随机变量在其样本空间上的简单平均与期望的结果没有任何关系。例如，如果用对和错分别替换正面和背面，一个学生做一个有 10 个问题的测试，对任何一个问题，该同学有 0.9 的可能性得到正确答案，这样可以得到一个学生得分的样本空间。因此，如果考虑所有可能测试结果的模式，计算正确答案的平均个数，可以得到平均为 5 个正确答案。这不是我们期望的正确答案的个数，因为平均个数和计算概率的过程没有任何本质上的关系。如果将 10 次投掷硬币更细致一点的分析，那么可以解决这个分歧。把等式 5.24 重写成

$$0\frac{\binom{10}{0}}{1024}+1\frac{\binom{10}{1}}{1024}+2\frac{\binom{10}{2}}{1024}+\cdots+9\frac{\binom{10}{9}}{1024}+10\frac{\binom{10}{10}}{1024}=\sum_{i=0}^{10} i\frac{\binom{10}{i}}{1024} \tag{5.25}$$

在式 (5.25) 中，我们看到可以通过将每个随机变量正面朝上的可能的取值乘以每个随机变量取该值的概率值，把结果相加求得正面向上的平均值。这就给出了一个随机变量的值的加权平均。由于对随机变量的概率加权的思想在概率理论中的频繁使用，因此为了更好地在等式中使用这种加权，这里提出了特别的记号。

327

使用 $P(X=x_i)$ 表示随机变量 X 等于 x_i 值的概率。将为每个 x_i 指派 $P(X=x_i)$ 的函数称为随机变量 X 的**分布函数**（distribution function）。例如，二项概率分布是伯努利试验中“成功次数”随机变量的分布函数。

定义取值为集合 $\{x_1, x_2, \cdots, x_k\}$ 的随机变量 X 的**期望值**（expected value）或者**期望**（expectation）是

$$E(X) = \sum_{i=1}^{k} x_i P(X = x_i)$$

对于一个做 10 个问题的测试且每题有 0.9 的概率正确的学生，正确答案的期望是

$$\sum_{i=0}^{10} i \binom{10}{i} (0.9)^i (0.1)^{10-i}$$

在习题 17 中，将会展示一个直接利用二项式定理和微积分来计算期望的方法（可以认为是生成函数的一个应用）。现在先提供一个不那么直接但是更简单的方法计算这个和其他的期望值。

练习 5.4-7: 证明若有一个定义在样本空间 S 的随机变量 X（你可以和上面类似的假设 X 可能取值 $x_1, x_2, \cdots, x_k$），则 X 的期望是

$$E(X) = \sum_{s:s\in S} X(s) P(s)$$

（换言之，可取出样本空间中的每个元素，计算其概率，乘以随机变量的取值，再把结果相加。）

练习 5.4-7 的证明需要下面的基本引理。

引理 5.9　如果一个随机变量 X 定义在（有限）样本空间 S，则它的期望为

$$E(X) = \sum_{s:s\in S} X(s) P(s) \tag{5.26}$$

328

证明　假设随机变量的取值是 $x_1, x_2, \cdots, x_k$。设 F_i 代表 X 的值是 x_i 的事件，则 $P(F_i) = P(X = x_i)$。在式 5.26 右边的求和中，把在样本空间中的事件提取出来，组合在一起放在事件 F_i 里面，按期望的定义重新求和，如下：

$$\begin{aligned}
\sum_{s:s\in S} X(s) P(s) &= \sum_{i=1}^{k} \sum_{s:s\in F_i} X(s) P(s) \\
&= \sum_{i=1}^{k} \sum_{s:s\in F_i} x_i P(s) \\
&= \sum_{i=1}^{k} x_i \sum_{s:s\in F_i} P(s) \\
&= \sum_{i=1}^{k} x_i P(F_i) \\
&= \sum_{i=1}^{k} x_i P(X = x_i) = E(X)
\end{aligned}$$

□

引理 5.9 的证明不需要像我们刚刚写得那么正式和符号化，可以用自然语言简单描述如下：当计算引理 5.9 的和时，可以把样本空间中所有 X 取值为 x_i 的元素合成一组，并将他们的概率相加。这种结合表示为 $x_i P(X = x_i)$，从而推导出随机变量 X 期望的定义。

5.4.5 期望值的求和与数值乘法

关于期望值，另外要点是很自然地从英语中使用“期望”这个词的时候想到的，如果一位批卷工期望今天赚 10 美元，期望明天赚 20 美元，那么，这两天她期望赚 30 美元。可以用 X_1 表示她今天批卷赚的钱，X_2 表示她明天批卷赚的钱，所以

329

$$E(X_1 + X_2) = E(X_1) + E(X_2)$$

这个公式对于任何两个随机变量的和都成立。更一般地，对于任何同一个样本空间上的两个随机变量都是对的。

定理 5.10　设 X 和 Y 是在（有限）样本空间 S 上的两个随机变量，则有

$$E(X+Y) = E(X) + E(Y)$$

证明　由引理 5.9，可得

$$\begin{aligned} E(X+Y) &= \sum_{s:s\in S} (X(s) + Y(s)) P(s) \\ &= \sum_{s:s\in S} X(s) P(s) + \sum_{s:s\in S} Y(s)P(s) \\ &= E(X) + E(Y) \end{aligned}$$

□

如果把考试中每道题的分数加一倍，那么期望学生的分数加一倍。因此，下一个定理将在意料之中。这里，使用符号 cX 来表示随机变量 X 乘以数字 c。

定理 5.11　设 X 是样本空间 S 上的随机变量。对于任意常数值 c，则有

$$E(cX) = cE(X)$$

证明　这个定理的证明留作习题 15。　□

定理 5.10 和定理 5.11 是在证明关于随机变量的事实中非常有用的定理。放在一起，一般称为**期望的线性性**（linearity of expectation）。（期望的和等于和的期望，称为**期望的可加性**（additivity of expectation）。）与处理基本概率相比，线性化的思想常会使期望更容易处理。

例如，抛掷一枚硬币一次，我们期望的正面个数是 0.5。假设将一枚硬币抛掷 n 次，设 X_i 为第 i 次抛掷正面向上的个数，则 X_i 取 0 或 1。(例如，在 5 次抛掷中，$X_2(\mathrm{HTHHT}) = 0$ 和 $X_3(\mathrm{HTHHT}) = 1$。) 因此，在 n 次抛掷中正面向上的总次数等于第一次抛掷正面的个数，第二次抛掷正面的个数一直到最后一次抛掷正面的个数之和，

$$X = X_1 + X_2 + \cdots + X_n \tag{5.27}$$

不过，每个 X_i 的期望值是 0.5。在等式 5.27 两边同时求期望，并且多次运用定理 5.10（或者运用归纳法）得到

330

$$\begin{aligned} E(X) &= E(X_1 + X_2 + \cdots + X_n) \\ &= E(X_1) + E(X_2) + \cdots + E(X_n) \\ &= 0.5 + 0.5 + \cdots + 0.5 \\ &= 0.5n \end{aligned}$$

因此，抛掷一枚硬币 n 次，正面向上的期望个数是 $0.5n$。对比此例中运用这个方法的轻巧和前面处理该问题的艰难！在一般情况下，当概率取 0.9 或 p 时，也没有问题。

练习 5.4-8： 运用期望的可加性来决定一个学生在 n 个填空问题的测试中正确答案个数的期望。如果这个学生知道这门课 90% 的内容，并且测试的问题是从课程资料中准确地均匀抽样得到的。(假设该学生没有猜测。)

在练习 5.4-8 中，由于问题准确地从这门课资料中取样，因此很自然地认为该学生得到每个问题正确答案的事件概率为 0.9。设 X_i 是在问题 i 上正确答案的个数（不是 1 就是 0，取决于学生是否得到正确答案），那么，正确答案个数的期望是变量 X_i 期望值的总和。由定理 5.10，观察到在 n 次试验有 0.9 的成功概率，于是期望有 $0.9n$ 次成功。正如我们期待的一样，这就得到正确率为 0.9 的 10 个问题中正确答案个数的期望是 9。通过类似的计算可证下一个定理，这里是一个特例。

定理 5.12 对重复 n 次的伯努利试验，每次试验有两种结果，每次试验的成功概率为 p，成功次数的期望是 np。

证明 设 X_i 是在 n 个独立试验中的第 i 次试验成功的次数。在 i 次试验成功个数的期望（也即 X_i 的期望）按定义计算为

331

$$p \cdot 1 + (1 - p) \cdot 0 = p$$

全部 n 次试验中成功次数 X 是随机变量 X_i 的总和。由定理 5.10，在 n 次独立试验中成功次数的期望是 n 个随机变量 X_i 的期望的总和，等于 np。 □

5.4.6　指示器随机变量

注意在定理 5.12 的证明中，用到这样一个随机变量，若第 i 次试验成功，取 1，否则取 0。为了更加自然地理解随机变量，把 X_i 描述为试验 i 中成功次数，或者取 0 或者取 1。在计算抛一组硬币正面向上的个数或一个测试中正确回答问题的个数时，使用了相同类型的计算工具。一个随机变量如果事件发生取值为 1，事件不发生取值为 0，则称为**指示器随机变量**（indicator random variable）。这类变量有很好的性质，

$$E(X_i) = P(X_i = 1) = P(\text{事件发生}) \tag{5.28}$$

就像在见过的例子中，用指示器随机变量的总和对一个事件发生的次数进行计数。和的期望值是事件发生的期望次数。在一个多阶段的过程中，在不同阶段可能会对不同事件感兴趣。一样可以选择合适的指示器随机变量，通过计算和的期望来计算期望值，从而对它们进行计数。由于期望的线性性质，因此事件之间的独立性不是必需的。在练习 5.2-5 中，考虑衣帽储存问题，随机为每个学生发放背包，n 个学生检查他们的背包（或帽子）。（换言之，背包是根据一个随机排序进行分配[⊖]。）我们考虑了没有人拿到自己背包的情况。现在考虑随机变量 X（拿到自己背包的人数）的期望。

332

设 X_i 为事件 E_i 的指示器随机变量，即第 i 个人正确拿回背包（如果第 i 个人正确拿回背包，$X_i = 1$；否则，$X_i = 0$。）若

$$X = X_1 + X_2 + \cdots + X_n$$

那么 X 是正确拿回背包的学生总数。注意，事件 E_i 并不是独立的。例如，若 $n = 2$，两个学生都拿回自己的背包或者两个学生都没拿回自己的背包。尽管如此，由期望的线性性，有

$$E(X) = E(X_1) + E(X_2) + \cdots + E(X_n)$$

对于给定 i，如何求 $E(X_i)$ 的值？由等式 5.28，值为 $P(\text{第}i\text{个人得到正确背包})$。对于 n 个人，有 $n!$ 个排列。当第 i 个人的背包被正确归还，有 $(n-1)!$ 个排列。所以 $E(X_i) = 1/n$。因此，对任意人数 n，$E(X) = n(1/n) = 1$。

指示器随机变量在分析算法中很有用。这里是一个例子。

练习 5.4-9： *考虑下面计算数组中最小元素的过程。*

```
FindMin(A,n)
// 在数组A中找出最小的元素，其中 n = |A|
(1) min = A[1]
(2) for i = 2 to n
(3)     if (A[i] < min)
(4)         min = A[i]
(5) return min
```

⊖ 有一个随机排序意思是说，从样本空间为所有排序的集合内选取，并且有相等概率选取任何排序。

若数组 A 为整数从 1 到 n 的一个随机排列，min 被赋值次数的期望是多少？

设 X 为 min 被赋值的次数，X_i 为事件 $A[i]$ 被赋值到 min 的指示器随机变量。于是有 $X = X_1 + X_2 + \cdots + X_n$，并且 $E(X_i)$ 是 $A[i]$ 在集合 $\{A[1], A[2], \cdots, A[i]\}$ 中为最小元素的概率。因为在 $i!$ 种排列中，有 $(i-1)!$ 种排列使 $A[i]$ 为最小的元素，所以 $E(X_i) = 1/i$。因此，

$$E(X) = \sum_{i=1}^{n} \frac{1}{i}$$

在 5.5 节中，将会看到这个和是 $\Theta(\log n)$。

333

5.4.7 第一次成功的尝试次数

练习 5.4-10： 抛掷一枚硬币，期望抛掷多少次能第一次看到一个正面？为什么？抛两个骰子，期望抛掷多少次能看到和为 7？为什么？

直觉告诉我们应该是抛掷两次才能第一次看到正面。不过，我们应该意识到还存在永远看不到一个正面的情况，所以我们真的期待两次抛掷一枚硬币中看到一个正面吗？两个骰子和为 7 的概率是 1/6，这是否意味着在第一次出现 7 之前，期待抛掷骰子 6 次？

分析这类问题，必须意识到这已经脱离了在有限样本空间进行独立试验过程的情况。相反，应该考虑成功概率为 p 的独立重复试验，直到第一次成功就停止的过程。现在，对于一个多阶段的过程，可能的结果是无限的集合

$$\{S, FS, FFS, \cdots, F^iS, \cdots\}$$

其中，用符号 F^iS 来表示 i 次失败之后跟着一次成功。因为存在一个无限的结果序列，就会思考能否将一个概率权重的无限序列赋值给它的成员，使得最终的概率序列之和为 1。如果这样，那所有的定义都是有效的，所有定理的证明也依然正确㊀。只有一种指派权重的方法能和（有限）独立试验过程保持一致，即

$$P(S) = p,\ P(FS) = (1-p)p,\ \cdots,\ P\left(F^iS\right) = (1-p)^i p,\ \cdots$$

因此，不得不希望这些权重相加为 1，事实上，他们的相加是

$$\sum_{i=0}^{\infty}(1-p)^i p = p\sum_{i=0}^{\infty}(1-p)^i = p\frac{1}{1-(1-p)} = \frac{p}{p} = 1$$

由此，可以得到一个合理的权重指派。序列集合

334

$$\{S, FS, FFS, FFFS, \cdots, F^iS, \cdots\}$$

㊀ 对于熟悉无穷项和（也即无穷级数）收敛性概念的那些同学来说，值得注意的是，就目前已经证明的理论来说，概率的非负性与和为 1 两条事实保证了我们需要解决问题的收敛性。这并不意味着我们想要处理的所有和都会收敛。一些定义在我们已经描述过的样本空间上的随机变量会有无穷大的期望值。然而，此处我们需要处理的第一次成功所需试验次数的期望值确是收敛的。

是这些概率权重的样本空间。由于证明所采用的是和为 1 的几何级数，因此概率分布 $P(F^iS) = (1-p)^i p$ 被称为**几何分布**（geometric distribution）。

定理 5.13　假设有一个试验序列，每次试验有两种结果，成功和失败，其中每步成功的概率为 p 且 $p > 0$，于是第一次成功所需试验次数的期望值是 $1/p$。

证明　考虑随机变量 X，若试验 i 第一次成功，则 X 取 i。（换言之，$X(F^{i-1}S) = i$。）试验 i 第一次成功概率为 $(1-p)^{i-1}p$，因为在第一次成功前必须有 $i-1$ 次失败。我们试验次数的期望即是 X 的期望值，由期望的定义和以上假设，可知

$$
\begin{aligned}
E(\text{试验次数}) &= \sum_{i=0}^{\infty} p(1-p)^{i-1} i \\
&= p \sum_{i=0}^{\infty} (1-p)^{i-1} i \\
&= \frac{p}{1-p} \sum_{i=0}^{\infty} (1-p)^i i \\
&= \frac{p}{1-p} \frac{1-p}{p^2} \\
&= \frac{1}{p}
\end{aligned}
$$

在前面等式中，由第三行到第四行，使用了这样一个事实：

$$
\sum_{j=0}^{\infty} j x^j = \frac{x}{(1-x)^2} \tag{5.29}
$$

当 x 绝对值小于 1 时，等式恒成立。曾在定理 4.6 中证明了该式的有穷版本。无穷版本更易证明。 □

335

由定理 5.13，可以看出抛掷一枚硬币直到看到一次正面试的期望次数的是 2，抛掷两枚骰子直到我们得到 7 的期望次数是 6。

重要概念、公式和定理

1. **随机变量**：对于一个样本空间为 S 的试验，一个将 S 的每个元素指定一个数值的函数称为一个随机变量。
2. **伯努利试验过程**：每阶段有两种结果——成功和失败，成功概率是 p、失败概率是 $1-p$ 的一个独立试验过程称为伯努利试验过程。
3. **伯努利试验序列的概率**：在成功概率为 p，重复 n 次的伯努利试验中，给定一个由 k 次成功和 $n-k$ 次失败构成的序列，该序列概率为 $p^k(1-p)^{n-k}$。

4. **n 次伯努利试验恰有 k 次成功的概率**：每阶段有两种结果，成功概率是 p，重复 n 次的独立试验中，恰好有 k 次成功的概率是

$$P\left(\text{恰好}k\text{次成功}\right)=\begin{pmatrix} n \\ k \end{pmatrix} p^{k}\left(1-p\right)^{n-k}$$

5. **二项式概率分布**：n 次伯努利试验中恰有 k 次成功的概率是 $\binom{n}{k}p^{k}(1-p)^{n-k}$，称为二项式概率，或二项概率分布。

6. **生成函数**：序列 $a_0,a_1,a_2,\cdots,a_n$ 的生成函数是

$$\sum_{i=1}^{n} a_i x^i$$

并且无限序列 $a_0,a_1,a_2,\cdots,a_n,\cdots$ 的生成函数是

$$\sum_{i=1}^{\infty} a_i x^i$$

多项式 $(px+1-p)^n$ 是成功概率为 p 的 n 次伯努利试验二项式概率的生成函数。

7. **分布函数**：一个将 $P(X=x_i)$ 指定给事件 $X=x_i$ 的函数称为随机变量 X 的分布函数。 336

8. **期望值**：一个随机变量 X 取值在集合 $\{x_0,x_1,x_2,\cdots,x_n\}$ 上的期望值或期望定义为

$$E\left(X\right)=\sum_{i=1}^{k} x_i P(X=x_i)$$

9. **期望值的另一公式**：如果一个随机变量 X 定义在（有限）样本空间 S 上，则它的期望值是

$$E\left(X\right)=\sum_{s:s\in S} X\left(s\right)P(s)$$

10. **和的期望值**：如果 X 和 Y 是（有限）样本空间 S 上的两个随机变量，则有

$$E\left(X+Y\right)=E\left(X\right)+E\left(Y\right)$$

这被称为期望的可加性。

11. **数乘的期望值**：假设 X 是在样本空间 S 上的一个随机变量。对任何数值 $c,E\left(cX\right)=cE\left(X\right)$。这个结果和期望的可加性被称为期望的线性性。

12. **伯努利试验中成功次数的期望**：在一次伯努利试验过程中，成功次数的期望是 np。

13. **指示器随机变量**：一个随机变量如果事件发生取值为 1，事件不发生取值为 0，则称为一个指示器随机变量。

14. **第一次成功所需试验次数的期望值**：假设有一个试验序列，每次试验有两种结果，成功和失败，成功的概率为 p，则第一次成功所需试验次数的期望值是 $1/p$。

15. **几何分布**：概率分布 $P\left(F^{i}S\right)=\left(1-p\right)^{i}p$ 称为几何分布。

习题

所有带 * 的习题均附有答案或提示。

1. 给出几个可能让某个抛掷 5 个骰子（例如，像快艇骰子游戏中那样）的人感兴趣的随机变量。

337

2*. 在一个包含 6 次试验的独立试验过程，成功概率为 p，前三次成功后三次失败的概率是多少？后三次成功前三次失败的概率是多少？试验 1，3，5 成功 2，4，6 失败的概率是多少？三次成功三次失败的概率是多少？

3*. 抛掷一枚硬币 10 次，恰好 8 次正面向上的概率是多少？8 个或 8 个以上的呢？

4. 假设回答一个包含五个问题的测试的过程是一个独立试验过程，一个学生有 0.8 的概率正确回答其中的任何问题，一个特定的由 4 个正确 1 个错误组成的序列概率是多少？学生恰好答对 4 个问题的概率是多少？

5*. 假设我提议如果你付钱，我就跟你玩下面的游戏：你抛掷一枚骰子，朝上的每点我给你一美元。对于一个理智的人，最多愿意出多少钱来玩这个游戏？

6. 当你抛掷 n 个骰子时，向上的点数和的期望是多少？

7*. 当你抛掷 24 个骰子时，你期望看到顶部是 6 的次数是多少？

8. 从一副普通的 52 张扑克牌中抽取 26 张牌，一次一张，第 i 次抽取到王与第 j 次抽取到王是否是独立事件？你期望看到多少个王？

9*. 当你抛掷一枚骰子，看到 6 朝上所需抛掷次数的期望值是多少？

10. 样本空间上每个成员 s 有一个常数随机变量 $X(s)=c$，它的期望是多少？（我们常用 c 表示这个随机变量。因此，这个问题是在问 $E(c)$。）

11*. 一个学生正在做一个真假判断题测试，并且当不知道答案时他就猜一个。用正确答案的个数减去错误答案个数的一个百分数来计算成绩。即对某个数字 y，学生的修正分数就是

$$(\text{正确答案的个数})-y\,(\text{不正确答案的个数})$$

338

当把这个“修正分数”转换到一个百分数，想让这个百分数的期望值为学生真实知道的内容的百分数，我们该怎么做？

12. 在以下条件下求解习题 11：一个学生做一个答案有五个选项的多项选择测试，且当她不知道答案时，会随便猜测。

13*. 假设有 10 次独立的试验，结果有“好”“坏”和“一般”三种，对应概率分别为 p，q 和 r，则有 3 个好，2 个坏和 5 个一般的概率是多少？在有三种结果 A，B，C 的 n 个独立测试中，分别有概率 p、q 和 r，则 i 个 A，j 个 B 和 k 个 C 的概率是多少？（在这个问题中，设 $p+q+r=1$ 且 $i+j+k=n$。）

14*. 用尽可能多的方法证明

$$\sum_{i=0}^{n} i\binom{n}{i}=n2^{n-1}$$

15. 证明定理 5.11。
16*. 在一个杯子里，有两枚 5 分，两枚 10 分和两枚 25 分，共 6 枚硬币。无放回地抽出三枚硬币。第一次抽取钱数的期望是多少？第二次抽取呢？抽出的总钱数的期望是多少？若一次抽取三个硬币，期望是否改变？
17. 求和

$$\sum_{i=0}^{10} i\binom{10}{i}(0.9)^i(0.1)^{10-i}$$

用于计算一个人做 10 个问题的测试，有 0.9 的正确率正确答案个数的期望。首先，由二项式定理和微积分得到

$$10(0.1+x)^9=\sum_{i=0}^{10} i\binom{10}{i}(0.1)^{10-i}x^{i-1}$$

在等式的右边将 $x=0.9$ 代入几乎就给出求和了。除了在求和的每一项，0.9 上的幂项太小了，利用一些简单的代数来解决这个问题，并解释为什么正确答案个数的期望是 9。
18*. 给出一个例子，两个随机变量 X 和 Y，使得 $E(XY)\neq E(X)E(Y)$。这里，随机变量 XY 满足 $(XY)(s)=X(s)Y(s)$。
19. 设 X 和 Y 是在此种意义下独立：对于每一对 X 中的 x 和 Y 中的 y，事件 "$X=x$" 和事件 "$Y=y$" 独立。证明：$E(XY)=E(X)E(Y)$。见习题 18 中关于 XY 的定义。
20*. 使用微积分和几何级数证明，若 $-1<x<1$，则有

$$\sum_{j=0}^{\infty} jx^j=\frac{x}{(1-x)^2}$$

就像式 (5.29) 中那样。
21. 运用 F^iS 概率的几何分布，给出一个在样本空间 $\{S,FS,FFS,\cdots,F^iS,\cdots\}$ 期望为无穷的随机变量。

339

5.5　散列中的概率计算

在这个章节，用概率和期望的知识来分析使用散列的过程中出现的几个有趣的量。回顾在（开放）散列中，每个元素散列到数组中的特定位置，并且这些位置可以存储多个元素。本章所将分析的量如下：

1. 每个位置元素的期望个数
2. 单次搜索的期望时间
3. 冲突的期望个数
4. 空位置的期望个数

5. 直到所有位置拥有至少一个元素时的期望时间
6. 每个位置元素的期望最大个数

5.5.1 每个位置上元素的期望个数

练习 5.5-1： 计算散列表中散列到任意特定位置元素的期望个数。散列 n 个元素至大小为 k 的表中的建模可将该过程视为具有 k 个可能结果（表中共有 k 个位置）的 n 次独立试验。在每次试验，散列一个键到表中。如果将 n 个元素散列至一个具有 k 个位置的表中，请问任意一个元素被散列到位置 1 的概率是多少？设 X_i 为指示器随机变量，值为 1 时表示在第 i 次试验中元素散列到位置 1，反之则值为 0。X_i 的期望值是多少？设 X 为随机变量 $X_1 + X_2 + \cdots + X_n$。X 的期望值是多少？散列到位置 1 上元素的期望个数是多少？上述关于位置 1 的情况有任何特殊的吗？也就是说，每个位置的期望值是否相同？

340

练习 5.5-2： 再一次散列 n 个元素至 k 个位置上。散列的建模与练习 5.5-1 相同。一个位置为空的概率是多少？空位置的期望个数是多少？假设现在将 n 个元素散列至 n 个位置上。随着 n 的增大，空位置的期望比例所接近的极限是什么？

在练习 5.5-1 中，因为散列至所有 k 个位置的可能性相同，所以任意一个元素散列至位置 1 的概率是 $1/k$。由此，X_1 的期望值是 $1/k$。X 的期望值是 n/k，或是 n 个等于 $1/k$ 项的和。当然，任意位置的期望值是相同的。因此，下面的定理得证。

定理 5.14 在散列 n 个元素至大小为 k 的散列表的过程中，散列至任意位置元素的期望个数为 n/k。

5.5.2 空位置的期望个数

在练习 5.5-2 中，散列 1 个元素到表中之后，位置 i 为空的概率是 $1-1/k$。（为什么？）事实上，可以将该过程视为一个具有两个结果的独立试验过程：键散列到位置 i 或者没有散列到位置 i。从这个角度来看，n 次试验中没有键散列到位置 i 的概率为 $(1-1/k)^n$ 是很清楚的。现在考虑在同样的初始样本空间中，设 $X_i = 1$ 表示在给定的散列序列中位置 1 为空，否则其值为 0。给定的散列序列中空槽的个数为 $X_1 + X_2 + \cdots + X_k$。由定理 5.10 可知，空槽的期望个数为 $k(1-1/k)^n$。故另一个与散列相关的很好的定理得证。

定理 5.15 在散列 n 个元素至具有 k 个位置散列表的过程中，空位置的期望个数为 $k(1-1/k)^n$。

证明 该定理的证明已经在上面给出。 □

如果槽的个数与元素的个数相同，空槽的期望个数为 $n(1-1/n)^n$，所以空槽的期望比例为 $(1-1/n)^n$。随着 n 的增大，该比例接近什么？回顾自然对数的底数，$\lim_{n\to\infty}(1+1/n)^n = e$。

341

在习题 13 中，证明了如何由前式得到 $\lim_{n\to\infty}(1-1/n)^n = e^{-1}$。因此，对于一个相当大的散列表，如果元素的个数与槽的个数相同，期望槽的 $1/e$ 为空。换句话说，期望有 n/e 个空槽。另一方面，期望每个位置有 $n/n=1$ 个元素，这说明应当期望每一个槽有一个元素，从而期望不存在空位置。有什么不对吗？没有。不得不接受的是，对于期望的期望并不能总是成立。这个显而易见的矛盾中的错误在于，对于期望值的定义并不意味着当期望一个位置有一个键时，每个位置就必须只有一个键，其仅仅意味着空位置与拥有多个键的位置必须取得平衡。在对期望值下一个命题时，必须使用定义或定理作为支持。这是另一个例子，说明了为什么必须通过谨慎的分析来支撑我们关于概率的直觉。

5.5.3 冲突的期望个数

冲突（collision）指将元素散列到一个已经包含其他元素的位置上。如何计算冲突的期望个数？冲突的个数可以由已经散列的键的个数 n 减去已经占据位置的个数得到，因为在散列过程中，已经占据的位置都会包含一个非冲突的键。这样，通过定理 5.10 和定理 5.11 可得，

$$\begin{aligned} E\left(\text{冲突}\right) &= n - E\left(\text{已占位置}\right) \\ &= n - k + E\left(\text{空位置}\right) \end{aligned} \tag{5.30}$$

其中，最后的等式代表已占位置的期望个数可以通过 k 减去未占位置的期望个数得到。由此可得另一个定理。

定理 5.16 在散列 n 个元素至含有 k 个位置散列表的过程中，冲突的期望个数为 $n-k+k(1-1/k)^n$。

证明 由定理 5.15 可知，空位置的期望个数为 $k(1-1/k)^n$。将其带入式 (5.30) 可以得证。 □

练习 5.5-3： 在真实的应用场景中，散列表的大小经常不是事先固定好的，因为我们无法获知需要插入元素的数量。通常的应对方案是将散列表容量初始化为一个合理的较小值 k；当所需插入的元素个数 n 超过 $2k$ 时，将散列表容量进行翻倍。在这个练习，提出一种与之不同的方案。假设在散列表所有槽都至少有一个元素时，再增加散列表的容量。当增加容量时，散列表中已有元素的期望个数是多少？换言之，期望向一个散列表中插入多少元素才能保证每个槽至少有一个元素？（提示：设 X_i 为第一次有 $i-1$ 个已占槽和第一次有 i 个已占槽之间所增加元素的个数。）

342

对于练习 5.5-3，其关键是设 X_i 为第一次有 $i-1$ 个已占槽和第一次有 i 个已占槽之间所增加元素的个数。思考这个随机变量：$E(X_1)=1$，因为在一次插入操作之后，会出现一个已占槽。事实上，X_1 本身等于 1。

为了计算 X_2 的期望值，注意到 X_2 可以取任意大于 0 的值。实际上，这个过程（直到将元素散列到新的槽中）就是一个具有两种结果的独立试验过程，试验成功表示将元素散列到一个未占槽中。因此，X_2 表示直到首次成功时所进行试验的次数。其成功的概率为 $(k-1)/k$。欲得到 X_2 的期望值，只需求解直到首次成功时所经过步骤的期望个数。因此，由定理 5.13 可得 $E(X_2)=k/(k-1)$。

类似地，X_3 也是一个独立试验过程（拥有两个可能结果）中，首次成功就终止试验所经过步骤的个数，试验成功的概率为 $(k-2)/k$。因此，直到首次成功时所经过步骤的期望个数为 $k/(k-2)$。

一般地，在一个独立试验过程中，X_i 代表直到成功时所进行试验的次数，试验成功的概率为 $(k-i+1)/k$。因此，直到首次成功时所经过步骤的期望个数，即 X_i 的期望值为 $k/(k-i+1)$。

直到所有槽都被占据时，总次数是 $X=X_1+\cdots+X_k$。结合期望和定理 5.13，可得

$$
\begin{aligned}
E(X) &= \sum_{j=1}^{k} E(X_j) \\
&= \sum_{j=1}^{k} \frac{k}{k-j+1} \\
&= k\sum_{j=1}^{k} \frac{1}{k-j+1} \\
&= k\sum_{k-j+1=1}^{k} \frac{1}{k-j+1} \\
&= k\sum_{i=1}^{k} \frac{1}{i}
\end{aligned}
$$

343

最后一行中，对和式的变量进行了替换——令 $k-j+1=i$，并对 i 求和[⊖]。量 $\sum_{i=1}^{k}(1/i)$ 被称为**调和数**（harmonic number），有时记为 H_k。众所周知（你可以在习题 18 中找到原因）$\sum_{i=1}^{k}(1/i)=\Theta(\log k)$。更准确地，

$$
\frac{1}{4}+\ln k \leqslant H_k \leqslant 1+\ln k \tag{5.31}
$$

事实上，

$$
\frac{1}{2}+\ln k \leqslant H_k \leqslant 1+\ln k
$$

当 k 足够大时。随着 n 的增大，$H_n-\ln n$ 接近一个称为**欧拉常数**（Euler's constant）的极限，其值约为 0.58。由等式 5.31 可得 $E(X)=\Theta(k\log k)$。

⊖ 注意 $k-j+1$ 从 k 至 1 等价于 j 从 1 至 k，变换前后和不变。

定理 5.17 填充一个大小为 k 散列表使得全部槽都不为空所需元素的期望个数介于 $k\ln k+k/4$ 和 $k\ln k+k$ 之间。

证明 该定理的证明已经在上面给出。 □

因此，为了填充大小为 k 散列表的每一个槽，大约需要散列 $k\ln k$ 个元素。这个问题有时也被称为**优惠券收集问题**（coupon-collector's problem）。为了理解这个名字的由来，想象某牌子的早餐麦片推出了一项使用 5 个不同优惠券的促销活动，每一袋麦片中仅包含一个优惠券，集齐 5 种不同的优惠券即可通过邮寄兑换 5 个不同的玩具。直到一个散列表被填满时所需散列个数问题对应着求解某人为得到每种优惠券至少一张所需购买麦片的期望袋数。

344

本节的后续部分将证明，如果散列 n 个元素到含有 n 个槽的散列表内，在含有最多元素的槽中元素的期望个数是 $O(\log n/\log\log n)$。无疑，这个形式的结果要求一个略微复杂的证明过程。

*5.5.4 元素在散列表的一个位置上的最大期望个数

在散列表中，查找一个元素的时间与所需查找位置上的元素个数有关。因此，一个有趣的数是散列表中一个位置上一列元素的最大期望长度。该值比前述已经计算过的任何值都复杂，因此这里仅求解其上界而非精确计算。为此，将会介绍一些在数学和计算机科学领域中十分常用的上界和求解技巧。将证明如果散列 n 个元素到大小为 n 的散列表，最长的元素序列的期望长度是 $O(\log n/\log\log n)$。实际上也可以证明一些列表中的元素个数存在很高的概率为 $\Omega(\log n/\log\log n)$，但这里不会列出证明过程。因此在不考虑常数因子的情况下，我们的界是最好可能的界。

在开始之前，先给出一些有用的上界。第一个适用于形如 $(1+1/x)^x$，对于任意正数 x，上界为 e。

定理 5.18 对于所有 $x>0$，都有 $(1+1/x)^x\leqslant e$。

证明 $\lim_{x\to\infty}(1+1/x)^x=e$，并且 $(1+1/x)^x$ 存在正的一阶导数。 □

第二，下面的近似公式称为**斯特灵公式**（Stirling's formula）：

$$n!=\left(\frac{n}{e}\right)^n\sqrt{2\pi n}\left(1+\Theta\left(\frac{1}{n}\right)\right)$$

从中可知，$(n/e)^n$ 是 $n!$ 的一个性质良好的近似。此外，$\Theta(1/n)$ 项中的常数是 1/12。当 n 较大时，该项跟 $n!$ 相比会非常小。为了我们的目标，就仅仅说

345

$$n!\approx\left(\frac{n}{e}\right)^n\sqrt{2\pi n}$$

* 跳过该部分不会产生不连贯性。

（仅在引理 5.19 的证明过程中使用上式。在引理 5.19 的证明中可以看到，我们做出了描述：$\sqrt{2\pi} > 1$。事实上 $\sqrt{2\pi} > 2$，这足够弥补近似过程中准确性的降低。）利用斯特灵公式可得 $\binom{n}{t}$ 的界。

定理 5.19　当 $n > t > 0$，有 $\binom{n}{t} \leqslant \frac{n^n}{t^t(n-t)^{n-t}}$。

证明

$$\begin{aligned}\binom{n}{t} &= \frac{n!}{t!\,(n-t)!} \\ &= \frac{(n/e)^n\sqrt{2\pi n}}{(t/e)^t\sqrt{2\pi t}\left((n-t)/e\right)^{n-t}\sqrt{2\pi(n-t)}} \\ &= \frac{n^n\sqrt{n}}{t^t(n-t)^{n-t}\sqrt{2\pi}\sqrt{t(n-t)}} \qquad (5.32)\end{aligned}$$

现在，如果 $1 < t < n-1$，可得 $t(n-t) \geqslant n$，进而 $\sqrt{t(n-t)} \geqslant \sqrt{n}$。此外，$\sqrt{2\pi} > 1$。综上，式 5.32 的上界为

$$\frac{n^n}{t^t(n-t)^{n-t}}$$

当 $t=1$ 或 $t=n-1$，引理中描述的不等式为 $n \leqslant n^n/(n-1)^{n-1}$，由于 $n-1<n$，不等式成立。 □

现在已经为解决手上的问题做好了准备：最大列表大小的期望值。以一个已经知道如何准确计算的相关量开始。设 H_{it} 表示恰好 t 个键散列到位置 i 的事件。$P(H_{it})$ 是在单次成功概率为 $1/n$ 的一组独立试验过程中恰好成功 t 次的概率。因此，

$$P(H_{it}) = \binom{n}{t}\left(\frac{1}{n}\right)^t\left(1-\frac{1}{n}\right)^{n-t} \qquad (5.33)$$

346

将该已知量与事件 M_t 的概率关联起来，M_t 表示最大列表大小为 t。

引理 5.20　设 M_t 表示将 n 个元素散列到大小为 n 散列表时，最大列表大小为 t 的事件。设 H_{1t} 表示 t 个键散列到位置 1 的事件。于是有 $P(M_t) \leqslant nP(H_{1t})$。

证明　首先设 M_{it} 表示最大列表大小为 t 并且出现在位置 i 的事件。显然有

$$P(M_{it}) \leqslant P(H_{it})$$

因为 M_{it} 是 H_{it} 的子集。由定义可知，

$$M_t = M_{1t} \cup \cdots \cup M_{nt}$$

所以，

$$P(M_t) = P(M_{1t} \cup \cdots \cup M_{nt})$$

由于独立事件的概率之和至少与并集的概率一样大，因此

$$P(M_t) \leqslant P(M_{1t}) + P(M_{2t}) + \cdots + P(M_{nt}) \tag{5.34}$$

（回顾前述的容斥原理，因为右侧通常高估了并集的概率。式 5.34 有时称为**布尔不等式**（Boole's inequality），其适用于任意并集，不仅是此处。）

此处，对于任意 i 和 j，$P(M_{it}) = P(M_{jt})$，因为位置 i 更有可能比位置 j 成为最大值的理由是不存在的。所以

$$P(M_t) \leqslant nP(M_{1t}) \leqslant nP(H_{1t})$$

□

现在对 $P(H_{1t})$ 使用式 5.33，然后利用引理 5.19 可得

$$\begin{aligned} P(H_{1t}) &= \binom{n}{t}\left(\frac{1}{n}\right)^t\left(1-\frac{1}{n}\right)^{n-t} \\ &\leqslant \frac{n^n}{t^t(n-t)^{n-t}}\left(\frac{1}{n}\right)^t\left(1-\frac{1}{n}\right)^{n-t} \end{aligned}$$

347

利用代数 $(1-1/n)^{n-t} \leqslant 1$ 和引理 5.18 可得

$$\begin{aligned} P(H_{1t}) &\leqslant \frac{n^n}{t^t(n-t)^{n-t}n^t} \\ &= \frac{n^{n-t}}{t^t(n-t)^{n-t}} \\ &= \left(\frac{n}{n-t}\right)^{n-t}\frac{1}{t^t} \\ &= \left(1+\frac{t}{n-t}\right)^{n-t}\frac{1}{t^t} \\ &= \left(\left(1+\frac{t}{n-t}\right)^{(n-t)/t}\right)^t\frac{1}{t^t} \\ &\leqslant \frac{e^t}{t^t} \end{aligned}$$

我们已经证明了下面的引理：

引理 5.21 最大列表大小为 t 的概率 $P(M_t)$ 最大是 ne^t/t^t。

证明 上述一系列等式与不等式证明了 $P(H_{1t}) \leqslant e^t/t^t$。通过乘以 n 和使用引理 5.20 即可得证。

□

现在已经有 $P(M_t)$ 的界，就可以计算最长列表的期望长度的界，即，

$$\sum_{t=0}^{n} P(M_t)t$$

然而，如果仔细思考引理 5.21 中的界限，会发现存在一个问题。例如，当 $t=1$ 时，该引理表明 $P(M_t)\leqslant ne$。这个界限是无意义的，因为任何概率最大为 1。我们也可以做出更强的命题 $P(M_t)\leqslant \max\{ne^t/t^t, 1\}$，但即使这样也不够，因为它将告诉我们一些诸如 $P(M_1)+P(M_2)\leqslant 2$ 的事情，而这些也没有意义。然而，该引理还有用处。该引理仅在 t 取值很小时才引发这个问题。将定义期望值的和拆分成两部分，并分别对每一部分求出期望的界限。直观来讲当限制 t 取值小时，由于 t 小从而 $\sum P(M_t)t$ 也会小（对于所有 t，$\sum P(M_t)t\leqslant 1$）。当 t 变得更大时，由引理 5.21 可知 $P(M_t)$ 非常小，因此在这种情况下和也不会变大。选择一个方式拆分这个和，使得和的第二部分的界限为一个常数。特别地，通过下式拆分这个和

348

$$\sum_{t=0}^{n} P(M_t)t \leqslant \sum_{t=0}^{\lfloor 5\log n/\log\log n\rfloor} P(M_t)t + \sum_{t=\lceil 5\log n/\log\log n\rceil}^{n} P(M_t)t \tag{5.35}$$

对于在 t 取较小值的求和，观察到在每一项中 $t\leqslant \lfloor 5\log n/\log\log n\rfloor$，故有

$$\begin{aligned}\sum_{t=0}^{\lfloor 5\log n/\log\log n\rfloor} P(M_t)t &\leqslant \sum_{t=0}^{\lfloor 5\log n/\log\log n\rfloor} \frac{P(M_t)5\log n}{\log\log n}\\ &= \frac{5\log n}{\log\log n}\sum_{t=0}^{\lfloor 5\log n/\log\log n\rfloor} P(M_t)\\ &\leqslant \frac{5\log n}{\log\log n}\end{aligned} \tag{5.36}$$

（注意此处并未用到引理 5.21，仅使用不相交事件的概率之和不能大于 1。）对于式 (5.35) 中最右边的和式，想首先计算当 $t=5\log n/\log\log n$ 时，$P(M_t)$ 的上界。由引理 5.21 和习题 17 所述的一个相当复杂的计算可知，此时有 $P(M_t)\leqslant 1/n^2$。因为由引理 5.21 可知，$P(M_t)$ 的界限随着 t 的增大而减小，并且 $t\leqslant n$，所以右侧和式的界限为

$$\sum_{t=\lceil 5\log n/\log\log n\rceil}^{n} P(M_t)t \leqslant \sum_{t=\lceil 5\log n/\log\log n\rceil}^{n} \frac{1}{n^2}n \leqslant \sum_{t=\lceil 5\log n/\log\log n\rceil}^{n} \frac{1}{n} \leqslant 1 \tag{5.37}$$

综合式 (5.35)、式 (5.36) 和式 (5.37)，可以得到想要的结果。

定理 5.22 如果散列 n 个元素至大小为 n 的散列表，则期望的最大列表长度是 $O(\log n/\log\log n)$。

这里将和式拆分成两部分的选择——尤其是我们所选的断点——也许看起来很神奇。$\lfloor 5\log n/\log\log n\rfloor$有什么特殊之处？考虑 $P(M_t)$ 的界。如果当寻找一个值 t 使得界等于一

349

个特定的值，比如 $1/n^2$，那么可得等式 $ne^t/t^t=n^{-2}$。如果尝试通过等式 $ne^t/t^t=n^{-2}$ 求解 t，会很快发现我们得到一个无法求解形式的等式。（可以尝试将该式输入计算机代数系统中，如 Mathematica 或 Maple，观察它们如何求解这个等式。最多你将得到一个包含**朗伯函数**（Lambert function）的式子。）该待求解的等式与更为简单的等式 $t^t=n$ 有些类似。尽管这个等式没有以常用公式来表达的封闭解，但是可以看出满足该等式的值 t 大概是 $c\log n/\log\log n$，其中 c 是某个常数。这就是为什么用尝试 $\log n/\log\log n$ 的倍数作为那个神奇值的原因。对于远小于 $\log n/\log\log n$ 的值，$P(M_t)$ 的界限是相当大的。然而，一旦值超过了 $\log n/\log\log n$，$P(M_t)$ 开始显著地减小。通过反复试验，选择 5 作为因子是为了使得第二个和式输出小于 1。当然可以选择任何介于 4 和 5 之间的数字，都能使得第二个和式输出小于 1，或者可以选择 4，第二个和式增长速度将没有第一个快。

重要概念、公式和定理

1. **散列表中每个位置上键的期望个数：** 在散列 n 个元素至大小为 k 的散列表时，散列至任意一个位置元素的期望个数为 n/k。
2. **散列表中空位置的期望个数：** 在散列 n 个元素至有 k 个位置的散列表时，空位置的期望个数为 $k(1-1/k)^n$。
3. **散列中的冲突：** 当散列一个元素到一个已经包含其他元素的位置时，称为一个冲突。
4. **散列中冲突的期望个数：** 在散列 n 个元素至有 k 个位置的散列表时，冲突的期望个数为 $n-k+k(1-1/k)^n$。
5. **调和数：** 量 $\sum_{i=1}^{k}(1/i)$ 被称为调和数，有时记为 H_k。$\sum_{i=1}^{k}(1/i)=\Theta(\log k)$，对于 k 值比较大来说，更准确地

$$\frac{1}{2}+\ln k\leqslant H_k\leqslant 1+\ln k$$

6. **欧拉常数：** 随着 n 的增大，$H_n-\ln n$ 接近一个称为欧拉常数的极限，其值约为 0.58。 350
7. **直到散列表中所有位置被占据时的散列的期望个数：** 填充一个大小为 k 的散列表的全部位置的元素期望个数介于 $k\ln k+k/4$ 和 $k\ln k+k$ 之间。（对于大的 k,$k/4$ 可能被 $k/2$ 取代。）
8. **每个位置上键的期望最大个数：** 如果散列 n 个元素到大小为 n 散列表中，期望最大列表长度是 $O(\log n/\log\log n)$。
9. **$n!$ 的斯特灵公式**[⊖]：$n!$ 近似等于 $(n/e)^n\sqrt{2\pi n}$。

习题

所有带 * 的习题均附有答案或提示。

1* 学校中的一个糖果售货机有 d 种不同的糖果。假设（简单起见）所有这些糖果都一样受欢迎并且每种糖果的供应量都很充足。假设 c 个小朋友来到售货机前，每个小

⊖ 斯特灵公式出现在本书带星号的章节。

朋友购买一包糖果。其中一种糖果是士力架。

a) 任意一个小朋友购买士力架的概率是多少？

b) 设 Y_i 是小朋友 i 购买士力架的数量—Y_i 要么是 0，要么是 1。Y_i 的期望值是多少？

c) 设 Y 是随机变量 $Y_1 + Y_2 + \cdots + Y_c$。Y 的期望值是多少？

d) 士力架被买的期望个数是多少？

e) 对于任意一种糖果，上面的结果相同吗？

2. 和习题 1 中一样，c 个小朋友从供应充足的 d 种不同的糖果中选择，每个小朋友一包糖果，并且所有的选择具有相同的可能性。

a) 给定的某种糖果，没有小朋友选择的概率是多少？

b) 没有小朋友选择的糖果种类的期望个数是多少？

351

c) 假设 $c = d$。没有小朋友选择的糖果种类的期望个数是多少？

3*. 在习题 1 中，直到士力架被购买时，期望观察到有多少小朋友购买了糖果？

4. 在习题 1 中，直到每种糖果至少被购买一次时，期望观察到有多少小朋友购买了糖果？

5*. 在习题 1 中，如果有 20 种糖果，需要多少个孩子去买糖果才能使（至少）两个小朋友买到同一种糖果的概率至少是 1/2？

6. 在习题 1 中，在所有小朋友选择的糖果中，重复糖果的期望个数是多少？

7*. 当 $n = 2$，$t = 0$，1，2 和当 $n = 3$，$t = 0$，1，2，3 时，计算引理 5.19 中不等式左边和右边的值。

8. 假设散列 n 个元素至 k 个位置。

a) 所有 n 个元素散列到不同位置的概率是多少？

b) 第 i 个元素是第一次冲突的概率是多少？

c) 直到第一次冲突发生时，已散列的元素的期望个数是多少？

d) 用电脑编程或者电子表格计算，当 $k = 20$ 或者 $k = 100$，直到第一次冲突发生时，已散列的元素的期望个数。

9*. 我们已经看到很多情况下，我们对期望值或者概率的直觉一般来说不正确。在等式 5.30 中，已占位置的期望个数可由 k 减去空位置的期望个数得到。尽管这看起来十分明显，但存在一个简短的证明。请给出这个证明。

10. 编写一个程序，对于值 n 和 k，打印出一个散列 n 个键至具有 k 个位置的散列表过程中发生冲突的期望个数的表格。当 n 和 k 改变时，这个值是否改变明显？

11*. 假设散列 n 个元素至大小为 k 的散列表。很自然要问在散列表中查找一个元素需要多长时间。查找可以分成两种情况，一是元素不存在于散列表（一次不成功的搜索），二是元素存在于散列表（一次成功的搜索）。首先考虑不成功的搜索。假设散列到相同位置的键被储存在一个列表中，最近到达的元素处在列表的起始端。

a) 利用期望列表长度，写出一次不成功搜索所需期望时间的界。之后，考虑搜索成功的情况。回顾向散列表中插入元素时，通常会将它们插入列表的最前端。因

352

此，成功搜索元素 i 的时间应当取决于在元素 i 之后有多少元素被插入。

b) 仔细计算一次成功的搜索的期望运行时间。假设所需查询的元素是已插入散列表中的随机选取的元素。（提示：不成功搜索较成功搜索而言，大约应当花费 2 倍的时间。确定解释为什么是这种情况。）

12. ㊀假设散列 $n\log n$ 个元素至 n 个桶，一个桶内元素的期望最大个数是多少？

13.* $\lim_{n\to\infty}(1+1/n)^n=e$（$n$ 在整数范围内）是 $\lim_{h\to 0}(1+h)^{1/h}=e$（$h$ 在实数范围内）的一个结果。因此，如果 h 是负实数并趋近 0，极限仍然存在并等于 e。由此，$\lim_{n\to-\infty}(1+1/n)^n$ 可以带来什么启示？利用这个启示将 $(1-1/n)^n$ 重写为 $(1+1/-n)^n$，证明

$$\lim_{n\to\infty}\left(1-\frac{1}{n}\right)^n=\frac{1}{e}$$

14. 当散列 $2k$ 个元素至具有 k 个槽的散列表时，空槽的期望个数是多少？当 k 相当大时，空槽的期望比例逼近多少？

15.* ㊁请使用任意方法（手算或者计算机），给出满足 $x^x=n$ 的由 n 表示的 x 值的上界和下界。

16. 某教授认为求解最大列表长度的方法过于复杂，从而提出了下面的解法：设 X_i 为列表 i 的长度，所需计算的是 $E(\max_i(X_i))$。这意味着

$$E\left(\max_i(X_i)\right)=\max_i(E(X_i))=\max_i(1)=1$$

该解法存在什么缺陷？

17.* ㊁在对式 (5.35) 的分析中，对 $t=(5\ln n/\ln\ln n)$，引理 5.21 告诉我们 $P(M_t)\leqslant 1/n^2$ 和 $P(M_t)\leqslant n(e/t)^t$。为了得到 $1/n^2$ 的界限，证明下式即可。 353

$$n\left(\frac{e}{t}\right)^t\leqslant\frac{1}{n^2}\tag{5.38}$$

下面给出如何证明的提纲。

a) 证明：不等式 5.38 等价于 $t(1-\ln t)\leqslant -3\ln n$

b) 存在一个形如 $c\ln n/\ln\ln n$ 的 t 满足（5.38）吗？证明：如果有这样一个 t，那么

$$-c\ln n+\frac{c\ln n}{\ln\ln n}(1-\ln c+\ln\ln\ln n)\leqslant -3\ln n$$

c) 你知道 $\ln\ln\ln n\leqslant\ln\ln n$ 更具体是多少？为此，需要确定何时函数 $\ln\ln\ln x/\ln\ln x$ 取最大值和最大值是多少。（该函数存在一个最大值，因为当 $x=e^e$ 时，函数值为 0，当 x 变大时，函数值趋近于 0，但 $x>e^e$ 时其值是正数。）

d) 证明：$\ln\ln\ln n\leqslant 0.4\ln\ln n$。

e) 证明：当 $c=5$ 时，存在

㊀ 这个问题需要本书中带星号章节中的知识。

㊁ 这个问题需要本书中带星号章节中的知识，相对本章的其他问题，需要更多地了解对数和指数函数。

$$-c\ln n + \frac{c\ln n}{\ln\ln n}(1-\ln c+\ln\ln\ln n) \leqslant -3\ln n$$

至此，界 $P(M_t) \leqslant 1/n^2$ 已证毕。

18.* 证明 $\sum_{i=1}^{k}(1/i)$ 尽可能紧密的上界和下界。为此，记住自然对数是用包含 $1/x$ 的积分定义的，并在其曲线上面与下面绘制矩形及其他几何图形是有用的。

19. 注意 $\ln n! = \sum_{i=1}^{n}\ln i$。细致地画出 $y=\ln x$ 的草图，并利用该图上面和下面的几何图形，证明

$$\sum_{i=1}^{n}\ln i - \frac{1}{2}\ln n \leqslant \int_1^n \ln x dx \leqslant \sum_{i=1}^{n}\ln i$$

根据所绘图像，哪个不等式更为紧密？用分步积分法估算这个积分。从这些不等式中可得到 $n!$ 的界是多少？哪个更紧密？其与斯特灵公式相比如何？你能得到 $n!$ 的大 O 界是多少？

354

5.6 条件期望、递推和算法

概率是算法设计的一种非常重要的工具。之前已经看到两个概率的重要应用实例：素数检验和散列。在本章，将研究算法中关于概率分析的更多实例。我们着重于各种算法运行时间的计算。当一个算法的运算时间随相同大小的不同输入而不同时，可以将该算法的运行时间视为一个输入的样本空间上的随机变量，进而，可以分析算法的期望运行时间。这带给我们不同于研究给定大小的输入时算法最坏情况运行时间的理解方式。我们考虑**随机算法**（randomized algorithm），这是一类依赖随机选择的算法，将会用递推给出算法期望运行时间的界。

对于随机算法来说，能够使用产生随机数的函数是很有用的。将假设有一个函数 randint (i, j) 均匀地生成一个介于 i 和 j（含）之间的随机整数。这意味着该随机整数有相等的机会成为在 i 和 j 中间任何一个整数。我们也有一个函数 rand01() 均匀地生成一个介于 0 和 1 之间的随机实数[㊀]。像 randint 和 rand01 这样的函数被称为**随机数生成器**（random number generator）。好的随机数生成器在构建过程中会用到大量的数论知识。

5.6.1 当运行时间不仅依赖输入的大小时

练习 5.6-1： 设 A 是一个长度为 $n-1$ 的升序数组（其元素来自某个有序集合）。设 b 是来自该有序集合的另一个元素，且想将其插入数组 A 中，得到一个长度为 n 的有序数组。假设 A 中的元素和元素 b 都是被随机[㊁]选中的，A 中为了插入 b 必须右移一个位置元素的期望个数是多少？

355

㊀ 介于 0 和 1 之间均匀地选择一个随机数意味着，给定两个实数对 (r_1, r_2) 和 (s_1, s_2)，$r_2 - r_1 = s_2 - s_1$，并且 r_1，r_2，s_1 和 s_2 都介于 0 和 1 之间。该随机数介于 r_1 与 r_2 之间和介于 s_1 与 s_2 之间的可能性是相等的。

㊁ 从一个有穷集合中随机选取元素意味着集合中的所有元素被选出的可能性相等，在无穷集合中随机选取元素意味着选出的元素落在有序集合中任意两个等长区间内的可能性相等。

练习 5.6-2: 可能已经学习过的排序的标准方法之一是插入排序。这里简述这个技术：设 $A[1:n]$ 表示数组 A 中位置 1 至 n 的那些元素。插入排序的一种递归描述是，为了对 $A[1:n]$ 进行排序，首先对 $A[1:n-1]$ 进行排序，然后通过将比 $A[n]$ 大的每个元素右移一个位置后，再把 $A[n]$ 的原始值插入经腾出的空位置上。如果 $n=1$，则不需要做任何事情。

这个练习的目的是分析执行插入排序需要的期望运行时间。考虑两个随机变量——排序的 S_j 和插入的 I_j。

- 设 $S_j(A[1:j])$ 是排序数组 A 从位置 1 至位置 j 部分所需的时间。
- 设 $I_j(A[1:j],b)$ 是将元素 b 插入前 j 个位置中已排序的数组 A，且得到数组 A 的前 $j+1$ 个位置排序所需的时间。

注意 S_j 和 I_j 依赖于数组 A 的实际情况，而不是仅仅依赖于 j 的取值。寻找一种方法使用 S_{n-1} 和 I_{n-1}，根据排序 $A[1:n-1]$ 所需时间来描述插入排序所需时间。记住由于移动操作会覆写 $A[n]$，在为待插入元素进行右移腾空位置的操作之前，有必要将位置 n 的元素复制到一个变量 B 中。这个复制会花费时间 c_1。设 $T(n)$ 为 S_n 的期望值，即在 n 个元素组成的列表上进行插入排序的期望运行时间。通过使用等式中的期望值来写出一个借助于 $T(n-1)$ 的递推式表示 $T(n)$，该等式的期望值对应于前面在一个特定的数组上使用插入排序所需时间的描述。用 Θ 符号求解这个递推关系。

X 是一个随机变量且 $X(A,b)$ 等于在 A 中为腾出位置插入 b 而需要移动一个位置的元素的数量，则 X 以等概率 $1/n$ 取值为 $0,1,\cdots,n-1$。因此，有

$$E(X)=\sum_{i=0}^{n-1} i\frac{1}{n}=\frac{1}{n}\sum_{i=0}^{n-1} i=\frac{1}{n}\frac{(n-1)n}{2}=\frac{n-1}{2}$$

使用 $S_j(A[1:j])$ 表示通过插入排序对数组 A 从位置 1 至位置 j 部分进行排序所需的时间。使用 $I_j(A[1:j],b)$ 表示为将元素 b 插入数组 A 前 j 个位置组成的已排序列表中需要的时间，通过右移所有大于 j 的元素为 b 腾出一个正确位置，将 b 插入该空位置。根据 S_j 和 I_j，对插入排序可以写出

$$S_n(A[1:n])=S_{n-1}(A[1:n-1])+I_{n-1}(A[1:n-1],A[n])+c_1$$

由于在向右移动元素一个位置的过程中会覆写 $A[n]$，引入常数项 c_1 表示将 $A[n]$ 复制到某个变量 B 所需的时间。利用期望值的可加性，得到

$$E(S_n)=E(S_{n-1})+E(I_{n-1})+E(c_1)$$

使用 $T(n)$ 表示通过插入排序对 $A[1:n]$ 进行排序所需的时间，利用 $T(n)$ 和练习 5.6-1 的结果可得

$$T(n)=T(n-1)+c_2\frac{n-1}{2}+c_1$$

356

由于为插入而准备对应的位置所需的时间与必须移动的元素个数是成比例的，因此使用 $c_2(n-1)/2$ 替换 $E(I_{n-1})$。由练习 5.6-1 的解答可知，所需移动元素的期望个数是 $(n-1)/2$。由于在面对大小为 1 的列表时没有任何操作，可以说 $T(1)=1$（或引入第三个常数）。也许更实际的写法是

$$T(n) \leqslant T(n-1) + cn$$

和

$$T(n) \geqslant T(n-1) + c'n$$

因为插入所需的时间并不一定与所需移动元素数量完全地成比例，也许还依赖于具体的实现细节。通过迭代递推式或绘制递归树可知 $T(n)=\Theta(n^2)$（可以给出一个归纳证明。）由于插入排序算法的最好情况下运行时间是 $\Theta(n)$，最坏运行情况下时间是 $\Theta(n^2)$，了解到期望情况更接近于最坏情况而非最好情况是很有趣的。

5.6.2　条件期望值

357

下面的例子介绍一种常用于分析算法期望运行时间的思想，尤其是针对随机算法。

练习 5.6-3：我的左口袋有 2 枚 5 分和 2 枚 25 分的硬币，右口袋有 4 枚 10 分的硬币。假如我抛掷一枚 1 分硬币，若正面朝上，则从左口袋拿出 2 枚硬币，若背面朝上，则从右口袋拿出 2 枚硬币。假设每次从口袋中选出任意一枚硬币的可能性相等，请问从口袋中抽取硬币的期望数额是多少？

我们可能会利用绘制树形图或观察由三元组建模得到的结果来解决该问题，该三元组由第一个项为正面或背面，第二、三项表示取出的硬币。因此，样本空间是 HNQ，HQN，HQQ，HNN 和 TDD。出现这些结果的概率分别是 1/6，1/6，1/12，1/12 和 1/2。于是，期望值为

$$30\left(\frac{1}{6}\right)+30\left(\frac{1}{6}\right)+50\left(\frac{1}{12}\right)+10\left(\frac{1}{12}\right)+20\left(\frac{1}{2}\right)=25$$

这里有一个看起来更简单的方法：如果硬币正面朝上，每次抽取的期望值是 15 分。所以，期望值有 1/2 的概率为 30 分。如果硬币背面朝上，每次抽取的期望值是 10 分。所以，期望值有 1/2 的概率为 20 分。因此，自然期望我们的期望值是 $(1/2)30+(1/2)20=25$ 分。其实，如果将 H 开头的四个结果分在一组，它们对期望值的贡献是 15 分，即 $(1/2)30$。如果以 T 开头的单个元素，它对和的贡献是 10 分，即 $(1/2)20$。

对这一问题的第二个视角的直觉如下。使用正面朝上的概率乘以正面朝上发生时抽取的期望值，加上背面朝上的概率乘以背面朝上发生时抽取的期望值。特别地，我们使用了一个新的（目前尚未定义的）**条件期望值**（conditional expected value）的概念。为得到条件期望值，给定正面朝上的情况，可以创建一个包含 NQ，QN，NN 和 QQ 四种结果的样本空间，它们的概率分别是 1/3，1/3，1/6 和 1/6。在这个样本空间中，两次抽取所得钱

币的期望数额为 30 分（第一次抽取为 15 分加上第二次抽取为 15 分）。所以，给定正面朝上情况，抽取的条件期望值为 30 分。拥有一个元素的样本空间 {DD}，给定背面朝上的情况，抽取的条件期望值为 20 分。

如何定义条件期望值？不是像上述过程一样建立一个新的样本空间，而是使用新的样本空间的概念（如同我们在发现条件概率的一个好定义时做的）来启发我们得到条件期望值的一个好定义。特别地，给定事件 F 已经发生，为了得到 X 的条件期望值，利用事件 F 当中元素的条件概率权重——$P(s)/P(F)$ 是一个 F 当中元素 s 所占的权重——并假装 F 是我们的样本空间。由此，给定 F，定义 X 的**条件期望值**如下：

358

$$E(X|F) = \sum_{s:s\in F} X(s)\frac{P(s)}{P(F)} \tag{5.39}$$

回顾我们给一个取值为 $x_1 x_2, \cdots, x_k$ 的随机变量 X 的期望值的定义如下：

$$E(X) = \sum_{i=1}^{k} x_i P(X = x_i)$$

其中，$X = x_i$ 代表 X 取值为 x_i 的事件。使用标准的条件概率记号，$P((X = x_i)|F)$ 表示给定事件 F 已经发生的情况下，事件 $X = x_i$ 的条件概率。重写等式 5.39 为

$$E(X|F) = \sum_{i=1}^{k} x_i P((X = x_i)|F)$$

定理 5.23 设 X 为定义在样本空间 S 上的一个随机变量，设 $F_1 F_2, \cdots, F_n$ 为并集是 S 的不相交事件（即 S 的一个划分）。那么

$$E(X) = \sum_{i=1}^{n} E(X|F_i) P(F_i)$$

证明 证明过程是应用定义的一个简单的练习。 □

5.6.3 随机算法

练习 5.6-4： 考虑一个算法，给定一个有 n 个数的列表，将他们全部打印输出。之后从 1 到 3 中随机选出一个整数。如果该数是 1 或者 2，算法终止。如果该整数是 3，算法从头开始再运行一次。该算法的期望运行时间是多少？

359

练习 5.6-5： 考虑下面一个练习 5.6-4 中算法的变形。

```
funnyprint(n)
// 假设n是一个正整数
(1) if (n == 1)
```

```
(2)     return
(3) for i = 1 to n
(4)     print i
(5) x = randint(1,2)
(6) if (x == 2)
(7)     funnyprint(n/2)
(8) else
(9)     return
```

这个算法的期望运行时间是多少？

对于练习 5.6-4，有 2/3 概率，我们会打印数字并退出；有 1/3 概率，我们会重新运行算法。使用定理 5.23，我们看到如果 $T(n)$ 是算法在长度为 n 的列表上的期望运行时间，则存在常数 c 使得

$$T(n)=\frac{2}{3}cn+\frac{1}{3}(cn+T(n))$$

从中可知 $(2/3)T(n)=cn$。这可以简化为 $T(n)=(3/2)cn$，所以 $T(n)=\Theta(n)$。

从另一种角度来看，我们有一个成功的概率为 2/3 的独立试验过程。在这个过程中，算法在第一次成功时终止。将独立试验过程的一个阶段称为一**轮**（round）。对于独立试验过程的每一轮，所需时间为 $\Theta(n)$。设 T 是运行时间（注意 T 是样本空间 $\{1, 2, 3\}$ 上的随机变量，该样本空间中每个元素的概率为 1/3），并且 R 是轮数，则有

$$T=R\cdot\Theta(n)$$

所以

360

$$E(T)=E(R)\Theta(n)$$

在某种意义上，我们正在使用定理 5.11。因为从上下文来看，由于 n 并不依赖于 R，所以 $\Theta(n)$ 就好像是一个常数[㊀]。通过定理 5.13，可知 $E(R)=3/2$，故有 $E(T)=\Theta(n)$。

在练习 5.6-5 中，由于存在一个递归算法，因此写出递推式来描述算法的运行时间是恰当的。可以设 $T(n)$ 表示算法在大小为 n 的输入上的期望运行时间。注意我们如何使 T 在两种不同的含义间进行切换，即算法的运行时间和算法的期望运行时间。通常，使用 T 来表示最感兴趣的量，或者是有意义情况下的运行时间，或者是随规模为 n 的输入不同而不同的实际运行时间的期望值（或是最坏情况下的运行时间）。这么做的一个好处是，一旦写出对于算法期望运行时间的递推式，就可以使用已经学习过的解决递推式的方法来解决。对于手上的问题，可以立刻得知，有 1/2 概率，算法耗费 n 单位的时间（也许应当说成 $\Theta(n)$ 时间）然后终止；有 1/2 概率，算法耗费 n 单位的时间，然后在一个规模为 $n/2$ 的问题上进行递归。因此，利用定理 5.23 可得

$$T(n)=n+\frac{1}{2}T\left(\frac{n}{2}\right)$$

㊀ 此处意味着存在常数 c_1 使得 $T\geqslant Rc_1n$，并且存在另一常数 c_2 使得 $T\geqslant Rc_2n$。因为如果 $X>Y$，则 $E(X)>E(Y)$，所以对两个不等式使用定理 5.11。

在包含一个基础情况 $T(1)=1$，可得

$$T(n)=\begin{cases}(1/2)\,T(n/2)+n & n>1\\ 1 & n=1\end{cases}$$

利用归纳法可以简单地证明 $T(n)=\Theta(n)$。注意：由于 $a<1$，主定理（就像之前讨论的一样）在此处并不适用。然而，可以看出该递推式的结果不超过递推式 $T(n)=T(n/2)+n$ 的结果，后者可以采用主定理进行分析。

5.6.4　重温选择算法

361

现在回到 4.6 节中的选择算法。该算法的目的是在具有某种潜在顺序的集合中选出第 i 小的元素。回顾在该算法中，首先选出一个位于中间一半区间内的元素 p——同时大于至少四分之一的元素和小于至少四分之一的元素。利用 p 将这些元素划分为两个集合，之后在两个集合中的一个进行递归。如果你可以回想起来，曾付出巨大努力去寻找一个位于中间一半区间内的元素来保证我们的划分有效。这样尝试随机选择一个划分元素来代替上面的方法是自然的，因为这个元素有 1/2 概率落在中间一半区间内。把这个思路引申到下面的算法中：

```
RandomSelect(A,i,n)
// 在集合 A 中选出第 i 小的元素，其中 n = |A|
(1) if (n == 1)
(2)     return the one item in A
(3) else
(4)     p = RandomElement(A)
(5)     Let H be the set of elements greater than p
(6)     Let L be the set of elements less than or equal to p
(7)     if (H is empty)
(8)         put p in H
(9)     if (i ⩽ |L|)
(10)        return RandomSelect(L,i,|L|)
(11)    else
(12)        return RandomSelect(H,i - |L|,|H|).
```

这里 RandomElement(A) 从 A 中等可能地随机返回一个元素。使用该元素作为划分元素，即用它把 A 划分为集合 L 和 H，L 中的所有元素都比划分元素小，并且 H 中的都比划分元素大。为了保证两个递归问题的规模都严格小于 n，当 H 是空集时加入了特殊处理。尽管这个简化了细节上的分析，但严格来说它并不是必要的。在本节最后，将展示如何得到一个十分精确描述实现该算法所需时间的递推式。然而，在不十分精准的情况下，以较少的工作量仍然可以得到相同的大 O 上界。

当选择划分元素时，我们期望它在一半的时间内都是介于 $(1/4)\,n$ 和 $(3/4)\,n$ 之间。然后，当把集合划分为 H 和 L 时，每一个集合不会拥有超过 $(3/4)\,n$ 个元素。剩下的时间

里，H 和 L 不会拥有超过 n 个元素。在任何情况下，将集合分割为 H 和 L 的时间都是 $O(n)$。因此，可以写出

$$T(n) \leqslant \begin{cases} (1/2)\,T(3n/4) + (1/2)\,T(n) + bn & n > 1 \\ d & n = 1 \end{cases}$$

362

重写该递推式中的递归部分为

$$\frac{1}{2}T(n) \leqslant \frac{1}{2}T\left(\frac{3}{4}n\right) + bn$$

或者是

$$T(n) \leqslant T\left(\frac{3}{4}n\right) + 2bn = T\left(\frac{3}{4}n\right) + b'n$$

注意，每次算法选中的主元（pivot element）都是最差的情况是有可能存在的（但是不太可能），这将导致选择过程为 n 轮，所需时间为 $\Theta(n^2)$。为什么该算法值得探讨？其与需要寻找中位数的中位数算法相比计算量大幅减少，这个算法的期望运行时间仍为 $\Theta(n)$。因此，有理由相信在平均情况下，该算法较确定性过程有较大速度提升。事实上，在两类算法都被良好地实现时，将会是这种情况。

练习 5.6-6： *为什么对于下面递推式的每个解都有* $T(n)=O(n)$？

$$T(n) \leqslant T\left(\frac{3}{4}n\right) + b'n$$

通过主定理可知该递推式的任意结果都为 $O(n)$，*这提供了下面定理的证明。*

定理 5.24　*算法 RandomSelect 的期望运行时间为* $O(n)$。

5.6.5　快速排序

有很多高效的算法可以对一个含有 n 个数字的列表进行有效排序。可以保证运行时间为 $O(n\log n)$ 的两种最常用的排序算法是归并排序（Merge Sort）和堆排序（Heap Sort）。然而，有另一种算法——快速排序（Quick Sort），尽管最坏情况下的运行时间是 $O(n^2)$，但其期望运行时间是 $O(n\log n)$。此外，如果该算法很好地实现时，相比归并排序和堆排序该算法往往拥有更快的运行时间。因为很多计算机操作系统和程序都有内置有的快速排序算法，所以它已经成为很多应用中排序算法的选择。现在将看到其期望运行时间为 $O(n\log n)$ 的原因。仅从抽象描述而非底层实现，来探讨该算法成为最快算法的原因。

363

快速排序算法的工作原理实际上与前一小节介绍的递归选择（Recursive Select）算法类似。选取一个随机元素并利用其将元素集合划分成两个集合：L 和 H。此时，我们并不仅对其中一个集合递归，而是递归两个集合，并对每一个排序。在 L 和 H 完成排序后，将它们连接成为一个有序列表。（事实上，快速排序算法通过将指针控制器放在合适的位置上就完成了连接。）下面是快速排序的伪代码描述：

```
QuickSort(A,n)
(1) if (n == 1)
(2)     return the one item in A
(3) else
(4)      p = RandomElement(A)
(5)      Let H be the set of elements greater than p; Let h = |H|
(6)      Let L be the set of elements less than or equal to p; Let
    ℓ = |L|
(7)      if (H is empty)
(8)          put p in H
(9)      A1 = QuickSort(H,h)
(10)     A2 = QuickSort(L,ℓ)
(11)     return the concatenation of A1 and A2
```

基于前面对随机选择算法的分析，考虑略微修改算法使其更易被分析。首先，思考如果随机元素每次都是中位数会发生什么。我们将会解决两个规模为 $n/2$ 的子问题，有递推式

$$T(n) = \begin{cases} 2T(n/2) + O(n) & n > 1 \\ O(1) & n = 1 \end{cases}$$

由主定理可知，对于该递推式的所有解都有 $T(n) = O(n\log n)$。事实上，并不需要这样的平均划分来保证这样的性能。

练习 5.6-7： 假设有一个下面形式的递推式

$$T(n) \leqslant \begin{cases} T(a_n n) + T((1-a_n)n) + cn & n > 1 \\ d & n = 1 \end{cases}$$

其中，a_n 介于 1/4 和 3/4 之间。证明：对于该递推式的所有解都有 $T(n) = O(n\log n)$。我们真正需要对 a_n 做出何种假设来证明该上界？

364

在练习 5.6-7 中，通过归纳法或递归树可以证明 $T(n) = O(n\log n)$，注意存在 $O(\log n)$ 层并且每层最多有 $O(n)$ 的工作量。（由于 a_n 随 n 发生变化，递归树的细节略微复杂，而归纳法的细节是简单利用 a_n 和 $1-a_n$ 都不超过 3/4 的事实。）如果存在一个正数 $a < 1$，对于任意一个 n 使得 $a_n < a$ 且 $1-a_n < a$，那么

- 递归树中最多存在 $\log_{(1/a)} n$ 层；
- 每层最多有 cn 单位的工作量，其中 c 是一个常数。

因此，$T(n) = O(n\log n)$。

这说明什么？如果将问题分成两个部分，每个至少有一定规模，也就是四分之一的元素，快速排列的运行时间将为 $O(n\log n)$。鉴于此，修改我们的算法来满足这个条件，即如果所选出的主元（pivot element）p 并不是在中间一半的区间内，我们会选取另外一个。这引出了下面的算法：

```
Slower QuickSort(A,n)
(1) if (n == 1)
(2)     return the one item in A
(3) else
(4)     repeat
(5)         p = RandomElement(A)
(6)         Let H be the set of elements greater than p;Let h=|H|
(7)         Let L be the set of elements less than or equal to p;
        Let ℓ=|L|
(8)     until (|H| ⩾ n/4) and (|L| ⩾ n/4)
(9)     A1 = Slower QuickSort(H,h)
(10)    A2 = Slower QuickSort(L,ℓ)
(11)    return the concatenation of A1 and A2
```

现在分析这个算法。设 r 是选出 p 所执行的循环次数[㊀]，并且 $a_n \cdot n$ 是主元[㊁]的位置。$T(n)$ 是长度为 n 的列表的期望运行时间，存在某个常数 b 使得，

$$T(n) \leqslant E(r)bn + T(a_n n) + T((1-a_n)n)$$

因为循环的每次迭代所需时间为 $O(n)$。注意要考虑 r 的期望，因为 $T(n)$ 代表规模为 n 的问题的期望运行时间。幸运的是，$E(r)$ 可以通过简单的计算得到结果为 2，它是一个在成功概率至少为 1/2 的独立试验过程中直到第一次成功时的期望次数。故得到 Slower QuickerSort 的运行时间满足递推式

365

$$T(n) \leqslant \begin{cases} T(a_n n) + T((1-a_n))n + b'n & n > 1 \\ d & n = 1 \end{cases}$$

其中，a_n 介于 1/4 和 3/4 之间。因此，由练习 5.6-7 可知，该算法的运行时间是 $O(n\log n)$。

关于同一个主题的另一个变种，直到我们得到 $|H| \geqslant n/4$ 和 $|L| \geqslant n/4$ 时的循环过程与下面的过程同样有效：选取 p，找到 H 和 L，如果 H 或 L 的规模小于 $n/4$，则会再调用一次 Slower QuickerSort(A,n)。由于元素 p 介于 $n/4$ 和 $3n/4$ 之间的概率是 1/2，可以写出

$$T(n) \leqslant \frac{1}{2}T(n) + \frac{1}{2}(T(a_n n) + T((1-a_n)n) + bn)$$

化简为

$$T(n) \leqslant T(a_n n) + T((1-a_n)n) + 2bn$$

或

$$T(n) \leqslant T(a_n n) + T((1-a_n)n) + b'n$$

由练习 5.6-7 可知，该算法的运行时间是 $O(n\log n)$。

此外，可以直接看出 Slower QuickerSort 运行时间并没有小于快速排序的一半（顺便一提，也没有超过快速排序的两倍），下面的定理已经被证明。

㊀ r 代表轮数，算法的一次循环为一轮。

㊁ 主元的每一种选择都会选择 n 的某个比例。利用 a_n 表示这一比例。采用这种方式设置该问题的原因是我们知道在一半的时间中，a_n 会介于 (1/4) 和 (3/4) 之间。

定理 5.25 快速排序算法的期望运行时间是 $O(n\log n)$。

*5.6.6 随机选择的更详细分析

回顾随机选择算法（Random Select）的分析过程，它是基于如果集合 H 或 L 拥有超过 $3n/4$ 个元素，那么使用 $T(n)$ 作为 $T(|H|)$ 或 $T(|L|)$ 的一个上界的。本章节讨论如何避免这个假设。我们这里所做的计算是，如果想得到隐含在大 O 界限中的常数界，那么我们需要的计算。

366

练习 5.6-8: *在随机选择算法中，如果选择第 k 个元素作为随机元素 $(k\neq n)$，递归问题的大小不会超过 $\max\{k, n-k\}$，请解释原因。*

如果选择第 k 个元素，则在大小为 k 的集合 L 上递归或者在大小为 $n-k$ 的集合 H 上递归。两种情况下，大小至多为 $\max\{k, n-k\}$。（如果选择第 n 个元素，有 $k=n$。因为随机选择算法第 8 行，L 实际大小为 $k-1$ 并且 H 的大小为 $n-k+1$。但是因为 $\max\{n, n-n\}=n$，两个大小最大为这个最大值。）

现在，设 X 是等于所选随机元素次序的随机变量（例如，如果随机元素是第 3 小的元素，那么 $X=3$）。使用定理 5.23 和练习 5.6-8 的解答，可以写出，

$$T(n)\leqslant\begin{cases}\left(\sum_{k=1}^{n-1}P(X=k)\left(T(\max\{k,n-k\})+bn\right)\right)+P(X=n)\left(T(\max\{1,n-1\})+bn\right) & n>1\\ d & n=1\end{cases}$$

因为 X 是从 1 到 n 均匀地被选中，所以对于所有 k 都有 $P(X=k)=1/n$。暂时忽略基本的情况可得

$$\begin{aligned}T(n)&\leqslant\sum_{k=1}^{n-1}\frac{1}{n}\left(T(\max\{k,n-k\})+bn\right)+\frac{1}{n}\left(T(n-1)+bn\right)\\&\leqslant\frac{1}{n}\left(\sum_{k=1}^{n-1}T(\max\{k,n-k\})\right)+bn+\frac{1}{n}\left(T(n-1)+bn\right)\end{aligned}$$

如果 n 是奇数，并且写出 $\sum_{k=1}^{n-1}T(\max\{k,n-k\})$，可以得到

$$T(n-1)+T(n-2)+\cdots+T\left(\left\lceil\frac{n}{2}\right\rceil\right)+T\left(\left\lceil\frac{n}{2}\right\rceil\right)+\cdots+T(n-2)+T(n-1)$$

这等于 $2\sum_{k=\lceil n/2\rceil}^{n-1}T(k)$。如果 n 是偶数，并且写出 $\sum_{k=1}^{n-1}T(\max\{k,n-k\})$，可以得到

367

$$T(n-1)+T(n-2)+\cdots+T\left(\frac{n}{2}\right)+T\left(1+\frac{n}{2}\right)+\cdots+T(n-2)+T(n-1)$$

* 跳过本章节不会产生阅读的不连贯性。

这最多等于 $2\sum_{k=n/2}^{n-1} T(k)$。因此，用下式代替递推式

$$T(n) \leqslant \begin{cases} (2/n)\left(\sum_{k=n/2}^{n-1} T(k)\right) + \frac{1}{n}T(n-1) + bn & n > 1 \\ d & n = 1 \end{cases} \tag{5.40}$$

如果 n 是奇数，那么和的下限是一个半整数，所以虚变量 k 可能的整数取值是从 $\lceil n/2 \rceil$ 到 $n-1$。因为这是一种自然的方式来解释分数下限，并且由于它对应着上述奇数 n 和偶数 n 的情况中我们所写的式子，所以我们沿用这个惯例。

366

练习 5.6-9： 证明递推式 5.40 中递推式的每个解都有 $T(n) = O(n)$。

使用数学归纳法来进行证明。对于一个常数 c，证明 $T(n) \leqslant cn$。根据自然归纳假设，得到

$$\begin{aligned} T(n) &\leqslant \frac{2}{n}\left(\sum_{k=n/2}^{n-1} ck\right) + \frac{1}{n}c(n-1) + bn \\ &= \frac{2}{n}\left(\sum_{k=1}^{n-1} ck - \sum_{k=1}^{\lceil n/2 \rceil - 1} ck\right) + \frac{1}{n}c(n-1) + bn \\ &\leqslant \frac{2c}{n}\left(\frac{(n-1)n}{2} - \frac{((n/2)-1)n/2}{2}\right) + c + bn \\ &= \frac{2c}{n}\frac{(3n^2/4) - (n/2)}{2} + c + bn \\ &= \frac{3}{4}cn + \frac{c}{2} + bn \\ &= cn - \left(\frac{1}{4}cn - bn - \frac{c}{2}\right) \end{aligned}$$

请注意，我们仅假设了存在常数 c，使得对于 $k < n$ 有 $T(k) < ck$ 成立。在不改变不等式 $T(k) < ck$ 的情况下，可以选择一个比该假设更大的 c。通过选择 c 使得 $cn/4 - bn - c/2$ 非负（例如，$c \geqslant 8b$ 使这项最少是 $bn - 4b$；对于 $n \geqslant 4$ 来说，那项是非负数），我们完成了证明并且得到了定理 5.24 的另一个证明。

368

当需要得到一个大 O 界中常数的估计值时，这种仔细的分析会出现，这里我们决定不去求解这个估计值。

重要概念、公式和定理

1. **期望运行时间：** 当一个算法的运算时间随相同大小的的不同输入而不同时，可以将该算法的运行时间视为一个输入样本空间上的随机变量，并分析算法的期望运行时间。这给我们带来一种不同于仅研究最坏情况下运行时间的理解。

2. **随机算法**：随机算法是一类依赖于随机选择的算法。
3. **随机数生成器**：随机数生成器是一个可以接近随机生成数字的过程。通常随机数生成器的设计者尽可能生成看起来均匀分布的数字。
4. **插入排序**：插入排序的一种递归描述是，为了对 $A[1:n]$ 进行排序，首先对 $A[1:n-1]$ 进行排序，接着通过将比 $A[n]$ 大的元素右移一个位置来把 $A[n]$ 的原始值插入至已经腾出的位置上。如果 $n=1$，无任何操作。
5. **插入排序的期望运行时间**：如果 $T(n)$ 是在一个长度为 n 的列表上插入排序的期望运行时间，那么存在常数 c 和 c' 使得 $T(n) \leqslant T(n-1)+cn$ 和 $T(n) \geqslant T(n-1)+c'n$。这意味着 $T(n)=\Theta(n^2)$。然而，插入排序算法的最好情况运行时间是 $\Theta(n)$。
6. **条件期望值**。在给定 F 的情况下，定义 X 的条件期望值为 $E(X|F)=\sum_{x:x\in F} X(x)P(x)/P(F)$。它等价于 $E(X|F)=\sum_{i=1}^{k} x_i P((X=x_i)|F)$。
7. **随机选择算法**：在随机选择算法中，为选择在集合 A 中第 i 小的元素，在 A 中随机选取一个主元 p，将 A 分为 p 之前的部分（按照 A 中隐含的有序性）和 p 之后的部分，将主元放入较小的集合中，然后递归调用随机选择算法来在恰当的集合中找到恰当的元素。
8. **随机选择的运行时间**：随机选择算法的期望运行时间是 $\Theta(n)$。因为平均来说，它比确定性选择算法有更少的计算量，在算法良好实现的情况下，它也比确定性算法更快。然而，最坏情况下的表现是 $\Theta(n^2)$。 369
9. **快速排序**：快速排序是一种排序算法，首先在 A 中随机选取主元 p，将 A 分为 p 之前的部分（按照 A 中隐含的有序性）和 p 之后的部分，将主元放入较小的集合中，递归调用快速排序算法来排序每一个小的集合，之后连接两个有序列表。如果集合大小为 1，无任何操作。
10. **快速排序的运行时间**：快速排序算法的期望运行时间是 $O(n\log n)$。最坏情况下的运行时间是 $\Theta(n^2)$。平均来说，在算法良好实现的情况下，快速排序算法已经被证明比其他排序算法更快。

习题

所有带 * 的习题均附有答案或提示。

1*. 给定一个长度为 n 的数组（从某个隐含有序的集合中选出），通过以下方式来选出最大元素。首先设 $L=A[1]$，之后将 L 与数组中其他元素进行比较，一次一个，一旦 $A[i]$ 大于 L，则用 $A[i]$ 替换 L 中原来的值。假设 A 中的元素都是被随机选出的。对于 $i>1$，如果 A 中的元素 i 大于 $A[1:i-1]$ 的任意元素，设 $X_i=1$。令 $X_1=1$。$X_1+X_2+\cdots+X_n$ 和赋值给 L 的次数之间存在什么联系？给 L 赋值的期望次数是多少？

2. 设 $A[i:j]$ 为数组 A 中位置 i 到 j 的元素。在一种选择排序的可能实现中，你将
   - 使用习题 1 中的方法找到数组 A 中最大的元素和它在数组中的位置 k，

- 交换数组 A 中位置 k 和 n 上的元素，
- 在数组 $A[1:n-1]$ 上递归调用相同的过程。

（事实上，这是当 $n>1$ 时你所需进行的操作；如果 $n=1$，无任何操作。）在该选择排序算法中，给 L 赋值的期望总数是多少？

3*. 证明：如果 H_n 表示第 n 个调和数，那么

$$H_n + H_{n-1} + \cdots + H_2 = \Theta(n \log n)$$

4. 在扑克牌游戏中，你从一整套牌中拿出 J，Q，K 和 A，并且将它们洗牌。你抽出一张牌。如果是 A，你将会得到 1 美元并且游戏重新开始。如果是 J，你将会得到 2 美元并且游戏终止。如果是 Q，你将会得到 3 美元并且游戏终止。如果是 K，你将会得到 4 美元并且游戏终止。对于一个理性的人来说，最多可以付多少钱玩这个游戏？

370

5*. 为什么对 $T(n) \leqslant T(2n/3) + bn$ 的所有的解都有 $T(n) = O(n)$？

6. [⊖]证明如果在随机选择算法中把下面操作删去

```
If H is empty
    put p in H,
```

那么如果 $T(n)$ 为该算法的期望运行时间，则存在常数 b 使得 $T(n)$ 满足递推式

$$T(n) \leqslant \frac{2}{n-1} \sum_{k=n/2}^{n-1} T(k) + bn$$

证明：如果 $T(n)$ 满足该递推式，则有 $T(n) = O(n)$。

7*. 假设有一个如下形式的递推式

$$T(n) \leqslant T(a_n n) + T((1-a_n)n) + bn, \quad n > 1$$

其中，a_n 介于 1/5 和 4/5 之间。证明该递推式所有解均形如 $T(n) = O(n \log n)$。

8. 证明定理 5.23。

9. [⊖]通过使用与随机选择算法非常相似的思想，可以实现对快速排序更紧的 (不考虑常数因子) 分析。更精确地说，使用定理 5.23 类似于它在选择过程中的用法。写出当这么做时你所得到的递推式。证明该递推式的解为 $O(n \log n)$。为证明该解，可能需要证明对于某些常数 c_1 和 c_2，存在 $T(n) \leqslant c_1 \log n - c_2 n$。

10. 为随机选择算法写出一个类似于 Slower QuickSort 的版本是可能的。当选出随机主元时，检查其是否位于中间一半的区间内，如果不在则丢弃它。写出这个修改版本的算法，并给出算法运行时间的递推式，证明该递推式的解为 $O(n)$。

371

11*. 在选择过程中常用于替代随机选择主元的一个想法是随机选择 3 个主元，然后选择它们的中位数作为主元。随机选择的主元位于中间一半区间的概率是多少？3 个随

⊖ 这个问题需要本书带星号章节中的知识。

机选择的主元中位数位于中间一半区间的概率是多少？这是否证明了为何将 3 个随机选择的元素中位数作为主元？

12. 快速排序算法的期望运行时间是 $\Omega(n\log n)$ 吗？

13*.（此问题假设你已经理解了二叉搜索树的构建。）一个拥有 n 个键的随机二叉搜索树的构建方式是，首先随机地排列键，之后按照该顺序将它们插入。为什么至少一半随机二叉搜索树中，根的两个子树都含有介于 $n/4$ 和 $3n/4$ 个键？如果 $T(n)$ 是一个拥有 n 个键的随机二叉搜索树的期望高度，解释为什么

$$T(n)\leqslant\frac{1}{2}T(n)+\frac{1}{2}T\left(\frac{3}{4}n\right)+1$$

（思考一个二叉树的定义。它有一个根，并且根有两个子树。我们对这些子树可能的大小说过什么？）有一个节点的二叉搜索树的期望高度是多少？证明一个随机二叉搜索树的期望高度是 $O(n\log n)$。

14.（此问题假设你已经理解了二叉搜索树的构建。）在拥有 n 个键的随机二叉搜索树（定义见习题 13）中一次不成功搜索的期望时间是一个叶子节点的期望深度。就像习题 13 和定理 5.24 证明过程当中所讨论的，找到一个递推式从而给出二叉搜索树中一个叶子节点的期望深度上界，并且利用它找到叶子节点期望深度的大 O 上界。

15*.（此问题假设你已经理解了二叉搜索树的构建。）在拥有 n 个键的随机二叉搜索树（定义见习题 13）中一次成功搜索的期望时间是一个节点的期望深度。该节点有 $1/n$ 的概率是深度为的根节点；否则，期望深度是 1 加上其中一个子树节点的期望深度。像习题 13 和定理 5.24 证明过程当中所讨论的，如果 $T(n)$ 是二叉搜索树一个节点的期望深度（并且如果对于所有 $i>1$ 有 $T(i-1)\leqslant T(i)$），那么

$$T(n)\leqslant\frac{n-1}{n}\left(\frac{1}{2}T(n)+\frac{1}{2}T\left(\frac{3}{4}n\right)\right)+1$$

拥有 n 个键的随机二叉搜索树一个节点的期望深度的大 O 的上界是什么？

372

5.7 概率分布和方差

5.7.1 随机变量的分布

前面已经给出了期望值一词的含义。例如，如果抛一枚硬币 100 次，正面朝上的期望次数是 50。但在多大程度上我们能看到 50 次正面朝上？如果看到结果是 55，60，或 65 次，会令人感到惊讶吗？为了回答这类问题，必须分析一个随机变量会偏离其期望值多少。首先，我们展示如何构建一个图来描述随机变量的值在其期望值周围是如何分布的。包含有限个值的随机变量 X 的**分布函数**（distribution function）D 是关于 X 值的函数，定义为

$$D(x)=P(X=x)$$

你可能从分布函数在期望值的定义中扮演的角色识别出它。随机变量 X 的分布函数为随机变量的每个取值 x 指派 X 取该值的概率。（因此，D 是定义域为 X 取值集合的函数。）当 X 的取值是整数时，可以方便地使用一种叫作**直方图**（histogram）的示意图来可视化分布函数。图 5.8 是抛掷一枚硬币 10 次，随机变量"正面朝上次数"分布的直方图，和某人以 0.8 的正确率做一个有 10 道问题的测试，随机变量"正确答案个数"分布的直方图。什么是直方图？图 5.8 中的直方图对 X 的每个整数值 x 都有一个中心为 x、宽度为 1 的矩形，其高度（以及面积）与概率 $P(X = x)$ 成比例。直方图亦可用非单位宽的矩形画成。当人们画一个底从 $x = a$ 到 $x = b$ 的矩形时，矩形的面积是 X 在 a 和 b 之间的概率。

定义为 $D(a,b) = P(a \leqslant X \leqslant b)$ 的函数 D 常被称为**累积分布函数**（cumulative distribution function）。当样本空间无限时，给样本空间中的单个元素指派概率权重并不是总有意义，但累积分布函数依然有意义。因此，对于无限样本空间，概率的处理常基于随机变量及其累积分布函数。直方图是一种表现累积分布函数信息的自然方式。

373

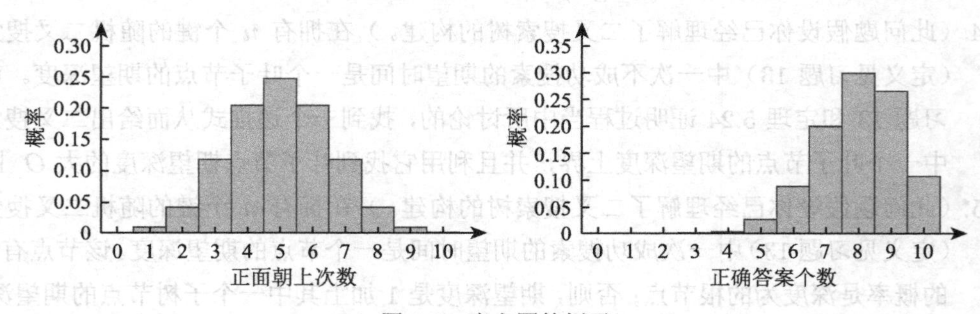

图 5.8　直方图的例子

图 5.8 中的直方图展示了两个分布之间的不同。它们表明，可以期望正面朝上的次数以某种程度接近期望值，尽管只有两次正面朝上或多达八次正面朝上也不是不可能的。我们发现正确答案的个数倾向于聚集在 6 到 10 之间，所以在这种情况下，期望随机变量合理地趋近于期望值。然而，随着抛掷硬币次数或问题数量的增加，结果会不会分散开来？相对而言，我们应期待更加趋近还是更加远离期望值？在图 5.9 中，可以看到抛 25 次硬币抛掷和 25 个问题的结果。正面朝上的期望次数是 12.5。直方图看得很清楚，我们可以期望绝大多数结果有 9 到 16 次正面朝上。几乎所有的结果在 5 到 20 之间。因此，结果散布地

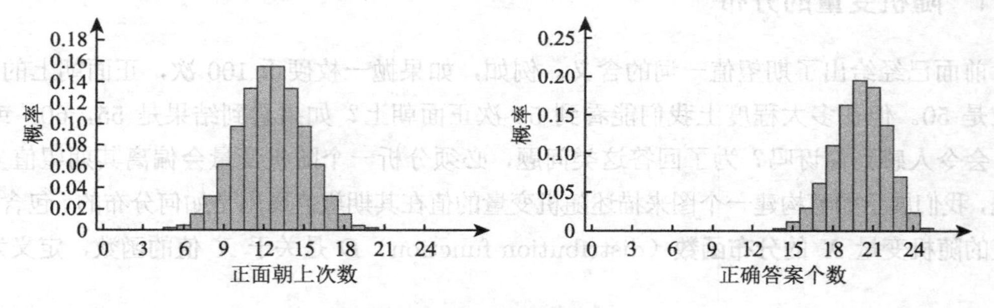

图 5.9　25 次试验的直方图

并不像只抛 10 次那样广（相对而言）。与抛掷硬币的直方图相比，25 个问题的测试分数直方图看上去更紧凑地围绕着期望值。基本上所有分数都在 14 到 25 之间。虽然我们依然能分辨出两个直方图的形状的不同，但它们已在外观上表现出了某种相似。

374

图 5.10 展示了与抛掷硬币 100 次和 100 个问题最相关的 30 个值。现在两个直方图几乎有着相同的形状，尽管测试的直方图依然更紧凑地围绕着期望值。正面朝上的次数几乎没有可能偏离期望值超过 15，测试分数几乎没有可能偏离期望值超过 11。因此，尽管试验次数扩大了四倍，散布范围只是扩大了两倍。在两个例子中，由矩形顶部形成的曲线很像钟形曲线，这种曲线称为**正态曲线**（normal curve），它在许多科学领域都有出现。然而，在测试分数的曲线中，你会看到左下部和右下部有一点不同。

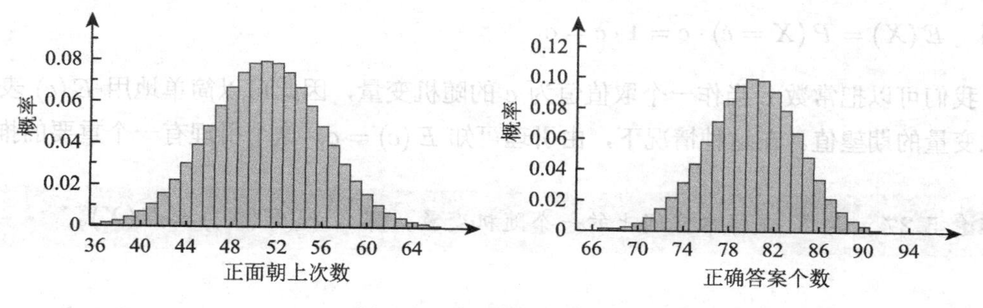

图 5.10 100 次独立试验

我们看到，需要大约 30 个值来观察 100 次试验的最相关的概率，然而我们需要 15 个值来观察 25 次独立试验的最相关的概率。这可能使得我们做出预测：我们只需要大约 60 个数值就能观察到 400 次试验中几乎所有的结果。如图 5.11 所示，情况确实如此。尽管测试分数的分布仍然比抛掷硬币的分布更加紧凑，但我们必须细致地检查前者来发现任何的不对称。这些试验表明，分布的散布范围（对独立试验而言）按试验次数的平方根增长。因为我们每次把元素个数扩大四倍，散布范围就扩大两倍。试验还表明，至少对于有两个结果的独立试验中的成功次数的分布，存在某种钟形的极限分布函数。然而，没有理论基础，我们不知道我们观察到的事实能延伸多远。因此，寻找一个代数的方法来度量随机变量与其期望值之间的差值。

375

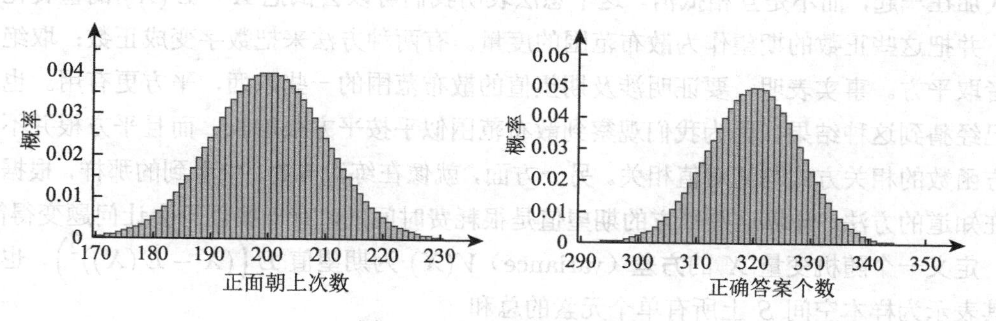

图 5.11 400 次独立试验

5.7.2 方差

练习 5.7-1： 设 X 是抛掷一枚硬币四次中正面朝上的次数。Y 为随机变量 $X-2$，或 X 与其期望值之差。计算 $E(Y)$。$E(Y)$ 能否有效衡量 X 偏离了其期望值多少？计算 $E(Y^2)$。当 X 为抛掷一枚硬币 10 次中正面朝上的次数，Y 为 $X-5$ 时，重复以上过程。

在回答这些问题前，我们介绍一个不重要但有用的引理（在 5.4 节作为习题 10 出现）和一个推论，表明一个期望值的期望就是该期望。

引理 5.26 如果一个随机变量 X 恒取值为 c，则 $E(X)=c$。

证明 $E(X)=P(X=c)\cdot c=1\cdot c=c$ □

我们可以把常数 c 当作一个取值恒为 c 的随机变量，因此可以简单地用 $E(c)$ 表示该随机变量的期望值。在这种情况下，由引理可知 $E(c)=c$。这个引理有一个重要的推论。

推论 5.27 设 X 是样本空间上的一个随机变量，那么 $E(E(X))=E(X)$。

证明 当我们把 $E(X)$ 当作一个随机变量时，它是一个传统上记为 μ 的常数值。由引理 5.26 可知，$E(E(X))=E(\mu)=\mu=E(X)$。 □

376

回到练习 5.7-1，用期望的线性性和推论 5.27 得到

$$\begin{aligned} E(X-E(X)) &= E(X)-E(E(X)) \\ &= E(X)-E(X) \\ &= 0 \end{aligned} \tag{5.41}$$

因此，对于衡量随机变量距离其期望值有多近，等式 5.41 不是一个特别有用的方法。如果一个随机变量有时高于它的期望值，有时低于它的期望值，那么我们想将两个差值以某种方式加在一起，而不是互相抵消。这个想法表明我们可以尝试把 $X-E(X)$ 的值转化为正数，并把这些正数的期望作为散布范围的度量。有两种方法来把数字变成正数：取绝对值或者取平方。事实表明，要证明涉及期望值的散布范围的一些东西，平方更有用。也许我们已经猜到这种结果，因为我们观察到散布范围似乎按平方根增长，而且平方根并不以与平方函数的相关方式与绝对值相关。另一方面，就像在练习 5.7-1 中看到的那样，根据我们现在知道的方法，计算这些平方的期望值是很耗费时间的。有一些理论会让问题变得简单。

定义一个随机变量 X 的**方差**（variance）$V(X)$ 为期望值 $E\left((X-E(X))^2\right)$，也可以将其表示为样本空间 S 上所有单个元素的总和

$$V(X)=E\left((X-E(X))^2\right)=\sum_{s:s\in S}P(s)(X(s)-E(X))^2$$

使用这个定义来计算抛掷一枚硬币 4 次正面朝上次数 X 的方差。有

$$V(X) = (0-2)^2 \cdot \frac{1}{16} + (1-2)^2 \cdot \frac{1}{4} + (2-2)^2 \cdot \frac{3}{8} + (3-2)^2 \cdot \frac{1}{4} + (4-2)^2 \cdot \frac{1}{16} = 1$$

抛掷一枚硬币 10 次的方差计算涉及非常不方便的算术运算。如果想计算抛掷一枚硬币 10 次、100 次乃至 400 次的方差，来检验我们关于分布的散布范围如何增长的直觉，那么有一种可以使我们避开大量求和运算的计算技巧是非常好的。之前看到，随机变量和的期望值等于随机变量期望值的和。这在计算中是很有帮助的。

377

练习 5.7-2：*抛掷一枚硬币，正面朝上次数的方差是多少？对于抛一枚硬币的四次独立试验，方差和是多少？*

练习 5.7-3：*杯里有一枚 5 分的硬币和一枚 25 分的硬币。取出一枚硬币。取出钱币的期望数额是多少？方差是多少？将硬币放回杯中，一个接一个无放回地取出两枚硬币。取出钱币的期望数额是多少？方差是多少？第一次取出钱币的期望数额和方差是多少？第二次呢？*

练习 5.7-4：*当我们回答一个有 0.8 的概率得到正确答案的问题时，计算答案正确个数的方差（注意答案正确的个数要么是 0，要么是 1，但是期望值不必如此）。当我们回答五个有 0.8 的概率得到正确答案的问题时，计算答案正确个数的方差。这两个方差之间存在关系吗？*

在练习 5.7-2 中，计算方差

$$V(X) = \left(0 - \frac{1}{2}\right)^2 \cdot \frac{1}{2} + \left(1 - \frac{1}{2}\right)^2 \cdot \frac{1}{2} = \frac{1}{4}$$

因此，我们看到抛一次硬币的方差是 1/4，抛四次硬币的方差和是 1。在练习 5.7-4 中，回答一个问题的方差是

$$V(X) = 0.2\,(0-0.8)^2 + 0.8\,(1-0.8)^2 = 0.16$$

回答五个问题的方差是

$$4^2 \cdot (0.2)^5 + 3^2 \cdot 5 \cdot (0.2)^4 \cdot (0.8) + 2^2 \cdot 10 \cdot (0.2)^3 \cdot (0.8)^2 + 1^2 \cdot 10 \cdot (0.2)^2 \cdot (0.8)^3 + 0^2 \cdot 5 \cdot (0.2)^1 \cdot (0.8)^4 + 1^2 \cdot (0.8)^5 = 0.8$$

这个结果是回答一个问题方差的五倍。

对于练习 5.7-3，一次抽取的钱币的期望数额是 0.15 美元。方差是

$$0.5(0.05 - 0.15)^2 + 0.5(0.25 - 0.15)^2 = 0.01$$

一个接一个地抽出两枚硬币，钱币的期望数额是 0.3 美元，方差是 0。最后，第一次抽取的期望值和方差分别为 0.15 美元和 0.01，第二次抽取的期望值和方差分别是 0.15 美元和

378

0.01。注意，我们没有给出方差的单位。如果给出的话，单位应是“平方美元”。我们倾向于不关注方差的单位。

如果有一个计算方差的简单方法，它使用类似“和的期望值等于期望值的和”这样的规则，那将会很好。然而，练习 5.7-3 表明，和的方差不是方差的和。另一方面，练习 5.7-2 和 5.7-4 表明，对于独立试验过程中方差的和，这样的结果可能是正确的。事实上，已经很接近正确答案了。无论 x 和 y 取何值，事件 X 取值 x 独立于事件 Y 取值 y，称随机变量 X 和 Y 是**独立的**（independent）。例如，抛掷一枚硬币 n 次，第 i 次正面朝上的次数（0 或 1）独立于第 j 次正面朝上的次数。为了证明独立随机变量和的方差是它们方差的和，首先需要证明两个独立随机变量乘积的期望是它们期望值的乘积。

引理 5.28　如果 X 和 Y 是样本空间 S 上的两个独立随机变量，分别取值为 $x_1, x_2, \cdots, x_k$ 和 $y_1, y_2, \cdots, y_m$，那么

$$E(XY) = E(X)E(Y)$$

证明　用下列等式来证明引理。从 5.42 行到 5.43 行，我们依据的是 X 和 Y 是独立的这一事实，其他的等式均来自定义和代数。

$$\begin{aligned}
E(X)E(Y) &= \sum_{i=1}^{k} x_i P(X=x_i) \sum_{j=1}^{m} y_j P(Y=y_j) \\
&= \sum_{i=1}^{k}\sum_{j=1}^{m} x_i y_j P(X=x_i)P(Y=y_j) \\
&= \sum_{z:z\text{为}XY\text{的一个值}} z \sum_{(i,j):x_i y_j = z} P(X=x_i)P(Y=y_j) \qquad (5.42) \\
&= \sum_{z:z\text{为}XY\text{的一个值}} z \sum_{(i,j):x_i y_j = z} P((X=x_i)\wedge(Y=y_j)) \qquad (5.43) \\
&= \sum_{z:z\text{为}XY\text{的一个值}} zP(XY=z) \\
&= E(XY)
\end{aligned}$$

□

379

定理 5.29　如果 X 和 Y 是独立随机变量，那么

$$V(X+Y) = V(X) + V(Y)$$

证明　由方差的定义、代数和期望的线性性，有

$$\begin{aligned}
&V(X+Y) \\
=&E\left((X+Y-E(X+Y))^2\right) \\
=&E\left((X-E(X)+Y-E(Y))^2\right)
\end{aligned}$$

$$=E\left(\left((X-E(X))^2+2(X-E(X))(Y-E(Y))+(Y-E(Y))^2\right)\right)$$

$$=E\left((X-E(X))^2\right)+2E((X-E(X))(Y-E(Y)))+E\left((Y-E(Y))^2\right) \quad (5.44)$$

式 (5.44) 的第一项和最后一项分别是的 $V(X)$ 和 $V(Y)$ 的定义。还应注意，若 X 和 Y 是独立的，b 和 c 是常数，那么 $X-b$ 和 $Y-c$ 是独立的（见习题 8）。因此，对式 (5.44) 的中间项使用引理 5.28，得

$$V(X+Y)=V(X)+2E(X-E(X))E(Y-E(Y))+V(Y)$$

现在对中间项使用式 (5.41)，可得结果为 0，定理得证。 □

由定理 5.29，计算抛掷一枚硬币 10 次的方差是简单的。通常，有随机变量 X_i，它是 1 或 0 取决于硬币是否是正面朝上。X_i 的方差是 1/4，所以 $X_1+X_2+\cdots+X_{10}$ 的方差是 $10/4=2.5$。

练习 5.7-5： *求抛掷一枚硬币 100 次和 400 次的方差。*

练习 5.7-6： *当试验次数扩大了四倍，练习 5.7-5 中的方差也扩大了四倍，而我们在直方图中观察到的散布范围扩大了两倍。你能提出一种自然的散布范围的度量方法来解决这个问题吗？*

380

对于练习 5.7-5，回顾抛一枚硬币一次的方差是 1/4。因此，抛 100 次的方差是 25，400 次抛掷的方差是 100。由于这个度量随试验次数线性增长，因此可以用它的平方根给出散布范围的度量，它随测验次数的平方根增长——就像在直方图中观察到的“散布范围”一样。取平方根实际上是直观的，因为它“纠正”我们一直在度量期望散布范围的平方而非期望散布范围的事实。

随机变量方差的平方根称为随机变量的**标准差**（standard deviation），记作 σ（或当我们讨论的是哪个随机变量时，为避免混淆用 $\sigma(X)$ 表示）。因此，100 次抛掷的标准差是 5，400 次抛掷的标准差是 10。注意，在 100 次抛掷和 400 次抛掷的两个例子中，我们在直方图中观察到的“散布范围”均是期望值 ±3 倍标准差。25 次抛掷怎么样？对于 25 次抛掷，标准差是 5/2。所以，期望值 ±3 倍标准差是 15 个点的一个范围，再次与我们的观察一致。对于测试分数，一个问题的方差是 0.16；25 个问题的标准差是 2，±3 倍标准差给出了 12 个点的一个范围。对于 100 个问题，标准差是 4；400 个问题，标准差是 8。再次注意 3 倍标准差是如何与我们在直方图上观察到的散布范围相关的。

我们观察到的散布范围与标准差之间的关系并非偶然。作为称为中心极限定理的概率定理的一个结果表明：在相对大量的具有两个结果的独立试验中，离均值 1 倍标准偏差内结果的百分比约为 68%；离均值 2 倍标准差内结果的百分比大约是 95.5%；离均值 3 倍标准差内结果的百分比大约是 99.7%。

中心极限定理告诉我们具有相同分布函数的独立随机变量的和的分布[⊖]。当加起来的

⊖ 事实上，变量可以有不同的分布，只要在对和的贡献方面，没有一个变量比其他变量大太多。而且这些变量可以是不独立的，只要他们中没有太多变量与其他变量过于相关。

随机变量的个数足够大时，**中心极限定理**（central limit theorem）表明，和与期望的距离在 a 倍标准差和 b 倍标准差之间大致概率。（例如，若 $a=-1.5$，$b=2$，那么这个定理告诉我们，和在低于期望值 1.5 倍标准差和高于期望值 2 倍标准差之间的一个大致概率。）中心极限定理说明这个近似值[㊀]是

381

$$\frac{1}{\sqrt{2\pi}}\int_a^b \mathrm{e}^{-\frac{x^2}{2}}\mathrm{d}x$$

按下式给出的分布

$$P(a \leqslant X \leqslant b)=\frac{1}{\sqrt{2\pi}}\int_a^b \mathrm{e}^{-\frac{x^2}{2}}\mathrm{d}x$$

被称为**正态分布**（normal distribution）。因为我们在自然界观察到的许多事物可以被认为是多阶段过程的结果，测量的量通常是将每个阶段的量相加所得的结果，所以中心极限定理“解释”了为什么应该期望所测量的许多事物的分布是正态分布。例如，一个人的体重可以被认为是生命中所有星期内随机变量 X_i 和随机变量 Y_i 的和，随机变量 X_i 是第 i 周的食品消耗导致的体重变化，随机变量 Y_i 是第 i 周的锻炼导致的体重变化。尚不清楚是否这是对血压的自然解释。因此，尽管我们不应对一个人在不同时间的体重是正态分布感到特别意外，但我们并没有相同的根据来预测血压会是正态分布，即使它们确实如此[㊁]！

382

练习 5.7-7： 抛掷一枚硬币 n 次，我们想要有 95% 的把握使正面朝上的次数落在期望值 $\pm1\%$ 的范围内，n 必须要有多大？

练习 5.7-8： 某人做一个有 100 道问题的简答测试，随机变量是所给出的正确答案个数，假设每个问题非对即错，如果此人了解 80% 的课程内容，并且该学生能答对她知道的每个问题，则该随机变量的方差和标准差是多少？如果该生得到了 90 以上的分数，我们应该感到惊讶吗？

回顾抛掷一枚硬币一次的方差是 1/4，因此抛 n 次的方差为 $n/4$。因而对于 n 次抛掷，标准差是 $\sqrt{n}/2$。我们期望有 95% 的结果在平均值的 2 个标准差之内（在本文中，将 95.5 取整到 95 是常见的），所以我们在问 2 倍标准差何时为 $n/2$ 的 1%。换言之，我们想求一个 n，使得 $2\sqrt{n}/2=0.01\,(0.5n)$。这等价于 $\sqrt{n}=5\cdot10^{-3}n$。两边平方得 $n=25\cdot10^{-6}n^2$，从而 $n=10^6/25=40\,000$。因此，我们需要抛掷一枚硬币 40 000 次才能有 95% 的把握使正面朝上的次数在期望值 20 000 的 1% 以内。

㊀ 更精确地说，如果设 μ 为随机变量 X_i 的期望值，σ 为其标准差（所有的 X_i 都有相同的期望值和标准差，因为他们有相同的分布），如果用下式乘以随机变量的和

$$Z=\frac{X_1+X_2+\ldots+X_n-n\mu}{\sigma\sqrt{n}}$$

则 $a\leqslant Z\leqslant b$ 的概率是

$$\frac{1}{\sqrt{2\pi}}\int_a^b \mathrm{e}^{-\frac{x^2}{2}}\mathrm{d}x$$

㊁ 事实上，仁者见仁，智者见智。有人可能认为，血压会对许多小的附加因素有反应。

在练习 5.7-8 中，任意给定问题的答案正确的期望个数是 0.8。每个答案的方差是 $0.8(1-0.8)^2+0.2(0-0.8)^2=0.8\cdot0.04+0.2\cdot0.64=0.032+0.128=0.16$。注意，这里是 $0.8(1-0.8)$。总分是表示每个问题分数的随机变量的和。如果问题是相互独立的，那么它们和的方差是它们方差的和，或者 16。因此，标准差是 4。因为 90% 高于期望值的 2.5 标准差倍，所以根据中心极限定理，得到一个距离期望值这么远的分数的概率在 0.05 到 0.003 之间。（事实上，略高于 0.01。）假设某人像上面那样有可能比期望分数低 2.5 倍标准差（并非完全正确但很接近），可以看到，一个知道课程内容 80% 的人在考试中不太可能得 90 分或更高。因此，我们应该对于这个分数感到意外，并把这个分数作为学生可能知道多于 80% 课程内容的证据。

抛掷硬币和测试是伯努利试验的两个特殊情况。用与测试分数随机变量相同类型的计算方法，可以证明以下定理。

定理 5.30　*在成功概率为 p 的伯努利试验中，单次试验的方差是 $p(1-p)$，n 次试验的方差是 $np(1-p)$。n 次试验的标准差是 $\sqrt{np(1-p)}$。*

383

证明　习题 7 要求你给出这个证明。□

重要概念、公式和定理

1. **直方图**：直方图对 X 的每个整数值 x 都有一个中心为 x、宽度为 1 的矩形，其高度（面积）与概率 $P(X=x)$ 成比例。直方图亦可用不等宽的矩形画成。当画一个底从 $x=a$ 到 $x=b$ 的矩形时，矩形的面积是 X 在 a 和 b 之间的概率。
2. **一个常数的期望值**：如果 X 是一个取值恒为 c 随机变量，那么 $E(X)=c$。特别地，$E(E(X))=E(X)$。
3. **方差**：定义随机变量 X 的方差 $V(X)$ 为 $(X-E(X))^2$ 的期望值，也可以表示为样本空间 S 上所有单个元素的总和，即

$$V(X)=E\left((X-E(X))^2\right)=\sum_{s:s\epsilon S}P(s)(X(s)-E(X))^2$$

4. **独立随机变量**：无论 x 和 y 取何值，事件 X 取值 x 独立于事件 Y 取值 y，则随机变量 X 和 Y 是独立的。
5. **独立随机变量的期望乘积**：如果 X 和 Y 是样本空间 S 上的独立随机变量，那么 $E(XY)=E(X)E(Y)$。
6. **独立随机变量和的方差**：如果 X 和 Y 是独立随机变量，那么 $V(X+Y)=V(X)+V(Y)$。
7. **标准差**：随机变量的方差的平方根被称为随机变量的标准差，记作 σ（当我们讨论的是哪个随机变量时，为避免混淆用 $\sigma(x)$ 表示）。

8. **伯努利试验的方差和标准差**：在成功概率为 p 的伯努利试验中，单次试验方差是 $p(1-p)$，n 次试验的方差是 $np(1-p)$。n 次试验的标准差是 $\sqrt{np(1-p)}$。
9. **中心极限定理**：中心极限定理表明，具有相同分布函数的独立随机变量的和近似为，当所加起来的随机变量的个数足够大时，和在 a 和 b 之间的概率是

$$\frac{1}{\sqrt{2\pi}}\int_a^b \mathrm{e}^{-\frac{x^2}{2}}\mathrm{d}x$$

384

这意味着独立随机变量的和在期望值 1、2、3 倍标准差以内的概率大约分别是 0.68，0.955 和 0.997。（该定理在下面两个更一般的情况下也成立：随机变量具有不同的分布，但它们之中没有一个能够“主导”剩下的变量；或随机变量间不独立，但它们之中没有太多变量与其他变量相似。）

习题

所有带 * 的习题均附有答案或提示。

1.* 假设了解书中某章节内容 60% 的某学生去做五个问题的客观（每个答案非对即错，没有多选或判断题）测试。在老师构造出所有测试的样本空间中，设 X 是随机变量，它给出了测试中学生答对问题的个数。随机变量 $X-3$ 的期望值是多少？$(X-3)^2$ 的期望值是多少？X 的方差是多少？
2. 在习题 1 中，设 X_i 为学生在问题 i 上得到正确答案的个数，也就是说，X_i 为 0 或 1。X_i 的期望值是多少？X_i 的方差是多少？从 X_1 到 X_5 的方差和与习题 1 中 X 的方差有什么关系？
3.* 杯中有一枚 10 分和一枚 50 分的硬币。你取出一枚。你取出钱币的期望数额是多少？方差是多少？不放回第一枚，你取出第二枚硬币。你取出钱币的期望数额是多少？方差是多少？相反，假设你考虑从杯中一次取出两枚硬币。你取出钱币的期望数额是多少？方差是多少？关于随机变量和的方差是否是它们方差的和，这个例子说明什么？
4. 如果习题 1 中的测试有 100 个问题，答案正确的期望个数是多少，答案正确的期望个数的方差是多少，答案正确个数的标准差是多少？
5.* 在习题 4 描述的测试中，估计一个知道 60% 内容的人得分在 50 到 70 之间的概率。
6. 25 个问题的测试中，某人知道 80% 的内容，答案正确的个数的方差是多少？若测试有 100 个问题呢？400 个问题呢？测试中的问题个数扩大四倍，随机变量“答案正确个数”在直方图中的“散布范围”只扩大两倍，对这一事实，你能如何“修正”这些方差？

385

7.* 证明定理 5.30。
8. 如果 X 和 Y 是独立的，b 和 c 是常数，说明 $X-b$ 和 $Y-c$ 是独立的。
9.* 杯子中有一枚 5 分，一枚 10 分和一枚 25 分的硬币。取出两枚硬币，无放回地先取出第一个，再取出第二个。第一次取出钱币的期望数额和方差是多少？第二次取

出呢？两次取出的和呢？

10. 在成功概率为 p 的 n 次独立试验中，失败次数的期望是多少？方差是多少？标准差是多少？将你的答案与相应的成功的结果作比较，解释观察到的有趣结果。

11*. 掷 n 枚骰子，顶面之和的方差与标准差是多少？

12. 在简答测试中，要有 95% 的把握使一个知道课程内容 80% 的人的分数在 75% 到 85% 之间，你需要出多少个问题？

13*. 在一个有 100 个问题的判断题测试中，70% 的分数是否与应试者只是猜答案的假设保持一致？10 个问题的判断题测试呢？（这不是一个 “结果显而易见” 的问题；你必须对 “保持一致” 有自己的定义。）

14. 给定一个随机变量 X，cX 的方差与 X 的方差有什么关系？

15*. 画出等式 $y = x(1-x)$ 的图，x 取值从到 1。y 的最大值是多少？它为什么能表明 n 次独立试验中的 “成功次数” 这一随机变量的方差（见习题 7 和习题 10）总是小于等于 $n/4$？

16. 此习题引出了概率的一个重要法则，称作**切比雪夫法则**（Chebyshev's law）。假设给定一个实数 $r > 0$，你想估计随机变量与其期望值之差 $|X(x) - E(X)|$ 大于 r 的概率。

   a) 设 $S = \{x_1, x_2, \cdots, x_n\}$ 为样本空间，设 $E = \{x_1, x_2, \cdots, x_k\}$ 是满足 $|X(x) - E(X)| > r$ 的所有 x 构成的集合。通过利用定义 $V(X)$ 的式子，证明

$$V(X) > \sum_{i=1}^{k} P(x_i) r^2 = P(E) r^2$$

   b) 证明 $|X(x) - E(X)| \geqslant r$ 的概率不超过 $V(X)/r^2$。这就是切比雪夫法则。

386

17*. 在习题 14（等其他习题）的帮助下，证明在成功概率为 p 的 n 次独立试验中，有

$$P\left(\left|\frac{\text{成功次数} - np}{n}\right| \geqslant r\right) \leqslant \frac{1}{4\pi r^2}$$

18. 此习题从切比雪夫法则中得出一个直观的概率法则，即大数定律。通俗地说，**大数定律**（law of large numbers）指出，如果重复试验很多次，一个事件发生次数的比例会很接近于该事件的概率。该定律适用于成功概率为 p 的独立试验。它表明，对于任意的正数 s，无论 s 有多小，只要使试验次数 n 足够大，就可以使成功次数 X 在 $np - ns$ 和 $np + ns$ 之间的概率接近于 1。例如，你可以使成功次数在期望值 1%（或者 0.1%）以内的概率无限接近于 1。

   a) 证明：$|X(x) - np| \geqslant sn$ 的概率不超过 $p(1-p)/s^2 n$。

   b) 解释为什么 “a” 部分意味着当 n 增大时，你就可以让 $X(x)$ 在 $np - sn$ 和 $np + sn$ 之间的概率可以无限接近于 1。

19*. 在判断题测试中，计算分数时，常从正确答案的个数中减去错误答案的个数，然后将其转化为一个相对于问题个数的百分数。在用这种方式评分的判断题测试中，一

个知道这门课内容 80% 的人的期望分数是多少？与客观测试相比，这样的方式会怎样改变标准差？要有一定百分比的把握使某个知道这门课 80% 的人可以得到期望百分比分数 5 分以内的分数，你必须如何设置问题个数？

20. 另一种界限方差偏离期望的方法被称为**马尔可夫不等式**（Markov's inequality），它讲到，如果 X 是一个非负的随机变量，对任何 $k \geqslant 1$ 有

387 ~ 388

$$P(X > kE(X)) \leqslant \frac{1}{k}$$

证明这个不等式。

第6章
Discrete Mathematics for Computer Scientists

图论

6.1 图

在本章中，我们将讨论离散数学和计算机科学中的一个基础话题——图。我们将会看到，可以使用图对很多常见的情况建模，并且十分自然地描述许多算法。此外，图也有助于加深我们对归纳法证明的理解，尤其是强归纳法。

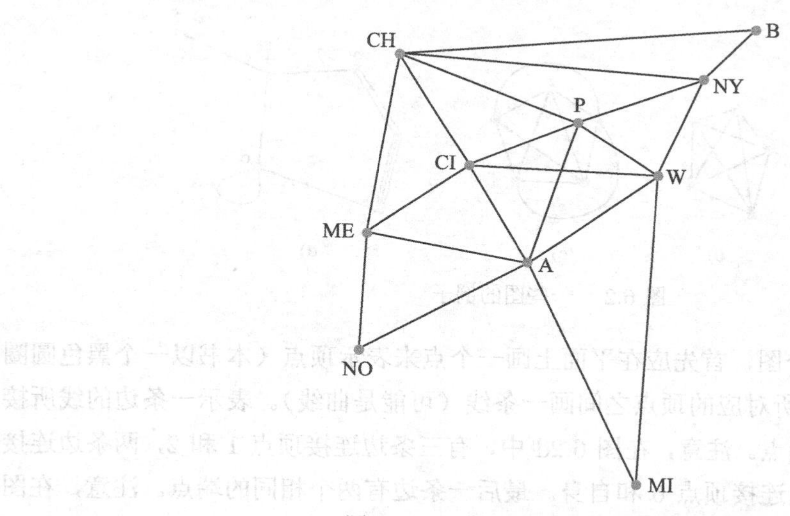

图 6.1 包含美国东部几座城市的地图

练习 6.1-1: 图 6.1 展示了一个包含美国东部几座城市的地图（波士顿、纽约、匹兹堡、辛辛那提、芝加哥、孟菲斯、新奥尔良、亚特兰大、华盛顿特区和迈阿密）。某家公司在这些城市都设有带数据处理中心的办事处，随着业务发展，公司在一些城市之间租用了专用的通信线路来保证计算机系统间的有效通信。图中的每个点代表一个数据中心，每条线代表一条专用通信链路。从 B（波士顿）到 NO（新奥尔良）传送一条信息所需链路的最小数目是多少？请给出具有该链路数目的路线。

练习 6.1-2: 哪座城市（或者哪些城市）传出的通信链路最多？

练习 6.1-3: 图中通信链路的总数是多少？

图 6.1 就是我们所说的“图”。**图**（graph）是由一个**顶点**㊀（vertice）集合和一个**边**㊁

㊀ 顶点另一个常见的名字叫节点（node）。

㊁ 边的另一个常用的名字为弧（arc），尽管有一些作者将这种使用限定于有向图（directed graph）。

(edge) 集合构成的，它具有以下性质：每条边连接两个（无须不同）的顶点，称为该边的**端点**（endpoint）。这条边**连接**（join）了两个端点，并且当两个端点被一条边连接时称它们是**相邻的**（adjacent）。当一个顶点是一条边的端点时，称这条边和这个顶点是**关联的**（incident）。图 6.2 中给出了更多图的例子。图可以对对象之间关系的情况进行建模。在图 6.1 中，对象是城市，关系是连接它们的通信链路。一般来说，利用顶点来表示对象，利用连接两个顶点的边表示两个对象的关系。图的其他例子还包括：顶点代表生物物种，如果物种间有共同祖先，则用一条边来连接两个顶点；或者顶点代表人，如果两个人上过同一学校，则在两个顶点间画一条边。

390

上述提到的关系都是对称的，即无论两个顶点 a 与 b 之间存在什么关系，顶点 b 与 a 之间必定存在同样的关系。图可以将对称关系模型化。人们也可以研究有向图，它不一定对对称关系进行模型化。许多对于图的研究同样适合有向图。在本书中，不对有向图进行探讨。

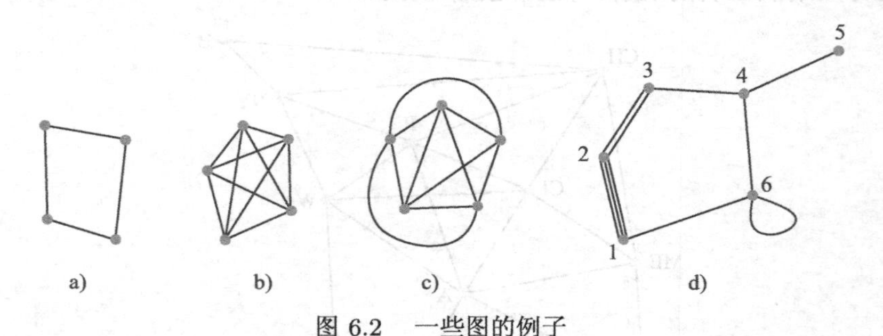

图 6.2　一些图的例子

为了**画**（draw）一个图，首先应在平面上画一个点来表示顶点（本书以一个黑色圆圈表示），然后在边的端点所对应的顶点之间画一条线（可能是曲线）。表示一条边的线所接触的顶点只可能是边的端点。注意，在图 6.2d 中，有三条边连接顶点 1 和 2，两条边连接顶点 2 和 3，还有一条边连接顶点 6 和自身。最后一条边有两个相同的端点。注意，在图 6.2 中，有时顶点会被标记，有时则不会。标记顶点是为了赋予顶点含义（如图 6.1 所示）或是为了方便引用（如图 6.2d 所示）。

图 6.1 和图 6.2 的前三个图是**简单图**（simple graph）的例子。简单图是指至多有一条边连接两个不同的顶点，并且不存在边连接一个顶点至其自身[⊖]。在简单图中，如果存在一条边连接顶点 x 和顶点 y，则将这条边记为 $\{x, y\}$。因此，在图 6.1 中 $\{\mathrm{P}, \mathrm{W}\}$ 表示匹兹堡和华盛顿特区之间的边。有时利用一个符号来表示一个图是很有帮助的。记法“$G = (V, E)$”表示“用 G 代表一个顶点集合为 V 和边集合为 E 的图”。图 6.2d 中的顶点 6 存在一个自环，顶点 1 与 2 之间和顶点 2 与 3 之间存在多条边。更准确地说，一条将顶点连接到自身的边称为**自环**（loop）；如果连接 x 和 y 的边超过一条，那么这个图被称为在这两个顶点之间含有**多重边**（multiple edges）。

图 6.2b 和 6.2c 是同一个图的不同画法，该图包含五个顶点，每对顶点之间有一条边。

⊖ 图论的术语还没有标准化是因为它还是一个相对年轻的学科。本书采用的术语是计算机科学中的常用术语。一些图的理论研究者会使用图来表示本书提到的简单图，使用多重图（multigraph）来表示本书提到的图。

这个图称为五个顶点的完全图，记作 K_5。通常来说，n 个顶点的**完全图**（complete graph）是有 n 个顶点，并且每对顶点之间都存在一条边的图。用 K_n 表示 n 个顶点的完全图。图 6.2b 和 6.2c 说明一个图存在多种不同的画法。图中的两种画法体现了两种不同的思想：图 6.2b 表示每个顶点都与其他顶点相邻，并且体现高度对称性；图 6.2c 表示存在一种可能的画法使得只有一对边交叉，除了两条边交叉的地方，边只在它们的端点处相交。事实上，没有办法画出没有边交叉的 K_5 图，后续章节会解释这个事实。 391

在练习 6.1-1 中，图的边代表链路，顶点代表城市。从波士顿到新奥尔良可以只使用 3 条通信链路，即从波士顿到芝加哥、从芝加哥到孟菲斯、从孟菲斯到新奥尔良。图中的一条**路径**（path）是一个满足以下条件的顶点和边的序列：

- 以顶点开始和结束。
- 每条边将序列中它之前和之后的顶点连接起来。
- 序列中没有顶点出现超过一次。

在路径中，如果 a 是首个顶点，b 是最后一个顶点，则称该条路径为从 a 到 b 的路径。因此，从波士顿到新奥尔良的路径是

$$\mathrm{B}\{\mathrm{B}, \mathrm{CH}\}\mathrm{CH}\{\mathrm{CH}, \mathrm{ME}\}\mathrm{ME}\{\mathrm{ME}, \mathrm{NO}\}\mathrm{NO}$$

由于该图为简单图，列表中连续的顶点之间只存在一条边，因此可以使用更短的记号 B，CH，ME，NO 来描述同一个路径。**路径的长度**（length of a path）是路径所含的边数。这条从波士顿到新奥尔良的路径的长度为 3。观察地图可知，不存在从波士顿到新奥尔良的更短路径。图中两个顶点间的最短路径长度称作两个顶点之间的**距离**（distance）。因此，图 6.1 中波士顿和新奥尔良之间的距离是 3。

一些应用会让我们认识顶点可重复出现的类路径序列。**通路**（walk）满足路径前两个条件，但不需要满足第三个条件[㊀]。**通路的长度**（length of a walk）是通路所含的边数。

下面的引理将会在后面被证明是有用的。 392

引理 6.1 *如果图 G 的两个不同顶点 x 和 y 之间存在一条通路，那么 G 中的 x 和 y 之间存在一条路径。*

证明 如果通路就是路径，则得证。如果不是，设 z 为从 x 到 y 的通路中出现超过一次的顶点。通过移除通路中 z 第一次和最后一次出现之间的部分，它包含最后一次出现的 z 但不包含第一次出现的 z，可得到一个更短的通路。那么，在新的通路中，z 只出现一次。重复该过程直至没有顶点出现超过一次。这时，那条通路就成为路径。□

6.1.1 顶点的度

在练习 6.1-2 中，通信链路最多的城市是亚特兰大（A）。顶点 A 的度为 6，因为存在 6 条边与它关联。更一般地，图顶点的**度**（degree）是与顶点关联的边的数量，即顶点 x 的

㊀ 一些教材使用“路径”来表示本书中的通路，使用“简单路径”来表示本书定义的路径。

度是从 x 到其他顶点边的数量加上 2 倍的顶点 x 自环的数量。在图 6.2d 中，顶点 2 的度为 5，顶点 6 的度为 4。

练习 6.1-4：在一个与图 6.1 类似的图中，有时难以计算边的数目，因为可能忘记已经数过和尚未数过的边。边的数目与顶点的度之间是否存在关系？如果存在，请找出来。（提示：在相对较小的图上计算边的数目与顶点的度有助于找到公式。）

在练习 6.1-4 中，从图 6.2 中的例子可以看出顶点的度的总和是边的数目的 2 倍。如何证明？一个方法是计算顶点和边关联的总数，每条边存在两个关联的顶点，所以关联的总数是边的数目的 2 倍。顶点的度是其拥有关联的数量，所以顶点度的总和也是关联的总数。因此，顶点度的总和是边的数目的 2 倍。这样就可以通过计算顶点度的总和然后除以 2 来计算边的个数。下面是使用归纳法证明该结果的过程。

393

定理 6.2　设一个图有有限条边，那么顶点度的总和是边数目的 2 倍。

证明　通过对图中边的数目进行归纳来证明。如果图中没有边，则每个顶点的度为 0，度的总数为 0，这也是边的数目的 2 倍。现在假设 $e > 0$，且当图中边的数目小于 e 时定理正确。设 G 为一个有 e 条边的图，ϵ 为 G 的一条边[⊖]。设 G' 为从 G 的边集 E 中删除 ϵ 之后的图（与 G 的顶点集相同）。G' 拥有 $e-1$ 条边，通过归纳假设可知，G' 顶点的度的总和为 $2(e-1)$。现在存在两个可能的情况：ϵ 是一个自环，这种情况下，G' 的一个顶点比在 G 中少了 2 度；或者 e 有两个不同的端点，这种情况下，G' 的两个顶点都比在 G 中少了 1 度。在以上两种情况中，G' 中顶点度的总和比 G 中顶点度的总和少 2。这样，图 G 顶点度的总和为 $(2e-2)+2=2e$。因此，对于含有 $e-1$ 条边的图定理成立意味着对于 e 条边的图定理也成立。通过数学归纳法的原理，该定理对于任意拥有有限条边的图都成立。□

从定理 6.2 的证明过程，我们可以得到几条启示。首先，开始时我们并不清楚需要利用弱归纳法还是强归纳法，于是做出了强归纳法所需的归纳假设。然而，在证明过程中，发现仅需使用弱归纳法，所以相应地写出了结论。这不是错误。我们正确地使用了归纳假设，不需要覆盖的每一个值都使用它。

第二，没有采用在一个含有 $e-1$ 条边图的基础上，增加一条边变成一个含有 e 条边图的方法，而是采用在一个含有 e 条边图的基础上，删除一条边变成一个含有 $e-1$ 条边图的方法。这么做的原因是所证结果需要对每一个含有 e 条边的图都满足。通过利用第二种方法，避免了需要说明"每一个含有 e 条边的图都可能是由一个含有 $e-1$ 条边的图通过增加一条边构成的。"因为第二种方法是从任意含有 e 条边的图展开证明的。在第一种方法中，在已经证明所有由一个含有 $e-1$ 条边的图通过增加一条边而构成的图满足定理的情况下，仍明确地需要证明每一个含有 e 条边的图能够通过这种方式来构造。

394

⊖　因为利用 e 来表示图中边的个数很方便，所以使用希腊字母 ϵ 来表示图的一条边。利用 v 来表示图中顶点的数目也很方便，所以利用临近字母表尾部的其他字母来表示顶点，如 w，x，y 和 z。

在练习 6.1-3 中，顶点度的总和（从左至右）是

$$2+4+5+5+6+5+2+5+4+2=40$$

所以该图含有 20 条边。

6.1.2　连通性

到目前为止，我们看到的所有例子中的图都有一个不是所有图都有的性质——每对顶点之间都存在路径。

练习 6.1-5： 图 6.1 中的公司需要减少开支。目前该公司租用了图中所有的通信线路。因为公司能够通过图中一个或者多个中间城市把信息从一个城市发送到另一个城市，所以公司决定只租赁它需要的最少数目的通信线路，以便从任意城市通过任意数量的中间城市将信息发送到其他城市。需要租用线路的最少数目是多少？给出两个例子，其中包含该数量边（线路）的边集合的子集合从而可以使任意两个城市通信。给出两个例子，其中包含该数量边（线路）的边集合的子集合，但不能使得任意两个城市通信。

在图 6.1 中，试验表明，如果保留八条或更少的边，就没有办法保证城市间的通信（之后会详细解释）。然而，可以找到多个含有九条边的集合，这些边足以应对所有城市间的通信。图 6.3 中展示了两个含有九条边的可以保证所有城市间通信的例子和两个含有九条边的不能保证所有城市间通信的例子。

注意在图 6.3a 和 6.3b 中，通过一条路径从任意顶点到达其他任意顶点是可能的。对于图中每一对顶点，这两个顶点之间都存在一条路径，这样的图被称为**连通的**（connected）。注意，在图 6.3c 中不可能找到一条从亚特兰大到波士顿的路径，图 6.3d 中不可能找到一条从迈阿密到其他任何一个顶点的路径。因此，后两个图是不连通的，也称为**非连通的**（disconnected）。图 6.3d 中的迈阿密是一个**孤立顶点**（isolated vertex）。如果两个顶点间存在一条路径，则它们是**连通的**（connected）。因此，图 6.3c 中波士顿和新奥尔良对应的顶点是连通的。

395

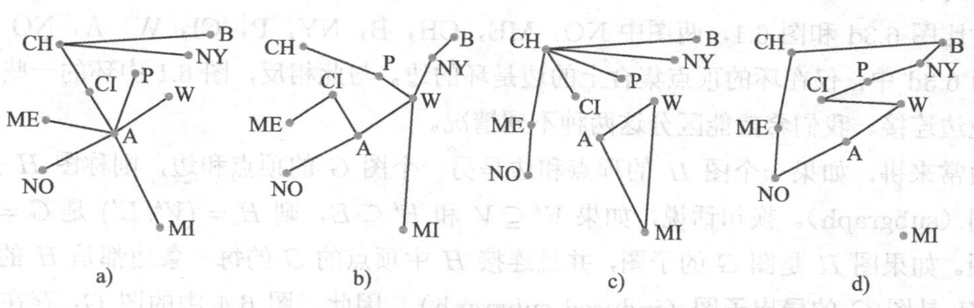

图 6.3　从包含美国东部的几座城市的地图中选出 9 条边

连通关系是一种把顶点集合分成不相交类的等价关系，即划分图的顶点。如何得出这样的结论？连通是自反的、对称的和传递的。一个顶点 x 与其自身是连通的，所以连通是

自反的。如果有一条从 x 到 y 的路径，也会存在一条从 y 到 x 的路径，那么连通是对称的。如果有一条从 x 到 y 的路径和一条从 y 到 z 的路径，将它们拼在一起可以得到一条从 x 到 z 的通路。根据引理 6.1，一定会存在一条从 x 到 z 的路径，所以连通是传递的。

我们将连通的关系称为**连通关系**（connectivity relation），将按这种关系划分图得到的块称为**连通类**（connectivity classe）。不同连通类的两个顶点之间不存在边，因为如果存在边，一个类的每一个顶点将会与另一类的每一个顶点连通，则两个类必定是相同的。因此，最后得到的是一个互不相交集合的边的划分。如果图的边集合是 E，连通类是 C，$E(C)$ 表示端点都在 C 中的边集合。因为不会有边连接不同连通类中的顶点，所以每一条边必须在某个 $E(C)$ 中。由一个连通类 C 和 $E(C)$ 中的边共同组成的图称为原来图的一个**连通分支**（connected component）。从现在开始，我们的关注点是连通分支而非连通类，并且通过列出顶点的方式来描述一个连通分支。图 6.3c 和 6.3d 中的每个图都存在两个连通分支。在图 6.3c 中，连通分支的顶点集合是 {NO，ME，CH，CI，P，NY，B} 和 {A，W，MI}。在图 6.3d 中，连通分支是 {NO，ME，CH，B，NY，P，CI，W，A} 和 {MI}。图 6.4 展示了具有多个连通分支图的其他例子。

396

a) G_1　　b) G_2

图 6.4 有三个连通分支的简单图 G_1 和四个连通分支的图 G_2

6.1.3 环

在图 6.3c 和 6.3d 中，可以看到图 6.3a 和 6.3b 所不具备的一个特点，即从一个顶点到其自身的通路。一条至少有一条边的通路，起点与终点是同一个顶点，除此之外，没有其他重复的边或顶点，这样的通路称为**环**（或回路 cycle）。类似地，一条起点与终点是同一个顶点上的通路称为**闭合通路**（closed walk）。图 6.3c 和 6.3d 中的闭合通路分别是环 A，W，M，A 和 NO，ME，CH，B，NY，P，CI，W，A，NO。一般不区分环的起点，例如可以认为环 A，W，MI，A 与环 W，MI，A，W 是相同的。

对比图 6.3d 和图 6.1，两图中 NO，ME，CH，B，NY，P，CI，W，A，NO 是一条环。图 6.3d 中，仅在环的顶点集合上的边是环的边。与此相反，图 6.1 中环的一些顶点也与其他边连接。我们希望能区分这两种不同情况。

通常来讲，如果一个图 H 的顶点和边是另一个图 G 的顶点和边，则称图 H 是图 G 的**子图**（subgraph）。换句话说，如果 $V' \subseteq V$ 和 $E' \subseteq E$，则 $H=(V',E')$ 是 $G=(V,E)$ 的子图。如果图 H 是图 G 的子图，并且连接 H 中顶点的 G 的每一条边都是 H 的边，则称图 H 是图 G 的**导出子图**（induced subgraph）。因此，图 6.4 中的图 G_1 存在一个导出 K_4（四顶点的完全图）和一个三顶点的导出环（也是一个导出 K_3）。它存在一个有四顶点的环子图，但是不存在一个有四顶点环的导出子图。同时也存在一个三顶点的导出路径。你可以找到它吗？

注意，图 6.4 中的图 G_2 存在由一条边组成的环和两条边组成的环。如果一个图的顶点集是一个环的顶点集并且它的边集是这个环的边集，则称该图为 n 顶点环，或 n 环（或 n 回路，n-cycle），记为 C_n。如果一个图的顶点集是一个路径的顶点集并且它的边集是这个路径的边集，称该图为 n 顶点路径，记为 P_n。因此，图 6.2a 是 C_4 的一种画法。图 6.4 中的图 G_2 存在导出子图 P_3 和导出子图 C_2。

397

6.1.4 树

图 6.3a 和 6.3b 中的图被称为**树**（tree）。在图 6.5 中重画这两个图来阐明它们被称为树的原因。注意，图 6.3a 和 6.3b 与图 6.5a 和 6.5b 中的图是连通且无环的。

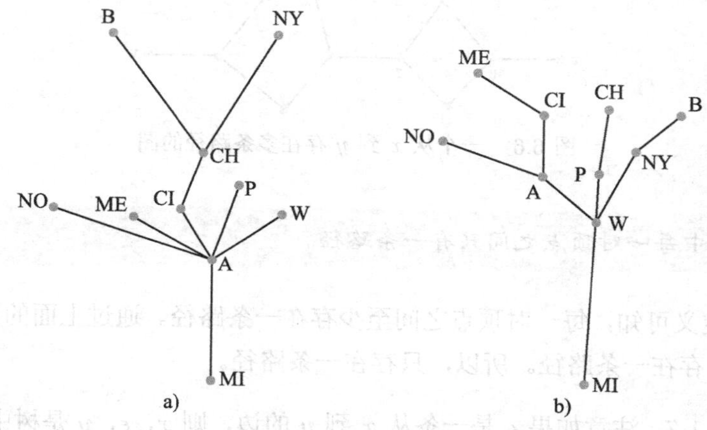

图 6.5 树的可视解释

定义 6.1 连通无环的图称为树[⊖]。

注意，根据该定义，只有一个顶点而没有边的图也是树。

6.1.5 树的其他性质

对树的定义忽略了一些树的其他性质，这些性质可以通过对图 6.3 进一步分析得到。

练习 6.1-6：给定一棵树中的任意两个顶点，它们之间存在几条不同的路径？

398

练习 6.1-7：删除树中的一条边并且让其保持连通，这是可能的吗？

练习 6.1-8：如果 $G=(V,E)$ 是一个图，添加一条连接 V 中顶点的边，连通分支数量将发生什么变化？

练习 6.1-9：有 v 个顶点的树有多少条边？

练习 6.1-10：每棵树都存在一个度为 1 的顶点吗？如果是，解释原因。如果不是，尝试找出保证树存在一个度为 1 的顶点的附加条件。

⊖ 已经学习过根树，二叉树或者二叉搜索树的同学请注意，本节不会讨论这些树。它们是下一节的内容。

练习 6.1-6 中，假设存在两条由顶点 x 到顶点 y 的不同路径。如图 6.6 所示，它们都以顶点 x 为起点，有可能存在多个共同的边。设 w 为 x 之后（或包含）的共享路径变得不同之前的最后一个顶点。为了直观，只关注被标记为 w 和 t 两顶点的上面和下面的路径。它们必须在 y 汇合，甚至它们有可能更早地汇合。设 z 是 w 之后第一次两个路径出现共同部分的顶点。现在存在只共同含有 w 和 z 的两条从 w 到 z 的路径。由从 w 到 z 的路径中的一个和另一个从 z 到 w 的路径组成了一个环，所以这个图不是一棵树。已经证明从 x 到 y 存在两条不同路径的图不是树。通过逆否命题推理，如果一个图是树，其不存在从 x 到 y 两个不同路径。下面将这个结果描述为一个定理。

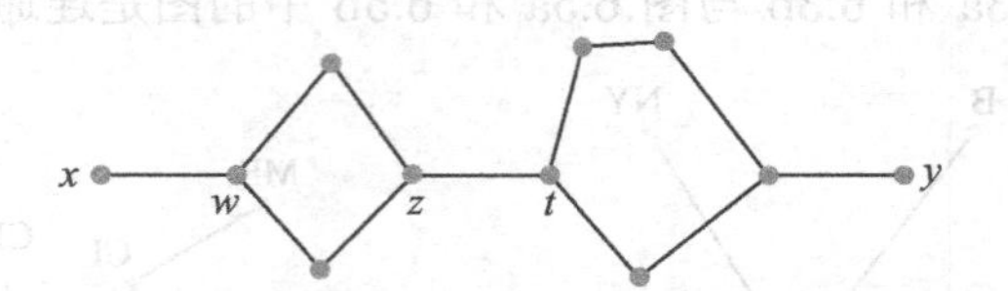

图 6.6 一个从 x 到 y 存在多条路径的图

定理 6.3 树中每一对顶点之间只有一条路径。

证明 由树的定义可知，每一对顶点之间至少存在一条路径。通过上面的讨论可知，每一对顶点之间至多存在一条路径。所以，只存在一条路径。 □

399

对于练习 6.1-7，注意如果 ϵ 是一条从 x 到 y 的边，则 x，ϵ，y 是树中从 x 到 y 的唯一路径。假设将 ϵ 从树的边集中删除。如果在图剩下的部分中仍然存在一条由 x 到 y 的路径，它也是树中一条由 x 到 y 的路径，那么这就违反了定理 6.3。这样，仅有的一种可能是在图剩下的部分中，x 与 y 之间不存在路径。因此它是非连通的，也不是一棵树。

对于练习 6.1-8，如果端点都在同一个连通分支内，则连通分支的数目不会改变。如果边的端点在不同的连通分支内，则连通分支的数目减一。因为一条边存在两个端点，当加入一条边之后连通分支数目减少超过一是不可能的。通过本段和上一段可以得到下面这个有用的引理。

引理 6.4 从一棵树的边集中移除一条边会得到一个含有两个连通分支的图，每个连通分支都是一棵树。

证明 假设 ϵ 是树中从 x 到 y 的边。将 ϵ 从树的边集中移除所得的图是非连通的，所以这个图至少存在两个连通分支。但将边添加回来之后仅能使连通分支数目减少一。因此，这个图的确只存在两个连通分支。因为它们不含有环，都是树。 □

在练习 6.1-9 中，含有十个顶点的树有九条边。如果画出一个含有两个顶点的树，它将会有一条边；如果画出一个含有三个顶点的树，它将会有两条边。图 6.7 展示了两个看起来不太一样的含有四个顶点的树，它们都含有三条边。基于这三个例子，猜想一个 n 顶点

的树含有 $n-1$ 条边。一种证明的方法是尝试使用归纳法。要这么做，必须知道如何用从较小的树构建每一棵树或者如何将一棵树拆成较小的树。不论哪种情况，都必须想出如何利用对于较小树猜想的成立来推导出对于较大树猜想的成立。在这个阶段，大家经常犯的错误是假设每一棵树都是由较小树通过添加一个度为 1 的顶点来构成。尽管这对于含有多于 1 个顶点的有限树是正确的（如练习 6.1-10 所提到的观点），但到目前为止还没有证明过，所以并不能在其他定理的证明过程中使用。另一个方法是利用归纳法来探索是否存在一个自然的方法来将一棵树拆成两个更小的树。引理 6.4 就是这样的一个方法，即如果从树的边集中移除一条边 ϵ 就会得到两个都是树的连通分支。归纳地假设这些树中边的数目相较于顶点的数目少 1。因此，如果这些含有两个连通分支的图中，存在 v 个顶点，那么该图存在 $v-2$ 条边。将 ϵ 添加回来得到含有 $v-1$ 条边的图——除了一个初始情况还没有列出之外，已经完成了下面定理的证明[⊖]。 400

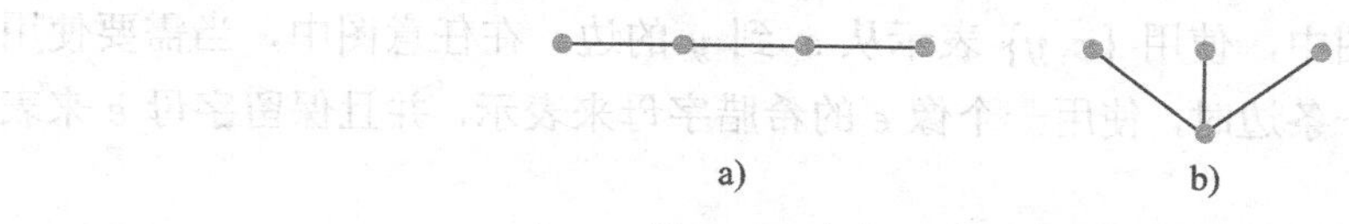

图 6.7 含有 4 个顶点的两棵树

定理 6.5 对于所有整数 $v \geqslant 1$，v 个顶点的树含有 $v-1$ 条边。

证明 如果一棵树仅含有一个顶点，由于任何边都不得不连接该顶点到其自身以致会产生环，因此该树不含有边。拥有两个或是更多顶点的树必须存在一个边来保证连通。在描述定理之前，已经讨论了如何利用删除一条边来完成 v 顶点的树含有 $v-1$ 条边的归纳证明。因此，对于所有 $v \geqslant 1$，v 个顶点的树含有 $v-1$ 条边。 □

最后，对于练习 6.1-10，给出一个逆否命题推理来说明含有多于一个顶点的有限树中至少存在一个度为 1 的顶点。假设图 G 是连通的，且所有顶点度为 2 或更大。顶点度的和至少为 $2v$，根据定理 6.2，边的数目至少是 v。根据定理 6.5，G 不是树。那么由逆否命题推理可得，如果 T 是树，T 至少含有一个度为 1 的顶点。定理 6.5 的这个推论十分有用，下面正式地描述它。

推论 6.6 多于一个顶点的有限树中至少有一个度为 1 的顶点。

重要概念、公式和定理

1. **图**：一个图由一个顶点集合和一个边集合构成，并具有以下性质：每条边连接着称为端点的（无须不同）两个顶点。 401

⊖ 在 4.1 节中提到，在一些归纳法的应用中，如果理解如何将问题中较大的实例拆分为较小的实例，而不是试着去理解如何将较小的实例构造为较大的实例，可以使得证明过程简化。这里就是这种方法有用的一个例子。

2. **边/邻接**：一条边连接两个端点，并且当两个端点被一条边连接时，称它们是链接的。
3. **关联**：当一个顶点是一条边的端点时，称这条边和这个顶点是关联的。
4. **画图**：为了画出一个图，在平面上为每一个顶点画出一个点。对于每一条边，在代表对应边端点的点之间画出一条线（可能是曲线）。表示边的线接触的顶点只可能是边的端点。
5. **简单图**：每个不同顶点之间最多只能有一条边连接并且不存在边连接一个顶点及其自身的图。
6. **自环/多重边**：一条边连接一个顶点到其自身被称为自环，如果超过一条边连接 x 和 y，则称 x 和 y 之间有多重边。
7. **图的记法**："$G = (V, E)$" 表示 "用 G 表示一个顶点集合为 V，边集合为 E 的图"。
8. **边的记法**：简单图中，使用 $\{x, y\}$ 表示从 x 到 y 的边。在任意图中，当需要使用一个字母来指代一条边时，使用一个像 ϵ 的希腊字母来表示，并且保留字母 e 来表示图的边数量。
9. ***n* 个顶点的完全图**：一个 n 顶点完全图是一个有 n 个顶点，并且每对顶点之间都存在一条边的图。使用 K_n 表示 n 个顶点的完全图。
10. **通路**：称一个顶点与边的交替序列为通路，如果该序列以同一个顶点开始和结束，并且每条边连接该序列中其之前和之后顶点。
11. **路径**：如果一个通路没有重复的顶点或边，则称其为路径。
12. **长度/距离**：路径的长度是其所含的边数。两个顶点的距离是它们之间最短路径的长度。
13. **顶点的度**：顶点的度等于与顶点关联边的数量，即顶点 x 的度是从 x 到其他顶点边的数量加上 2 倍的顶点 x 的环的数量。
14. **顶点度的和**：在一个含有有限条边的图中，顶点度的总和是边的数目的 2 倍。
15. **连通**：图中每一对顶点之间都存在一条路径，这样的图被称为是连通的。如果两个顶点间存在一条路径，则称它们是连通的。因此，如果每对顶点都是连通的，则图也是连通的。连通关系是一个等价关系，它将图的顶点划分成被称为连通类的集合。

402

16. **连通分支**：如果 C 是一个图的顶点集的子集，使用 $E(C)$ 表示端点都在 C 中的边集合。由一个连通类 C 和 $E(C)$ 中的边共同组成的集合称为原图的连通分支。
17. **闭合通路**：一条起点与终点是同一个顶点上的通路称为闭合通路。
18. **环**：一条通路至少有一条边，起点与终点是同一个顶点上，除此之外，没有其他的重复边或顶点，这样的通路称为环（或回路）。
19. **树**：连通无环的图称为树。
20. **树的重要性质**：

    a) 树中的每一对顶点之间只有唯一的一条路径。

    b) v 个顶点的树有 $v-1$ 条边。

c）每个至少有两个顶点的有限树中包含一个度为 1 的顶点。

习题

所有带 * 的习题均附有答案或提示。

1* 从图 6.8 中找出从顶点 1 到顶点 5 的最短路径。

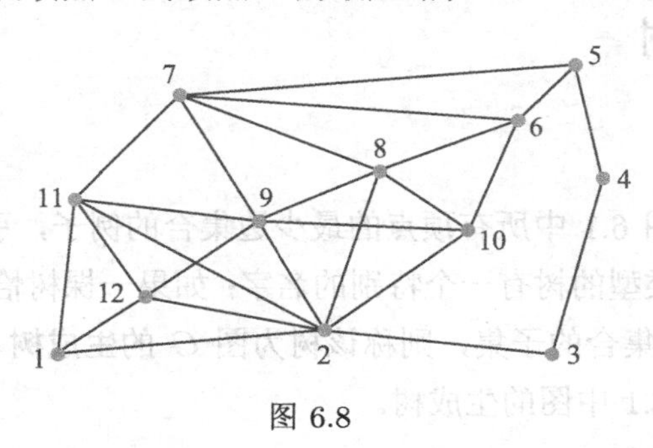

图 6.8

2. 从图 6.8 中找出从顶点 1 到顶点 5 可能的最长路径。

3* 从图 6.8 中找出度最大的顶点。它的度是多少？ 403

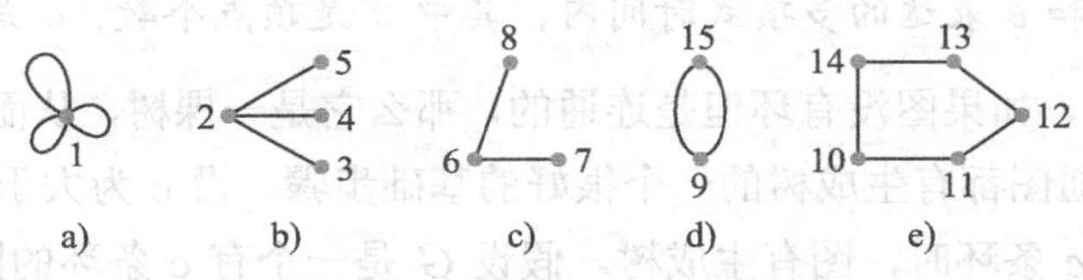

图 6.9 含有多个连通分支的图

4. 图 6.9 含有多少个连通分支？

5* 从图 6.9 中找出所有导出环。

6. 图 6.9 中最大的导出 K_n 的大小是多少？

7* 从图 6.8 中找出最大的导出 K_n（最大的完全子图）。

8. 从图 6.9 中找出最大的导出 P_n 的大小。

9* 无回路的图称为**森林**。请证明：对于含有 v 个顶点，e 条边，c 个连通分支的森林，$v = e + c$。

10. 每个顶点度为 4 的含有 5 个顶点的简单图被称为什么？

11* 画出仅有 3 对交叉边的 K_6。

12. 请证明正确或找出反例：每一对顶点之间有且仅有一条路径的图是树。

13* 是否存在一个含有 v 个顶点，$v-1$ 条边，且不是树的连通图。

14. 是否存在一个有 v 个顶点，$v-1$ 条边，不含环，且不是树的图。给出关于答案的证明。

15* 假设图 G 是连通的，但任意删除一条边都会得到非连通图。图 G 被称为什么？请证明。

16. 证明有四个顶点的树只存在图 6.7 中的两种画法。

17* 以最少的画法画出所有可能的五顶点树。解释已经画出所有可能树的原因。

18. 以最少的画法画出所有可能的六顶点树。解释已经画出的全部可能画法是可选的原因。

404

19* 从图 6.8 中找到一个最长的导出环。

6.2 生成树和根树

6.2.1 生成树

通过选择一个连接图 6.1 中所有顶点的最少边集合的例子，引入了关于树的讨论。用于解决原来问题的那种类型的树有一个特别的名字：如果一棵树恰好有和 G 一样的顶点集合，其边集合是图 G 边集合的子集，则称该树为图 G 的**生成树**（spanning tree）。因此，图 6.3a 和图 6.3b 是图 6.1 中图的生成树。

练习 6.2-1：*是否每个连通图都有生成树？给出证明或反例。*

练习 6.2-2：*给出一个判定图是否存在生成树的算法，如果存在，找出这样的树，并将耗费的时间限制在用 v 和 e 表达的多项式时间内，其中 v 是顶点个数，e 是图中边的个数。*

对于练习 6.2-1，如果图没有环但是连通的，那么它是一棵树，从而有一棵生成树。这是归纳证明每个连通图都有生成树的一个很好的基础步骤。设 c 为大于 0 的整数，归纳假设当连通图有小于 c 条环时，图有生成树。假设 G 是一个有 c 条环的图。选择 G 的一个环并选择环的一条边。删除该边（但不删除它的端点）让环的个数至少减一，那么该归纳假设表明，得到的图存在一棵生成树。但是该生成树也是 G 的生成树。因此，根据数学归纳法的原理，每个有限连通图都有一棵生成树。我们已经证明了以下定理。

定理 6.7 *每个有限连通图都有一棵生成树。*

证明 定理阐述之前就已经给出了证明。 □

在练习 6.2-2 中，想要一个算法来判定图中是否有生成树。一个自然的方法是把定理 6.7 的归纳证明转化成递归算法。然而，使用这个显而易见的方法意味着必须搜索图中的环。一个很自然的寻找环的方法是查看顶点集合的每个子集，判断它是否为图的环。因为顶点集合有 2^v 个的子集，所以不能保证这种方式的算法可以限制在用 v 和 e 表达的多项式时间内找到生成树。相反，我们用另一种方法描述一个具有普适性的算法，然后可以根据不同目的采用不同方法进行具体化。

405

该算法的思想是一次一个顶点地构建一棵树，该树为图 $G = (V, E)$ 的子图（不必是导出子图）。（若图 G 的子图是一棵树，则称该树为 G 的**子树**（subtree）。）从某个称为 x_0 的顶点开始。如果这个顶点没有边离开顶点，且图有一个以上的顶点，那么图是不连通的，因此不存在生成树。否则，可以选择一条连接 x_0 到另一顶点 x_1 的边 ϵ_1。这样 $\{x_0, x_1\}$ 就

是 G 一棵子树的顶点集合。如果没有边将集合 $\{x_0, x_1\}$ 中的某个顶点连接到不在该集合中的其他顶点，那么 $\{x_0, x_1\}$ 是 G 的一个连通分支。在这种情况下，要么 G 是不连通的，没有生成树；要么 G 恰好有两个顶点，且已经得到了一棵生成树。然而，如果存在边将集合 $\{x_0, x_1\}$ 中的某个顶点连接到不在该集合的其他顶点，那么可以用这条边继续构造树。这就建议了一种迭代方法来一次一个顶点地来构造图的子树的顶点集合。对于算法的初始情况，设 $S=\{x_0\}$。在归纳步骤，给定 S，选择一条边 ϵ 从 S 的顶点连接到 $V-S$ 的顶点（如果这样的边存在），并把它添加到子树的边集合 E' 中。如果这样的边不存在，则算法终止。若终止时 $V=S$，那么 E' 是生成树的边集。（可以归纳证明，E' 是 S 上一棵树的边集，因为在树上增加一个度为 1 的顶点可以得到一棵树。）若终止时 $V \neq S$，那么 G 是不连通的且没有生成树。

为了将算法描述得更准确一点，给出以下伪代码。

Spantree (V,E)

```
// 设 G 是一个图，顶点集合为 V，边集合为 E
// 如果生成树存在，该算法会找出一个边集合为 E' 的生成树
// 集合 S ⊆ V 和 E' ⊆ E 都初始化为空集
(1)   Choose a vertex x0 in V
(2)   S = {x0}
(3)   while there is an edge ∈ from a vertex y ∈ S to a vertex x ∉ S
(4)          S = S ∪ {x}
(5)          E' = E' ∪ {ϵ}
(6)   if (|S| == |V|)
(7)          Print "The edge set of a spanning tree is"
(8)          Print the elements of E'
(9)   else
(10)         Print "The graph is not connected."
```

406

注意只要 S 中的顶点能连接到不在 S 中的顶点，Spantree 就会继续。因此，当算法停止时，S 是图中一个连通分支的顶点集合，E' 是该连通分支生成树的边集合。这表明 Spanstree 的一种用途是找出图的连通分支。如果想要连通分支中包含某个特定点 x，那么会在第 1 行选择它为 x_0。

在这个算法中，我们故意模糊顶点 x 和边 ϵ 被选择的方法，因为有一些不同的方法来确定 x 或 y 和 ϵ，每个都实现不同的目标。然而，假设在第 3 行，我们想选择任意一条边连接从 S 中的顶点 y 到不在 S 中的顶点 x。可以检测每一条边来判断它是否连接 S 中的顶点和不在 S 中的顶点。我们会看到，存在一种跟踪 S 的方法，它使我们可以最多在常数时间内测试一个顶点是否在 S 中。因此，最多需要常数 e 的时间来完成“while”循环中的测试。“while”循环中的其他每个步骤至多耗费常数时间。因为最多重复“while”循环 v 次，执行整个循环最多耗费 $O(ve)$ 时间。在第 6 行，需要知道 $|V|$ 和 $|S|$。在开始之前，我们可能知道顶点的个数 v。若不知道，则可以在开始前用不超过常数 v 的时间来计

算 v。我们可以在建立 S 时计算 S 的大小。因此，通过这些已做出的假设，算法共耗费时间 $O(v+ve+v)=O(ve)$。然而，我们将会看到，通过更具体地描述选择实现的方式，能够降低运行时间。

6.2.2 广度优先搜索

一种保证更快运行时间的方法是安排对 ϵ 的选择，使得在算法开始和结束之间，检查每条边不会超过常数次。假设按以下方式寻找从 S 中顶点连接到不在 S 中顶点的边：首先考虑与 x_0 关联的所有边，作为 ϵ 的可能选择；之后，考虑距离 x_0 为 1 的顶点关联的所有边，作为 ϵ 的可能选择；然后用 2、3 等距离继续。在这种方法中，如果一条边连接了 S 中的顶点和不在 S 中的顶点，那么在第一次看到这条边时就会发现这个事实。如果之后从另一个端点考虑这条边，它就会经连接 S 中的两个顶点。因为每条边都有两个端点，所以每条边最多被考虑两次。这个思想的一个精心组织的细化方案被称为**广度优先搜索**（breadth-first search，BFS）。

407

为了给出广度优先搜索的简要描述，使用一个称为**队列**（queue）的数据结构，它对顾客在收银处或取款机处排队等待服务进行建模。当顾客到达时，他们走到队伍的最后。当服务人员空闲时，队列中第一个人离开队列，接受服务。

将队列 Q 看成一个只能执行两种操作的元素序列——在队列的最后添加一个元素 x，或者从队列的前面移除一个元素。当把 x 添加到 Q 的最后时，称向 Q 中**入队**（enqueue）x，当在队列的前端移除一个元素时，称从 Q 中**出队**（dequeue）该元素。存在许多使每个操作都耗费常数时间的队列实现方法[⊖]。可以用队列来保持 S 中元素被添加到 S 时的顺序。现在使用队列的思想来更准确地描述广度优先搜索的过程。首先将起始顶点 x_0 放到队尾，并添加到 S 中。然后执行以下操作，直到使用完队列中的所有顶点：

1. 从队列中出队一个顶点 w。
2. 对于与 w 关联的每条边 ϵ，如果边 ϵ 把 w 连接到不在 S 的顶点 z，则添加 ϵ 到 E'，添加 z 到 S，并将 z 入队。

为了给出该算法的伪代码描述，假设顶点被标记为 1，2，$\cdots$，v。这使得可以通过一个由布尔真值（true）和布尔假值（false）组成的数组 Intree 来跟踪那些在 S 中的顶点。Intree[x] 为真，当且仅当顶点 x 在 S 中时。通过查询 Intree，可以在常数时间内检验一个顶点是否在 S 中[⊜]。

在计算机中有很多方法表示图的边集合。一种方法是为每个顶点提供一个称为**邻接表**（adjacency list）的列表，它列出了与这个顶点相邻的所有顶点。如果从 x 到 y 有两条边，那么在 x 的邻接表中把 y 列出两次，在 y 的邻接表中把 x 列出两次。对一般情形下的多重边，有多少条边连接到相邻点，就列举邻接点多少次。假设伪代码中的边以这种方式给

⊖ Cormen et al. [13]（10.1 节）展示了如何实现一个队列，使入队和出队操作都耗费常数时间。

⊜ 如果你有一个不同的顶点集合，那么在常数时间内完成这个测试会涉及更多的簿记的知识（作者不想用它来给你添加负担）。

出。也就是说，E 是一个数组，它的第 i 个元素是一个与顶点 i 相邻的顶点列表。

在伪代码中，与算法 Spantree 中一样使用 S 和 E'。同样假设从给定顶点 x_0 开始搜索。

408

BFSpantree（x_0，V，E)

```
// 假设 V 包含编号为 1, 2, …, v 的顶点
// 假设 E 是一个有 v 个元素的数组，它的第 i 个元素是一个与顶点 i 相邻的顶点列表
// 假设参数 x0 是 BFS 的初始顶点
// 算法的输出要么是图生成树的边集，要么是包含 x0 的连通分支生成树的边集
(1)  Intree = an array of length v with each entry initialized to
    "false"
(2)  S = {x0}
(3)  n = 1
(4)  E' = ∅          // E' 是边集
(5)  Q = ∅           // Q' 是队列
(6)  Intree[x0] = "true"
(7)  Enqueue x0 onto Q
(8)  while there is at least one vertex on Q
(9)      Dequeue the first element from Q and assign it to y
(10)     for each element x of the list E[y]
(11)          if (!Intree[x])
(12)             Enqueue x onto Q
(13)             S = S ∪ {x}
(14)             Intree[x]= "true"
(15)             E' = E' ∪ {{x, y}}
(16)             n = n + 1
(17) if (n == v)
(18)     print "The edge set of a spanning tree of the graph is"
(19)     print the elements of E'
(20) else
(21)     print "The vertex set of the connected component
   containing"x0"is"
(22)     print the elements of S
(23)     print "The edge set of a spanning tree of the connected
   component"
(24)     print "containing" x0 "is"
(25)     print the elements of E'
```

这个算法运行需要耗费多长时间？注意，第 8 行的 “while” 循环对每个顶点（最多）运行一次。当选中的顶点是 y 时，第 10 行 “for” 循环的运行次数是 y 的度数。从 Q 中出队一个元素并把它赋值给 y 需要耗费常数时间。“for” 循环中的步骤每次最多耗费常数时间。因此，“for” 循环的总时间最多为一个常数乘以 y 的度数。“while” 循环的总时间为它每次迭代时间之和。这个和不会超过一个常数乘以图中顶点的度数和——也就是说不大于另一

个常数乘以边的个数。数组的初始化和顶点集合的输出耗费 $O(v)$ 时间。树中边集合的输出同样耗费 $O(v)$ 时间。因此，这个算法需要运行的时间是 $O(v+e)$。

这个方法会首先考虑与 x_0 关联的边，之后考虑与 x_0 距离为 1 的顶点关联的边，然后是距离为 2、3 等。让我们来看一下为什么。

409

引理 6.8 对于每个非负的整数 d，广度优先搜索树中与起始顶点 x_0 距离为 d 的所有顶点都会在与 x_0 距离为 $d+1$ 或更大的顶点之前，被添加到树的顶点集合 S 中。

证明 当我们把一个顶点添加到队列时，我们把它添加到 S 中。当把一个 x_0 以外的顶点 x 添加到队列时，我们添加它是因为它和已在树中的某个其他顶点 z 邻接。（称从 z 处添加 x。）因为这样的顶点是从邻接顶点被添加，所以它到 x_0 的距离比在它被添加处的顶点到 x_0 的距离最多大 1。记住这一点，下面用归纳法证明引理。

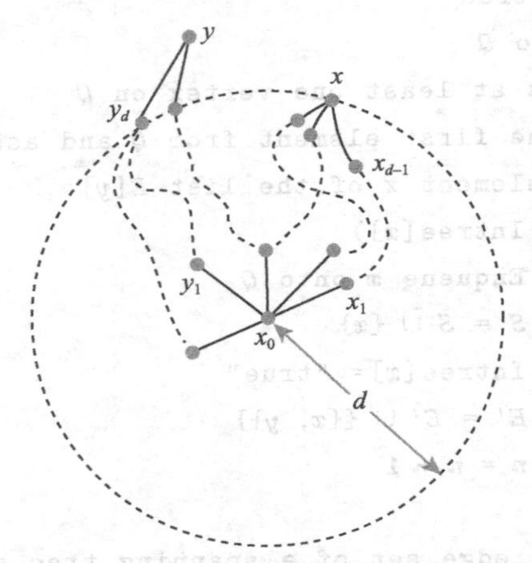

图 6.10　更靠近 x_0 的顶点被更早地添加到树中

因为首先把 x_0 添加到队列中，所以当 $d=0$ 时，引理成立。归纳假设所有距离 x_0 为 $d-1$ 的顶点在距离 x_0 为 d 的顶点之前被添加到队列成立（也被添加到 S 中）。设 x 为到 x_0 的距离为 d，y 为到 x_0 的距离为 $d+1$ 或更大的任意顶点。（见图 6.10。）那么 x 与一个距离 x_0 为 $d-1$（但不存在更短的距离）的顶点相邻。根据归纳假设，所有距离 x_0 为 $d-1$ 的顶点都在所有距离 x_0 为 d 的顶点之前被添加到树中。（在图 6.10 中，距离 x_0 为 d 的顶点在圆上，距离小于 d 的顶点在圆内。）由此可得出结论，所有距离 x_0 为 $d-1$ 的顶点在 x 之前被添加到树中。其中至少有一个顶点和 x 相邻，所以 x 从这些顶点中的一个被加入队列，称它为 x_{d-1}。

如果 y 从一个距离 x_0 小于等于 $d-1$ 的顶点加入队列，那么顶点 y 到 x_0 的距离最大为 d。因此，y 从一个距离 x_0 大于等于 d 的顶点 y_d 加入队列。根据归纳假设，x_{d-1} 在 y_d 之前加入队列。因此，从 x_{d-1} 加入的顶点在从 y_d 加入的顶点之前被加入队列。所以，x 在 y 之前被添加到树中。因此，距离 x_0 为 d 的所有顶点在距离为 $d+1$ 或更大的顶点

410

之前被添加到树中。这样，由数学归纳的原理可知，对于每一个整数 $d \geqslant 0$，所有距离为 d 的顶点在任意距离为 $d+1$ 或更大的顶点之前被添加到树的顶点集合中。□

虽然介绍广度优先搜索是为了得到一个可以快速判定图的生成树或包含给定顶点的连通分支生成树的算法，但这个算法的用途不止如此。

练习 6.2-3: *在图 G 的以 x_0 为中心的广度优先搜索树中，x_0 到 y 的距离与图 G 中 x_0 到 y 的距离有什么关系？*

事实上，在广度优先搜索生成树中从 x_0 到 y 唯一路径是 G 中从 x_0 到 y 的最短路径。因此，图 G 中从 x_0 到另一个顶点的距离与以 x_0 为中心的广度优先搜索生成树中的距离相同。这使计算从顶点 x_0 到图中其他顶点的距离变得简单。

定理 6.9 *在图 G 的以顶点 x_0 为中心的广度优先搜索生成树中，从 x_0 到顶点 y 的唯一路径是图 G 中从 x_0 到 y 的最短路径。因此，图 G 中 x_0 到 y 的距离与图 G 的广度优先搜索生成树中的距离相同。*

证明 通过对与 x_0 距离为 d 的顶点进行归纳来证明这个定理。当 $d=0$ 时，定理显然成立。现在假设只要在图 G 中 x 到 x_0 的距离是 $d-1$，那么在树中它到 x_0 的距离也是 $d-1$。设 y 是 G 中距离 x_0 为 d 的一个顶点。在从 x_0 到 y 的最短路径上，存在一个距离 x_0 为 $d-1$ 的顶点 x'。根据引理 6.8，y 在所有距离为 $d-1$ 的顶点之后被添加到树中，而且因为至少存在一个距离为 $d-1$ 的顶点与 y 相邻，所以顶点 y 必定从距离为 $d-1$ 或更小的顶点处被添加。然而，y 不可能与距离 x_0 小于 $d-1$ 的顶点相邻（否则它到 x_0 距离将小于 d)。由于这个原因，当 y 被添加到树时，y 只能与树中距离 x_0 为 $d-1$ 的顶点（在图 G 中，由归纳假设可知也在树中）相邻。因此，树中从 x_0 到 y 的唯一路径长度必为 d。这样，由数学归纳的原理可知，定理对所有非负距离都成立。□

411

6.2.3 根树

图的广度优先搜索生成树不仅仅是一棵树。它实际上是一棵具有选定顶点（即 x_0）的树，即称为根树的一个例子。一棵**根树**（rooted tree）是一棵带有一个称为**根**（root）的选定顶点的树。另一种你可能见过的根树是二叉搜索树。当选择一个顶点并称其为根时，这可以为树提供多少额外的结构是很有趣的。图 6.11 给出了一棵带有选中顶点的树和使用更标准的方法重新绘制的结果。计算机科学家绘制根树的标准方法是把根放在最上面，并把所有的边都向下倾斜（就像你期望看到的家族树一样）。

通常采用家谱树中的语言（祖先，后代，双亲和孩子）来描述根树。在图 6.11 中，称顶点 j 是顶点 i 的孩子，是顶点 r 的后代，同样也是顶点 f 和 i 的后代。称顶点 f 是顶点 i 的祖先。顶点 r 是顶点 a、b、c 和 f 的双亲。这四个顶点中每一个都是顶点 r 的孩子。顶点 r 是树中所有其他顶点的祖先。一般地，在一棵根为 r 的根树中，如果 x 在根到 y 的唯一路径上，那么顶点 x 是顶点 y 的**祖先**（ancestor），顶点 y 是顶点 x 的**后代**（descendant）。如果 x 是从 r 到 y 的唯一路径上与 y 相邻的顶点，顶点 x 是顶点 y 的**双亲**（parent），顶点 y 是顶点 x 的**孩子**（child）。一个顶点只能有一个双亲，但可以有很多祖先。一个顶点是它自身的祖先或后代，但不能是自己的双亲或孩子。没有孩子的顶点被称为**叶顶点**（leaf vertex）或**外部顶点**（external vertex）；其他顶点被称为**内部顶点**（internal vertices）。

练习 6.2-4： 双亲的定义意味着根树中的一个顶点最多只能有一个双亲。请解释原因。根树的每个顶点都有双亲吗？

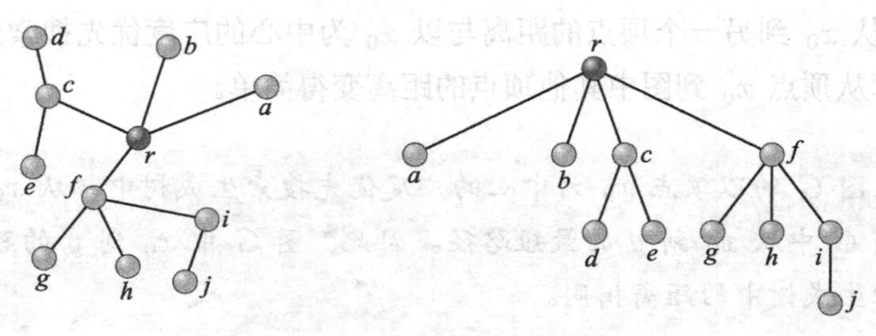

图 6.11　同一棵根树的两种不同画法

412

在练习 6.2-4 中，假设 x 不是根。那么，由于在顶点 x 和根树的根之间有一条唯一路径，且路径上只有唯一顶点与顶点 x 相邻，因此除根之外的每一个顶点都有唯一双亲。然而，根没有双亲。

练习 6.2-5： 二叉树是一种特殊的根树，它有一些额外的结构，这使它作为数据结构变得特别有用。为了描述二叉树的思想，想象一棵没有顶点的树会很有帮助，称它为**空树**（null tree/empty tree）。然后可以递归地描述**二叉树**（binary tree）：

- 一棵空树（没有顶点的树）。
- 一个结构 T，包括一个根顶点，一个称为根的左子树的二叉树和一个称为根的右子树的二叉树。如果左、右子树非空，那么将它的根顶点通过一条边与 T 的根相连接。

因此，单个顶点是一棵左子树和右子树均为空子树的二叉树。有两个顶点的根树作为一棵二叉树能够以两种方式出现，要么是一个根和由一个顶点构成的左子树，要么是一个根和由一个顶点构成的右子树。画出所有包含 4 个顶点的二叉树，要求根顶点有一个空的右孩子。画出所有包含 4 个顶点的二叉树，要求根顶点有一个非空的左孩子和一个非空的右孩子。

练习 6.2-6： 如果一棵二叉树不为空，且每个顶点要么有两个非空的孩子，要么有两个空孩子（回顾没有孩子的顶点被称为叶顶点或外部顶点），则称之为**满二叉树**（full binary tree）。是否存在偶数个顶点的满二叉树？证明你的答案是正确的。

练习 6.2-7： 在满二叉树中内部顶点的个数和外部顶点的个数有什么关系？

对于练习 6.2-5，在图 6.12 中给出了 5 棵二叉树作为第一个问题的回答。然后在图 6.13 中，又给出了 4 棵树来回答第二个问题。

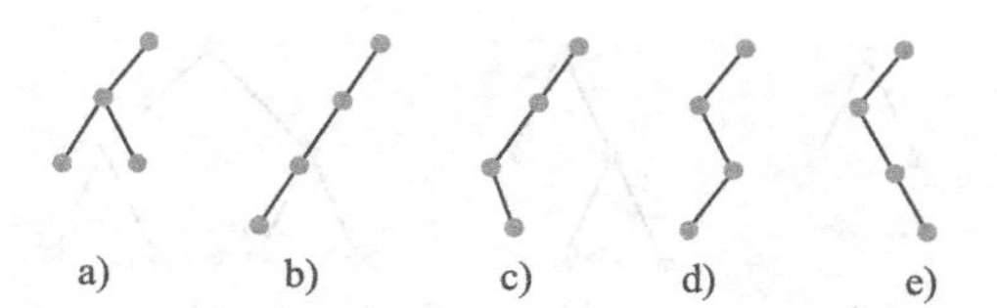

图 6.12　根的右孩子为空的四顶点二叉树

413

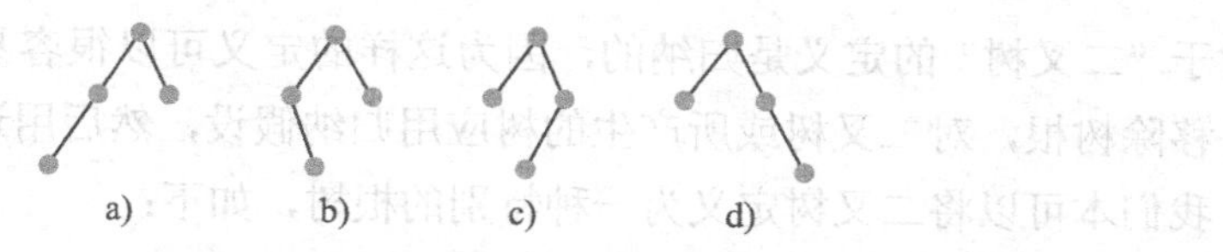

图 6.13　根有左右孩子的四顶点二叉树

对于练习 6.2-6，因为满二叉树不空，所以它必定有奇数个顶点。我们可以归纳地证明它。只有一个顶点的满二叉树有奇数个顶点。这是我们的基础情况。

归纳假设任何满二叉树的非空子树有奇数个顶点。一棵有 $n > 1$ 个顶点的满二叉树必定有两个非空的孩子。那么，移除根可以得到以原来根的孩子为根的两棵子树。根据归纳假设，这些树中的每一棵都有奇数个顶点。原树的顶点个数比这两棵树顶点个数的总和多 1。因为这是三个奇数的总和，所以它必为奇数。因此，根据结构归纳法原理可以，满二叉树必定有奇数个顶点。

对于练习 6.2-7，在图 6.14 中给出了几棵满二叉树的画法。这些画法暗示内部顶点的个数比外部顶点的个数少 1，尽管要让它更可信需要更多的图——或者给出一个证明会更好。尝试用归纳法证明内部顶点的个数比外部顶点的个数少 1。对于只有一个顶点的满二叉树，它显然成立，因为这个顶点是外部顶点。假设在一棵少于 n 个顶点的满二叉树中，内部顶点的个数比外部顶点少 1。取一棵有 $n > 1$ 个顶点的满二叉树 T，移除根顶点，得到两棵顶点个数小于 n 的二叉树 T_1 和 T_2 。因为 T 是满二叉树，它的每个顶点有零个或两个孩子。那么，T_1 和 T_2 中每个顶点都有零个或两个孩子，所以它们是满二叉树。如果 T_1 有 v_1 个内部顶点，T_2 有 v_2 个内部顶点，那么根据归纳假设，它们分别有 $v_1 + 1$ 和 $v_2 + 1$ 个外部顶点。但 T 的外部顶点恰好是 T_1 和 T_2 的外部顶点，所以 T 有 $v_1 + v_2 + 2$ 个外部顶点。T 的内部顶点是根和 T_1 与 T_2 的内部顶点，这意味着 T 有 $v_1 + v_2 + 1$ 个内部顶点。这样，T 的内部顶点个数比 T 的外部顶点个数少 1。因此，根据数学归纳原理可知，对于所有的满二叉树，内部顶点的个数等于外部顶点个数减 1。

414

回顾在 4.1 节中讲到，在归纳证明的有些情况下，从小实例构建大实例不如把一个大实例分解成小实例。这里正好就是一个例子。移除根顶点使我们得到了一个直接的归纳证明。然而，如何将较小的满二叉树粘结成较大的满二叉树，并且是否所有 n 顶点的满二叉树都可以用这种方式构造，现在并不清楚。另一个用这种方式归纳的例子是练习 6.2-6。例如，一个试图将满二叉树构造成更大满二叉树的可能方法是在某个顶点上增加新的叶节点。然而，这是注定要失败的，因为在满二叉树上添加一个度数为 1 的顶点，不会得到满二叉树。

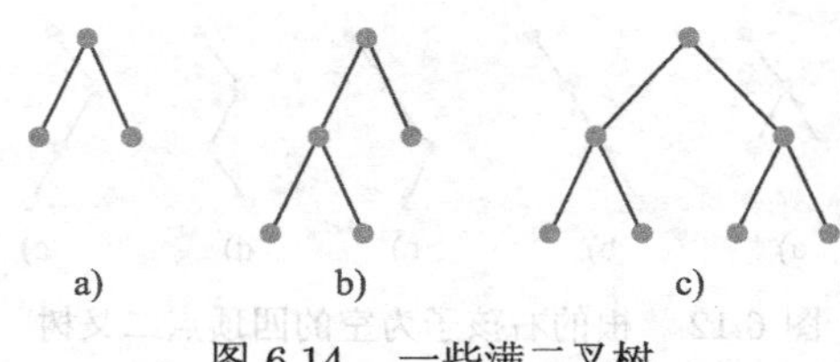

图 6.14　一些满二叉树

对于“二叉树”的定义是归纳的，因为这样的定义可以很容易地进行与二叉树相关的证明。移除树根，对二叉树或所产生的树应用归纳假设，然后用这些信息证明对于原树的结论。我们本可以将二叉树定义为一种特别的根树，如下：

- 每个顶点最多有两个孩子。
- 每个孩子被指定为左孩子或右孩子。
- 每个顶点的每种孩子最多有一个。

尽管这个定义成立，但不如归纳定义方便。

根树也有一个相似的归纳定义。因为已经定义过根树，所以将假装正在定义一个名为 r-树的新对象。递归定义称，r-树要么是一个被称为根的单个顶点，要么是一个图，该图由一个称为根的顶点和一组不相交的 r-树组成，它们每一个的根都通过一条边连接到原来的根上。我们可以作为一个定理证明，一个图是 r-树，当且仅当它是一棵根树。因此，在归纳定义中使用“根树”代替“r-树”，就得到另一种根树的定义。通常，如果像练习 6.2-6 中使用的方法，对二叉树移除根并把归纳假设应用到所得根树上，那么对于根树的归纳证明会更加简单。

415

重要概念、公式和定理

1. **生成树**：如果一棵树与图 G 有相同的顶点集，边的集合是图 G 边集的子集，则称该树为图 G 的生成树。
2. **队列**：把队列想成一个只能执行两种操作的元素序列——在队列的最后添加一个元素 x，或者从队列的前面移除一个元素。当把 x 添加到 Q 的最后时，称向 Q 中入队 x。当在队列的前端移除一个元素时，称从 Q 中出队该元素。
3. **广度优先搜索**：通过以下方法构造一个以 x_0 为中心的广度优先搜索（BFS）树：首先将 x_0 入队到队尾，并将其添加到 S 中，其中 S 是所求 BFS 树的顶点集合。然后执行下列操作，直到用完队列中的所有顶点：

   a. 从队列中出队一个顶点 w。

   b. 对于与 w 关联的所有边 ϵ，如果 ϵ 将 w 连接到不在 S 的顶点 z，则添加 ϵ 到 E'，添加 z 到 S，并将 z 置于队尾。

   现在 S 是包含 x_0 的连通分支的顶点集合，E' 是该分支广度优先搜索生成树的边集合。
4. **广度优先搜索和距离**：可以这样计算顶点 y 到顶点 x 的距离：执行一次以 x 为中心的广度优先搜索，然后计算广度优先搜索树中 x 到 y 的距离。特别地，在图 G

以 x 为中心的广度优先搜索树中，x 到 y 的路径是图 G 中 x 到 y 的最短路径。

5. **根树**：根树由一棵树构成，并且有一个称为根的选定顶点。
6. **祖先/后代**：在根为 r 的根树中，如果 x 在根到 y 的唯一路径上，那么顶点 x 是顶点 y 的祖先，y 是 x 的后代。
7. **双亲/孩子**：在根为 r 的根树中，如果 x 在从 r 到 y 的唯一路径上并且是与 y 相邻的唯一顶点，那么顶点 x 是 y 的双亲，y 是 x 的孩子。
8. **叶顶点/外部顶点**：根树中没有孩子的顶点被称为叶顶点，叶子或外部顶点。
9. **内部顶点**：根树中不是叶顶点的顶点被称为内部顶点。

416

10. **二叉树**：递归地描述一棵二叉树如下：
    - 一棵空树（没有顶点的树），或者
    - 一个结构 T，包括一个根顶点，一个称为根的左子树的二叉树和一个称为根的右子树的二叉树组成。如果左、右子树非空，那么将它的根顶点通过一条边与 T 的根相连接。
11. **满二叉树**：如果一棵二叉树是非空的，且每个顶点要么有两个非空孩子，要么有两个空孩子，那么这棵二叉树是一棵满二叉树。
12. **根树的递归定义**：根树的递归定义为，根树要么是一个称为根的单个顶点，要么是一个图，该图由一个称为根的顶点和一组不相交的根树组成，且它们每一个的根都通过一条边连接到原来的根上。

习题

*所有带 * 的习题均附有答案或提示。*

1*. 找出图 6.15 中图的所有生成树（列出它们的边集）。

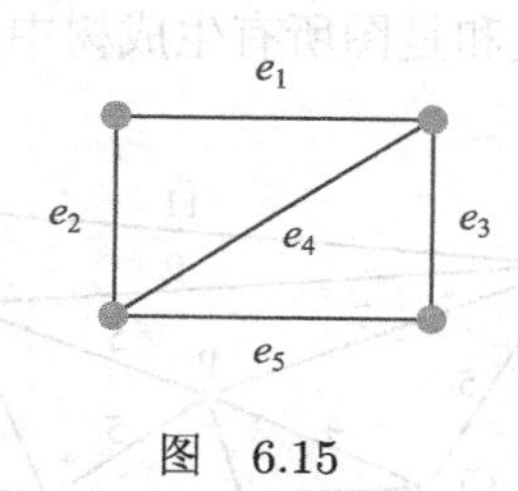

图 6.15

2. 证明一个有限图是连通的，当且仅当它有一棵生成树。

3*. 画出所有含有 5 个顶点的根树。在纸上画出顶点的位置和顺序是不重要的。如果你想标记顶点（像图 6.11 那样），也可以，但是不要给出两种不同的标记方式或画法。

4. 画出所有带有 4 个叶节点的 6 个顶点根树。如果你想标记顶点（像图 6.11 那样），也可以，但不要给出同一棵树的两种不同标记方式或画法。

5*. 找出一棵有多于一个顶点的树，并且当选择该树的不同顶点为根时，所得根树互不相同。（如果两棵根树都只有一个顶点，或者如果你可以标记它们，使它们有相同标记的根和相同标记的子树，那么这两棵根树是相同的 [同构]。）

417

6. 为图 6.8 中的图构造一个以顶点 12 为中心的广度优先搜索树，并使用你的树来计算各个顶点到顶点 12 的距离。
7.* 画出所有 7 个顶点的满二叉树。
8. 在根树中，顶点的深度被定义为顶点到根的唯一路径上边的个数。根树的高是它顶点深度的最大值。如果一个二叉树是满的，且它的所有叶子具有相同的深度，那么这个二叉树是完全的。高度为 1 的完全二叉树有多少个顶点？高度为 2 呢？高度为 d 呢？（高度为 d 时需要给出证明。）
9.* 基于习题 8，任意含有 v 个顶点的二叉树的最小高度是多少？（请给出证明。）
10. 就像在习题 8 中定义的那样，如果二叉树是满的且它的所有叶子深度都相同，那么该二叉树是完全的。不是叶顶点的顶点被称为内部顶点。在完全二叉树中，内部顶点的个数 I 和叶顶点的个数 L 之间存在什么关系？
11.* 二叉树的内部路径长度是所有内部顶点的深度之和。外部路径长度是所有外部顶点的深度之和（参考习题 8 中“深度”的定义）。说明在含有 n 个内部顶点的非空满二叉树中，内部路径长度为 i，外部路径长度为 e，那么有 $e = i + 2n$。
12. r 树如本章末定义。证明：一个图是 r 树，当且仅当该图是一棵根树。
13.* 使用本章末给出的根树（r 树）的归纳定义，证明当 $n \geqslant 1$ 时，n 个顶点的根树含有 $n-1$ 条边。
14. 图 6.16 将数字添加到图 6.1 的边上，得到了通常所说的**有权图**（weighted graph）——带有数字的图，这些与边关联的数字常常被称为**权**（weight）。用 $w(\epsilon)$ 代表边 ϵ 的权。在这个例子，这些数字表示边所代表的通信线路的租金，单位是千美元。因为公司要从图中选择一个生成树来节省费用，所以自然的想法是选一个总成本最小的生成树。准确地讲，有权图中的**最小生成树**（minimum spanning tree）是图的一个生成树，且其边的权重之和是图所有生成树中最小的。

418

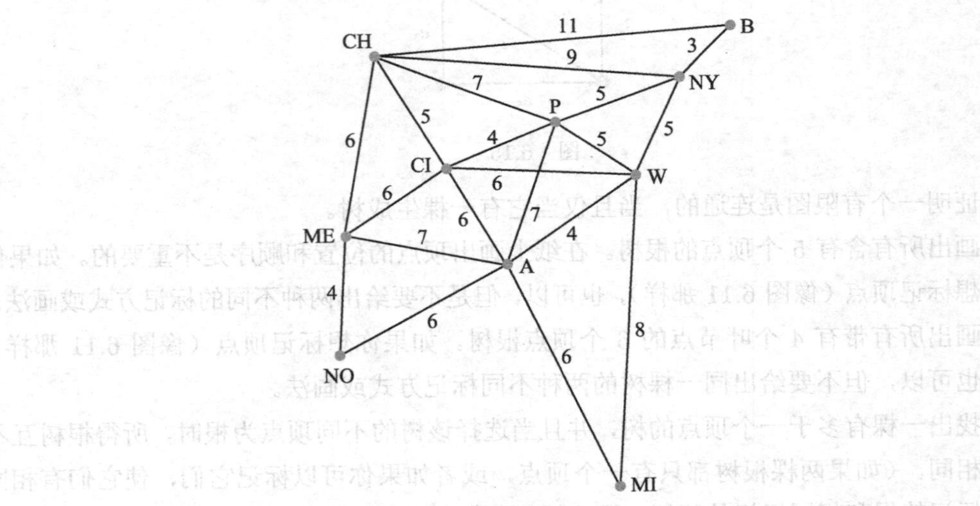

图 6.16　包含美国东部的几座城市的地图

给出一个从有权图中求最小生成树的算法，并用该算法找到图 6.16 中有权图的最小生成树。证明你的算法是正确的，并且分析它的运行时间。

6.3 欧拉图和哈密顿图

6.3.1 欧拉环游和迹

练习 6.3-1：*在一篇被广泛认为是图论起源之一的文章中，莱昂哈德·欧拉（Leonhard Euler）（发音“Oiler”）描述了一个地理问题，他将该问题作为他所谓的“位置几何”的一个基础案例。这篇文章由比格斯（Biggs）、劳埃德（Lloyd）和威尔逊（Wilson）*[7] *再版。这个问题就是著名的柯尼斯堡桥（Königsberg Bridge）问题，它与普鲁士的柯尼斯堡小城（现在属于俄罗斯的加里宁格勒（Kaliningrad））有关，如图 6.17 中的概意图（大约 1700 年）所示。欧拉表示，柯尼斯堡的居民试图找到一条穿过城镇的通路来自娱自乐，该通路途经七座桥，每座桥只通过一次且仅一次，并终止于起点。这样的通路存在吗？*

在练习 6.3-1 中，这样的通路将通过一座桥进入陆地，并通过另一座桥离开陆地。所以除了起点和终点，通路每次进入和离开陆地，都需要两座新桥。因此，每块陆地必须位于偶数座桥的末端。然而，正如在图 6.17 中看到的那样，每块陆地都位于奇数座桥的末端。因此，不可能存在这样的通路。

419

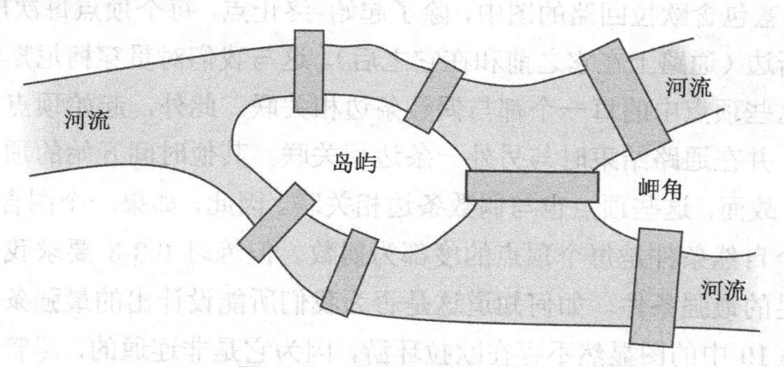

图 6.17 柯尼斯堡示意图

可以用图 6.18 中的图更简明地表示练习 6.3-1 中的地图。在图论的术语中，欧拉的问题是，是否存在一条通路，该通路在同一个顶点开始和结束，且使用每条边恰好一次。

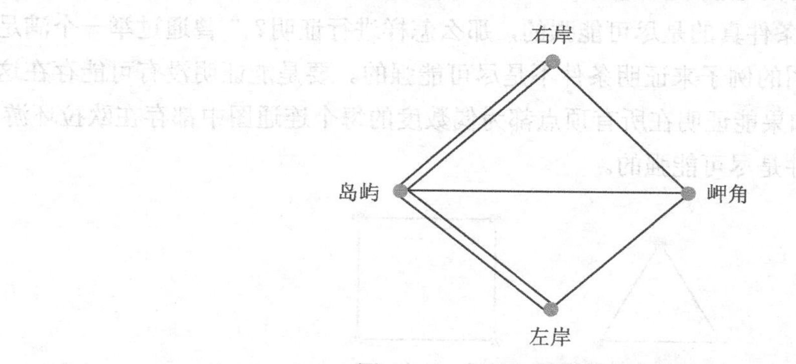

图 6.18 代替柯尼斯堡示意图的图

练习 6.3-2：判断图 6.1（见 6.1 节）中的图是否存在一条闭合通路，包含图中每条边恰好一次，如果存在，请找出一条。

练习 6.3-3：图中有一条通路在相同位置开始和结束，且包含每个顶点至少一次，每条边一次且仅一次，找出你能找到的使得所有这样的图都必须满足的最强条件。这样的通路被称为**欧拉环游**（Eulerian tour）**或者欧拉回路**（Eulerian circuit）。

420

练习 6.3-4：图中有一条通路在不同位置开始和结束，且包含所有顶点至少一次，每条边一次且仅一次，找出你能找到的使得所有这样的图都必须满足的最强条件。一条没有重复边的通路被称为**迹**（trail），所以这样的通路被称为**欧拉迹**（Eulerian trail）。

练习 6.3-5：判断图 6.1 中的图是否存在欧拉迹，如果存在，请找出一个。

图 6.1 中的图不可能存在一条包含每条边恰好一次的闭合通路，因为如果通路的起始顶点是 W，那么在通路开始时与 W 相关联的边的数目必定为 1，通路结束前 W 每次出现都增加 2，W 出现在通路结束时再加 1。因此，W 的度数必为偶数。但如果 W 不是包含所有边的闭合通路的起始顶点，那么每次通过一条边进入 W，都必须通过第二条边离开它，所以与 W 相关联的边数必为偶数。因此，在练习 6.3-2 中，不存在包含每条边恰好一次的闭合通路。

注意：在任意包含欧拉回路的图中，除了起始–终止点，每个顶点每次出现在通路中时，都伴随着两条新边（通路上在它之前和在它之后）。这与我们对贯穿柯尼斯堡的通路的讨论类似。因此，这些顶点中的每一个都与偶数条边相关联。此外，起始顶点在通路开始时与一条边相关联，并在通路结束时与另外一条边相关联。其他时间开始的顶点，每次出现都伴随着两条边。故而，这些顶点也与偶数条边相关联。因此，如果一个图含有欧拉环游，它必须满足的一个自然条件是每个顶点的度都为偶数。但练习 6.3-3 要求我们找出含有欧拉环游的图所满足的最强条件。如何知道这是否为我们所能设计出的最强条件？事实上，它并不是——图 6.19 中的图显然不存在欧拉环游，因为它是非连通的，尽管每个顶点的度都为偶数。

421

图 6.19 表明，要想含有欧拉环游，图必须是连通的，且仅有偶数度的顶点。因此，或许能找到的存在欧拉环游的最强条件是，图是连通的，且每个顶点的度都为偶数。再一次，问题出现了，“如果这些条件真的是尽可能强的，那么怎样进行证明？”曾通过举一个满足条件但没有欧拉环游的图的例子来证明条件不是尽可能强的。要是能证明没有可能存在这样的例子，那会怎样？如果能证明在所有顶点都为偶数度的每个连通图中都存在欧拉环游，那么也就证明了这个条件是尽可能强的。

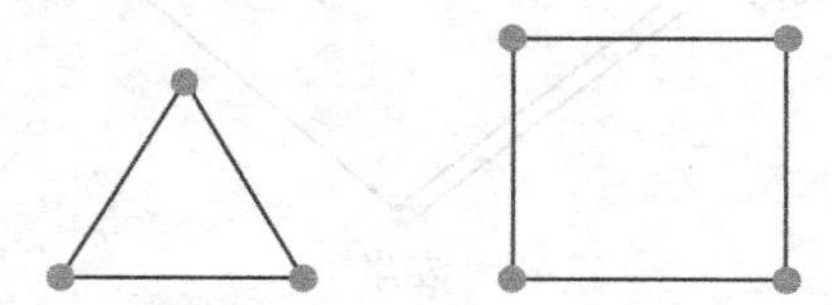

图 6.19　尽管每个顶点都是偶数度，但这个图不存在欧拉环游

定理 6.10　一个有限图含有欧拉环游，当且仅当它是连通的且每个顶点都为偶数度。

证明　含有欧拉环游的图必须是连通的，因为必有一条包含每个顶点的通路，因此每对顶点必定通过一条路径相连。类似地，像之前解释的那样，含有欧拉环游的图中的每个顶点必为偶数度。因此，只需证明如果一个图是连通的，且每个顶点都为偶数度，那么它存在欧拉环游。用递归构造来证明。递归构造的基础是一个建立闭合通路的过程，它以 x_0 开始和结束，但可能不包括所有的边。简单地选一条从 x_0 到其相邻顶点的边开始，称该顶点为 x_1。将边 $\{x_0, x_1\}$ 添加到通路，同时从 E 中删除这条边，并继续选取另一条与 x_1 关联的边。因为图 G 中每个顶点都为偶数度，所以每当存在一个顶点使得一条边与 x_1 关联，必定会存在另一个顶点。当移除这些边时，图 G 中的每个顶点仍为偶数度。因此，继续采用这个方式对待 x_2，x_3 等顶点，直到再次到达 x_0。注意：因为每个顶点都为偶数度，所以最终将再次到达 x_0。这给出一个闭合通路 C。如果 C 包含图 G 的所有边，则终止。当构造这条通路时，从图 G 的边集中删除了构成该闭合通路的边，得到图 $G' = (V, E')$。在这个图中，每个顶点也都为偶数度，因为移除了与闭合通路中每个顶点相关联的两条边（或者移除了一个自环）。

然而，图 G' 不需要是连通的。图 G' 的每个连通分支都是一个连通图，其中每个顶点都为偶数度。而且，图 G' 的每个连通分支至少包含闭合通路 C 上被删掉边的一个元素 x_i。（假设一个连通分支 K 不包含 x_i。因为图 G 是连通的，所以对于每一个 i，K 中每个顶点到顶点 x_i 在图 G 中都存在路径。选择其中最短的一条路径，并假设它将 K 中的顶点 y 连接到 x_j。那么该路径上的边都不在闭合通路上，否则将得到一个更短的从 y 到一个不同顶点 x_i 的路径。因此，在 K 中移除闭合通路中的边留下 y 连接到 x_j，使得 K 最终包含一个 x_i，这是一个矛盾。）每个连通分支的边数都少于 G，因此可以归纳假设每个连通分支都存在欧拉环游。现在开始递归地构造图 G 的欧拉环游，从 x_0 开始，在包含 x_0 的连通分支上取一个欧拉环游。现在假设我们已经构造了一条通路，它包含顶点 x_1，x_2，$\cdots$，x_k，同时 G' 的每个连通分支的所有顶点和边都至少包含这些顶点中的一个。如果该通路仍不是欧拉环游，那么在原来的闭合通路上存在一条到顶点 x_{k+1} 的边 ϵ_{k+1}。将这条边和这个顶点添加到我们正在构建的通路中。如果 G' 中包含 x_{k+1} 的连通分支的顶点和边不在我们的环游中，则把 G' 中包含 x_{k+1} 的连通分支的欧拉环游添加到我们正在构建的通路中。每个顶点都在 G' 的某个连通分支中，每条边要么是初始闭合回路的一条边，要么是 G' 某个连通分支的一条边。因此，当我们把原闭合通路的最后一条边和最后一个顶点添加到我们正在建立的通路中时，图中每个顶点和每条边都会在已构造的通路中。而且，通过以上方法构造的通路中，没有边出现超过一次。因此，如果图 G 是连通的，且图 G 的每个顶点都为偶数度，那么图 G 有欧拉环游。　□

422

含有欧拉环游的图称为**欧拉图**（Eulerian graph）。

在练习 6.3-4 中，通过在欧拉环游中使用过的相同推理可知，通路中除起始顶点和终止顶点外的每个顶点必为偶数度。但起始顶点必为奇数度。这是因为在欧拉迹中第一次遇到该顶点时，其与通路的一条边相关联，但之后每次，它都与通路的两条边相关联。类似地，终止顶点必为奇数度。这使我们很自然地想到下面的定理。

定理 6.11　一个图 G 含有欧拉迹，当且仅当 G 是连通的，且 G 中除两个顶点外的所有顶点均为偶数度。

证明　已经证明如果图 G 含有欧拉迹，那么图 G 中除两个顶点外的所有顶点均为偶数度，并且这两个顶点为奇数度。

假设图 G 是除两个顶点外，所有顶点均为偶数度的连通图。设两个奇数度顶点是 x 和 y。在图 G 的边集中添加一条连接 x 和 y 的边 ϵ'，从而得到 G'。那么根据定理 6.10，G' 含有欧拉环游，其中有一条边是被增加的边。我们可以从环游中的任意顶点和任意与之相连的边开始进行遍历。因此，可以从 $x\epsilon'y$ 或者 $y\epsilon'x$ 开始环游。通过从环游中移除第一个顶点和 ϵ'，可以得到图 G 的一条欧拉迹。□

423

根据定理 6.11，练习 6.3-5 不含欧拉迹。

欧拉在他的论文中着重解释了为什么每块陆地有偶数座桥是必要的，但他似乎认为构造通路的过程不言而喻，似乎不值得一提。可是对于我们，证明如果每块陆地有偶数座桥，那么构造是有可能的（换言之，证明每块陆地有偶数座桥是存在欧拉环游的充分条件），是比证明含有欧拉环游要求每块陆地需有偶数座桥更有意义的努力。多年来，支撑数学主张所需的标准已经发生了变化！

6.3.2　寻找欧拉环游

注意，对定理 6.10 的证明给出了一个构造环游的递归算法：找出一条在选定的顶点开始和结束的闭合通路 W，移除闭合通路，得到图 $G-W$，然后沿着闭合通路，当每次经过 $G-W$ 的新连通分支时停下，递归地构造该连通分支的欧拉环游，在返回到原闭合通路前遍历它。

很快会给出这个算法的伪代码。注意，当递归地找到 $G-W$ 的一个连通分支的通路时，算法会移除该连通分支的所有边。因此，即使 W 的几个顶点都在这个连通分支上，当遇到这些顶点中的第一个时，便会构造整条通路。在这个过程中，该分支上的所有边都将从其他顶点被移除。

需要在通路上执行以下三个操作：

- CreateWalk（x，y）：创建并返回一条以顶点 x 开始、顶点 y 结束的只含一条边的通路。
- AppendToWalk（W，x）：将顶点 x 添加到通路 W 的末端，从当前通路的尾部添加一条边到 x。

- SpliceWalks（W_1，x，W_2）：假设 x 是通路 W_1 上的顶点，且通路 W_2 在 x 处开始和终止。改变通路 W_1，使它从起始顶点到 x，再沿着 W_2 到 W_2 的终止顶点 x，再继续从 x 到通路 W_1 的终止顶点。

424

还假设有一个过程 RemoveEdge（x，y，E），它从边集 E 中移除连接 x 和 y 的边。最后，Degree（x，E）是现有边集 E 中 x 的度数。

FindEulerianTour（V，E，x_0）

```
// 假设 V 中的每个顶点均为偶数度
// 假设 x0 是 V 中一个度数大于 0 的顶点
// 返回一条在 x0 处开始和终止的、包含 x0 所在连通分支所有边的通路
// 算法首先找到一条开始和终止于 x0 的闭合通路
(1)  y = a vertex adjacent to x0
(2)  W = CreateWalk(x0,y)
(3)  RemoveEdge(x0,y,E)
(4)  while (y ≠ x0)
(5)       x = y
(6)       y = a vertex adjacent to x
(7)       AppendToWalk(W,y)
(8)       RemoveEdge(x,y,E)
(9)  W1 = W
(10) for each vertex x in W
(11)      while (Degree(x, E) > 0)
(12)           W2 = FindEulerianTour(V, E, X)
(13)           SpliceWalks(W1, x, W2)
(14) return W1
```

用链式结构实现该算法，使得通路上的每次操作都耗费 $O(1)$ 时间是可能的。图上的操作也可以在 $O(1)$ 的时间内实现。因为每找到一个相邻点，就会从 E 中删除一条边，所以第 4-8 行寻找通路的循环耗费的总时间与通路的长度成比例。第 9 行把 W 复制到 W_1 的时间不会超过某个常数乘以 4-8 行循环所耗时间。递归调用中也是这样，最终所有的边都从 E 中被移除并添加到 W 中。因此，算法的时间与边的数量成比例，即 $\Theta(e)$。

6.3.3 哈密顿路径和回路

鉴于在欧拉环游的工作，一个自然的问题是能否给出一个图含有一条包含每个顶点恰好一次（除了起始和终止）的闭合通路的充要条件。问题的答案可能是十分有用的。例如，一个销售员可能必须规划一条经过几座城市的行程，城市之间由航空路线网相连。规划行程使得销售员仅在停下来拨打销售电话时，才穿越城市，从而最小化所需航班的数目。这个问题源于一个名叫“环游世界”的游戏，设计者是威廉·罗恩·哈密顿（William Rowan Hamilton）。在这个游戏中，图的顶点是一个十二面体（一个十二面的固体，每个面都是五边形）的顶点，边是十二面体的边。游戏的目标是设计一个行程，从一个顶点开始，访

425

问每个顶点一次，然后沿着一条边回到起始顶点。哈密顿建议两个玩家轮流来玩，一个选择旅行的前五座城市，另一个来尝试完成整个旅行。正是因为这个游戏，包含图中每个顶点恰好一次的（视回路中的第一个顶点和最后一个顶点为同一个顶点）回路被称为**哈密顿回路**（Hamiltonian cycle）。如果一个图含有哈密顿回路，则被称为哈密顿图。**哈密顿路径**（Hamiltonian path）是包含图中每个顶点恰好一次的路径。

结果是没人知道（就像在本章节末将会简要解释的，认为没有人能找到这样的条件是可能合理的）图含有哈密顿回路或哈密顿路径的有效的充要条件。什么使充要条件变得有效？有效的条件可以十分简便地判定是否存在哈密顿回路或哈密顿路径，而不是试图找出所有的顶点排列，来验证该顺序的排列是否能构成哈密顿回路或哈密顿路径。由于人们尚未找到有效的充要条件，因此图论的这一分支已经发展为给含有哈密顿回路或哈密顿路径的图提出充分条件的定理。这样的定理表明，某种类型的所有图都含有哈密顿回路或哈密顿路径，但它们不能刻画所有含有哈密顿回路或哈密顿路径的图。

练习 6.3-6：描述所有的 n 值，使得 n 个顶点的完全图含有一条哈密顿路径。描述所有的 n 值，使得 n 个顶点的完全图含有一条哈密顿回路。

练习 6.3-7：判断图 6.1 中的图是否含有哈密顿回路或哈密顿路径。如果有，找出一个。

练习 6.3-8：尽力找出简单图中涉及顶点度数的有趣条件来保证图中含有哈密顿回路。你的条件适用于非简单图吗？（可尝试的条件不止一种，因此该练习的合理答案也不止一种。例如，你可能会问，每个顶点的度数都大于 $n-2$ 的图是否含有哈密顿回路。）

426

在练习 6.3-6 中，在一个顶点的完全图中，由一个顶点而没有边组成的路径是哈密顿路径但不是哈密顿回路。（回顾：有一个顶点而没有边的路径不是回路。）类似地，在完全图 K_2 中，有一条边的路径是哈密顿路径但不是哈密顿回路，因为 K_2 只有一条边，所以 K_2 没有哈密顿回路。在完全图 K_n 中，顶点的任何排列都是哈密顿路径的一个顶点序列。如果 $n \geqslant 3$，从 x_1 到 x_n 的哈密顿路径可以通过添加从 x_n 到 x_1 的边，接着到顶点 x_1，转化为哈密顿回路。（得到一个在 x_1 开始和结束，包含除 x_1 外的每个顶点恰好一次的回路。）因此，每个完全图都含有哈密顿路径，每个超过 3 个顶点的完全图都含有哈密顿回路。

在练习 6.3-7 中，由顶点 NO，A，MI，W，P，NY，B，CH，CI 和 ME 组成的路径是一条哈密顿路径。增加从 ME 到 NO 的边和顶点 NO 得到哈密顿回路 NO，A，MI，W，P，NY，B，CH，CI，ME，NO。

现在考虑练习 6.3-8。基于我们的观察，如果 $n > 2$，n 个顶点的完全图含有哈密顿回路，可以取条件为每个顶点的度数比顶点数少 1。但是这样做是无趣的，因为它只是重述了对完全图已知的内容。当 $n > 3$ 时，称完全图 K_n 有哈密顿回路的原因是，每当我们进入一个顶点，总会留下一条边使我们可以离开这个顶点。但是，每个顶点都有 $n-1$ 度这个条件强于我们所需的进入离开条件，因为直到到达回路的倒数第二个顶点时，依然存在多于我们所需的边来离开该顶点。另一方面，似乎即使 n 相当大，每个顶点有 $n-2$ 度的条

427

件也不是保证哈密顿回路的存在的充分条件。如图 6.20 所示，当到达回路上所考虑的倒数第二个顶点时，与该顶点相邻的所有 $n-2$ 个顶点可能都已在回路上且与最后的顶点不同，这种情况是可能的。因此，我们找不到离开该顶点的边。然而有可能如图 6.21 所示，当我们有一个较早的选择机会时，可以做不同的选择将该顶点提早添加到回路中，在倒数第二个顶点时得到一组不同的选择。事实上，如果 $n>3$ 且每个顶点至少为 $n-2$ 度，那么可以或多或少地像对待完全图那样为一条路径选择顶点，直到到达顶点 $n-1$。那时，我们就完成了一条哈密顿路径，除非像图 6.22 一样，x_{n-1} 仅与路径的前 $n-2$ 个顶点相邻。在这最后一种情况中，前 $n-1$ 个顶点可以形成一个回路，因为 x_{n-1} 和 x_1 相邻。假设 y 是尚不在路径上的顶点（图 6.22 中的顶点 6）。因为 y 的度为 $n-2$ 且不与 x_{n-1} 相邻，所以 y 必与路径上的前 $n-2$ 个顶点相邻。由于 $n>3$，因此可以取通路 $x_1yx_2\cdots x_{n-1}x_1$（在图 6.22 中是 1，6，2，3，4，5，1），得到哈密顿回路。当然，除非 n 等于 4，否则也可以把 y 插到 x_2 和 x_3 之间（或任意 x_{i-1} 和 x_i 之间，只要 $i<n-1$），所以依然有很大的灵活性。为了将这种考量方式推广，在下个定理中将介绍一种常在图论中出现的新技巧。在证明之后会讨论该技巧的应用。

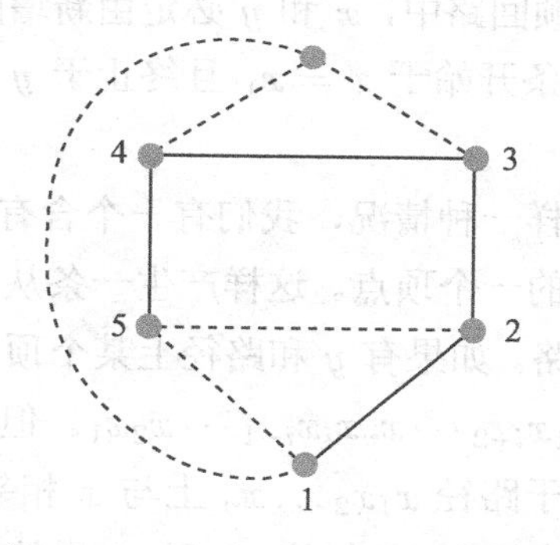

图 6.20　路径 1，2，3，4，5 不能扩展成一条哈密顿回路

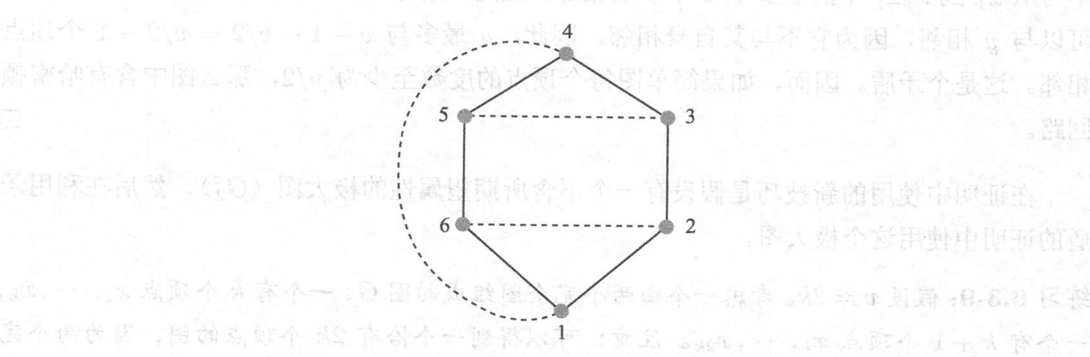

图 6.21　提早做更好的选择使我们找到一条哈密顿回路

定理 6.12（狄拉克定理（Dirac's Theorem））　在至少有三个顶点的一个 v 顶点的简单图 G 中，若其每个顶点的度数至少为 $v/2$，那么 G 中有哈密顿回路。

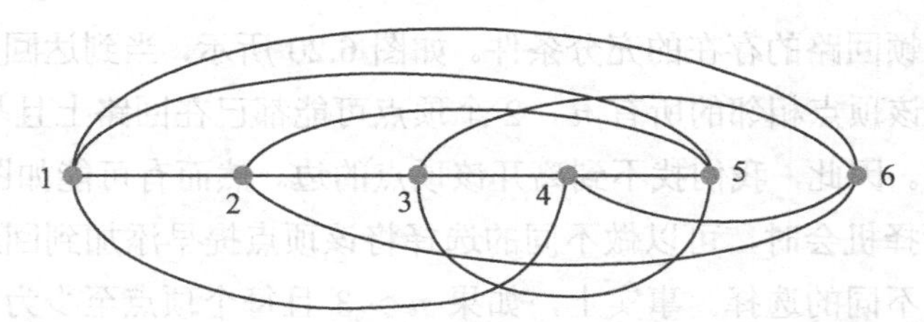

图 6.22　路径 1，2，3，4，5 不能扩展成一条哈密顿回路

证明　为制造矛盾，假设图 G_1 中没有哈密顿回路且每个顶点的度数至少为 $v/2$。如果将连接 G_1 中两个顶点的一条边添加到 G_1 的边集，那么每个顶点的度数仍然至少为 $v/2$。如果将所有可能的边添加到 G_1，那么会得到一个完全图，它会有哈密顿回路。这样，如果持续每次向 G_1 添加一条边，那么在某个时刻会得到一个含有哈密顿回路的图。相反地，假设为 G_1 添加边，直到得到一个没有哈密顿回路的图 G_2，但它具有一个属性，即若向图 G_2 添加任何一条边，就可以得到一条哈密顿回路。称 G_2 是**极大的**（maximal）没有哈密顿回路的图。假设 x 和 y 在 G_2 中是不相邻的。在 G_2 的 x 和 y 之间添加一条边得到一个有哈密顿回路的图，且在这个哈密顿回路中，x 和 y 必定由新增的边相连接。（否则 G_2 会存在哈密顿回路。）因此，G_2 有一条开始于 $x = x_1$ 且终止于 $y = x_v$ 的哈密顿路径。此外，x 和 y 不相邻。

[428]

在阐述定理之前，考虑这样一种情况，我们有一个含有 $v-1$ 个顶点的回路，想在回路的两个相邻顶点间添加额外的一个顶点。这样产生一条从 $x = x_1$ 到 $y = x_v$ 的 v 个顶点的路径，之后想把它转换成回路。如果有 y 和路径上某个顶点 x_i 相邻，且 x 和 x_{i+1} 相邻，那么能构造哈密顿回路 $x_1x_{i+1}x_{i+2}\cdots x_vx_ix_{i-1}\cdots x_2x_1$。但是对于这个证明，假设我们的图没有哈密顿回路。因此，对于路径 $x_1x_2\ldots x_v$ 上与 x 相邻的每个顶点 x_i，有 y 和 x_{i-1} 不相邻。因为所有的顶点都在路径上，x 与从 x_2 到 x_v 中的至少 $v/2$ 个顶点相邻。因此，y 不与从 x_1 到 x_{v-1} 中的至少 $v/2$ 个顶点相邻。但是，只有 $v-1$ 个顶点（即从 x_1 到 x_{v-1}）可以与 y 相邻，因为它不与其自身相邻。因此，y 最多与 $v-1-v/2 = v/2-1$ 个顶点相邻。这是个矛盾。因而，如果简单图每个顶点的度数至少为 $v/2$，那么图中含有哈密顿回路。□

在证明中使用的新技巧是假设有一个不含所期望属性的极大图（G_2），然后在利用矛盾的证明中使用这个极大图。

练习 6.3-9：*假设 $v = 2k$。考虑一个由两个完全图组成的图 G，一个有 k 个顶点 $x_1, \cdots, x_k$，一个有 $k+1$ 个顶点 $x_k, \cdots, x_{2k}$。注意：可以得到一个恰有 $2k$ 个顶点的图，因为两个完全图有一个公共顶点。顶点度数与 v 有何关系？最后的图中有哈密顿回路吗？这是否说明可以降低定理 6.12 中的度数下界？*

[429]

练习 6.3-10：*在练习 6.3-9 中，在 $v = 2k+1$ 的情况下，有类似的例子吗？*

在练习 6.3-9 里，有 k 个顶点的完全图中的顶点，除顶点 x_k 外，度数均为 $k-1$。因为

$v/2=k$，该图不满足狄拉克定理的假设，即假设图中每个顶点的度数至少为 $v/2$。图 6.23 展示了 $k=3$ 时的情况。

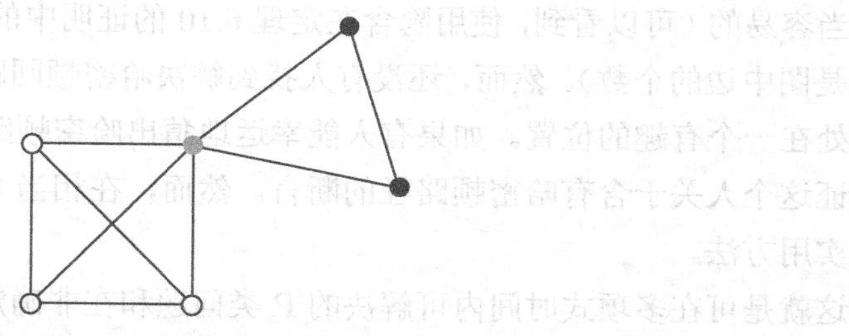

图 6.23 K_4 的顶点是白色或灰色，K_3 的顶点是黑色或灰色

图 6.23 中的图不含有哈密顿回路。如果哈密顿回路试图从图中白色顶点开始，那么穿过灰色顶点之后包含黑色顶点，如果不再次使用灰色顶点，就无法回到白色顶点。如果尝试从黑色顶点开始哈密顿回路，情况是相似的。如果尝试从灰色顶点开始哈密顿回路，下一步必须包含所有白色顶点或所有黑色顶点。之后会遇到阻碍，因为必须让路径再次穿过灰色顶点以在白色和黑色之间改变颜色。只要 $k \geqslant 2$，相同的论证说明该图不含有哈密顿回路。因此，狄拉克定理中的下界 $v/2$ 是**紧凑的**（tight）。也就是说，可以构造一个最小度数为 $v/2-1$ 的图（当 v 是偶数时），使其中不含有哈密顿回路。如果 $v=2k+1$，那么可以考虑两个由一个顶点连接的 $k+1$ 阶完全图。除了连接两个图的那个顶点外，每个顶点的度数均为 k，且有 $k<k+1/2=v/2$。所以最小的度数又一次小于 $v/2$。使用与图 6.23 中的图相同类型的论证，它表明，只要 $k \geqslant 1$，就不存在哈密顿回路。

如果你分析我们对狄拉克定理的证明，你会看到我们确实只使用了所有顶点的度数至少为 $v/2$ 这个条件的一个结果——即对任意两个顶点，它们度数的和至少为 v。

定理 6.13（奥尔定理（Ore's Theorem）） *如果 G 是一个 v 顶点的简单图，$v \geqslant 3$，且对于其中任意两个不相邻顶点 x 和 y，x 和 y 的度数和至少为 v，那么 G 中存在哈密顿回路。*

证明 见习题 13。 □ 430

6.3.4 NP 完全问题

在开始讨论哈密顿回路时，提到判定一个图是否含有哈密顿回路这个问题似乎比判定一个图是否含有欧拉环游这个问题明显更难一些。然而，从表面看来，这两个问题有明显的相似性。

- 两个问题都在询问一个图是否具有一个特定的性质。（该图是否有哈密顿回路/欧拉环游？）答案简单地为“是”或“否”。
- 对于两个问题，存在一些可以提供的额外信息，使得如果存在一个“是”回答时，可以相对简单地检查它。（额外的信息是一条闭合通路，可以简单地验证闭合通路是否包含每个顶点或每条边恰好一次。）

但是两个问题之间也存在一个显著的差异。在含有欧拉环游的图中找出一条欧拉环游是相当容易的（可以看到，使用隐含在定理 6.10 的证明中的算法所耗费的时间为 $O(e)$，其中 e 是图中边的个数）。然而，还没有人找到解决哈密顿回路问题的多项式时间算法。这使我们处在一个有趣的位置。如果有人能幸运地猜出哈密顿路径的顶点排列，那么可以很快地验证这个人关于含有哈密顿路径的断言。然而，在相当大的图中，没有能寻找哈密顿路径的实用方法。

这就是可在多项式时间内可解决的 P 类问题和在非确定多项式时间内可解决的 NP 类问题的本质区别。不打算全面地描述这些问题类，计算理论或算法的课程更适合来进行讨论。但为了体会这些问题之间的区别，将在图论的背景下讨论它们。关于图是否具有某一特定性质的问题被称为**图判定问题**（graph decision problem）。两个例子是“图中是否含有欧拉环游？”和“图中是否含有哈密顿回路？”。图判定问题具有一个“是”或“否”的回答。因此，“G 中最长路径的长度是多少？”不是一个判定问题，但“G 中是否含有长度为 k 的路径”是判定问题。

针对一个性质的 **P 算法**（P-algorithm），或多项式时间算法，以一个图作为输入，且在时间 $O\left(n^k\right)$ 内（k 是一个独立于输入图的正整数，n 是描述输入图所需信息量的度量）当且仅当这个图具有该性质时，输出“是”。若答案为“是”，称算法**接受**（accept）这个图。（注意，如果图没有这个性质，除了不输出“是”，并没有描述算法会做什么。）如果存在一个 P 算法接受具有该性质的图，则称图的这个性质**在 P 类**（Class P）中。

431

许多已知没有 P 算法的判定问题看起来与哈密顿回路问题一样困难——即存在 P 算法来验证单个可能的解决方案，以确定它是否是一个解决方案，但是在找到一个“是”的答案之前，可能必须验证指数（或更大）数量的可能解决方案。这些问题看起来不同于另一类问题，它们仅验证提出的解决方案真是一个解决方案就会花费超过多项式的时间。是否存在一种方法来刻画“多项式时间内可验证”的问题？如何以一种适用于任意问题的方法来描述“可能的解决方案”？

针对一个图性质的 **NP 算法**（NP-algorithm）（非确定多项式时间算法），以一个图 G 作为输入，图的表示大小为 n，且有 $O(n^j)$ 的额外信息，其中 j 为独立于图 G 的某个整数[⊖]。尽管算法可以选择任何方式使用来这个额外信息，可以把这个额外信息当成一个可能的解决方案。如果算法（可能使用额外信息）能在 $O\left(n^k\right)$ 时间内判定图 G 具有期望的性质，那么它输出“是”，其中 k 是一个独立于图 G 的整数。如果算法即使使用额外信息，也不能判定图具有期望的性质，那么算法可以做除了输出“是”之外的任何事情。例如，对于是哈密顿图的这个性质，额外信息可能由图中顶点集的一个排列组成。算法会验证这个

⊖ 问题的大小是用合理的表示写下问题所需的位数。我们不打算正式地定义“合理的”。当询问图中是否含有欧拉环游时，可以通过顶点的个数或边的个数来度量问题的大小。当询问带权图是否含有权重为 w 或更小的生成树时，不仅图中顶点或边的个数很重要，数字的位数也很重要——也许是表示这些数的方法。就我们的目的而言，这个对问题大小的直观想法应该足够。

排列来观察这些给定顺序的顶点具有是否能构成哈密顿回路。如果能，算法输出“是”。

称这样的算法是不确定的，因为对于给定的输入图，是否输出“是”不仅由图本身决定，还由额外信息决定。特别地，对于一个具有给定性质的图，算法可能回答“是”，也可能不回答“是”。这取决于额外信息。

如果存在某些选择的额外信息会导致算法输出“是”，那么称算法**接受**（accepts）图。可能存在一些额外信息的其他选择，不会导致算法输出“是”，但这并不重要。只要存在一个额外信息的选择使算法输出“是”，就称该算法接受图。

432

如果存在一个 NP 算法接受具有一个性质的图，则称图的这个性质**在 NP 类**（Class NP）中。因为图判定问题要求判定一个图是否具有给定的性质，所以使用 P 和 NP 记号来描述这些问题。如果判定问题要我们判定的图的性质在 P 或 NP 中，那么称该判定问题在 P 或 NP 中。

当称非确定算法使用额外信息时，我们以一种很宽松的方法来思考“使用”。特别地，对于 P 中的一个图判定问题，算法可以简单地忽略额外信息并使用多项式时间算法来确定答案是否为“是”。因此，P 中每个图性质也在 NP 中。

像哈密顿路径问题一样，NP 中的一些问题有一个让人兴奋的特征：如果它们能在多项式时间内被解决，那么 NP 中的每个问题都可以在多项式时间内被解决。这些被称为 **NP 完全**（NP-complete）的问题，是 NP 中最难的问题。如果一个 NP 完全问题在 P 中，那么 P 和 NP 是同一个类。这个结果是令人惊讶的，因为它意味着被告知一个可能的答案不会使解决一个问题变得显著容易。然而，自 1971 年被提出开始，P 与 NP 是否是同一类问题这个问题就一直困扰着计算机科学家。（对该问题提出的背景讨论见 6.4 节的结尾。）这是计算机科学中最重要的未解问题之一。

因此，知道一个问题是 NP 完全的，例如哈密顿回路问题，并没有证明不存在多项式时间的算法。它仅意味着，该问题的一种多项式时间算法将为人们之前未找到多项式时间算法的成千上万个其他问题提供多项式时间算法。其中的一些问题已经被研究了上百年。如果一个问题是 NP 完全的，那么不太可能找到解决它的多项式时间算法。最好花时间去尝试其他的事情。

*6.3.5 证明问题是 NP 完全的

自然会问，如何证明一个问题是 NP 完全的。在 1971 年，史蒂芬 · 库克（Stephen Cook）[12] 和列昂尼德 · 勒文（Leonid Levin）[25]（独立地）提出了 NP 完全的概念。库克证明了“可满足性”问题是 NP 完全的。问题如下：给定一个由变元和逻辑连接词“与”，“或”和“非”组成的布尔表达式，是否存在一种方法把真和假赋给变元，使整个表达式为真㊀？通过证明用一个非常复杂的布尔表达式来建模一个称为非确定图灵机的简单计算机的步骤是可能的，库克证明了可满足性问题是 NP 完全的。任何满足表达式的变元赋值都

433

* 除部分习题外，本章的内容在本书之后不会用到。

㊀ 布尔表达式是第 3 章符号复合命题的另一种叫法。

会定义一个计算的有效步骤序列，它在计算机中以输出“是”结束。

一旦知道某个特定问题是 NP 完全的，就可以通过一种称为**归约**（reduction）的方法利用这个特定问题来证明其他问题是 NP 完全的，归约是一种问题间转换的方式。接下来看一些这种转换的例子，然后从例子中抽象出一般性原理。

已经声明哈密顿回路问题是 NP 完全的。可以利用该声明证明下面这个 **k 回路问题**（k 环问题，k-cycle problem）是 NP 完全的：给定一个图 G 和一个整数 k，G 中是否含有长度正好为 k 的回路？

归约的思想是证明如果有一个算法可以在多项式时间内解决 k 回路问题，那么可以用该算法在多项式时间内解决哈密顿回路问题。但在多项式时间内解决哈密顿回路问题，意味着 NP 中的任何问题都可以在多项式时间内被解决，因为哈密顿回路问题是 NP 完全的。因此，在多项式时间内解决 k 回路问题意味着 NP 中的任何问题都可以在多项式时间内被解决。因而根据定义，k 回路问题是 NP 完全的。

如何使用 k 回路问题解决哈密顿回路问题？这很简单，因为哈密顿回路问题是 k 回路问题的特例。给定一个含有 v 个顶点的图 G 和一个解决 k 回路问题的算法，通过询问算法图 G 中是否含有长度为 v 的回路，可以得知 G 中是否含有哈密顿回路。将哈密顿回路问题的一个实例（图 G 中是否存在哈密顿回路？）转换为 k 回路问题的一个实例（图 G 中是否存在长度为 v 的回路？）。对任意图 G，第一个问题和第二个问题总是给出相同的答案。

观察一个更复杂的例子。团问题问到，给定一个图 G 和一个整数 n，G 中是否含有一个子图 K_n？（换言之，G 中是否存在 n 个顶点，使其中每对顶点之间都存在一条边？）众所周知，团问题是 NP 完全的，不过在这里不解释原因。独立集问题问到，给定一个图 G 和一个整数 n，是否存在一个含有 n 个顶点的集合，使得其中任何一对顶点之间没有边？想要证明独立集问题是 NP 完全的。

434

假设有一个可以在多项式时间内解决独立集问题的算法，那么证明可以使用这个算法在多项式时间内解决团问题。转换如下：假设想知道图 G 中是否含有大小为 n 的团。我们可以构造一个新图 G'，称作 G 的**补图**（complement）。G' 含有与 G 相同的顶点集合，但 G' 中的一对顶点之间存在边，当且仅当 G 中的这两个顶点间没有边。构造 G' 会耗费 $O(v^2)$ 的时间。可以用解决独立集问题的算法来确定 G' 是否含有大小为 n 的独立顶点集。因为在从 G 构造 G' 的过程中交换了边和非边，所以 G' 中独立集就是 G 中的团。因此，“G 中是否含有大小为 n 的团？”总是与“G' 中是否含有大小为 n 的独立集？”有相同的答案。G' 可以在多项式时间内完成构造，而且假设的算法可以在多项式时间内完成运行来解决独立集问题。因此，通过利用这个转换，可以在多项式时间内解决团问题，这意味着可以在多项式时间内解决任何 NP 问题。因此，独立集问题是 NP 完全的。

通过做像这样（和更加复杂的）的转换，计算机科学家和数学家建立了一个很长的 NP 完全问题列表 [17]，目前还在不断发展。这个列表是很有用的，因为需要解决一个从未见过的问题时，可以在花费几个月努力解决它之前，先检查它是否位于列表中。但如果问题不在列表中，而且当我们穷尽所想，也没能解决这个问题时，该怎么办？下一件自然该做的事是确定能否找到一个 NP 完全问题，可以转化成我们的困难问题。如果可以，那么即使没有找到一个解决方案，我们也知道即使有解决方案，任何人也都难以找到。

通用的技术如下：要证明问题 Q 是 NP 完全的，假设有一个算法可以在多项式时间内解决该问题。取另一个已知是 NP 完全的问题 Q'。证明如何把 NP 完全问题 Q' 的一个实例转换成问题 Q 的一个实例，使得原问题的答案为"是"，当且仅当转换后的问题答案为"是"[⊖]。证明你描述的转化过程耗费多项式时间。如果问题 Q 能在多项式时间内被解决，那么 Q' 也能在多项式时间内被解决。因为要解决 Q' 的一个实例，首先将它转化为 Q 的一个等价实例，之后执行算法解决 Q 并返回答案。转换和算法执行都是多项式的，所以整个过程也是多项式的。因为 Q' 是 NP 完全的，且能在多项式时间内被解决，所以 NP 中任何问题都能在多项式时间内解决。因此，根据定义，Q 是 NP 完全的。

435

对 NP 完全性的简单讨论是为了给出该主题的本质和重要性。将自己限制在图问题有两个原因。第一，希望你对什么是图问题有所了解。第二，如果不解释为什么一些问题看起来比其他问题更难解，那么对图论的探讨是不完整的。然而，在数学和计算机科学中存在 NP 完全问题。甚至在生物学，物理学和社会科学如经济学等领域也出现了 NP 完全问题。与一门离散数学介绍课程相比，真正理解这个主题将需要耗费更多时间。

重要概念、公式和定理

1. **欧拉图和环游**：图有一条通路在相同位置开始和结束，且包含每个顶点至少一次，每条边一次且仅一次，则称该图为欧拉图。这样的通路称为欧拉环游。
2. **欧拉图特征**：图含有欧拉环游，当且仅当它是连通的且每个顶点都为偶数度。
3. **欧拉迹**：通路包含图中每个顶点至少一次，每条边恰好一次，但有不同的起始点和终止点，这样的通路是欧拉迹。
4. **含有欧拉迹图特征**：一个图 G 含有欧拉迹，当且仅当 G 是连通的，且 G 中除两个顶点外的所有顶点均为偶数度。
5. **哈密顿图和回路**：包含图中每个顶点恰好一次的（视回路中的第一个顶点和最后一个顶点为相同的）回路被称为哈密顿回路。如果一个图含有哈密顿回路，则称该图为哈密顿图。
6. **哈密顿路径**：哈密顿路径是包含图中每个顶点恰好一次的路径。
7. **狄拉克定理**：在一个至少有三个顶点的 v 顶点的简单图 G 中，若其每个顶点的度数至少为 $v/2$，那么 G 中有哈密顿回路。

436

8. **奥尔定理**：如果 G 是一个 v 顶点的简单图，$v \geqslant 3$，且对于其中任意两个不相邻顶点 x 和 y，x 和 y 的度数之和至少为 v，那么 G 中存在哈密顿回路。
9. **图判定问题**：关于图是否具有某一特定性质的问题被称为图判定问题。
10. **P 算法/多项式时间算法/接受**：针对一个性质的 P 算法，或多项式时间算法，以

⊖ 问题的实例是问题的一个具体情况，其中所有的参数都被确定下来。例如，哈密顿回路问题的一个实例，就是该问题对于一个特定图的具体情况。

一个图作为输入，且在时间 $O\left(n^k\right)$ 内（k 是一个独立于输入图的正整数，n 是表示输入图所需信息量的度量）当且仅当这个图具有该性质时，输出“是”。若答案为“是”，则称算法接受这个图。

11. **P 类问题**：如果存在一个 P 算法接受具有一个性质的图，则称图的这个性质在 P 类中。

12. **NP 算法/非确定多项式时间算法**：针对图的一个性质的 NP 算法（非确定多项式时间算法），输入图 G，图表示的大小为 n，且有 $O\left(n^j\right)$ 的额外信息，其中 j 为独立于图 G 的某个整数。如果算法能在 $O\left(n^k\right)$ 时间内从图 G 中或可能的额外信息中判定图 G 具有所有期望的性质，那么它输出“是”，其中 k 是一个独立于图 G 的整数。如果算法不能从图 G 和额外信息中判定图具有期望的性质，那么算法可以做除了输出“是”之外的任何事情。

13. **NP 完全**：如果解决 NP 中的一个图判定问题的多项式时间算法意味着一个解决 NP 中任何问题的多项式时间算法，则称该问题是 NP 完全的。

习题

所有带 * 的习题均附有答案或提示。

1* 对于图 6.24 中的每个图，解释图中为什么不存在欧拉环游，或找出一个欧拉环游。

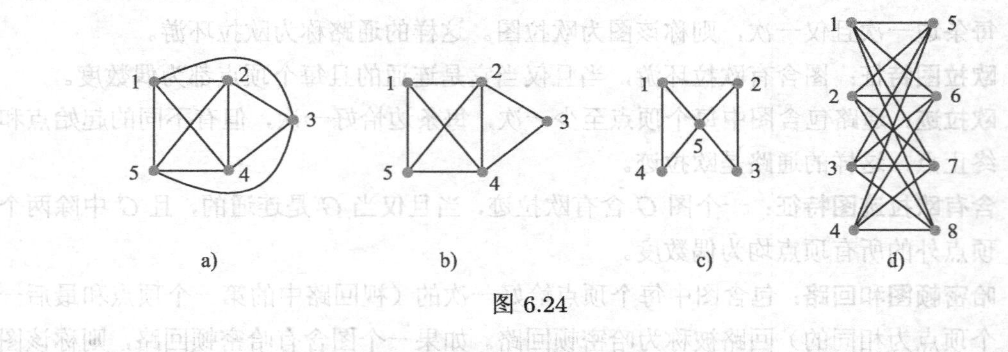

图 6.24

2. 对于图 6.25 中的每个图，解释图中为什么不存在欧拉迹，或找出一条欧拉迹。

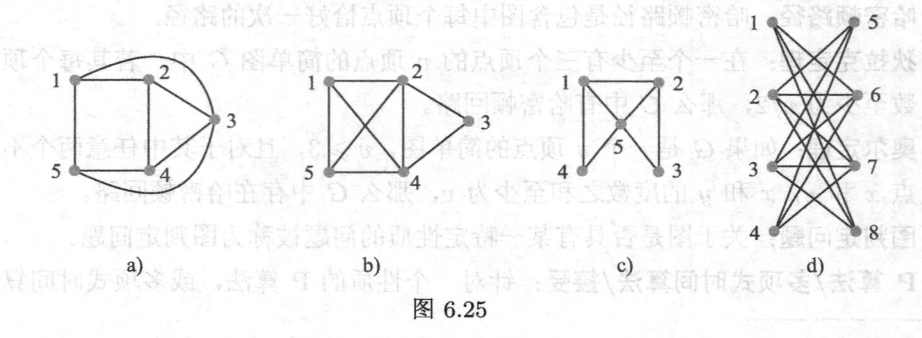

图 6.25

3* 要使得图含有欧拉回路，最少需要在柯尼斯堡建多少座新桥，它们应该建在哪里？

4. 如果在柯尼斯堡的岛与上岸、岛与下岸之间建两座新桥，你能找出一条穿过所有桥且每座不超过两次的通路吗？解释在这种情况下，你可以在哪里开始和结束，或解释找不到这样通路的原因。

437

5*. 当 n 取哪些值时，n 个顶点的完全图含有欧拉环游？

6. 超立方体图 Q_n 的顶点集是由 0 和 1 组成的 n 元组。两顶点相邻，当且仅当两点有一处位置不同。“超立方”这个名字的由来是 Q_3 在三维空间中可以被画为一个立方体。n 取何值时，Q_n 为欧拉图？

7*. n 取何值时，超立方体图 Q_n（见习题 6）是哈密顿图？

8. 给出一个有哈密顿回路但没有欧拉环游的图的例子，再给出一个有欧拉环游但没有哈密顿回路的图的例子。

9. 完全二部图 $K_{m,n}$ 有 $m+n$ 个顶点。这些顶点被分成一个大小为 m 的集合和一个大小为 n 的集合。称这些集合是图的**部**（parts）。每个集合内不存在边，但不同集合的每对顶点之间存在一条边。图 6.24d 给出了图 $K_{4,4}$。

438

   a)* 当 m 和 n 为何值时，$K_{m,n}$ 是欧拉图？

   b)* 当 m 和 n 为何值时，$K_{m,n}$ 是哈密顿图？

10. 当图中每个顶点都为偶数度时，证明图的边集可以被分割成图中回路的边集。

11*. 图的割点是删除该点（和与它关联的所有边一起删除）后会增加连通分支数的顶点。描述任意使一个有割点的图为哈密顿图的情景。

12. 图 6.26 中的哪些图满足狄拉克定理的假设条件？哪些图满足奥尔定理的假设条件？哪些含有哈密顿回路？

13*. 证明定理 6.13。

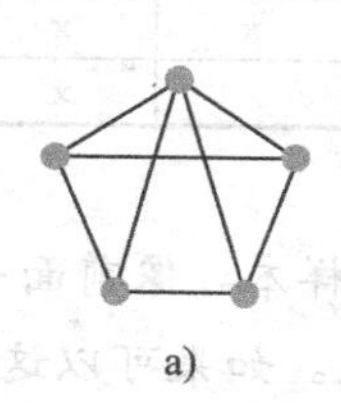
a)

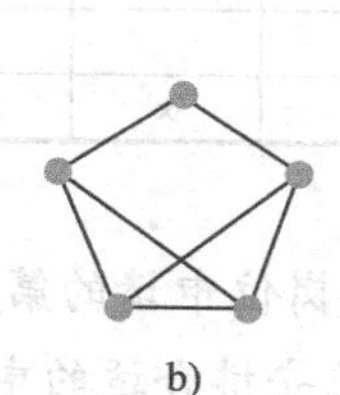
b)

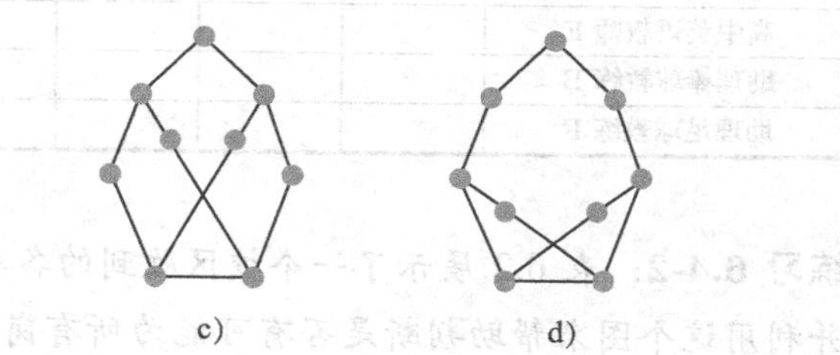
c)

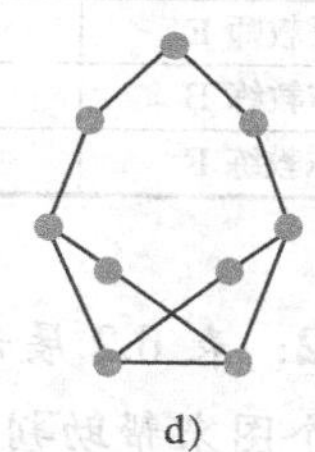
d)

图　6.26

14*. [⊖]哈密顿路径问题是判定一个图中是否含有哈密顿路径的问题。解释为什么这个问题在 NP 中。解释为什么判定图中是否含有哈密顿路径这个问题是 NP 完全的。

15*. 可以通过构造 G_i 的一个图序列来创建图 G 的哈密顿闭包，其中 $G_0=G$，在 G_{i-1} 中添加一条边得到 G_i，其中这条边连接两个度数和至少为 v 的不相邻顶点。当不能向 G_i 中添加边时，称它为 G 的哈密顿闭包。证明简单图 G 的哈密顿闭包是哈密顿图，当且仅当 G 是哈密顿图。

16. 证明简单连通图有且仅有一个哈密顿闭包。

439

⊖ 这个问题需要本书中带星号章节的知识。

6.4 匹配定理

6.4.1 匹配的概念

练习 6.4-1： 假设一个学校董事会正在决定教职岗位的申请人。学校董事会有一些不同年级的教师岗位：一个助理图书管理员，两个教练，一个高中数学教师和一个高中英语教师。董事会收到了许多申请，每个申请人可以出任不止一个上面的岗位。董事会想知道是否有可能找到一组合格的申请人来填满所有的岗位。

表 6.1 展示了一个校区收到的各类岗位申请的一份样本。申请人编号下面的 x 表示申请人具有 x 左侧对应岗位的资质。因此，1 号申请人有资质教授二年级和三年级，并且可以做助理图书管理员。在不指导训练时，助理教练可以教授体育课，所以一个教练不能同时从事所列的教学岗位。画一个图，其中被 1 到 9 标记的顶点表示申请人，被 L、S、T、M、E、B 和 F 标记的顶点表示岗位；将申请人和他们所拥有资质的岗位用边连接起来。利用这个图来帮助判断是否有可能为所有岗位安排合适的申请人。如果可以这么做，请写出人员的工作安排。如果不可以，尝试解释原因。

表 6.1　某个工作申请的数据样本

岗位	申请人								
	1	2	3	4	5	6	7	8	9
助理图书管理员 L	x			x					
二年级教师 S	x	x	x	x					
三年级教师 T	x	x		x					
高中数学教师 M				x	x	x			
高中英语教师 E				x		x	x		
助理棒球教练 B						x	x	x	x
助理足球教练 F					x	x		x	

440

练习 6.4-2： 表 6.2 展示了一个校区收到的各类岗位申请的第二份样本。像前面一样画图，并利用这个图来帮助判断是否有可能为所有岗位安排合适的申请人。如果可以这么做，请写出人员工作安排。如果不可以，尝试解释原因。

表 6.2　工作申请的另一个数据样本

岗位	申请人								
	1	2	3	4	5	6	7	8	9
助理图书管理员 L				x	x				
二年级教师 S	x		x					x	
三年级教师 T	x	x		x			x		x
高中数学教师 M				x	x	x			
高中英语教师 E					x	x			
助理棒球教练 B	x		x			x	x	x	x
助理足球教练 F				x	x	x			

图 6.27a 展示了根据表 6.1 数据所得到的图。

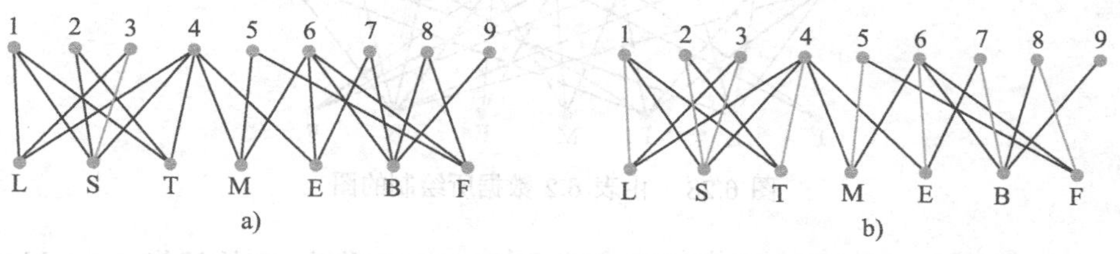

图 6.27 由表 6.1 数据所绘制的图

从图中可以看出，如图 6.27b 灰色部分所示，L：1，S：2，T：4，M：5，E：6，B：7 和 F：8 是一种人员的工作安排。这个安排挑选出了没有共同端点的一个边集。例如，从 L 到 1 的边没有 {S，2}，{T，4}，{M，5}，{E，6}，{B，7} 和 {F，8} 这些边的端点，即 S，T，M，E，B，F，2，4，5，6，7 和 8。图中不共享端点的一个边集称为图的一个**匹配**（matching）[⊖]。因此，得到了工作和可以胜任的人之间的一个匹配。因为不想将两个岗位安排给一个人，或是为两个人安排一个岗位，所以匹配正是我们所寻找的解决方案。注意，从 L 到 1 的边本身也是一个匹配。因此，我们并不简单地寻找一个匹配，而是寻找一个为所有岗位进行安排的匹配。若顶点集 X 中每个顶点都被匹配，该匹配被称为使顶点集 X **饱和**（saturate）。因此，练习 6.4-1 寻找的是一个使工作饱和的匹配。在这种情况下，使所有工作饱和的匹配是一个尽可能大的匹配，即所谓的**最大匹配**（maximum matching）——一个至少与任意其他匹配一样大的匹配。

441

图 6.27 是一个二部图的例子。一个图的顶点集可以被划分成两个集合 X 和 Y，图的每一条边都连接 X 中一个顶点和 Y 中的一个顶点，这样的图称为**二部图**（bipartite graph）。可以将工作岗位视为集合 X，将申请人视为集合 Y。这两个集合中的每一个都称为图的**部**（part）。二部图的部是独立集的一个实例。图顶点集的一个子集当中没有两顶点通过边相连接，这样的顶点集合称为**独立集**（independent set）。因此，一个图是二部图，当且仅当该图的顶点集是两个独立集的并集。注意，二部图不存在任何自环，因为自环会连接同一集合中的顶点。更一般地，一个通过自环连接自身的顶点不可能在独立集中。

在二部图中，有时很容易通过观察画图来直接找到一个最大匹配。然而，情况并非总是如此。图 6.28 是一个由表 6.2 数据所绘制的图。直接观察图可以找到许多匹配，但没有使工作集合饱和的匹配。除非对所观察的有一个非常好的描述，否则观察并不是一种有效的证明方法。可能尝试构造了一个匹配，例如 {L，4}，{S，2}，{T，7}，{M，5}，{E，6} 和 {B，8}。如果是这样，当你考虑 F 时可能感到沮丧，因为 4，5 和 6 已经被占用。你可以尝试执行回退操作，重做之前的选择操作来保证 4，5 或 6 空闲，却发现不能做到。不能做到的原因是岗位 L，M，E 和 F 仅与人 4，5 和 6 相邻。因此，对于这 4 个岗位只有 3 个人拥有相应的资质，故不存在为所有岗位进行安排的方案。

⊖ 根据该定义，此处应当使用标准的边符号来表示匹配。我们通过 L：1，S：2，T：4，M：5，E：6，B：7 和 F：8 描述的匹配就变为 {{L，1}，{S，2}，{T，4}，{M，5}，{E，6}，{B，7}，{F，8}}。

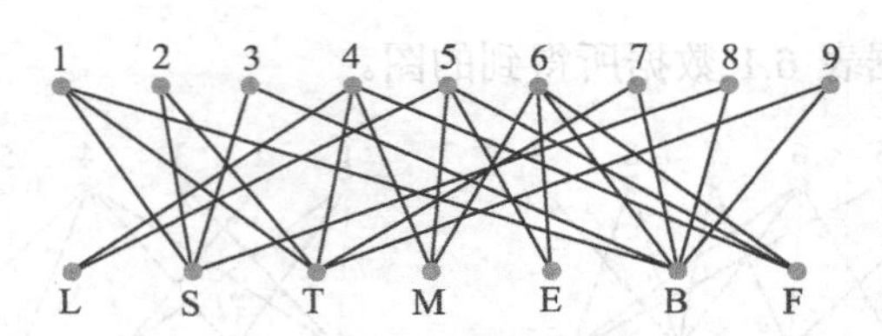

图 6.28　由表 6.2 数据所绘制的图

442

与 S 中至少一个顶点相邻的所有顶点的集合 $N(S)$ 称为 S 的**邻集**（neighborhood/neighbors）。如果存在 X 的一个子集 S，使得 S 的邻集 $N(S)$ 比 S 小，则二部图中不存在使部 X 饱和的匹配。将上述讨论总结如下。

引理 6.14　在二部图 G 中，如果能找一个部 X 的一个子集 S，使得 $|N(S)|<|S|$，则不存在使 X 饱和的 G 的匹配。

证明　使 X 饱和的匹配一定使 S 饱和。但是如果存在这样一个匹配，每一个 S 中的元素一定被匹配到一个不同的顶点，由于 $S\subseteq X$，该顶点不在 S 中。因此，存在至少 $|S|$ 个不同的从 S 中的顶点到不在 S 中顶点的边。故得到矛盾 $|N(S)|\geqslant|S|$。所以不存在这样的匹配。□

应用引理 6.14 可以证明练习 6.4-2 中不存在使所有工作饱和的匹配，这意味着匹配 {{L，4}，{S，2}，{T，7}，{M，5}，{E，6}，{B，8}} 是图 6.28 中的最大匹配。

另一种证明不存在比我们最初找到的匹配更大的匹配的可能方法如下：在匹配 L 与 4 时，或许已经注意到 4 有很多边。然后，我们匹配 S 与 2 时，或许已经注意到 S 有很多边，对 T 也进行相同操作。事实上，4、S 和 T 与图的 12 条边关联，而图中仅有 23 条边。如果可以找出另外 3 个顶点，与图中剩下的边关联，那么就得到 6 个顶点，其中至少有一个与每条边关联。图 G 的每一条边都与顶点集合中至少一个顶点相关联，这样的顶点集合称为图 G 边的顶点覆盖，或简称为图 G 的**顶点覆盖**（vertex cover）。这和匹配有什么关系呢？每一条匹配边不得不关联边的顶点覆盖中的一个或两个顶点。因此，匹配边的数量总是小于或等于边的顶点覆盖中顶点的数量。如果可以在图 6.28 中找到一个大小为 6 的顶点覆盖，那么由于共有 7 个岗位，因此不存在使岗位集饱和的匹配。为了便于以后参考，将这个关于匹配的大小与顶点覆盖的大小之间的关系描述为一个引理。

引理 6.15　在一个图 G 中，匹配的大小不会超过顶点覆盖的大小。

443

证明　证明在前面的讨论中给出。□

我们已经看到，由于 4，S 和 T 已经覆盖了图 6.28 中过半的边，因此它们是成为较小顶点覆盖成员的良好候选。继续我们最先考察的边，5，6 和 B 也是较小顶点覆盖的良好候选。实际上，{4，S，T，5，6，B} 构成了一个顶点覆盖。因为我们拥有一个大小是 6 的顶点覆盖，可知最大匹配的大小不会超过 6。因此，已经找到的包含 6 条边的匹配就是最大匹配。因而，对于表 6.2 的数据，不可能为所有岗位进行安排。

6.4.2 使得匹配更大

涉及匹配的实际问题通常要求找出图中的最大可能匹配。为了看到如何利用一个匹配来构造一个更大的匹配，假设现在有同一个图的两个匹配，并且观察它们之间的不同，尤其是较大的匹配和较小的匹配如何不同。

练习 6.4-3: 在图 6.27 的图 G 中，令 M_1 为匹配

{{L, 1}, {S, 2}, {T, 4}, {M, 5}, {E, 6}, {B, 9}, {F, 8}}

令 M_2 为匹配

{{L, 4}, {S, 2}, {T, 1}, {M, 6}, {E, 7}, {B, 8}}

集合 S_1 和 S_2 的**对称差** (symmetric difference) 为 $(S_1 \cup S_2)-(S_1 \cap S_2)$，记作 $S_1 \Delta S_2$。计算集合 $M_1 \Delta M_2$ 并画出图，该图与 G 有相同的顶点集，边集是 $M_1 \Delta M_2$。使用不同的颜色或样式来代表 M_1 和 M_2 的边，这样可以看出它们之间的交互。尽可能简要地作为连通分支描述你看到的各种图。

练习 6.4-4: 在练习 6.4-3 中，其中的一个连通分支建议采用下面的方法对 M_2 进行修改：移除一条或多条 M_2 的边，替换为 M_1 的一条或多条边，得到一个相较于 M_2 更大的匹配 $M_2{}'$。特别地，这个更大的匹配应使 M_2 所饱和的部分或者更多的部分饱和。$M_2{}'$ 是什么样子？更多饱和的部分是什么？

练习 6.4-5: 考虑图 6.28 中图的匹配 M={{S, 1}, {T, 4}, {M, 6}, {B, 8}}。它与路径 3, S, 1, T, 4, M, 6, F 怎样相关？从 M 中删除路径中的边，添加路径中不是 M 的边，你可以从 M 得到 M'，请尽可能详尽地讨论 M'。

444

在练习 6.4-3 中

$$M_1 \Delta M_2 = \left\{ \begin{array}{c} \{L,1\},\{L,4\},\{T,4\},\{T,1\},\{M,5\},\{M,6\},\{E,6\},\{E,7\}, \\ \{B,8\},\{F,8\},\{B,9\} \end{array} \right\}$$

图 6.29 展示了由边集 $M_1 \Delta M_2$ 构成的图。用虚线表示 M_2 的边。如你所见，该图由以下部分构成：M_1 和 M_2 的其中 4 条交替出现的边构成的一个环，M_1 和 M_2 的其中 4 条交替出现的边构成的一个路径，M_1 和 M_2 的其中 3 条交替出现的边构成的一个路径。对于图 G 的匹配 M 来说，如果一个路径或环的边在属于 M 和不属于 M 之间交替出现，这样的路径或环称为**交替路径**（alternating path）或**交替环**（alternating cycle）。如果边在 M_1 和 M_2 之间交替出现的路径或环，则称该路径或回路为 M_1 和 M_2 的交替路径或交替环。因此，我们的连通分支是 M_1 和 M_2 的交替路径和交替环。图 6.29 展示了两个匹配所有的不同之处，下面的引理进行了总结。

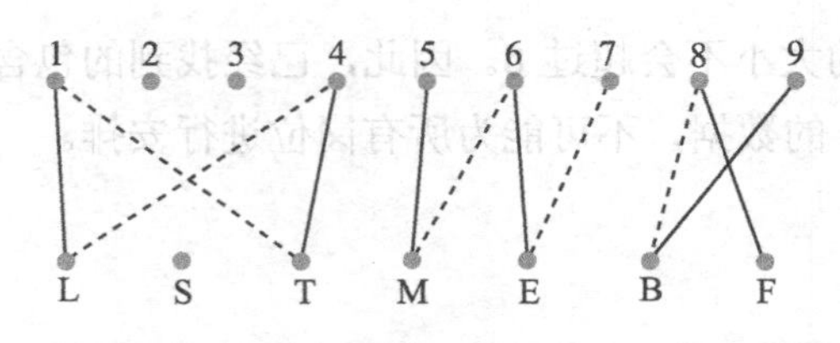

图 6.29

引理 6.16（伯奇引理（Berge's Lemma）） 如果 M_1 和 M_2 是图 $G=(V,E)$ 的匹配，那么 $M_1\Delta M_2$ 的每一个连通分支是一条含有偶数个顶点的环或路径。此外，该路径和环是 M_1 和 M_2 的交替路径和交替环。

证明 图 6.29 解释了证明过程。图 $(V,M_1\Delta M_2)$ 的每一个顶点度为 0、1 或 2。如果一个连通分支不含有环，则其为一棵树，并且这个仅包含度为 1 和 2 顶点的树是一条路径。如果连通分支有一条环，那么除了环中的边不可能存在顶点之间的其他边，因为这样的话，图中将会出现度大于等于 3 的顶点。因此，该连通分支一定是一条环。如果 $(V,M_1\Delta M_2)$ 的一条路径或环的两条边共享一个顶点，那么它们不能来自同一个匹配，因为同一个匹配的两条边不能共享顶点。因此，$(V,M_1\Delta M_2)$ 的一个路径或环的交替边必须来自不同的匹配。特别地，这也意味着，对称差中的环含有偶数个顶点。 □

445

推论 6.17 如果 M_1 和 M_2 是图 $G=(V,E)$ 的两个匹配，且 $|M_2|<|M_1|$，那么存在一条 M_1 和 M_2 的交替路径，该路径的起点和终点都被 M_1 饱和，而不是 M_2。

证明 因为 $(V,M_1\Delta M_2)$ 中一个偶交替环和一个偶交替路径含有来自 M_1 和 M_2 相同数目的边，那么至少有一个连通分支必须存在一条来自 M_1 的边多于来自 M_2 的边的交替路径，如图 6.29 所示（连通分支 {8，9，B，F}）。否则 $|M_2|\geqslant|M_1|$。因为它是 $(V,M_1\Delta M_2)$ 的一个分支，所以其所有边都来自 M_1 或 M_2。因为这两个匹配之间的边是交替的，构成来自 M_1 的边多于来自 M_2 的边的路径的唯一方法是，它的端点只在 M_1 的边上，所以它们被 M_1 饱和，而不是 M_2。 □

练习 6.4-3 中由 3 条边所构成的路径含有两条来自 M_1 的边和一条来自 M_2 的边。如果从 M_2 中移除 {B，8}，并添加 {B，9} 和 {F，8}，可得匹配

$$M_2'=\{\{\mathrm{L},4\},\{\mathrm{S},2\},\{\mathrm{T},1\},\{\mathrm{M},6\},\{\mathrm{E},7\},\{\mathrm{B},9\},\{\mathrm{F},8\}\}$$

这回答了练习 6.4-4 中的问题。注意该匹配使 M_2 的所有部分饱和，同时也额外使顶点 F 和 9 饱和。

图 6.30 用灰色标记了练习 6.4-5 中路径的匹配边，用虚线标记了在路径中的非匹配边。用折线表示不在路径中的匹配边。注意，虚线边和折线边形成了一个比 M 大的匹配，使

M 所饱和的每个顶点都饱和，同时也饱和了 3 和 F。路径开始和终止于 M 上非匹配顶点，即 3 和 F，并且在匹配边和非匹配边之间交替。除了第一和最后一个顶点，路径中的所有顶点都在路径匹配边上，路径的端点不在匹配边上。因此，不会有不在路径中的匹配边与路径中的顶点相关联。现在删除路径中所有来自 M 的匹配边，向 M 中添加路径中其他所有边。这会得到一个新匹配，因为在路径上每隔一条边选取一条边，所得边不会共享端点。如果交替路径开始和终止于 M 的非饱和顶点，这样的交替路径称为匹配 M 的一个**增广路径**（augmenting path）。也就是说，它是一个开始和终止于非匹配顶点的交替路径。之前的讨论已经证明了下面的定理。

446

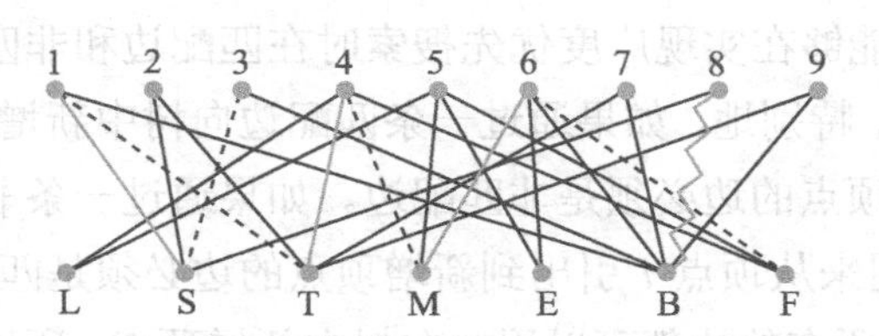

图 6.30 练习 6.4-5 的路径与匹配

定理 6.18（伯奇定理（Berge's Theorem）） 图的一个匹配 M 是最大的匹配，当且仅当 M 不存在增广路径。此外，如果匹配 M 存在一个边集为 $E(P)$ 的增广路径 P，则可以通过从 M 中删除 $M \cap E(P)$ 中的边并添加 $E(P) - M$ 中的边来构造一个更大的匹配。

证明 首先，如果存在一个比 M 更大的匹配 M'，那么根据推论 6.17 存在一个 M 的增广路径。因此，如果一个匹配不是最大匹配，那么它一定有一个增广路径。正如在练习 6.4-5 中讨论的，如果存在一个 M 的增广路径，那么一定存在一个比 M 更大的匹配。特别地，针对这个练习的讨论证明了如果 P 为增广路径，那么可以通过删除 $M \cap E(P)$ 中的边并添加 $E(P) - M$ 中的边来构造一个更大的匹配。 □

推论 6.19 虽然定理 6.18 所得的更大匹配可能不包含 M 作为子集，但它的确使 M 所饱和的每个顶点和额外的两个顶点饱和。

证明 每个与 M 中的边相关联的顶点也和更大匹配中的一些边相关联。同时，增广路径两个端点中的每一个也都与一条匹配边相关联。因为我们可能已经移除了 M 中的一些边来构造更大匹配，所以更大匹配可能不包含 M。 □

6.4.3 二部图的匹配

我们的例子和练习都是二部图，但是所有关于匹配的引理、推论和定理都适用于一般图。事实上，其中一些结论可以在二部图中得到加强。例如，引理 6.15 中，匹配的大小不会超过顶点覆盖的大小。很快可以看到，在二部图中，最大匹配的大小实际上等于最小顶点覆盖的大小。

6.4.4 搜索二部图的增广路径

447

我们已经知道，如果可以在图 G 中为匹配 M 找到一条增广路径，那么就可以构造一个更大的匹配。由于我们一开始的目标就是构建尽可能大的匹配，这个方法会帮助我们实现目标。然而你也许会问，如何找到一条增广路径？回顾：图中以一个顶点 x 为中心的广度优先搜索树所包含了从 x 到其连通的每个顶点 y 的一条路径——事实上是一条最短路径。因此，看起来如果能够在实现广度优先搜索时在匹配边和非匹配边之间交替，那么就可以找到一条交替路径。特别地，如果通过一条匹配边向树中新增一个顶点 i，之后任何用来从顶点 i 引出到新增顶点的边必须是非匹配边。如果通过一条非匹配边向树中新增一个顶点 i，那么之后任何用来从顶点 i 引出到新增顶点的边必须是匹配边。（因此最多存在一种这样的边。）因为并非所有的边都可以用来向树中新增顶点，所以所得到的树最终并不需要是原来图的一棵生成树。然而，如果存在一条开始于顶点 x，终止于顶点 y 的增广路径，那么希望可以以这种交替的方式，使用开始于 x 的广度优先搜索来找到这条路径。

练习 6.4-6：给定图 6.27 中的一个匹配 {{S，2}，{T，4}，{B，7}，{F，8}}，通过交替的方式，利用开始于顶点 1 的广度优先搜索来找到一条开始于顶点 1 的增广路径。利用所得增广路径构建一个更大的匹配。

练习 6.4-7：继续使用练习 6.4-6 中的模型，直到找到最大的匹配。

练习 6.4-8：通过交替的方式，对图 6.31a 应用开始于顶点 0 的广度优先搜索。这个方法可以找到一条增广路径吗？存在一条增广路径吗？

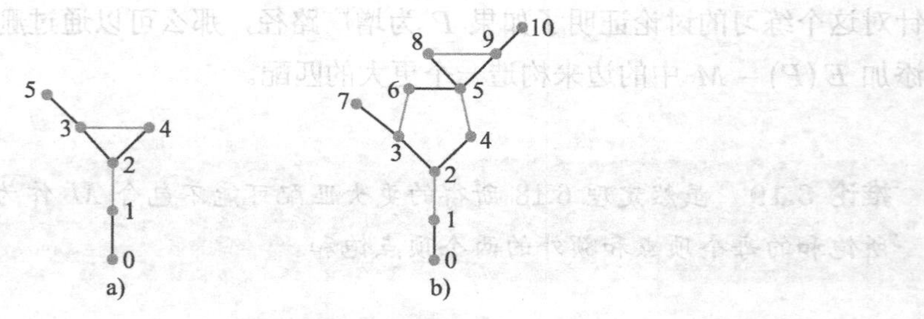

图 6.31　匹配边使用灰色标记

448

对于练习 6.4-6，从顶点 1 开始，将顶点 L、S 和 T 添加到队列和树中。如图 6.32a 所示，其中灰色的线，包括虚线，表示匹配边。虚线稍后会解释。用 T_0 标记顶点 1 表示它是树中第一个顶点，用 T_1 标记顶点 L、S 和 T 表示它们在第一个阶段新增到树中。由于 L 不与匹配边关联，故不能从 L 继续搜索。S 与匹配边 {S，2} 关联，利用这条边向队列和树中新增顶点 2。因为从 S 处只能利用匹配边来新增顶点，所以这是从 S 处唯一能新增的一个顶点。类似地，从 T 处可以通过匹配边 {T，4} 新增顶点 4。用 T_2 标记顶点 2 和

4 表示它们在这一阶段被新增到队列和树中。所有与顶点 2 相邻的顶点都已经被加入队列和树中，但是从顶点 4 处可以通过非匹配边向队列和树中新增顶点 M 和 E。用 T_3 来标记这些顶点表示它们在这一阶段被新增到树中。现在只能利用匹配边从 M 或 E 处新增顶点到队列和树中，但不存在与它们关联的匹配边，所以交替搜索树在此处停止。因为 M 和 E 没有被匹配，所以已知树中存在一条从顶点 1 到顶点 M 的路径和一条从顶点 1 到顶点 E 的路径。从 1 到 M 路径的顶点序列是 1，T，4，M。图 6.32a 中的虚线表示这条路径。匹配现在变成 {{1，T}，{2，S}，{4，M}，{B，7}，{F，8}}（见图 6.32b，匹配边用灰色标出）。

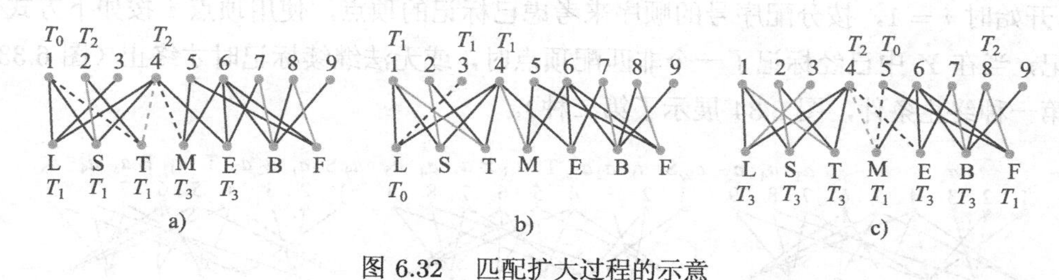

图 6.32　匹配扩大过程的示意

对于练习 6.4-7，找到另一个非匹配顶点并且重复搜索过程。例如，从顶点 L 开始工作，通过利用边 {L，1}，{L，3}，{L，4} 来向队列和树中新增顶点 1，3 和 4。继续在树中展开工作，但由于 L{L，3}3 是一条增广路径，可以利用它来将边 {L，3} 新增到匹配中，所以提前终止了树的构造过程。现在，匹配变成了 {{1，T}，{2，S}，{L，3}，{4，M}，{B，7}，{F，8}}（如图 6.32c 灰线所示）。下一个非匹配顶点是顶点 5。从这里开始，向队列和树中添加 M 和 F。在 M 处存在匹配边 {M，4}，在 F 处存在匹配边 {F，8}，利用它们向队列和树中添加 4 和 8。在顶点 4 处，向队列和树中添加 L、S、T 和 E；在顶点 8 处，向队列和树中添加顶点 B。除 E 之外的所有这些顶点都在匹配边上。因为 E 虽然在树中，但是并不与匹配边关联，它通过一条增广路径与顶点 5 连通。在树中从顶点 5 到顶点 E 的路径的顶点序列是 5，M，4，E，以虚线标出。由这条增广路径可得匹配 {{1，T}，{2，S}，{L，3}，{5，M}，{4，E}，{B，7}，{F，8}}。可以在图 6.32c 中看到该匹配，其由两条黑色虚线和除灰色虚线之外的灰线构成。因为现在匹配的大小与顶点覆盖的大小相同，该顶点覆盖在图 6.27 的底部，所以已经得到最大匹配。

449

对于练习 6.4-8，从顶点 0 处开始，新增顶点 1。你也许想在图 6.31 中像解决练习 6.4-7 时所作的一样，用铅笔对图进行标记。在顶点 1 处，利用匹配边新增顶点 2。在顶点 2 处，利用两条非匹配边新增顶点 3 和 4。然而，顶点 3 和 4 都与同一条匹配边关联，所以不能利用该匹配边向树中新增顶点，这个过程被迫终止，未找到增广路径。但是通过对图的直接观察可以发现存在一条增广路径，即 0，1，2，4，3，5，所得到匹配是 {{0，1}，{2，4}，{3，5}}。在图 6.31b 中探索增广路径也会遇到相似的困难。

原来是图 6.31 中的奇环阻碍了我们通过改进后的广度优先搜索来发现增广路径。将通过描述交替广度优先搜索的变形算法来证明这一点，该算法在解答前面的练习中使用过。

该算法以一个二部图和一个匹配为输入，输出一个增广路径或构造一个与匹配相同大小的顶点覆盖。一个图为二部图，当且仅当其不包含奇环（证明见习题 12 和 14）。因此，该算法将证明为了使我们的搜索策略失效，图必须包含奇环。

6.4.5 增广覆盖算法

从一个二部图开始讨论，它含有部 X 和 Y，还有一个匹配 M（图 6.33 中匹配边用灰色标出。）为了表示交替，用 a 标记 X 中的非匹配顶点。（图 6.33a 展示了这些标记。）我们按照标记顶点的顺序对序列中的顶点进行编号[⊖]。（图 6.33 将这些编号作为 a 的下标展示。）开始时 $i=1$，按分配序号的顺序来考虑已标记的顶点，使用顶点 i 按如下方式做附加标记，当在 Y 中已经标记了一个非匹配顶点时，或无法继续标记时才终止（图 6.33c 展示了第一种终止条件，图 6.34 展示了第二种）。

450

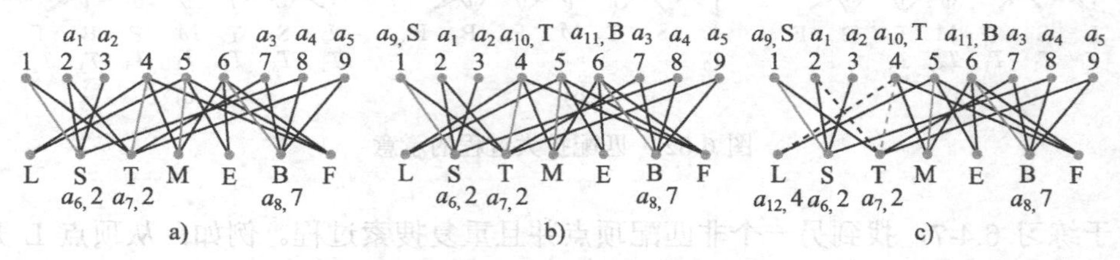

图 6.33　增广覆盖算法

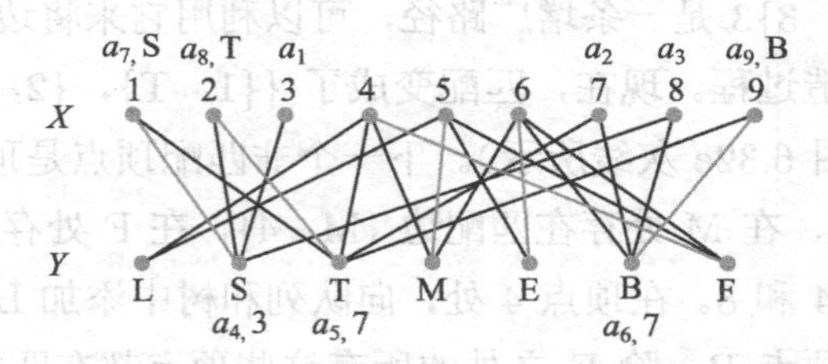

图 6.34　由于 {4, 5, 6, S, T, B} 是顶点覆盖，故不能增广该匹配

1. 如果顶点 i 在 X 中，则用标签 a 和顶点 i 的名字来标记与其相邻的所有未标记的顶点。然后对这些新标记的顶点进行编号，不中断地延续号码序列。（图 6.33a 展示了这个阶段的第一次迭代，图 6.33c 展示了这个步骤 [及后面] 的第二次迭代。）
2. 如果顶点 i 在 Y 中并且与 M 的一条边相关联，那么匹配边中它的邻居可能尚未标记。（在 X 中的匹配顶点仅可以在此步骤被标记，因为 M 是一个匹配，每个顶点最多被标记一次。）用标签 a 和顶点 i 的名字来标记它的邻居。（图 6.33b 展示了这个阶段的第一次迭代。）

如果顶点 i 被标记，在 Y 中，且它还不与 M 中的边关联，那么已经找到了一条增广路径。这条路径开始于顶点 i，途经用来将顶点 i 新增的顶点（在顶点 i 处被记录），以此类推，最后回到 X 中的一个未标记顶点。这条路径通过上面的标记方式实现交替，路径开始和终止于非饱和顶点，所以路径是增广的。（在图 6.33 的例子中，Y 中标记顶点 L 并不

451

⊖ 为顶点标号记录了在这个修改版的广度优先搜索中，它们何时被放入队列。

在一条匹配边上，在图 6.33c 中，虚线展示了一条开始于 L 的路径。）

如果一直继续这个标记过程直到没有更多可能的标记，并且没有找到一条增广路径，那么设 A 为标记顶点的集合。将简要地证明：集合 $C=(X-A)\cup(Y\cap A)$ 是一个与 M 大小相同的顶点覆盖。（第二种情况如图 6.34 所示，其中灰边是一个匹配，集合 {4，5，6，S，T，B} 是一个最小顶点覆盖。）该算法称为**增广覆盖算法**（augmentation-cover algorithm）。

现在为增广覆盖算法设计伪代码。它有四个输入参数：V 的两个部 X 和 Y，边集 E（它的每一条边都连通 X 中的一个顶点和 Y 中的一个顶点）和一个匹配 M。算法含有两个输出参数：第一个是集合 P，当存在 M 的增广路径时，它是增广路径的边集，否则，它是空集；第二个是集合 C，当不存在增广路径时，它是最小顶点覆盖，否则，它是空集。将一个顶点放入队列等价于使用 a 对该顶点进行标记并对它编号。为其分配的序号是它在队列中所处的位置。因此，按照顶点序号的顺序考虑它们等同于按照队列的顺序考虑它们。当我们手工标记时，用来标记顶点 x 的顶点名称与伪代码中的 Pred$[x]$ 相对应。

在伪代码中，假设如果 x 是一个顶点，那么使用 x 作为一个数组的下标是可能的。因此，在一个广度优先搜索中，假设 v 个顶点的名称是整数 1 至 v。（正如我们针对广度优先搜索所指出的，改变这个假设并不困难，但是这会涉及我们选择不去深入研究的细节。）

伪代码假设存在一个过程 IsSaturated。IsSaturated(x,M) 返回 true，当且仅当顶点 x 被匹配 M 中的某条边饱和。这可以自然地在 $O(|M|)$ 时间内被实现，即通过遍历 M 中边的端点，并检查 x 是否是其中之一。但是可以做得更加巧妙。通过构建一个大小为 v 的布尔数组 saturated（一个由 true 和 false 组成的数组）来对 M 进行预处理，saturated$[x]$，是 true 当且仅当 M 中的边使顶点 x 饱和。在耗费 $O(v)$ 时间完成预处理之后，调用 IsSaturated 将耗费常数时间：IsSaturated(x) 仅在数组 saturated 中查看是否 saturated$[x]$ 为 true。这样调用 v 次 IsSaturated 将耗费 $O(v)$ 时间而不是 $O(v^2)$。

注意，该算法并不需要记录新增到 A 的顶点的下标。这些下标使我们可以按照被新增到队列时的顺序来处理在 A 中的顶点。下标等同于队列的“手工”实现。 452

Augmentation-Cover(X,Y,E,M,P,C)

```
// 假设 V = X ∪ Y 包含编号为 1, 2, …, v 的顶点
// 假设 E 是包含 v 个项的数组，E 的第 i 项是与顶点 i 相邻的顶点列表
// 假设 M 是一个匹配的边集
// 如果图含有一条增广路径，那么算法返回时，P 将包含增广路径的边，C 为空
// 如果不存在增广路径，P 为空，C 包含一个顶点覆盖
// 算法返回时，A 由在算法过程中被新增到 Q 的顶点构成
// 如果发现增广路径并且 Pred[x] ≠ 0，在这条路径中的 Pred[x] 将会早于 x
(1)  InA = an array of length v with each entry initialized to "
     false"
(2)  Pred = an array of length v with each entry initialized to 0
(3)  P = ∅
```

```
(4)  A = ∅
(5)  Q = ∅ // Q 是一个队列
(6)  C = ∅
(7)  for each element x of X
(8)      if (!IsSaturated(x, M))
(9)          Enqueue x onto Q
(10)         A = A ∪ {x}
(11)         InA[x] = "true"
(12) while there is at least one vertex in Q
(13)     Dequeue z from Q
(14)     if (z ∈ X)
(15)         for each vertex w in the list E[z]
(16)             if (InA[w] == "false")
(17)                 Enqueue w onto Q
(18)                 A = A ∪ {w}
(19)                 InA[w] = "true"
(20)                 Pred[w] = z // 记录来源顶点
(21)     else if (IsSaturated(z, M))   //  z 必定在 Y 中，因为此处
   的"else" 对应着 14 行的"if"
(22)         x = z's neighbor in M
(23)         Enqueue x onto Q
(24)         A = A ∪ {x}
(25)         InA[x] = "true"
(26)         Pred[x] = z              // 记录来源顶点
(27)     else          // 已经发现增广路径
(28)         while (Pred[w]≠ 0)        // 回溯路径
(29)             P = P ∪ {{w,Pred[w]}}
(30)             w = Pred[w]
(31)         return
(32) c = (X - A) ∪ (Y ∩ A)
(33) return
```

453

可以在算法 FindMaximumMatching 中使用 Augmentation-Cover，它可以在一个二部图中找到最大匹配。这个过程的输入参数是一个二部图的两个部 X 和 Y 以及它的边集 E。它含有的两个输出参数是最大匹配 M 和一个与最大匹配大小相同的顶点覆盖。像前面一样，假设 $V = X \cup Y$ 的顶点为整数 1 到 v。

FindMaximumMatching(X, Y, E, M, C)

```
// 假设 V = X∪Y 包含编号为 1, 2, …, v 的顶点
// 假设 E 是包含 v 个项的数组, E 的第 i 项是与顶点 i 相邻的顶点列表
// 算法返回时, M 包含一个最大匹配的边集
// 算法返回时, C 包含大小为 |M| 的顶点覆盖的顶点
```

```
(1) N = ∅
(2) Augmentation-Cover(X, Y, E, M, P, C)
(3) while (P ≠ ∅)
(4)         M = (M - P) ∪ (P - M)
(5)         Augmentation-Cover(X, Y, E, M, P, C)
(6) print "The edges of a maximum matching are:" M"."
(7) print "A minimum vertex cover is:" C"."
```

定理 6.20（柯尼哥–亚哥法利定理（König-Egerváry Theorem）） 在一个含有部 X 和 Y 的二部图中，最大匹配的大小等于最小顶点覆盖的大小。

455

证明 由定理 6.18（伯奇定理）可知，如果增广覆盖算法给出一条增广路径，那么当前匹配不是最大的。由引理 6.15 可知，如果可以证明当不存在增广路径时，算法所得的集合 C 是一个顶点覆盖，并且它的大小就是当前匹配的大小，那么就会证明这个定理。为了看出集合 C 是一个顶点覆盖，注意每一条与 $X\cap A$ 中顶点关联的边都被覆盖，因为它在 Y 中的端点已经用记号 a 标记（这意味着，在算法 Augmentation-Cover 里被放入 A 中）。故它在 $Y\cap A$ 中。但是其余的每一条边一定含有一个在 X 中的顶点，所以它一定被 $X-A$ 所覆盖。因此，C 是一个顶点覆盖。如果 $Y\cap A$ 中的一个顶点没有被匹配，它一定是一条增广路径的端点，所以所有 $Y\cap A$ 中的顶点都与匹配边相关联。但是每一个 $X-A$ 中的顶点都被匹配，因为 A 包含 X 中所有非匹配的顶点。通过增广路径算法的第 2 步可知，也就是伪代码 Augmentation-Cover 的 21~25 行，如果 ϵ 是一条匹配边，且它的一个端点在 $Y\cap A$ 中，那么它的另一个端点一定在 A 中。每一条匹配边仅包含 C 中的一个元素。因此，最大匹配的大小就是 C 的大小。 □

454

推论 6.21 当 Augmentation-Cover 被应用到一个二部图及其匹配时，它将返回该匹配的一条增广路径或一个最小顶点覆盖，该覆盖的大小等于该匹配的大小。

在证明柯尼哥–亚哥法利定理之前，已经知道如果找到一个匹配以及一个与之大小相同的顶点覆盖，那么就得到了一个最大匹配和一个最小顶点覆盖。然而在某些图中，也许不能够通过比较一个匹配与顶点覆盖的大小来测试是否这个匹配是尽可能大的，这是因为一个最大匹配可能小于最小顶点覆盖。柯尼哥-亚哥法利定理表明，这个问题永远不会在二部图中出现，所以这样的测试对于二部图来说总是有效的。

在练习 6.4-2 中，使用第二种方法来证明了一个匹配不能使所有岗位构成的集合 X 饱和。在引理 6.14 中，证明了如果可以找到二部图 G 的部 X 的一个子集 S，使得 $|N(S)|<|S|$，那么不存在使 X 饱和的 G 的匹配。换句话说，在一个部为 X 和 Y 的二部图中，为了有一个使 X 饱和的匹配，对于 X 的每个子集 S 都存在 $|N(S)|\geqslant|S|$ 是必要的。（当 $S=\varnothing$ 时，$N(S)$ 也一样。）这个必要条件称为**霍尔条件**（Hall's condition），并且霍尔定理说明这个必要条件对二部图来说是充分的。

定理 6.22（霍尔定理（Hall's Theorem）） 如果 G 是一个部为 X 和 Y 的二部图，那么存在一个使 X 饱和的 G 的匹配，当且仅当对于每一个 $S\subseteq X$，有 $|N(S)|\geqslant|S|$。

证明 在引理 6.14 中，已经（逆否命题）证明如果存在一个 G 的匹配，则对于 X 的每一个子集都有 $|N(S)|\geqslant|S|$。尽管没有理由使用逆否命题，如果存在一个使 X 饱和的匹配，那么由于匹配边没有公共端点，因此 X 的每一个子集 S 中的顶点将会被匹配到至少 $|S|$ 个不同的顶点，这些顶点全都在 $N(S)$ 中。

故而，仅需证明如果一个图能满足霍尔条件，就存在一个使 X 饱和的匹配即可。可以通过证明 X 是最小顶点覆盖来进行证明。设 C 为 G 的某个顶点覆盖，设 $S=X-C$。如果 ϵ 是一条从 S 中的一个顶点到顶点 $y\in Y$ 的边，那么不能被 $C\cap X$ 中的顶点所覆盖。因此，ϵ 必须被 $C\cap Y$ 中的顶点所覆盖。这意味着 $|N(S)|\subseteq C\cap Y$，所以 $|C\cap Y|\geqslant|N(S)|$。由霍尔条件可知 $|N(S)|\geqslant|S|$。因此，$|C\cap Y|\geqslant|S|$。因为 $C\cap X$ 和 $C\cap Y$ 是并集为 C 的两个不相交集合，用公式总结叙述如下

$$\begin{aligned}|C|&=|C\cap X|+|C\cap Y|\\&\geqslant|C\cap X|+|N(S)|\\&\geqslant|C\cap X|+|S|\\&=|C\cap X|+|X-C|\\&=|X|\end{aligned}$$

已知 X 是一个顶点覆盖，且刚刚已经证明过它也是一个最小顶点覆盖。因此，一个最大匹配的大小为 $|X|$。故存在一个使 X 饱和的匹配。 □

6.4.6 高效算法

尽管霍尔定理很优雅，但使用它会要求我们查看每一个 X 的子集，这会耗费 $\Omega(2^{|X|})$ 时间。类似地，实际上找到一个最小顶点覆盖的过程会涉及查看 $X\cup Y$ 所有（或将近所有）的子集，这样的操作也会耗费指数时间。然而，增广覆盖算法要求最多检查每一条边固定次数，并且之后只做少量额外工作；确切地说，不超过 $O(e)$ 的工作。最多需要重复该算法 $|X|$ 次来找到一个最大匹配和最小顶点覆盖。因此，在时间 $O(ev)$ 内，不仅可以获知是否存在使 X 饱和的匹配，并且如果这样的匹配存在，还可以找到它；如果这样的匹配不存在，还可以找到一个顶点覆盖来证明它不存在。然而，这个算法仅适用于二部图。非二部图当中的情况十分复杂。在一篇介绍完成这个任务仅耗费 $O(n^c)$ 时间的高效算法的文献中（n 是所需详细描述输入的信息数量，c 是一个常数），杰克 · 埃德蒙兹（Jack Edmonds）[16] 提出了一个更为复杂的算法，它将搜索树的思想扩展成为一个更复杂的结构，并称之为花（flower）。用他的话说，他证明了该算法是高效的。但讽刺的是，在任意图中找出一个最小顶点覆盖是一个 NP 完全问题（实际上，判定是否存在一个大小为 k 的

顶点覆盖的问题，其中 k 可以是 v 的一个函数）。有趣的是，一般图的匹配问题在多项式时间内是可解的，然而确定匹配的“自然”上界已经超出了我们的研究，虽然上界看起来确实十分有用。 456

重要概念、公式和定理

1. **匹配**：图中不共享端点的一个边集称为图的一个匹配。
2. **饱和**：若顶点集 X 中每个顶点都被匹配，该匹配被称为使顶点集 X 饱和。
3. **最大匹配**：如果一个匹配至少与其他任意匹配一样大，在图中它就是最大匹配。
4. **二部图**：一个图的顶点集可以被划分成两个集合 X 和 Y，图的每一条边都连接 X 中一个顶点和 Y 中的一个顶点，这样的图称为二部图。这两个集合中的每一个都称为图的部。
5. **独立集**：图顶点集的一个子集当中不存在两顶点有边相连接，这样的集合称为独立集。（特别地，一个通过的环连接自身的顶点不在独立集中。）二部图的部是独立集的一种实例。
6. **邻集**：与 S 中至少一个顶点相邻的所有顶点的集合 $N(S)$ 称为 S 的邻集。
7. **二部图匹配的霍尔定理**：如果二部图 G 的一个部 X 的一个子集 S 满足 $|N(S)| < |S|$，则不存在使 X 饱和的 G 的匹配。如果不存在子集 $S \subseteq X$ 使得 $|N(S)| < |S|$，则存在使 X 饱和的匹配。
8. **顶点覆盖**：图 G 的每一条边都与顶点集中至少一个顶点相关联，这样的顶点集称为图 G 边的顶点覆盖，或简称为图 G 的顶点覆盖。在任何图中，一个匹配的大小都小于或等于任意顶点覆盖的大小。
9. **交替路径/增广路径**：如果随着我们沿路径移动，边在属于 M 和不属于 M 之间交替出现，这样的路径称为匹配 M 的交替路径。开始和终止于非匹配顶点的交替路径是增广路径。M_1 和 M_2 之间的交替路径是边在 M_1 和 M_2 之间交替出现的路径。
10. **交替环**：如果随着我们沿环移动，边在属于 M 和不属于 M 之间交替出现，这样的环称为交替环。M_1 和 M_2 之间的交替环是，如果随着我们沿环移动，边在 M_1 和 M_2 之间交替出现的环。 457
11. **伯奇引理**：如果 M_1 和 M_2 是图 $G = (V, E)$ 的匹配，那么 $M_1 \Delta M_2$ 的连通分支都是含有偶数个顶点的环或是路径。此外，环和路径都是 M_1 和 M_2 之间的交替环和交替路径。
12. **伯奇推论**：如果 M_1 和 M_2 是图 $G = (V, E)$ 的两个匹配，且 $|M_1| > |M_2|$，那么存在一条 M_1 和 M_2 之间的交替路径，该路径的起点和终点都是被 M_1 所饱和，而不是 M_2。
13. **伯奇定理**：图的一个匹配 M 是最大匹配，当且仅当 M 不存在增广路径。此外，如果匹配 M 存在一个边集为 $E(P)$ 的增广路径 P，则可以通过从 M 中删除 $M \cap E(P)$ 的边并添加 $E(P) - M$ 的边来构造一个更大的匹配。

156

14. **增广覆盖算法**：增广覆盖算法以二部图和它的一个匹配开始，输出一个增广路径或一个大小与该匹配相同的顶点覆盖，从而证明该匹配就是最大匹配。
15. **柯尼哥-亚哥法利定理**：在一个含有部 X 和 Y 的二部图中，最大匹配的大小等于最小顶点覆盖的大小。

习题

所有带 * 的习题均附有答案或提示。

1* 请在图 6.35 中，找出一个使集合 $X=\{a,b,c,d,e,f\}$ 饱和的匹配，或是一个 X 的子集 S 使得 $|S|>|N(S)|$。

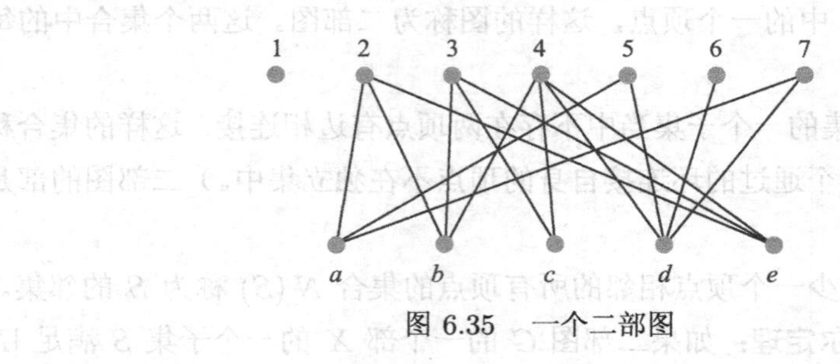

图 6.35 一个二部图

2. 请在图 6.35 中找出一个最大匹配和一个最小顶点覆盖。

458

3* 请在图 6.36 中，找出一个使集合 $X=\{a,b,c,d,e,f\}$ 饱和的匹配，或是一个 X 的子集 S 使得 $|N(S)|<|S|$。

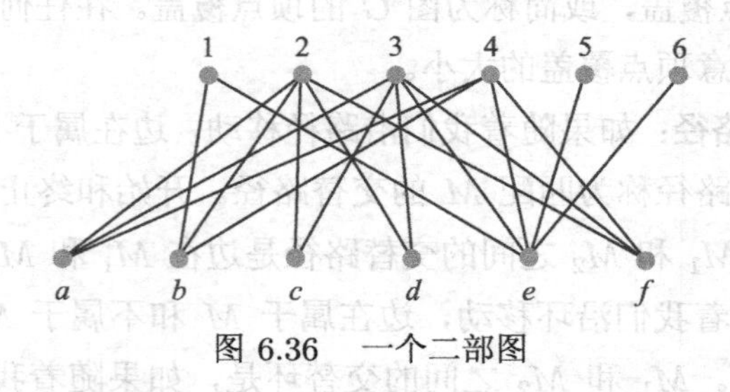

图 6.36 一个二部图

157

4. 请在图 6.36 中找出一个最大匹配和一个最小顶点覆盖。

5* 在习题 1 至 4 中，什么时候可以找到满足 $|S|>|N(S)|$ 的集合 S？$N(S)$ 与顶点覆盖有着怎样的关系？为什么有这样的关系？

6. 星是一种树的别称，树中一个顶点连接其他所有 n 个顶点。（所以一个星含有 $n+1$ 个顶点。）在含有 $n+1$ 个顶点的星中，最大匹配和最小顶点覆盖的大小是多少？

7* 在定理 6.18 中，下面这种说法是否正确？如果对于匹配 M 存在一个边集为 $E(P)$ 的增广路径 P，则 $M\Delta E(P)$ 是一个比 M 更大的匹配。

8. 请在图 6.31b 中找出一个最大匹配和一个最小顶点覆盖。

9* 在一个二部图中，其中的一个部总是最大的独立集吗？如果是连通图，又会有什么结论？

10. 找出无穷多个最大匹配小于最小顶点覆盖的图的例子。
11*. 找出这样一个图的例子，在该图中，最大匹配的大小至少为 3，并且是最小顶点覆盖大小的一半。
12. 证明或给出反例：每一个树都是二部图。（注：无边单顶点是二部图；两个部中的一个为空。）
13*. 证明或给出反例：二部图不存在奇环。
14. 设 G 为不包含奇环的连通图。设 x 为 G 中一个顶点。设 X 为所有与 x 相距偶数距离的顶点集合，设 Y 为所有与 x 相距奇数距离的顶点集合。证明 G 是一个部为 X 和 Y 的二部图。
15*. 图 G 中最大独立集大小与最小顶点覆盖大小之和是多少？（提示：同时考虑独立集与它的顶点集的补集是有帮助的。）

459

6.5 着色与平面性

6.5.1 着色的概念

图的着色是图论中历史最为悠久的问题之一。着色源于由弗朗西斯·格思里（Francis Guthrie）提出的一个问题，他注意到采用四种颜色对英格兰郡地图进行着色就足以使得如果两个郡共享边界，那么它们具有不同的颜色。格思里想知道是否所有的地图都是这样。他的兄弟弗雷德里克·格思里（Fredrick Guthrie）将这个问题交给了奥古斯塔斯·德·摩根（Augustus DeMorgan），这就是这个问题进入数学界视野的原因。通过将郡视为顶点，如果郡之间共享边界，则在两顶点之间画出一条边，得到这个问题的一种表示，它与郡的形状、共享边界的数量等无关。这种表示捕捉到问题中所需关注的那部分内容。现在对图的顶点进行着色。对于格思里问题，我们希望以相邻顶点具有不同颜色的方式进行着色。在本节中，之后将回到这个问题。现在以着色的另一个应用开始我们的研究。

练习 6.5-1： 一个小型学院董事会的执行委员会拥有八名成员：Kim, Smith, Jones, Gupta, Ramirez, Wang, Harper 和 Chernov。六个下属委员会及其成员如下：

- 投资（I）：K，J，H
- 运营（O）：K，W，G
- 学术事务（A）：W，S，G
- 发展（D）（资金募集）：W，C，K
- 预算（B）：S，R，C
- 注册（E）：R，C，J，H

执行委员会每次举行会议的议程是：每个下属委员会与合适的学院行政人员会面，随后执行委员会作为一个整体来讨论下属委员会的建议并做出决定。如果两个下属委员会含有共同成员，则它们不能在同一时间举行会面，但不含有共同成员的下属委员会可以同时举行会面。安排所有下属委员会举行会面所需时间档期的最少数目是多少？以下属委员会名字的首字母命名顶点画图，其中如果两个下属委员会含有共同成员，则它们的顶点是相邻的。然后以两个相邻顶点具有不同数字的方式标记顶点。这些数字代表时间档期，因此它们不需要不同，除非它们被用在相邻的顶点上。所需标签可能的最少数目是多少？

460

因为地图着色启发很多图论的发展，所以将对图顶点进行标签分配的过程视为对图的着色是惯例。对顶点的标签分配，是一个从顶点到标签集的函数，称为**着色**（coloring）。潜在标签集是着色函数的值域，也称为颜色集。因此，练习 6.5-1 寻求一个图的着色。然而，就像地图问题一样，着色时相邻顶点应当具有不同颜色。如果为相邻顶点安排不同颜色，则称该图的着色为**正确着色**（proper coloring）。

图 6.37 展现了练习 6.5-1 中的图。顶点对应集合，两顶点之间存在边当且仅当对应的集合之间存在交集，这种图称为**交集图**（intersection graph）。

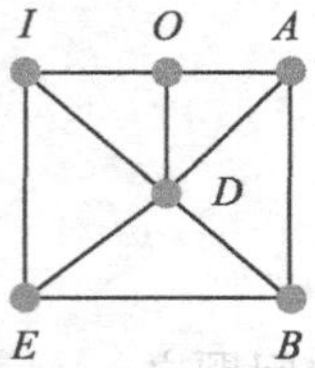

图 6.37　委员会的交集图

练习要求使用尽可能少的颜色对图进行着色，将颜色视为 1、2 和 3 等。将 1 表示为白色顶点，2 表示为深灰色顶点，3 表示为浅灰色顶点，4 表示为黑色顶点。图底部的三角形需要三种颜色，因为三个顶点全部相邻。由于具体使用哪三种颜色并不重要，因此选择白色、深灰色和浅灰色。我们知道了该图着色至少需要三种颜色，尝试尽量只使用这三种颜色来完成着色是有意义的。顶点 I 必须与 E 和 D 的颜色不同，如果使用相同的三种颜色，顶点 I 的颜色必定与 B 的相同。同理，如果使用相同的三种颜色，顶点 A 的颜色必定与 E 的相同。但是现在没有一个颜色可以在顶点 O 处使用，因为它与有着不同颜色的三个顶点相邻。因此，至少需要四种颜色。图 6.38 展示了一种正确四着色。

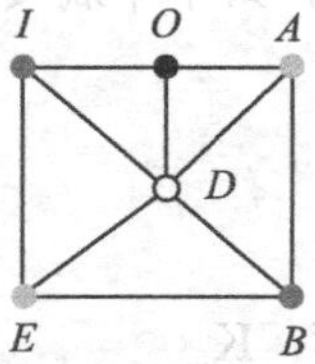

461

图 6.38　委员会交集图的一种正确着色

练习 6.5-2：对一个完全图 K_n 进行正确着色需要多少种颜色？

练习 6.5-3：对一个环 C_n 进行正确着色需要多少种颜色？其中 $n = 3, 4, 5, 6$。

在练习 6.5-2 中，需要 n 种颜色来完成对 K_n 的正确着色，因为每一对顶点都是相邻的，所以必须是两种不同的颜色。在练习 6.5-3 中，如果 n 是偶数，可以沿着环简单地交替使用两种颜色。然而，如果 n 是奇数，沿着环交替使用两种颜色，当对最后一个顶点进行着色时，它将与第一个顶点颜色相同。因此，至少需要三种颜色。沿着环交替使用两种颜色，直到最后一个顶点，使用第三种颜色对它进行着色，就得到了一个三色的正确着色。

图 G 的**色数**（chromatic number），是对图 G 进行正确着色所需颜色的最小数目，按惯例记为 $\chi(G)$。因此，已经证明了完全图 K_n 的色数是 n，含有偶数个顶点的环的色数是 2，含有奇数个顶点的环的色数是 3。也证明了委员会图的色数是 4。

从练习 6.5-2 可以看出，如果一个图 G 含有的一个子图是 n 阶完全图，那么至少需要 n 种颜色来对这些顶点进行着色。因此，至少也需要 n 种颜色来对 G 进行着色。这十分有用，将它描述为一个引理。

引理 6.23 如果图 G 含有的一个子图是 n 阶完全图，那么 G 的色数至少为 n。

证明 该引理的证明已经在之前给出。 □

推而广之，如果 G 包含一个要求至少 n 种颜色才能实现正确着色的子图，那么图 G 本身的色数也至少是 n。

462

6.5.2 区间图

在优化计算机语言编译器的设计中，存在一个有趣的着色应用。除了常用的随机存取存储器（RAM），一台计算机通常还含有一些称为寄存器的内存位置，它们可以被高速读取。因此，如果可能的话，将程序中再次会使用的变量值保留在寄存器中，以便在需要时可以快速获取。在程序执行过程中，一个优化的编译器尝试确定所给定变量可能被使用的时间区间，并且在整个时间区间内为这个变量分配寄存器进行存储。尽管时间区间不是严格以秒为单位进行确定的，但区间的相关端点可以根据变量首次和最后一次在计算机代码中出现的位置来确定。这是为变量留出使用寄存器所需要的信息。可以将为变量分配寄存器的问题形式转化为着色问题。为此，画图如下：顶点采用变量名称进行标记，并且每个变量与其被使用的时间区间关联。如果两个变量所需的时间区间没有重叠，则它们可以共享同一个寄存器。将变量所构成的图视为区间的交集图意味着如果两个顶点（变量）之间的时间区间存在重叠时，它们之间将存在一条边。想要使用最小数目的寄存器为图正确着色，同时也希望这个数目不超过计算机可以使用的寄存器数目。（如果大于寄存器的数目，变量中的一些就不能纳入寄存器。这也是想要使用最小数目颜色的原因。）为变量分配寄存器的问题称为**寄存器分配问题**（register assignment problem）。

实数区间集合的交集图称为**区间图**（interval graph）。针对顶点的区间分配称为**区间表示**（interval representation）。到目前为止，在有关着色的讨论中，本书并没有给出一个算法来有效地对一个图进行着色。这是因为对于任何固定值 k 大于 2 来说，一个图是否可以使用 k 种颜色完成正确着色是一个 NP 完全问题。然而，对于区间图来说，使用最小数目的颜色完成正确着色存在一个非常简单的算法。

练习 6.5-4： 考虑闭区间 $[1,4]$, $[2,5]$, $[3,8]$, $[5,12]$, $[6,12]$, $[7,14]$, $[13,14]$。为这些区间画出一个区间图，并找出它的色数。

463

图 6.39 展示了练习 6.5-4 的图。（为了避免杂乱，图中的闭区间并没有包含每个闭区间的方括号。）由于所采用的这种画图方式，可以很容易地看出一个子图是 4 阶完全图。根据引理 6.23，图的色数至少是 4。而事实上，图 6.40 证明了色数确实为 4。这并不意外。

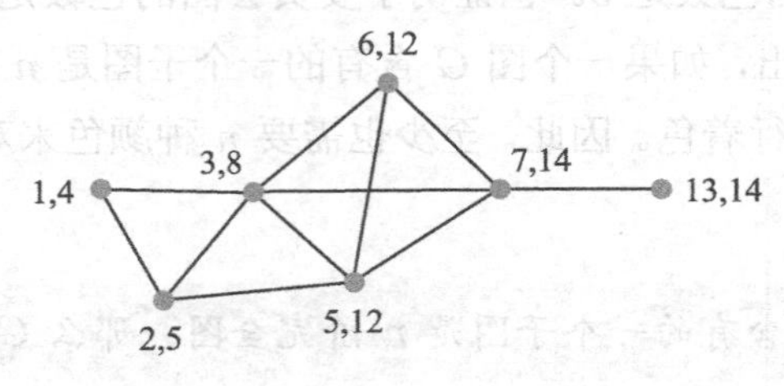

图 6.39　练习 6.5-4 的图

定理 6.24　在区间图 G 中，色数是最大完全子图的大小。

证明　将图的区间表示按照它们左端点的顺序列出。使用整数 1 到某个数字 n 对区间进行着色，以采用 1 对列表中的第一个区间着色为开始，对于每一个连续的区间，使用任何相邻区间都没有使用的最小颜色。这个过程将会清晰地给出一个正确着色。为了看出所需颜色数目是最大完全子图的大小，设 n 为所用的最大颜色，选择一个被着色为 n 的区间 I。由着色算法可知，I 必定与列表中着色为 1 至 $n-1$ 的更早的区间产生交集，否则，会对区间 I 使用一个更小的颜色。所有的这些区间都必须包含区间 I 的左端点，因为在列表中它们更早出现，并与 I 产生交集。因为它们都共享一个点，所以它们构成了一个 n 阶完全图。因此，这个着色算法所使用颜色的最小数目是 G 的一个完全子图的大小。

但是，根据引理 6.23，如果 G 包含一个 n 顶点的完全子图，则它的色数至少为 n。因此，区间图 G 的色数就是 G 中最大完全子图的大小。□

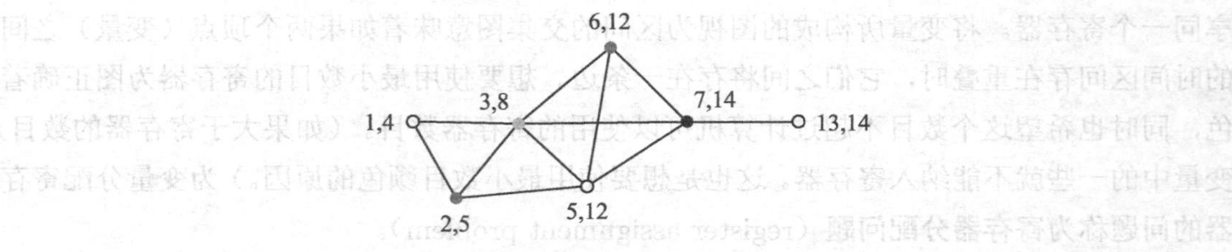

图 6.40　对于练习 6.5-4 中图的四色正确着色

464

推论 6.25　一个区间图 G 可能存在正确着色，并使用 $\chi(G)$ 个连续的整数作为颜色，通过将表示的区间按照它们左端点的顺序列出，遍历列表，为列表中的每一个区间分配与之相邻较早区间未使用过的最小颜色。

证明 这是定理 6.24 证明中所使用的着色算法。 □

注意之前所使用的数字和颜色的对应关系，图 6.40 中的着色是由下面算法得到的。通过以某种次序列出图的顶点，以连续的数字对一个任意图 G 进行着色，对列表中第一个顶点标记 1，之后使用与之相邻的较早顶点未使用过的最小数字对每个后续顶点进行着色，这样的算法称为**贪心着色算法**（greedy coloring algorithm）。我们已经看到了贪心着色算法可以使我们找到一个区间图的色数。该算法耗费 $O(n^2)$ 时间，因为遍历列表的过程中，在考虑列表的一个给定元素时可能也会考虑每个较早的记录。拥有一个多项式时间算法是一件值得欣喜的事情，因为即使如定理 6.24 中所描述的色数是最大完全子图的大小，在一般的图中（相较于区间图）判定最大完全子图大小是否为 k（k 也许是一个顶点数目的函数）是一个 NP 完全问题。

当然，上面假设已经得到图的区间表示。假设所给定的图恰巧是一个区间图，但是我们并不知道区间表示。仍然能够快速地完成着色吗？存在一个多项式时间算法来判定一个图是否为区间图，并找到一个区间表示。这个定理十分出色㊀，但它超出了现在所讨论的范围。

6.5.3 平面性

以地图着色问题展开了对着色的讨论。这个问题有一个没有提到的特殊方面。一个地图要么画在一张平面的纸上，要么画在一个球面的地球仪上。将球视为一个完全收缩的气球，想象在没有绘图的地方用细针刺孔，通过拉伸气球打开小孔，然后继续扩展小孔直到可以将球面的表面平放在桌面上。这意味着可以将所有地图都视为画在平面上。这对与地图相关联的图意味着什么呢？具体来说，我们正在围绕英格兰的郡进行讨论。在每一个郡中，挑选一个重要的城镇，并想象修建一条通往每个郡边界的路，这些郡都与该郡共享边界线（不仅只是一个点）。我们所修建的这些路需要它们互相之间不交叉，同时路要修到两个不同郡之间边界线的中心以使得它们在边界线上可以汇合。在每个郡所选择的城镇是表示地图的图中的顶点，路是边。因此，给定一个画在平面的地图，可以采用下面的方式画出表示它的图：图的边除了端点之外不会在任何点交汇㊁。如果一个图可以画在平面上，即边除了在端点处并不会交汇，称这样的图是**平面的**（planar）。这样的画法称为图的**平面画法**（planar drawing）。著名的四色问题询问是否所有的平面图都存在四色正确着色。1976 年，肯尼思 · 阿佩尔（Kenneth Appel）和沃尔夫冈 · 黑肯（Wolfgang Haken）[3] 在一些早期对定理证明尝试的基础上，使用计算机证实四种颜色对于任意平面图的着色是足够的。尽管没有时间说明他们的证明过程，但是现存罗宾 · 威尔逊（Robin Wilson）所著关于这个主题的书详细介绍了这个问题的历史，解释了计算机被要求执行的步骤和原因，假设计算机被正确编程，则会得出证明 [34]。这里我们将要做的是，获取足够多的关于平面图的信息来证明对平面图着色来说五种颜色是足够的，同时也会给出一些计算机芯片设计与平面

465

㊀ 例如，参见 Golumbic [18]。

㊁ 这里暂时忽略一个郡的微观地理特征，当我们拥有描述它的术语时将会提到它。

性相关的背景。以两个不太真实但隐含平面性考量的芯片设计问题入手。

练习 6.5-5：一个电路布置在计算机芯片的一个单层上。设计包含五个终端（将它们视为可以被多个电路连接的点），它们需要被直接连接以便电流可以从任意终端到另一个任意终端而不将电流传导到第三个终端。链接是由芯片表面的金属薄层构成，可将其视为芯片表面的电线。因此，如果一个链接与另一个交叉，那么一条电线中的电流也会流过另一条电线。因此，芯片必须被设计得可以让 $\binom{5}{2}$ 对终端通过电线直接连接，并且任意两条电线不交叉。这是可能的吗？

466

练习 6.5-6：像练习 6.5-5 一样，我们正在布置一个计算机电路。然而，现在有六个终端，分别标记为 a、b、c、1、2 和 3。a、b 和 c 当中的每一个必须与 1、2 和 3 当中的每一个相连，但是不存在其他链接。像前面一样，电线互相之间不能接触，所以需要设计芯片以便没有电线交叉。这是可能的吗？

这两个练习的答案都是不可能设计出满足要求的芯片。可以做出令人信服的几何学论证来解释不可能的原因，但是这些论证要求同时用一个图来可视化各种各样的配置情况。相反，建立一些与平面图相关的等式和不等式，从而使得到这些设计是不可能实现的有力论证。

6.5.4　平面画法的面

如果假设图是有限的，那么很容易相信可以采用折线画出图的任意一条边（即一组首尾相连的线段），例如图 6.41 中从 f 到 g 的边，并不是一条平滑曲线。以这种方式画出的图中，环是多边形。（图 6.41 出现了典型的环。）有些图画在这个多边形里边，而有些画在外边。如果在一个区域中任意两个点之间可以在不离开该区域的前提下画出一条曲线[㊀]，则称这个平面的子集是**几何连通**（geometrically connected）。（在我们的语境中，尽管一般情况下的关于几何连通性的深入研究并不那么直观，你可以假设这种曲线为折线。）如果移除平面图当中所有的顶点和边，那么很有可能将该平面图分解成数个几何连通子集。这样的连通子集称为该画法的一个**面**（face）[㊁]。例如图 6.41 中，面分别标记为 1（一个三角形面），2（一个移除边 $\{a, b\}$ 代表的线段和顶点 a 代表的点所构成的四边形面），3（另一个移除一条线段和一个三角形所构成的四边形面），4（一个三角形面），5（一个四边形面），6（一个独特的面，具体来说是一个五边形，其中 f 至 h 是一条折线，由于它有三条边作为边界，因此理论上是一个三角形），7（另一个独特的面，它的边界是一个十边形和通过一个点相连的一个四边形）。面 7 称为该画法的**外部面**（outside face），并且也是唯一一个有无限区域的面。图的每一种平面画法都会存在一个外部面，外部面包含无限区域以至于可以画出一个圆圈将整个图都囊括其中。（请牢记，此处所指的图皆为有限图。）每条

467

㊀ 通常来说这种情况叫作连通，但是想将这种连通与地理上的连通相区别。（在进一步的研究中，可以看到“连通”这个词的两个明显不同的使用是同一概念的不同方面。）早先没有指出的关于郡的一个细节是它们为地理连通的。如果它们不连通，那么每一个代表郡的顶点和共享边界的两郡之间的边所构成的图不必是平面图。

㊁ 更确切地说，如果一个连通集合不是平面中任意其他由顶点和边移除而来的连通集合的真子集，那么这个由顶点和边移除而来的连通集合是面。

边不是在两个面之间，就是同一个面在它的两边。边 $\{a, b\}$ 和 $\{c, d\}$ 是属于后者类型的边。因此，如果一条边处在一条环上，那么它一定会分割两个面，否则，移除这条边将会增加图中连通分支的个数。移除一条边会导致连通分支个数增加，这样的边称为**割边**（cut edge），割边不会在两个不同面之间。可以直观地看出，任何在环上的边都不是割边。如果一条边仅处在一个面内，那么它是一条割边。为了看到原因，注意可以在一个面内画出连接一条边一侧到另外一侧的折线。如图 6.42，折线是虚线。这个折线和部分边共同构成了一个封闭曲线，囊括了图的一部分。因此，移除这条边之后会使被囊括的部分与图的其余部分不连通。

468

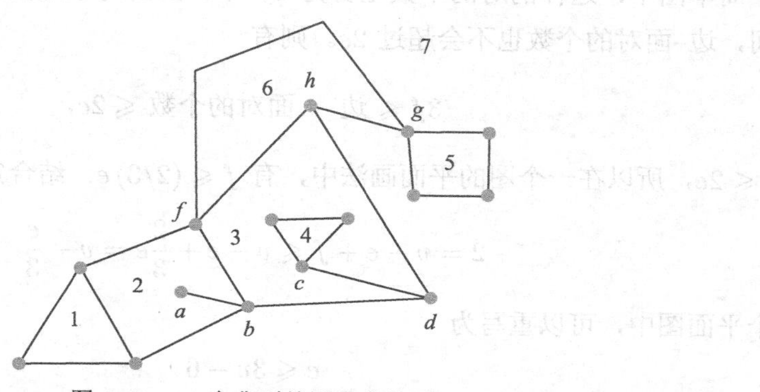

图 6.41　一个典型的图和它的面

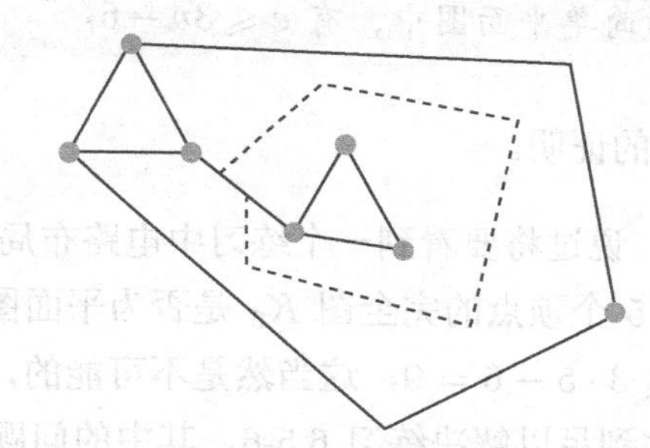

图 6.42　连接一条边一侧到另外一侧的折线

练习 6.5-7: 画出一些至少含有三个面的连通平面图，尝试能否找出顶点个数 v，边数 e 和面数 f 之间的数字关系。并在图 6.41 中验证这个关系。

练习 6.5-8: 在一个简单图中，每一个面至少由三条边构成。这意味着，由一个面和一个作为该面边界的边组成的对的数量至少是 $3f$。利用一条边要么是一个面，要么是两个面的边界的事实可以得到，一个在连通简单平面图中关于面数和边数的不等式。

玩玩平面画法通常可以使人们很快地相信下面的这个定理。

定理 6.26（欧拉公式（Euler's Formula）） 在一个连通图 G 的一个平面画法中，有 v 个顶点，e 条边，f 个面，则 $v-e+f=2$。

证明 对 G 中环的个数进行归纳。如果 G 没有环，那么它是一个树，树只有一个面，因为所有的边都是割边。所以，对于一棵树来说，有 $v-e+f=v-(v-1)+1=2$。现在假设 G 有 $n>0$ 条环。选择两面之间的一个边，那么它是一个环的一部分。删除这条边使得两个面合并，这样得到的新图有 $f'=f-1$ 个面。新图含有相同的顶点个数，边数少1。相比于 G，它也含有更少的环，通过归纳假设可得 $v-(e-1)+(f-1)=2$，这得到了 $v-e+f=2$。□

对于练习 6.5-8 来说，将边-面对定义为一条边和一个以该边为界的面。根据这个练习，在一个简单图中，这样的对的个数至少为 $3f$ 个。因为每条边要么在一个面中要么在两个面之间，边–面对的个数也不会超过 $2e$。则有

$$3f \leqslant \text{边} - \text{面对的个数} \leqslant 2e,$$

或 $3f \leqslant 2e$，所以在一个图的平面画法中，有 $f \leqslant (2/3)\,e$。结合定理 6.26 可得

469

$$2=v-e+f\leqslant v-e+\frac{2}{3}e=v-\frac{e}{3}$$

在一个平面图中，可以重写为

$$e \leqslant 3v-6$$

推论 6.27 在一个连通的简单平面图中，有 $e \leqslant 3v-6$。

证明 上面已经给出该推论的证明。□

在练习 6.5-5 的讨论中，说过将要看到一个练习中电路布局问题是不可能的简单证明。注意，练习中的问题实际是 5 个顶点的完全图 K_5 是否为平面图。如果它是，那么通过不等式 $e \leqslant 3v-6$，得到 $10 \leqslant 3\cdot 5-6=9$，这当然是不可能的，所以 K_5 不是平面的。推论 6.27 中不等式还没有强大到足以解决练习 6.5-6，其中的问题实际是两个大小为 3 的部所组成的完全二部图 $K_{3,3}$ 是否为平面图。为了证明它不是，需考虑二部图的特性，从而改进推论 6.27 中的不等式。在一个简单二部图中，不存在大小为 3 的环，所以也不存在正好以 3 条边为边界的面。习题 13 让读者利用这个事实去证明在一个连通平面简单二部图中 $e \leqslant 2v-4$。

练习 6.5-9：证明或给出反例：每一个平面图至少存在一个度数不大于 5 的顶点。

练习 6.5-10：证明：每个平面图都存在一个六色正确着色。

练习 6.5-9 中，设 G 为一个每个顶点度数不小于 6 的平面图。顶点度数总和至少为 $6v$，该总和也是边数的两倍。因此，$2e \geqslant 6v$ 或 $e \geqslant 3v$ 都与 $e \leqslant 3v-6$ 矛盾。由此得到欧拉公式的另一个推论。

推论 6.28　*每一个平面图都存在一个度数不大于 5 的顶点。*

证明　每一个平面图的连通分支都是连通的。由推论前面的讨论可知，每一个平面图的连通分支都存在一个度数不大于 5 的顶点。因此，每个连通图也存在这样一个顶点。□　470

6.5.5　五色定理

现在将要给出五色定理的一个证明，即希伍德（Heawood）的证明。这个证明是基于他在 1879 年对一个错误的四色定理证明进行的分析，这个四色定理证明是大约十年之前由肯普（Kempe）提出的。首先，观察到在练习 6.5-10 中可以使用直接归纳法来证明，对于任意 n 顶点的平面图都存在六色正确着色。作为一个基础步骤，如果图含有不超过 6 个顶点，定理显然是正确的。现在假设 $n > 6$，并且假设含有小于 n 个顶点的图都存在六色正确着色。如图 6.43，令 x 是一个度数不大于 5 的顶点。并不是所有画出的边都会出现，所以采用虚线表示边。一些边离开顶点 a，经过 e，但没有连接到其他顶点，表明当前布局位于某个更大的图中。删除 x 可以得到一个含有 $n-1$ 个顶点的平面图。所以通过归纳假设可知，这个图存在六色正确着色。然而，因为 x 的度数不大于 5，所以仅仅五种或更少的颜色可以出现在 x 原来的邻居上。在图 6.43 中这些颜色分别命名为 1 至 5。因此，将 x 放回到已经着色的图中，在它的邻居当中至少存在一种颜色没有被使用。如果使用这种颜色对 x 着色，就可以得到 G 的一个正确着色。因此，通过数学归纳的原理可知，每一个含有 $n \geqslant 1$ 个顶点的平面图都存在六色正确着色。

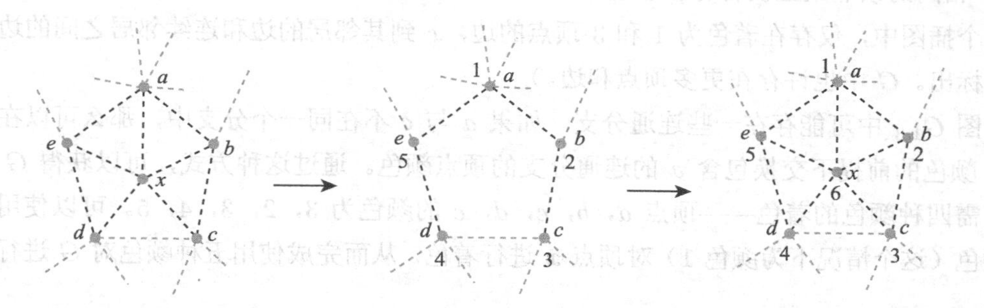

图 6.43　顶点 x 的度数最大为 5。由于边不一定会出现，所以采用虚线表示

为证明五色定理，我们有一个相似的开端：删除一个度数为 5 的顶点，并对剩下的图进行正确着色。当重新向图中放入 x 时，五种不同的颜色已经被它的邻居用过的情况是可能发生的。这就是证明将变得有趣的地方。

定理 6.29　*一个平面图 G 存在最多使用五种颜色的正确着色。*　471

证明　存在两个原因使我们假设图中每个面都是一个三角形（除了外部面）。首先，如果一个面的平面画法不是三角形，那么可以不断新增穿过面的边直到将它分成若干三角形。这种做法的同时可以使图保持平面性。在图 6.43 中，将包含 x 的五边形当中所有的虚线变为实线。对于四边形的面，可以在其中添加一条对角线；对于五边形的面（不是包含 x 的那个五边形），可以添加两条对角线；以此类推。其次，如果证明定理在所有面为三角形的图中成立，那么可以通过从三角形面中移除边来获得非三角形面，并且如果从图中移除一条边，图的正确着色将仍然保持正常。尽管这似乎会使得讨论此时不清晰，但在关键时刻，它可能会比使用其他方式更清晰。

通过归纳图中顶点数目来完成证明。如果 G 含有不多于五个顶点，显然它可以使用不多于五种颜色进行正确着色。假设 G 含有 n 个顶点，并且递归假设每一个含有少于 n 个顶点的图可以被五种颜色正确着色。我们知道图 G 中存在一个度数不大于 5 的顶点 x。如图 6.43，令 G' 为从 G 中移除 x 所得到的图。由归纳假设可知，G' 存在一个不多于五种颜色的正确着色。进行着色（如图 6.43 中的第二幅图）。如果 x 的度数不超过 4，或者如果 x 的度数为 5，但 G' 中与之相邻的顶点只被四种颜色着色，那么就可以将 x 重新放回 G' 得到 G，并且存在一个可用的颜色给 x 来实现 G 的正确着色。（你可以想到如何改动图 6.43 来说明这个过程吗？）

这样，假设 x 的度数为 5 并且在 G' 中，x 在 G 中的邻居有五种不同的颜色。就像 G' 一样，对 G 中除 x 之外的所有顶点着色。按顺时针顺序，令与 x 相邻的五个顶点为 a，b，c，d，e，并假设它们分别被颜色 1，2，3，4，5 着色。此外，由所有面为三角形的假设可知，$\{a, b\}$，$\{b, c\}$，$\{c, d\}$，$\{d, e\}$ 和 $\{e, a\}$ 都是边，故而得到一个环绕 x 的五边形环。如果去掉顶点 x 的颜色 6，这种情况就是图 6.43 的第三幅图。图 G 的子图 $G_{1,3}$ 含有与 G 相同的顶点集且仅含有以着色为 1 和 3 端点的边。（图 6.44 展示了一些可能的情况。在这个插图中，仅存在着色为 1 和 3 顶点的边，x 到其邻居的边和连续邻居之间的边都以虚线标出。G 中也许存在更多顶点和边。）

图 $G_{1,3}$ 中可能存在一些连通分支。如果 a 与 c 不在同一个分支中，那么可以在不影响 c 颜色的前提下交换包含 a 的连通分支的顶点颜色。通过这种方式，可以获得 G 的一个只需四种颜色的着色——顶点 a，b，c，d，e 的颜色为 3，2，3，4，5。可以使用第五种颜色（这个情况下为颜色 1）对顶点 x 进行着色，从而完成使用五种颜色对 G 进行正确着色。

否则如图 6.44 中第二幅图所示，由于 a 和 c 在 $G_{1,3}$ 的同一个连通分支中，因此存在一条全部由着色为 1 和 3 顶点组成的由 a 到 c 的路径。暂时使用一个新的颜色 6 对 x 进行着色。那么在图 G 中，存在一个由着色为 1，3，6 顶点组成的环 C。这个环存在内部和外部。图的一部分可以在 C 的内部，也可以在外部有一部分。图 6.45 展示了环可能出现的两种方式：一个是顶点 b 在环 C 的内部，另一个是它在 C 的外部。（注意在上面的两种情况中，对环都有多个选择，因为存在两种可以利用的图形底部四边形的方式。）

472

在 G 中同时也存在由顶点序列 a，b，c，d，e 所构成的环，该环被五种不同的颜色着色。这个环和环 C 仅在顶点 a 和 c 处相交。因此，这两个环将平面分成四个区域：都在两个环内部的区域，都在两个环外部的区域，在一个环内部而不在另一个环内部的两个区域。如果 b 在 C 的内部，两个环内部区域的边界为环 $a\{a,\ b\}b\{b,\ c\}c\{c,\ x\}x\{x,\ a\}a$。因此，$e$ 和 d 不在环 C 的内部。如果 d 和 e 中的一个在 C 的内部，则它们都在内部（因为它们之间的边不能与环相交叉），并且两个环内部的区域的边界为 $a\{a,\ e\}e\{e,\ d\}d\{d,\ c\}c\{c,\ x\}x\{x,\ a\}a$。在这种情况下，$b$ 不能在 C 的内部。因此，b 和 d 中的一个在环 c 的内部，另一个在外部。如果观察图 $G_{2,4}$，它含有与 G 相同的顶点集且仅含有以着色为 2 和 4 端点的边，那么在 $G_{2,4}$ 中包含 b 的连通分支与包含 d 的连通分支一定是不同的，否则颜色为 2 和 4 顶点的路径将不得不与颜色为 1，3，6 的环 C 相交叉。因此，在 G' 中可以交变包含 d 的连通分支的颜色 2 和 4。一旦这么做，在顶点 a，b，c，d，e 上仅需颜色 1，2，3，5。因此可以利用这个 G' 的着色为 G 中与 x 不同的顶点进行着色。也可以将 x 的颜色从 6 变为 4，从而得到 G 的一个五色正确着色。因此，通过数学归纳的原理可知，每一个有限平面图都存在一个五色正确着色。 □

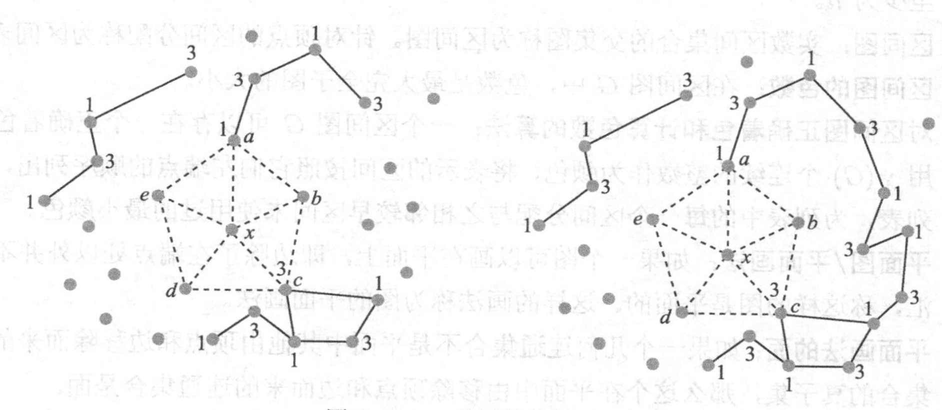

图 6.44　一些可能的图 $G_{1,3}$

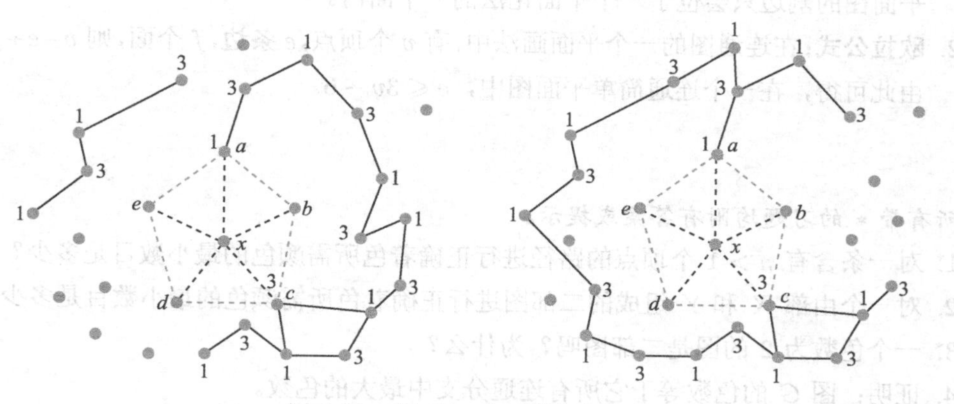

图 6.45　图 $G_{1,3}$ 中可能存在的环

肯普对于四色定理的证明与上面的过程十分类似，尽管该过程中 x 的邻居有五种不同的颜色并且我们寻求去掉它们中的一种颜色，但是在肯普的证明中 x 的五个邻居有四种不

同的颜色并且他寻求去掉它们中的一种颜色。他有一个更复杂的论证，用两个环代替环 C，但是他忽略了其中一种两个回路可以产生交集的情况⊖。

重要概念、公式和定理

1. **着色**：对图中顶点的标签分配（一个从顶点到标签集的函数）称为着色。潜在标签的集合（着色函数的值域）称为颜色集。
2. **正确着色**：如果一个着色为相邻顶点分配不同颜色，则称该图的着色为正确着色。 474
3. **交集图**：如果一个图的顶点对应着集合，两顶点之间存在边当且仅当对应的集合之间存在交集，那么这种图称为交集图。
4. **色数**：图 G 的色数，是对图 G 进行正确着色所需颜色的最小数目，按惯例记为 $\chi(G)$。
5. **完全子图与色数**：如果图 G 含有的一个子图是 n 个顶点的完全图，那么 G 的色数至少为 n。
6. **区间图**：实数区间集合的交集图称为区间图。针对顶点的区间分配称为区间表示。
7. **区间图的色数**：在区间图 G 中，色数是最大完全子图的大小。
8. **对区间图正确着色和计算色数的算法**：一个区间图 G 可以存在一个正确着色，使用 $\chi(G)$ 个连续的整数作为颜色，将表示的区间按照它们左端点的顺序列出，遍历列表，为列表中的每一个区间分配与之相邻较早区间未使用过的最小颜色。
9. **平面图/平面画法**：如果一个图可以画在平面上，即边除了在端点处以外并不会交汇，称这样的图是平面的。这样的画法称为图的平面画法。
10. **平面画法的面**：如果一个几何连通集合不是平面中其他由顶点和边移除而来的连通集合的真子集，那么这个在平面中由移除顶点和边而来的连通集合是面。
11. **割边**：从一个图中移除一条边将会增加连通分支的个数，这样的边称为割边。一条平面图的割边只会位于一个平面化法的一个面内。
12. **欧拉公式**：在连通图的一个平面画法中，有 v 个顶点，e 条边，f 个面，则 $v-e+f=2$。由此可得，在一个连通简单平面图中，$e \leqslant 3v-6$。

习题

所有带 * 的习题均附有答案或提示。

475

1* 对一条含有 $n>1$ 个顶点的路径进行正确着色所需颜色的最小数目是多少？

2. 对一个由部 X 和 Y 组成的二部图进行正确着色所需颜色的最小数目是多少？

3* 一个色数为 2 的图是二部图吗？为什么？

4. 证明：图 G 的色数等于它所有连通分支中最大的色数。

5* 一个含有 n 个顶点的轮是由一个含有 $n-1$ 个顶点的环和一个通常位于环里面的并与环上每一个顶点都有一条边（像一个辐条）的顶点所组成。含有 5 个顶点的轮

⊖ 更多相关历史和上述论文摘录详见 Biggs, Lloyd, and Wilson[7]。

的色数是多少？一个含有奇数个顶点的轮的色数是多少？

6. 一个含有 n 个顶点的轮子是由一个含有 $n-1$ 个顶点的环和一个通常位于环里面的并与环上每一个顶点连接的顶点所组成。含有 6 个顶点的轮的色数是多少？一个含有偶数个顶点的轮的色数是多少？

7.* 在一个图中通常使用符号 Δ 来表示顶点的最大度数。证明一个图的色数不会超过 $\Delta+1$。（布鲁克斯（Brooks）证明了如果 G 不是完全的或奇环，那么存在 $\chi(G)\leqslant\Delta$。尽管存在很多有关这个事实的证明，但是都不简单！）

8. 一个区间图可以包含一个含有 4 个顶点的导出环吗？如果图 G 的每一条连接子图中两个顶点的边也是子图的边，那么这样的子图为图 G 的导出子图。

9.* 彼得森（Petersen）图（见图 6.46）的色数是多少？

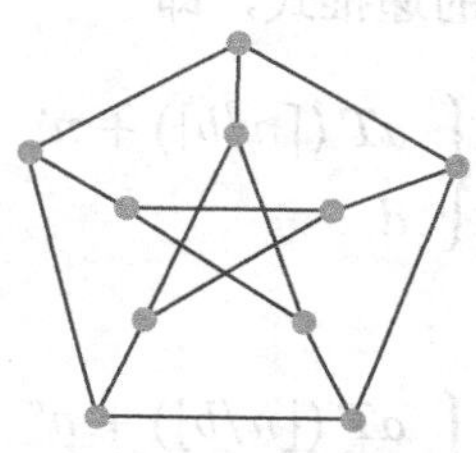

图 6.46　彼得森图

10. 设 G 由一个五环（含五个顶点的环）和一个有 4 个顶点的完全图构成，其中五环的所有顶点都与完全图的所有顶点连接。图 G 的色数是多少？

11.* 存在多少种使用 t 种颜色对含有 n 个顶点的树进行正确着色的方式？

476

12. 存在多少种使用 t 种颜色对 n 个顶点的完全图进行正确着色的方式？

13.* 证明：在一个没有三角形的简单平面图中，$e\leqslant 2v-4$ 成立。

14. 证明：在一个简单二部平面图中，$e\leqslant 2v-4$ 成立。利用这个事实证明 $K_{3,3}$ 不是平面的。

15.* 证明：在一个没有三角形的简单平面图中存在一个度数不大于 3 的顶点。

16. 证明：在一个少于 12 个顶点的简单平面图中至少存在一个度数不大于 4 的顶点。

17.* 在彼得森图（图 6.46）中，最小环的大小是多少？彼得森图是平面的吗？

18. 证明下面的韦尔什-鲍威尔（Welsh and Powell）定理：如果图 G 中存在度数序列 $d_1\geqslant d_2\geqslant\cdots\geqslant d_n$，则 $\chi(G)\leqslant 1+\max_i[\min(d_i,i-1)]$（即对所有 i，d_i 和 $i-1$ 中小者的最大值）。

19.* 分别根据习题 18 的上界，习题 7 所需证明的界限和习题 7 给出的布鲁克斯界限求解习题 10 中色数的界限。哪一个最接近真实值？有多接近？

477
~
478

更一般的主定理推导

A.1 更一般的递推式

到目前为止，我们已经考虑了函数 $T(n)$ 的分治递推式，该函数被定义在为 b 的幂的整数 n 上。在主定理中考虑更一般的递推式，即

$$T(n)=\begin{cases} aT(\lceil n/b\rceil)+n^c & n>1 \\ d & n=1 \end{cases}$$

或者

$$T(n)=\begin{cases} aT(\lfloor n/b\rfloor)+n^c & n\geqslant 1 \\ d & n=0 \end{cases}$$

或者甚至为

$$T(n)=\begin{cases} a'T(\lceil n/b\rceil)+(a-a')T(\lceil n/b\rfloor)+n^c & n>1 \\ d & n=1 \end{cases}$$

最简单的方法是将我们的论域扩展到比非负整数集更大的集合，可以是正实数集或者正有理数集，然后再反向推导。

例如，可以写形如下式的递推式

$$t(x)=\begin{cases} f(x)\,t(x/b)+g(x) & x\geqslant b \\ k(x) & 1\leqslant x<b \end{cases}$$

其中（已知的）函数 f 和 g 是两个定义在大于 1 的实数（或有理数）上，且（已知的）函数 k 定义在实数（或有理数）x 上，其中 $1\leqslant x<b$。那么，只要 $b>1$，就有可能证明存在一个唯一的定义在大于或等于 1 的实数（或有理数）数上的函数 t 满足该递推式。在这种情况下，使用小写 t 表示我们正在考虑的递推式，其论域是大于或等于 1 的实数或有理数。

479

练习 A.1-1： 如果 x 为 7，那么如何计算以下递推式中 $t(x)$ 的值？

$$t(x)=\begin{cases} 3t\left(\dfrac{x}{2}\right)+x^2 & x\geqslant 2 \\ 5x & 1\leqslant x<2 \end{cases}$$

如何证明有且只有一个函数满足该递推式？

练习 A.1-2: 当 f 和 g 是定义在正整数上的（已知）函数，k 和 b 是（已知）常数，且 b 是一个大于或等于 2 的整数时，以下递推式是否有且只有一个解？

$$T(n)=\begin{cases} f(n)T(\lceil n/b\rceil)+g(n) & n\geqslant 1 \\ k & n=1 \end{cases}$$

要计算练习 A.1-1 中的 $t(7)$，我们需要知道 $t\left(\frac{7}{2}\right)$。要计算 $t\left(\frac{7}{2}\right)$，需要知道 $t(7/4)$。因为 $1<7/4<2$，可知 $t(7/4)=35/4$。然后有

$$\mathrm{t}\left(\frac{7}{2}\right)=3\cdot\frac{35}{4}+\frac{49}{4}=\frac{154}{4}=\frac{77}{2}$$

接下来，有

$$\begin{aligned} t(7) &= 3t\left(\frac{7}{2}\right)+7^2 \\ &= 3\cdot\frac{77}{2}+49 \\ &= \frac{329}{2} \end{aligned}$$

很明显，我们可以用这种方式为任意 x 计算 $t(x)$，尽管我们可能不太喜欢其中的算术。另一方面，假设需要做的仅仅是表明对于任意的实数 $x\geqslant 1$，递推式能确定唯一的 $t(x)$ 的值。如果 $1\leqslant x<2$，那么 $t(x)=5x$，其能唯一地确定 $t(x)$。给定一个数 $x\geqslant 2$，存在最小的整数 i，使得 $x/2^i<2$，并且对于该 i，我们有 $1\leqslant x/2^i$。现在可以通过对 i 使用归纳法，证明 $t(x)$ 由递推关系唯一确定。

480

在练习 A.1-2 中，有且只有一个解。为什么？显然，$T(1)$ 由递推式决定。现在归纳地假设 $n>1$ 并且对于正整数 $m<n$，$T(m)$ 唯一地确定。我们已知 $n\geqslant 2$ 时，所以有 $n/2\leqslant n-1$（由归纳法易知）。因为 $b\geqslant 2$，有 $n/2\geqslant n/b$，所以 $n/b\leqslant n-1$，故 $\lceil n/b\rceil<n$，根据归纳假设可知 $T(\lceil n/b\rceil)$ 由递推式唯一确定。然后根据递推式，有

$$T(n)=f(n)T\left(\left\lceil\frac{n}{b}\right\rceil\right)+g(n)$$

唯一确定 $T(n)$。因此，根据数学归纳法原理，对所有正整数 n, $T(n)$ 唯一确定。

对于处理过的每一种实际的递推式类，同样有且只有一个解。因为已知解存在，所以寻找解的公式不是来证明解的存在。相反，这样做是为了理解解的性质。例如，在本节和 4.3 节中，我们感兴趣的是随着 n 变大，解的增长速度有多快。这就是为什么要寻找解的大 O 和大 Θ 界。

A.2 对一般 n 的递推式

现在看看对任意实数的递推式是如何与包含到下取整和上取整的递推式产生联系的。首先说明，当用 b “近似” 的幂来代替实数时，主定理的结论适用于针对任意实数的递推式。

定理 A.1 令 a 和 b 为正实数，且 $b>1$，并令 c 和 d 为实数。令 $t(x)$ 为以下递推式

$$t(x)=\begin{cases} at\left(\dfrac{x}{b}\right)+x^c & x\geqslant b \\ d & 1\leqslant x<b \end{cases}$$

的解。令 $T(n)$ 为定义在为 b 的非负整数幂 n 上的递推式

$$T(n)=\begin{cases} aT\left(\dfrac{n}{b}\right)+n^c & n\geqslant 0 \\ d & n=1 \end{cases}$$

的解。令 $m(x)$ 是小于等于 x 的 b 的最大整数幂。那么有 $t(x)=\Theta(T(m(x)))$.

481

证明 如果迭代（或者在 a 是整数的情况下，画递归树）这两个递推式，可以看到迭代的结果几乎是相同的。这意味着递推式的解具有相同的大 Θ 行为。有关详细信息，请参阅本节后面的定理证明。 □

A.3 去掉上取整和下取整

我们已经指出了一个更实际的主定理将适用于形如 $T(n)=aT(\lfloor n/b\rfloor)+n^c$，$T(n)=aT(\lceil n/b\rceil)+n^c$，甚至是形如 $T(n)=a'T(\lceil n\mid b\rceil)+(a-a')T(\lfloor n\mid b\rfloor)+n^c$ 的递推式。例如，如果对大小为 101 的数组应用合并排序，实际上是把它分成大小 50 和 51 的两部分。因此，我们想要的递推式并不是真的 $T(n)=2T(n/2)+n$ 而是 $T(\lfloor n/2\rfloor)+T(\lceil n/2\rceil)+n$。

然而，可以证明，在典型的分治递归中，我们可以忽略下取整和上取整。如果从一个递推关系中去掉上取整和下取整，就把它从一个定义在整数上的递推关系转换成一个定义在有理数上的递推关系。然而，已经看到这样的递归式并不难处理。

下一个定理说，在主定理涵盖的递推式中，如果去掉上取整，递推式的解仍有同样的大 Θ 界。一个类似的证明表明，可以去掉下取整，仍然得到同样的大 Θ 界。不需要太多的额外工作，可以看到同时去掉上取整和下取整并没有改变大 Θ 界限。因为可以去掉上取整和下取整，所以可以处理形如 $T(n)=a'T(\lceil n/b\rceil)+(a-a')T(\lceil n/b\rceil)+n^c$ 的递推式。我们可以用 $b>1$ 代替条件 $b>2$，但是递推式的基本情况将取决于 b。

定理 A.2 令 a 和 b 为正实数，且 $b\geqslant 2$，令 c 和 d 为实数。令 $T(n)$ 为通过下属递推式定义在整数上的函数：

$$T(n)=\begin{cases} aT(\lceil n/b\rceil)+n^c & n>1 \\ d & n=1 \end{cases}$$

并且令 $t(x)$ 为通过下属递推式定义在实数的函数：

$$t(x)=\begin{cases} at(x/b)+x^c & x \geqslant b \\ d & 1 \leqslant x < b \end{cases}$$

那么 $T(n)=\Theta(t(n))$。如果将下取整换成上取整，结论仍然成立。

482

证明 与定理 A.1 一样，可以考虑对两个递推式进行迭代。虽然处理符号很困难，但是它让我们很容易看出，对于给定的 n 值，计算 $T(n)$ 的迭代最多比计算 $t(n)$ 的迭代多两层。每一层的工作量也都有相同的大 Θ 界，$T(n)$ 额外的两层迭代的工作量与 $t(n)$ 的递归树的最底层的工作量有着相同的大 Θ 界。更多的细节，请参考这一节结尾的证明。 □

定理 A.1 和 A.2 表明，对于更多实际的递推式，例如

$$T(n)=\begin{cases} aT(\lceil n/b \rceil)+n^c & n>1 \\ d & n=1 \end{cases}$$

的解的大 Θ 行为是由它们在 b 的幂上的大 Θ 行为决定的。

A.4 更强版本主定理中的上取整和下取整

这意味着要分析定理 4.11 的递推式，可以忽略上取整，把 n 当作 b 的幂。事实上，当函数告诉我们递归树每一层的工作量是关于某个正实数 c 的 $\Theta(x^c)$ 时，可以忽略其中上取整和下取整。这样就可以把主定理的第二种形式应用到形如 $T(n)=aT(\lceil n/b \rceil)+f(n)$ 的递推式中去。我们刚刚证明了定理 4.11。

定理 A.3 当递推式中的 x^c 或者 n^c 项被替换为 $f(x)$ 或者 $f(n)$，且函数 f 满足 $f(x)=\Theta(x^c)$ 时，定理 A.1 和 A.2 仍然适用。

证明 用证明原定理的同样的方式迭代递推式或者构造递归树。我们发现条件 $f(x)=\Theta(x^c)$ 提供了足够的信息，可以用 x^c 乘以递推式的解的倍数来约束解的上界和下界。细节与原证明类似。 □

A.5 定理的证明

为了方便起见，我们重复前面那些定理的陈述，这些定理的证明是简单概述过。

483

定理 A.4 令 a 和 b 为正实数，且 $b>1$，并令 c 和 d 为实数。令 $t(x)$ 为以下递推式

$$t(x)=\begin{cases} at\left(\dfrac{x}{b}\right)+x^c & x \geqslant b \\ d & 1 \leqslant x < b \end{cases}$$

的解。令 $T(n)$ 为定义在为 b 的非负整数幂 n 上的递推式

$$T(n)=\begin{cases} aT\left(\frac{n}{b}\right)+n^c & n\geqslant 0\\ d & n=1\end{cases}$$

的解。令 $m(x)$ 是小于等于 x 的 b 的最大整数幂。那么有 $t(x)=\Theta(T(m(x)))$.

182

证明 通过将每个递推式迭代四次（或者在 a 是整数的情况下，画四层递归树），可以看出

$$t(x)=a^4t\left(\frac{x}{b^4}\right)+\left(\frac{a}{b^c}\right)^3x^c+\left(\frac{a}{b^c}\right)^a x^c+\frac{a}{b^c}x^c$$

和

$$T(n)=a^4t\left(\frac{n}{b^4}\right)+\left(\frac{a}{b^c}\right)^3n^c+\left(\frac{a}{b^c}\right)^a n^c+\frac{a}{b^c}n^c$$

继续迭代直到我们有一个解，在这两种情况下，得到了一个以 a 开始的指数解。当我们想要区分它们时，用 $e(x)$ 或 $e(n)$ 来表示；当不需要区分时，用 e 来表示。t 的解是

$$a^et\left(\frac{x}{b^e}\right)+x^c\sum_{i=0}^{e-1}\left(\frac{a}{b^c}\right)^i$$

T 的解是

$$a^ed+n^c\sum_{i=0}^{e-1}\left(\frac{a}{b^c}\right)^i$$

在这两种情况下，$t(x/b^e)$（或者 $T(n/b^e)$）是 d。在这两种情况下，等比级数将会是 $\Theta(1),\Theta(e)$ 或者 $\Theta(a/b^c)^e$，取决于 a/b^c 是小于 1，等于 1，还是大于 1。显然，$e(n)=\log_b n$，假设我们想要用 x 除以 b 的某个整数次，并使得结果在 1 到 b 之间。那么这个次数必须大于 $\log_b(x)-1$。因此，如果 m 是小于或等于 x 的 b 的最大整数次幂，那么 $0\leqslant e(x)-e(m)<1$。如果我们使用 r 代表实数 a/b^c，那么可得 $r^0\leqslant r^{e(x)-e(m)}<r$，或者 $r^{e(m)}\leqslant r^{e(x)}\leqslant r\cdot r^{e(m)}$。然后可得 $r^{e(x)}=\Theta\left(r^{e(m)}\right)$。最后，$m^c\leqslant x^c\leqslant b^cm^c$，同时可知 $x^c=\Theta(m^c)$。从而 $t(x)$ 的每一项都是 $T(m)$ 的对应项的大 Θ 界。此外，大 Θ 界只包含固定数量的不同常数。由于 $t(x)$ 由这些项的和与积组成，因此证明了 $t(x)=\Theta(T(m))$。 □

484

定理 A.5 令 a 和 b 为正实数，且 $b\geqslant 2$，令 c 和 d 为实数。令 $T(n)$ 为通过下属递推式定义在整数上的函数：

183

$$T(n)=\begin{cases} aT(\lceil n/b\rceil)+n^c & n>1\\ d & n=1\end{cases}$$

并且令 $t(x)$ 为通过下属递推式定义在实数的函数：

$$t(x)=\begin{cases} at(x/b)+x^c & x\geqslant b \\ d & 1\leqslant x<b \end{cases}$$

那么 $T(n)=\Theta(t(n))$。

证明 与前面的证明一样，可以对两个递推式进行迭代。比较对 $t(n)$ 与 $T(n)$ 进行相同次数迭代的情况下的结果。注意：

$$\left\lceil\frac{n}{b}\right\rceil<\frac{n}{b}+1$$

$$\left\lceil\frac{\left\lceil\frac{n}{b}\right\rceil}{b}\right\rceil<\left\lceil\frac{n}{b^2}+\frac{1}{b}\right\rceil<\frac{n}{b^2}+\frac{1}{b}+1$$

$$\left\lceil\frac{\left\lceil\frac{\left\lceil\frac{n}{b}\right\rceil}{b}\right\rceil}{b}\right\rceil<\left\lceil\frac{n}{b^3}+\frac{1}{b^2}+\frac{1}{b}\right\rceil<\frac{n}{b^3}+\frac{1}{b^2}+\frac{1}{b}+1$$

这表明，如果我们定义 $n_0=n$ 并且 $n_i=\lceil n_{i-1}/b\rceil$，则使用 $b\geqslant 2$。可以通过归纳法或用等比级数求和公式直接证明 $n_i<n/b^i+2$。数 n_i 是 T 在递推式的第 i 次迭代中的参数。刚刚看到 n_i 与第 i 次迭代中 t 的参数最多相差 2。特别地，要达到基本情况，需要对 T 的递推式进行的迭代可能必须比对 t 的递推式所进行的迭代多两次。当我们迭代 t 的递推式时，可以得到与上一个定理相同的解，其中 n 被替换为 x。当我们为 T 的递推式进行迭代时，对于某些整数 j，得到

485

$$T(n)=a^jd+\sum_{i=0}^{j-1}a^in_i^c$$

其中 $n/b^i<n_i<n/b^i+2$。但是，只要 $n/b^i\geqslant 2$，可知 $n/b^i+2\leqslant n/b^{i-1}$。因为 T 的迭代次数最多比 t 的迭代次数多两次，并且因为 t 的迭代次数是 $\lfloor\log_b n\rfloor$，所以可知 j 最大为 $\lfloor\log_b n\rfloor+2$。因此，除最后 3 个 n_i 的值外的所有的值都小于等于 n/b^{i-1}。最后三个值最大为 b^2，b 和 1。将所有的界加在一起，同时使用 $n_0=n$，可得：

$$\begin{aligned}\sum_{i=0}^{j-1}a^i\left(\frac{n}{b^i}\right)^c&\leqslant\sum_{i=0}^{j-1}a^i\left(n_i\right)^c\\&\leqslant n^c+\sum_{i=1}^{j-4}a^i\left(\frac{n}{b^{i-1}}\right)^c+a^{j-2}\left(b^2\right)^c+a^{j-1}b^c+a^j1^c\end{aligned}$$

或者

$$\begin{aligned}\sum_{i=0}^{j-1}a^i\left(\frac{n}{b^i}\right)^c&\leqslant\sum_{i=0}^{j-1}a^i\left(n_i\right)^c\\&\leqslant n^c+b\sum_{i=1}^{j-4}a^i\left(\frac{n}{b^i}\right)^c+a^{j-2}\left(\frac{b^j}{b^{j-2}}\right)^c+a^{j-1}\left(\frac{b^j}{b^{j-1}}\right)^c+a^j\left(\frac{b^j}{b^j}\right)^c\end{aligned}$$

就像看到的那样，这最后 3 个额外项与求和号前面的 b 不会改变右侧的大 Θ 的行为。

正如在主定理中证明的一样，左侧大 Θ 行为取决于 a/b^c 是否小于 1，此种情况下它是 $\Theta(n^c)$；a/b^c 是否等于 1，此种情况下它是 $\Theta(n^c\log_b n)$；a/b^c 是否大于 1，此种情况下它是 $\Theta\left(n^{\log_b a}\right)$。但这正好就是右侧的大 Θ 行为，因为 $n < b^j < nb^2$。那么 $b^j = \Theta(n)$，这意味着 $(b^j/b^i)^c = \Theta\left((n/b^i)^c\right)$。求和符号前的 b 不会改变大 Θ 的特性。在上述不等式的中间项上增加 $a^j d$ 来获得的 $T(n)$ 不会影响这个行为。但是这个修改过后的中间项正好就是 $T(n)$。因为左边和右边都与 $t(n)$ 有相同的大 Θ 行为，所以有 $T(n) = \Theta(t(n))$。□

486

重要概念、公式和定理

1. **重要递推式具有唯一解**：递推式

$$T(n) = \begin{cases} f(n)T(\lceil n/b \rceil) + g(n) & n > 1 \\ k & n = 1 \end{cases}$$

在 f 和 g 是定义在正整数上的（已知）函数并且 k 和 b 是（已知）常数，且 b 是一个大于等于 2 的整数时，有唯一解。

2. **定义在正实数上的递推式和定义在正整数上的递推式**：令 a 和 b 是正实数，且 $b > 1$。假设 c 和 d 是实数。设 $t(x)$ 是递推式

$$t(x) = \begin{cases} at(x/b) + x^c & x \geqslant b \\ d & 1 \leqslant x < b \end{cases}$$

的解。设 $T(n)$ 是递推式

$$T(n) = \begin{cases} aT(n/b) + n^c & n \geqslant 0 \\ d & n = 1 \end{cases}$$

的解，其中 n 是 b 的非负整数次幂。设 $m(x)$ 是小于等于 x 的 b 的最大整数次幂。那么有 $t(x) = \Theta(T(m(x)))$

3. **从递推式中去掉下取整和上取整**：令 a 和 b 是正实数，且 $b \geqslant 2$，并且设 c 和 d 是实数。令 $T(n)$ 是由递推式

$$T(n) = \begin{cases} aT(\lceil n/b \rceil) + n^c & n > 1 \\ d & n = 1 \end{cases}$$

487

定义在整数上的函数，并且 $t(x)$ 是由递推式

$$t(x) = \begin{cases} at(x/b) + x^c & x \geqslant b \\ d & 1 \leqslant x < b \end{cases}$$

定义在实数上的函数。那么 $T(n) = \Theta(t(n))$。如果将上述递推式中的上取整改为下取整，结论仍然成立。

4. **扩展定理 A.1 和 A.2**：在定理 A.1 和 A.2 中，如上述 2 和 3 总结的，项 n^c 或者 x^c 可以被替换成函数 f，其中 $f(x)=\Theta(x^c)$。
5. **实际递推式的解**：定理 A.1 和 A.2，如上述 2、3 和 4 总结的，更实际的递推式的解的大 Θ 行为

$$T(n)=\begin{cases} aT(\lceil n/b\rceil)+f(n) & n>1 \\ d & n=1 \end{cases}$$

其中 $f(n)=\Theta(n^c)$，取决于它们在 b 的幂上的大 Θ 行为，其中 $f(n)=n^c$。

习题

所有带 * 的习题均附有答案或提示。

1. 说明对于任意实数 $x\geqslant 0$，下面递推式给出的 $t(x)$ 有且只有一个值

$$t(x)=\begin{cases} 7xt(x-1)+1 & x\geqslant 1 \\ 1 & 0\leqslant x<1 \end{cases}$$

2*. 说明对于任意实数 $x\geqslant 1$，下面递推式给出的 $t(x)$ 有且只有一个值

$$t(x)=\begin{cases} 3xt(x/2)+x^2 & x\geqslant 2 \\ 1 & 0\leqslant x<2 \end{cases}$$

488

3. 如果 $b<2$，以下递推式有多少个解？

$$T(n)=\begin{cases} f(n)T(\lceil n/b\rceil)+g(n) & n>1 \\ k & n=1 \end{cases}$$

如果 $b=10/9$，你要如何替换 $n>1$ 以及 $n=1$ 时 $T(n)=k$ 的条件来获得唯一解？

489 ~ 490

4. 解释为何定理 4.11 是定理 A.1 和 A.2 的一个结论。

附录B

Discrete Mathematics for Computer Scientists

习题答案和提示

1.1 节

1. $n(n-1)/2$。如果原来的顺序与排序顺序相反，就需要这么多次。
3. $52 \cdot 51 = 2652$
4. $52 \cdot 51/2 = 1326$
5. $52 \cdot 51 \cdot 50 = 132\ 600$
6. $10 \cdot 9 = 90$
7. $\binom{10}{2} = 45$
8. $10 \cdot \binom{9}{2}$ 或 $\binom{10}{2} \cdot 8$
9. 提示：参考一个俱乐部需要选出一个主席和由两人组成的顾问委员会。
12. $10 \cdot 10 = 100$（假设上下两勺可以是相同的口味）。
14. $5 \cdot 3 \cdot 3 \cdot 3 = 135$

1.2 节

2. $f_1(1) = a, f_1(2) = a, f_1(3) = a;\quad f_2(1) = a, f_2(2) = a, f_2(3) = b;$
   $f_3(1) = a, f_3(2) = b, f_3(3) = a;\quad f_4(1) = a, f_4(2) = b, f_4(3) = b;$
   $f_5(1) = b, f_5(2) = a, f_5(3) = a;\quad f_6(1) = b, f_6(2) = a, f_6(3) = b;$
   $f_7(1) = b, f_7(2) = b, f_7(3) = a;\quad f_8(1) = b, f_8(2) = b, f_8(3) = b;$
   没有一个是一一对应的，除了 f_1 和 f_8，其他都是到上的。
4. t^s
6. $\binom{n}{k}$。如果 $k > n$，答案为 0。
8. $2 \cdot 4! \cdot 4! = 1152$
10. $\binom{20}{3} = 1140$
12. $2\binom{10}{4}\binom{20}{4}4!4! = 2 \cdot 10^4 - 20^4 = 1\ 172\ 102\ 400$
14. $\left(\binom{10}{3} + 2 \cdot \binom{10}{2} + \binom{10}{1}\right) \cdot 3 \cdot 8 = 5280$

16. $\binom{12}{5}$；$\binom{5}{2}\binom{4}{2}\binom{3}{1}=180$；$\binom{5}{2}\binom{4}{2}\binom{3}{1}+\binom{5}{2}\binom{5}{2}\binom{2}{1}=380$

18a) 提示：你希望将 $g(y)$ 定义为一个确定的 x。用 y 表示，x 是什么？你如何知道存在这样一个 x？

18b) 提示：假设 g 和 h 都满足 f 的逆的定义。设 y 等于 $f(x)$ 对某个 x 成立。对于任意一个这样的 y，你能指出 $g(y)$ 和 $h(y)$ 之间的关系吗？

1.3 节

1. 220；220；$\binom{n}{k}$等价于$\binom{n}{n-k}$

3a) $x^5+5x^4+10x^3+10x^2+5x+1$

3b) $x^5-5x^4+10x^3-10x^2+5x-1$

5. $\frac{10!}{3!3!4!}=4200$；提示：将其中三把椅子标记为绿色

7. 令 $N-K$ 代表 N 中不在 K 中的元素构成的集合。那么 $f(K)=N-K$。

8. $\binom{m+n}{n}$ 或者 $\binom{m+n}{m}$

10. 提示：你可以考虑两件事的其中一件，第一句话要求你计数三元素集合的（有序）序列数量 $a(n)$。

11. $20\cdot19\cdot18\cdot17\cdot\binom{16}{3}=65\ 116\ 800$；

$20\cdot19\cdot18\cdot17\cdot\binom{20}{3}=132\ 559\ 200$

13. 提示：在分母中 k 和 $n-k$ 的顺序是否影响结果？在第二个证明中，你有多少种方式可以选出你不想将其包含在子集中的元素？

15. 提示：丑陋的证明通过公式计算完成。漂亮的证明能够解释为什么等式两侧都是对由集合构成的同一合集的计数。

17. 提示：$1-1$ 在这里有什么含义？

19. 部分答案：错误

1.4 节

2a) 不是

2b) 是

2c) 不是

1.5 节

1. $(n-1)!$

3. $\binom{5}{2}$；$\frac{5!}{2 \cdot 3!}$

5. $n!(n-1)!$

7. $\binom{k}{n} n! n^{\overline{k-n}} = \frac{k!(k-1)!}{(k-n)!(n-1)!}$

9. $\binom{n+k-1}{k}$

11. $\frac{1}{n+1}\binom{2n}{n}$

13. 提示：关于等价类的大小你能发现什么？

16a) n^k

16c) $\binom{n+k-1}{k}$

16e) $n^{\underline{k}}$

16g) $\binom{n}{k}$

16i) $n^{\underline{k}}$

16k) $n^{\underline{k}}$

2.1 节

1. $14 \bmod 9 = 5$；$-1 \bmod 9 = 8$；$-11 \bmod 9 = 7$

3. EBOB FPX JBPPXDB

5. 11；12

7. $(x \cdot 4) \bmod 9 = 1$；因为 $7 \cdot 4 = 28$，所以得到 $(1/4) \bmod 9 = 7$；$(1/3) \bmod 9$ 不存在。

9. 部分答案见下表。

+	0	1	2	3	4	5	6
0	0	1	2	3	4	5	6
1	1	2	3	4	5	6	0
2	2	3	4	5	6	0	1
3	3	4	5	6	0	1	2
4	4	5	6	0	1	2	3
5	5	6	0	1	2	3	4
6	6	0	1	2	3	4	5

11. 有；有；无；有

13. 提示：$(x+a) \bmod n$ 作为 x 和 a 的函数，呈现出哪些可能的值？注意：我们假设 $0 \leqslant x < n, 0 \leqslant a < n$。

16. $\cdot_n$ 乘法的结合律为 $x \cdot_n (y \cdot_n z) = (x \cdot_n y) \cdot_n z$。该问题其余部分的解答参考引理 2.3。

2.2 节

1. 是；133 mod m
3. 对 10，不是都存在逆元；对 11，都存在逆元
5. 0 或者 1
7. 42
9. 第一个提议并不安全。她可以使用广义欧几里得算法计算 $q^{-1} \bmod p$。第二个提议据目前所知，在使用足够大的 p 的前提下，是安全的。窃听者可以尝试计算 q 的所有方幂，直到她找到满足 $q^i = q^a$ 的那一个。然后她计算 $(q^b)^i$。如果 p 足够大，那么这种攻击方式是不实际的。另外，如果窃听者知道如何在 Z_p 中取 q 为底的对数，她可以计算 q^a 的 $\log_q$ 值。但没有人知道在 Z_p 中求对数的快速算法。
11. GCD 是 18；$x = 11$；$y = -13$
13. $x = 85$
15. 存在这样的关系，$\gcd(j,k)$ 是 $\gcd(r,k)$ 的因子，并且如果 $\gcd(r,k) = 1$，那么 $\gcd(j,k) = \gcd(r,k)$。
17. $\gcd(F_i, F_{i+1}) = 1$；$x = (-1)^{i-1}F_i$；$y = (-1)^i F_{i-1}$
19. $\text{lcm}(x,y) = xy/\gcd(x,y)$
21. $4 \cdot_6 x = 4$ 在 Z_6 中有解。
23. 广义欧几里得最大公因子算法的递归描述，同时也给出了该定理的一个递归证明的基础。

2.3 节

1. 4，2，1，4，2，1⋯；4，6，4，6，4⋯
3. 都是 1
5. 1176；1；18；19；105。$y^d \bmod p$ 不需要决定 x

7a) 1

7b) 1

7c) 67

9. 0，p，$2p$，$3p$，⋯，$(p-1)p$ 没有乘法逆元；1；不；是 0。

11a) $mx + nz = 1$

11b) 提示：代换可得 $k = kmx + knz = cnmx + bmnz$。

14. 提示：$x^{n-1} \bmod n$=1 说明 x 在 Z_n 中有乘法逆元。

2.4 节

1. 4
3. 大概 120 亿；大概 12 万亿；比较不明显

5. 10 和 23

7. 10^{120}；接近得多；不

9. 没有意义，因为你需要 $a^{e_1e_2} \bmod n = a^{e_1e_2 \bmod n} \bmod n$，用简单一点的例子来看规则是否成立。

11. 如果 a 有乘法逆元，则有用；如果没有，则没用。

13. 103；100 加密为 111；$111^{103} \bmod 209 = 100$

16. 提示："签名"这个词运用广泛，Bob 需要做一些事情来说服世界，只有他是给他们某条信息的人，我们把这称为他的文件的签名。

3.1 节

1a.

s	t	$(s \vee t) \wedge (\neg s \vee t) \wedge (s \vee \neg t)$
T	T	T
T	F	F
F	T	F
F	F	F

1b.

s	t	u	$(s \Rightarrow t) \wedge (t \Rightarrow u)$
T	T	T	T
T	T	F	F
T	F	T	F
T	F	F	F
F	T	T	T
F	T	F	F
F	F	T	T
F	F	F	T

1c.

s	t	u	$(s \vee t \vee u) \wedge (s \vee \neg t \vee u)$
T	T	T	T
T	T	F	T
T	F	T	T
T	F	F	T
F	T	T	T
F	T	F	F
F	F	T	T
F	F	F	F

4. 提示：给出并比较 $s \Rightarrow t$ 和 $\neg s \vee t$ 的真值表或构建一个双重真值表。

5. 提示：为两个语句建立真值表或构建一个双重真值表。

7a) s　7b) s　7c) T　7d) F

9. 提示：一种使用分配律的方式是“逆向”——也即从 $(s \vee t) \wedge (u \vee t)$ 开始，并将其变化至 $(s \wedge u) \vee t$。另一种使用它的方法是写出 $(s \wedge t) \vee (u \wedge v) = ((s \wedge t) \vee u) \wedge ((s \wedge t) \vee v)$。

12. $(\neg s \vee t) \wedge (s \vee \neg t)$ 或者 $(\neg s \wedge \neg t) \vee (s \wedge t)$

14. 不能。第二个问题的提示：当你对 $\neg(\neg s \vee \neg t)$ 使用德摩根律时，你会得到什么？

16. 提示：为什么允许我们在证明中说 $q \neq q^*$ 或 r$\neq r^*$？

3.2 节

1. 1,2 和 3；1,2 和 3；在 1 到 3 之间的所有实数；不能

3. $\forall x \in R(x^2 > 0)$

7a) 假

7b) 真

7c) 假

7d) 真

8. 部分答案：是，有两个全称量词。

10. 对于所有正整数 n，都有一个大于 n 的整数 m，使得一个 m 次多项式方程 $p(x) = 0$ 具有实解。

11a) 部分答案：假

11b) 部分答案：假

13a) 部分答案：假

13b) 部分答案：假

13c) 部分答案：假

13d) 部分答案：真

15. 部分答案：“对所有”和“存在”不可交换

3.3 节

1a) 逆：如果软管能够到番茄，那么软管长 60 英尺。

逆否：如果软管不能够到番茄，那么软管不是 60 英尺长。

1b) 逆：只有 George 去散步时，Mary 才会去散步。

逆否：只有 George 不去散步时，Mary 才不去散步。

1c) 逆：如果 Pamela 背诵一首诗，那么 Andre 就会要一首诗。

逆否：如果 Pamela 不背诵诗，那么 Andre 就不会要诗。

4. 部分答案：真实含义是对任意整数 m 和 n，如果 m 和 n 都是奇数，那么 $m + n$ 是偶数。

6. 部分答案：不等价
7. 提示：首先考虑 $x \neq -1$ 的否定——即假设 $x = -1$。尝试使用它来证明 $x^2 - 2x \neq -1$ 的否定，并使用逆否推理。
9. 提示：尝试逆否命题或反证法。
11. 提示：逆否命题和反证是两种可能的方法。
12. 提示：尝试一些较小的 n 值，以帮助你确定这个命题是否为真。
14. 提示：尝试反证法。如果有一个最大的素数 n，关于 $n!+1$ 的素因子你知道什么？

4.1 节

1a)

(i) 不是。

(ii) 它是 $1-(1/3)^i$。

(iii) 是。

(iv) 它是 $1-(1/3)^{n-1}$。

(v) $2/3+2/9+\cdots+2/3^{n-1}+2/3^n = 1-(1/3)^{n-1}+2/3^n = 1-(1/3)^n$。

(vi) 假设错误。

(vii) 公式为真。

(viii) $p(k-1) \Rightarrow p(k)$。

1b)

(i) 基本情况是 $2/3 = 1-1/3$。

(ii) 归纳假设是 $2/3+2/9+\cdots+2/3^{k-1} = 1-(1/3)^{k-1}$。

(iii) 用 $p(n)$ 来表示你需要证明的公式，你要在假设 $p(k-1)$ 的基础上证明 $p(k)$，从而证明 $p(k-1) \Rightarrow p(k)$。你需要在答案中包含变量 n 而不是变量 k。

(iv) $2/3+2/9+\cdots+2/3^{n-1}+2/3^n = 1-(1/3)^{n-1}+2/3^n = 1-(1/3)^n$。

(v) 对所有正整数 k 有 $2/3+2/9+\cdots+2/3^k = 1-(1/3)^k$。

(vi) $p(k) \Rightarrow p(k+1)$，其中 $p(k)$ 是之前的公式。

3. 简略答案：基本情况：当 $n = 1$ 时，$1{\cdot}2 = 6/3$；归纳假设:$1{\cdot}2+2{\cdot}3+\cdots+(n-1)n = (n-1)n(n+1)/3$ 。将 $n(n+1)$ 添加到等式两侧并简化，以便在归纳步骤中得到 $n(n+1)(n+2)/3$。
5. 简略答案：基本情况：$m \leqslant n$(也可以 $m = 1$，但多个基本案例使证明过程更加流畅)；归纳假设：当 $0 \leqslant k < m$ 时，存在唯一整数 q 和 r 满足 $k = qn+r$ 且 $0 \leqslant r < n$；归纳步骤：从 $k = m$–n 到 $k = m$。(你可以将唯一性作为归纳证明的一部分，也可以单独证明。)
7. 简略答案：基本情况：$n = 8, 9, 10$；归纳假设：当 $8 \leqslant k < n$，可以将 k 表示为 3 的非负整数倍和 5 的非负整数倍的和；归纳步骤：从 $n-3$ 到 n。

9. 简略答案：基本情况：给定 $n=2$；归纳假设：n 个不相交集合的并集的大小是它们的大小之和；归纳步骤：这个 $n+1$ 个集合的并集是前 n 个集合与最后一个集合的并集。前 n 个集合的并集大小由归纳假设给出。该集合与最后一个集合的并集由两个集合的求和原理给出。
12. 提示：寻找此问题与定理 1.3 的证明之间的相似性。
14. 提示：假设你知道弱数学归纳法原理。进一步假设你知道 $P(b)$ 成立，并且 $P(b)\wedge p(b+1)\wedge\cdots\wedge p(n-1)\Rightarrow p(n)$ 对所有 $n>b$ 成立。设 $q(n)$ 为语句 $p(b)\wedge p(b+1)\wedge\cdots\wedge P(n)$。将弱归纳法应用于 $q(n)$，看看你能做什么。

4.2 节

3. 提示：尝试遍历递推式，或使用一阶线性递推式的公式，或猜测公式并通过归纳证明你是正确的。部分答案：不同之处在于对这个递归式 2^n 的系数更大。
4. 提示：尝试遍历递推式，或使用一阶线性递推式的公式，或猜测公式并通过归纳证明你是正确的。部分答案：不同之处在于这个递归式得到的是 3^n 而不是 2^n。
5. 提示：尝试遍历递推式，或使用一阶线性递推式的公式，或者猜测公式并通过归纳证明你是正确的。部分答案：不同之处在于其解是 n 的线性函数而不是 n 的指数函数。
6. $m^2; m^3; m^n$
8. $M(n+1)=2M(n)+2000; M(n)=2^{n-1}M(1)+2000(2^{n-1}-1)$
10. $T(n)=\Theta(n)$
12. $T(n)=2^{n+1}+2^n\left(n^2(n+1)^2/4\right)$
14. $T(n)=(n+1)r^n$
16. $T(n)=s(r^{n+1}-s^{n+1})/r(s-r)$

4.3 节

2. $2n\log n+2n$
3. $T(n)=\Theta(n^2)$
5. $T(n)=\Theta(n)$
7. $(5/2)n-1/2$

9a) $T(n)=\Theta(n^3)$

9b) $T(n)=\Theta(n^3\log n)$

9d) $T(n)=\Theta(\log n)$

10a) $T(n)=n((4n^2-1)/3)$

10b) $T(n)=n^3(\log_2 n+1)$

10d) $T(n)=\log_4 n+1$

12. 提示：尝试将 $b=2^{\log b}$ 代入 b^n；然后看看如果取以 b 为底的对数会得到什么。

14a) $T(n) = O(n^2)$

14b) $T(n) = \Theta(\log\log n)$

14d) $T(n) = O(n\log^2 n)$

15a) 是

15b) 是

15d) 是

17. $S(n) = \Theta(c^n)$

4.4 节

1a) $T(n) = \Theta(n^3)$

1b) $T(n) = \Theta(n^3 \log n)$

1d) $T(n) = \Theta(\log n)$

3. $T(n) = \Theta(n^{\log_2 3})$

5. $T(n) = \Theta(n\log n)$

7. 提示：使用 $x = y^{\log_y x}$ 这一事实。

4.5 节

1. 提示：你想找到两个常量 n_0 和 k，使得当 $n > n_0$ 时总满足 $T(n) \leqslant kn$。这对 $kn/4 = kn - 3kn/4$ 也会有所帮助。这将引导你决定你想要 $k \geqslant (4/3)\,c$。

3. 提示：你想找到两个常量 $n_0 > 0$ 和 $k > 0$，使得当 $n \geqslant n_0$ 时 $\mathrm{T}(n) \leqslant kn\log_3 n$。需要注意的一点是，$n_0$ 不能是 1，所以它必须至少是 3。如果你用 3 代替 2，你只要更仔细一点，就能得到同样的结果。改变对数的底不会改变大 O 界。

5. 否

6a) $T(n) = O(n^2)$

6b) 提示：你会发现你需要一个比自然选择更强的归纳假设。尝试证明 $T(n) \leqslant k_1 n^2 - k_2 n\log n$。

7. 是

11. $T(n) = O(n\log n)$

4.6 节

1. $T(n) = O(n)$

3. 部分答案：$T(n) = O(n), S(n) = O(n)$；为了比较解，请逐层比较递归树。

7. $\Theta(n\log n)$

8. $T(n) = O(n^2)$

5.1 节

1. 5/16；1/2
3. 0.72；n 必须为 5；n 也必须为 5。
5. 你将会得到 3/11，这不合理。
7. 提示：在 10 次抛掷中得到 5 次正面向上情况的数量是 $\begin{pmatrix} 10 \\ 5 \end{pmatrix}$。
9. 33/16660，近似为 0.00198。
11. 7/128，大约是 0.0546875；121/128，大约是 0.9453125。
13. 不具有

15a) 从黑桃纸牌中抽到一张 A 和一个 K 的可能性更大。

15b) 从黑桃纸牌中抽到一张 A 和一个 K 的可能性更大。

5.2 节

1. 3/4
3. 11/36
5. 10/13
7. 50
9. $\sum_{i=0}^{n}(-1)^i\begin{pmatrix} n \\ i \end{pmatrix}(n-1)! = \sum_{i=0}^{n}(-1)^i\frac{n!}{i!} = \sum_{i=2}^{n}(-1)^i\frac{n!}{i!}$；$\sum_{i=0}^{n}\frac{(-1)^i}{i!} = \sum_{i=2}^{n}\frac{(-1)^i}{i!}$
11. $\sum_{k=0}^{m}(-1)^k\begin{pmatrix} m \\ k \end{pmatrix}\frac{(m-k)^n}{m!}$
13. $\sum_{i=0}^{n}(-1)^i\begin{pmatrix} n \\ i \end{pmatrix}\begin{pmatrix} n+k-i(m+1)-1 \\ n-1 \end{pmatrix}$
14. $\sum_{k=0}^{n}(-1)^k 2^k\begin{pmatrix} n \\ k \end{pmatrix}\frac{(2n-k-1)!}{(2n-1)!}$
16. $\sum_{k=0}^{n}(-1)^k n!\begin{pmatrix} 2n-k-1 \\ k \end{pmatrix}(n-k-1)!$
17. $\sum_{k=0}^{j}(-1)^k\begin{pmatrix} j \\ k \end{pmatrix}\begin{pmatrix} n \\ mk \end{pmatrix}(mk)!\frac{(n-mk+j-1)!}{(j-1)!}$

5.3 节

1. 1/2
3. 是
5. 每对事件都是独立的，但我们说它们是相互独立的。
7. 部分答案：1/5；1/4。

9. 三个概率均为 $20/120 = 1/6$。
11. 如果 E 和 F 是独立的，其中一个事件的概率必为 0。
13. 部分答案：你应该交换

5.4 节

2. 前三个问题：$p^3(1-p)^3$；最后一个问题：$\binom{6}{3}p^3(1-p)^3$
3. $\binom{10}{8}\times 0.5^{10} = 0.043\ 945\ 312\ 5$；$\binom{10}{8}\times 0.5^{10}+\binom{10}{9}\times 0.5^{10}+\binom{10}{10}\times 0.5^{10} = 0.054\ 687\ 5$
5. \$3.50
7. 4
9. 6
11. 从正确答案中减去错误答案的个数。
13. $\binom{10}{5}\binom{5}{3}p^3q^2r^5$；$\frac{n!}{i!j!k!}p^iq^jr^k$
14. 提示：（至少）存在四种不同的解法：归纳法，关于选择子集的“故事”；对公式两边求导，来得到你想知道的有关项；将“阶乘商”公式代入所需公式的左侧，并将结果转换到公式的右侧。由你来决定哪种策略最有帮助。几个策略可能同样有用。
16. 三次抽出中的任意一次的期望金额都是 40/3 美分。因此，你抽取期望总金额是 40 美分。期望并不会改变。
18. 我们给出一个例子来启发你；你应当给出另外一个例子。抛掷一个骰子。令 X 是朝上的点数，Y 是其余五面的点数总和。则 $E(X) = 7/2$，$E(Y) = 21-7/2$，$E(XY) = 175/3$，$E(X)E(Y) = 245/4$。存在更加简单的例子，但是我们把他们留给了你！
20. 提示：对 $\sum_{j=1}^{\infty} x^j = 1/(1-x)$ 求导，并在两边同时乘以 x
21. 一个可能的答案是 $X = (1/(1-p))^i$，其中 i 是第一次就成功的测试的数目。另一个答案是 $X = i^i$

5.5 节

1a) $1/d$
1b) $1/d$
1c) c/d
1d) c/d
1e) 相同
3. d
5. 至少需要 6 个。

7. 对于 $n=2$，得到 $1 \leqslant 2^2/2^2$，$2 \leqslant 2^2/1$，$1 \leqslant 2^2/2^2$。对于 $n=3$，得到 $1 \leqslant 3^3/3^3$，$3 \leqslant 3^3/2^2, 3 \leqslant 3^3/2^2, 1 \leqslant 3^3/3^3$。
9. 提示：如果 X_i 是已占位置的个数，Y_i 是空位置的个数，则 $X_i + Y_i = k$。

11a) 不成功查找的期望次数为 $1 + n/k$。

11b) 成功查找的期望次数为 $1 + n/2k - 1/2k$。

13. 提示：$\lim_{n\to\infty}(1+1/n)^n = \lim_{h\to 0}(1+h)^{1/h} = e$。同时，$\lim_{n\to -\infty}(1+1/n)^n = \lim_{h\to 0^-}(1+h)^{1/h} = e$。
15. 提示：尝试将等式 $x^x = n$ 中的 x 替换为 $\log n/\log\log n$ 来观察它是如何逼近解的。之后再以 $\log n/\log\log n$ 倍数进行尝试。这样应该会帮助你求解解的下界与上界。
18. 提示：从 $x=1$ 开始，向右延续到 $x=n+1$，在曲线上面与下面绘制宽度为 1 的矩形。你可以证明下面矩形的上方和上面矩形所包含的区域为 $1-1/(n+1)$。将上方的矩形转换为曲线上方的梯形，你将使面积差异减小一半。现在使用 $1/x$ 的积分是 $\ln x$ 的事实来近似调和数。

5.6 节

1. $X_1 + X_2 + \cdots + X_n$ 是你给 L 的赋值次数。你赋值的期望次数为 H_n，为第 n 个调和数。
3. 提示：和为 $O(n\log n)$ 的原因应该是清楚的。想一想关于总和公式的最大一半，你能发现什么。
5. 由主定理可得。
7. 提示：尝试分析递归树。你也可以尝试归纳法。
11. 1/2；11/16；虽然上限会更小，但尚不清楚潜在的时间节省是否值得这样额外的复杂。
13. 提示：第一个键有 1/2 的概率位于键的排序列表的中部。
15. 最终答案：$T(n) = O(\log n)$

5.7 节

1. 0；1.2；1.2
3. 30 美分；400（假设期望值以分为单位）；60 美分；0（我们将最后一个问题留给你来回答）
5. 近似为 0.95。
7. 提示：使用定理 5.28。
9. 每次取出金额的期望是 40/3 美分。对于每一次取出，方差为 $72\frac{2}{9}$。对于两次取出的和，期望金额是 80/3 美分，方差是 $1853/27 \approx 68.63$。
11. $35/12$；$\sqrt{35/12}$；$35n/12$；$\sqrt{35n/12}$

13. 不一致；一致
15. 部分答案：1/4。
17. 提示：成功次数的方差不超过 $n/4$。你或许可以利用习题 16。
19. 80%；将问题的个数乘以 $\sqrt{0.18}/0.4$，或大约为 1.125。

6.1 节

1. 1, 11, 7, 5
3. 顶点 2 的度为 7。
5. 顶点集合 $\{9,15\}$ 和 $\{10,11,12,13,14\}$ 组成的环，但顶点集合 $\{1\}$ 组成的环并不是。
7. 一个例子是 $\{2,9,11,12\}$。存在其他的。所有最大的导出 K_n 图的大小为 4。
9. 提示：你从每个连通分支中的顶点和边的数量知道什么？

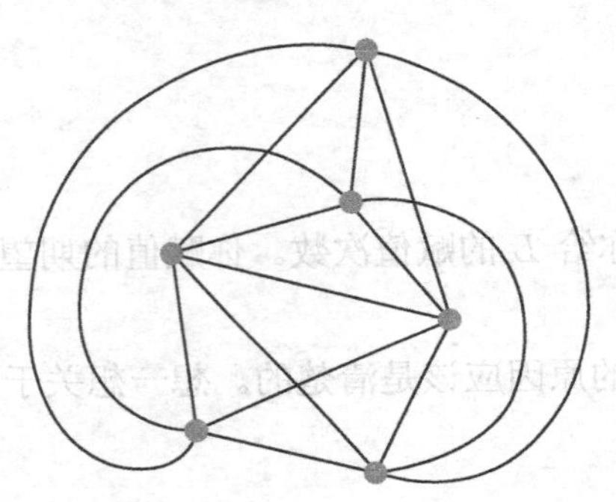

11.
13. 不存在
15. G 是一棵树。

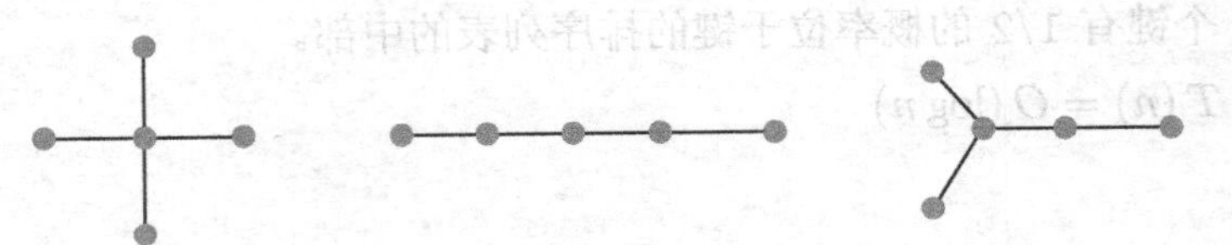

17.
19. 2, 3, 4, 5, 7, 11, 2

6.2 节

1. $\{e_1,e_2,e_3\}$，$\{e_1,e_2,e_5\}$，$\{e_1,e_3,e_4\}$，$\{e_1,e_3,e_5\}$，$\{e_1,e_4,e_5\}$，$\{e_2,e_3,e_4\}$，$\{e_2,e_3,e_5\}$，$\{e_2,e_4,e_5\}$
3. 我们给出边的集合而非画出它们。根节点总是节点 1。
1. $\{1,2\},\{2,3\},\{3,4\},\{4,5\}$；2. $\{1,2\},\{2,3\},\{3,4\},\{3,5\}$；

3. $\{1,2\},\{2,3\},\{2,4\},\{3,5\}$; 4. $\{1,2\},\{2,3\},\{2,4\},\{2,5\}$;
5. $\{1,2\},\{1,5\},\{2,3\},\{3,4\}$; 6. $\{1,2\},\{1,5\},\{2,3\},\{2,4\}$;
7. $\{1,2\},\{1,3\},\{1,4\},\{2,5\}$; 8. $\{1,2\},\{1,3\},\{1,4\},\{1,5\}$

5. 很多例子都是可能的。我们给出其中一个的边集：
$\{\{1,2\},\{1,3\},\{3,4\},\{1,5\},\{5,6\},\{6,7\}\}$

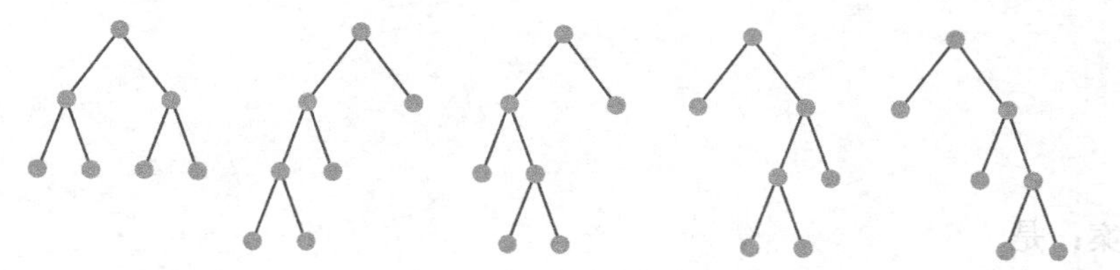

7.

9. $d=\lfloor\log_2(n)\rfloor$

11. 提示：对关于二叉树的描述进行归纳证明的最佳方法是什么？

13. 提示：利用归纳法对根树的描述进行证明的最佳方法是什么？

6.3 节

1a) 1, 2, 3, 4, 5, 1, 4, 2, 5, 3, 1

1b) 不存在欧拉环游。

1c) 不存在欧拉环游。

1d) 1, 5, 2, 6, 3, 7, 4, 8, 1, 6, 4, 5, 3, 8, 2, 7, 1

3. 2

5. 取奇数 n 时。

7. $n>1$

9a) 如果 m 和 n 非零且都是偶数，或者一个是 0 另外一个是 1，那么这个图是欧拉图。

9b) 如果 m 和 n 都大于 1 并且相等，那么这个图是哈密顿图。

11. 不存在这种情形。

13. 提示：仔细查阅狄拉克定理的证明。

15. 提示：你必须证明两个蕴涵式，其中一个容易。这有助于证明如果 G_i 是哈密顿图，那么 G_{i-1} 是哈密顿图吗？

6.4 节

1. 可能的答案：$\{\{a,5\},\{b,2\},\{c,3\},\{d,6\},\{e,4\}\}$

3. $S=\{a,c,d,f\}$; $N(S)=\{2,3,4\}$

5. 部分答案：$N(S)$ 是最小顶点覆盖的一个子集。

7. 正确
9. 不是；不是
11. 可能的答案：完全图 K_7。
13. 部分答案：正确。
15. 和为 v。

6.5 节

1. 2
3. 部分答案：是
5. 3；3
7. 提示：这是一种认为贪心是好方法的情况。
9. 3
11. $t\,(t-1)^{n-1}$
13. 提示：如果一个图没有三角形，在边-面对的数量与面的数量的对比中，你能发现什么？
15. 提示：如果所有顶点的度大于等于 4，顶点度数之和与顶点数量存在何种关系？这是否与习题 13 一致？
17. 5；不是
19. 分别为 7,9 和 8；事实上 7 是色数。

附录 A

2. 提示：归纳证明如果 $1 \leqslant x \leqslant 2^n$, 则 $t\,(x)$ 是唯一的。

参考文献

[1] Manindra Agrawal, Neeraj Kayal, and Nitin Saxena. PRIMES is in P. http://www.cse.iitk.ac.in/news/ primality.html, 2002. For updated information, see http://crypto.cs.mcgill.ca/~stiglic/PRIMES_P_FAQ.html.

[2] W. R. Alford, A. Granville, and C. Pomerance. There are infinitely many Carmichael numbers. *Ann. of Math*, 140: 703–722, 1994.

[3] Kenneth Appel and Wolfgang Haken. Every planar map is four colorable. *Bull. Amer. Math. Soc.*, 82: 711–712, 1976.

[4] Jon L. Bentley, Dorthea Haken, and James B. Saxe. A general method for solving divide-and-conquer recurrences. *SIGACT News*, 12(3): 36–44, 1980.

[5] Claude Berge. Two theorems in graph theory. *Proceedings of the National Academy of Sciences, USA*, 43: 842–844, 1957.

[6] Claude Berge. *Graphs and Hypergraphs.* Amsterdam: North Holland, 1973.

[7] Norman L. Biggs, E. Keith Lloyd, and Robin J. Wilson. *Graph Theory 1736–1936.* Oxford: Clarendon Press, 1976.

[8] Manuel Blum, Robert W. Floyd, Vaughan Pratt, Ronald Rivest, and Robert E. Tarjan. Time bounds for selection. *Journal of Computer and System Sciences*, 7(4): 448–461, 1973.

[9] Kenneth P. Bogart. *Discrete Mathematics.* 1st ed. Boston: Houghton Mifflin, 1988.

[10] Kenneth P. Bogart. *Introductory Combinatorics.* 3rd ed. Boston: Harcourt-Academic Press, 2000.

[11] Alan Cobham. The intrinsic computational difficulty of functions. In *Proceedings of the 1964 Congress for Logic, Methodology, and the Philosophy of Science, 24–30.* Amsterdam: North Holland, 1964.

[12] Stephen Cook. The complexity of theorem proving procedures. *In Proceedings of the Third Annnual ACM Symposium on Theory of Computing*, Association for Computing Machinery, 151–158, 1971.

[13] Thomas H. Cormen, Charles E. Leiserson, Ronald L. Rivest, and Clifford Stein. *Introduction to Algorithms.* 3rd ed. Cambridge, MA: MIT Press, 2009.

[14] Richard Crandall and Carl Pomerance. *Prime Numbers: A Computational Perspective.* 2nd ed. New York: Springer-Verlag, 2005.

[15] Whitfield Diffie and Martin Hellman. New directions in cryptography. *IEEE Transactions on Information Theory*, IT-22(6): 644–654, 1976.

[16] Jack Edmonds. Paths, trees, and flowers. *Canadian Journal of Mathematics*, 17: 449–467, 1965.

[17] Michael R. Garey and David S. Johnson. *Computers and Intractability: A Guide to the Theory of NP-Completeness.* New York: W. H. Freeman, 1979.

[18] Martin C. Golumbic. *Algorithmic Graph Theory and the Perfect Graph Conjecture.* 2nd ed. Amsterdam: Elsevier, 2004. First published 1980 by Academic Press.

[19] Jonathan L. Gross and Jay Yellen, eds. *Handbook of Graph Theory.* Vol. 25, *Discrete Mathematics and Its Applications.* Boca Raton, FL: CRC Press, 2003.

[20] C.A.R. Hoare. Algorithm 63 (PARTITION) and algorithm 65 (FIND). *Communications of the ACM*, 4(7): 321-322, 1961.

[21] Richard M. Karp. *Reducibility among Combinatorial Problems*, 85-103. New York: Plenum Press, 1972.

[22] Richard M. Karp. An introduction to randomized algorithms. *Discrete Applied Mathematics*, 34: 165-201, 1991.

[23] John G. Kemeny, J. Laurie Snell, and Gerald L. Thompson. *Finite Mathematics. 3rd* ed. Englewood Cliffs, NJ: Prentice-Hall, 1974.

[24] Donald E. Knuth. Big omicron and big omega and big theta. *ACM SIGACT News*, 8(2): 18-23, 1976.

[25] L. A. Levin. Universal sorting problems. *Problemy Peredachi Informatsii*, 9(3): 265-266, 1973.

[26] G. L. Miller. Riemann' s hypothesis and tests for primality. *Journal of Computer and Systems Science*, 13: 300-317, 1976.

[27] Michael O. Rabin. Probabilistic algorithm for testing primality. *Journal of Number Theory,* 12(1): 128-138, 1980.

[28] R. L. Rivest, A. Shamir, and L. Adleman. A method for obtaining digital signatures and public-key cryptosystems. CACM, 21: 120-126, February 1978.

[29] Neil Robertson, Daniel P. Sanders, Paul D. Seymour, and Robin Thomas. The four color theorem. *Journal of Combinatorial Theory,* 70: 2-44, 1997.

[30] Kenneth Rosen. *Discrete Mathematics and Its Applications.* 4th ed. New York: McGraw-Hill, 1999.

[31] Kenneth Rosen. *Elementary Number Theory and Its Applications.* 4th ed. Boston: Addison-Wesley, 2000.

[32] Robin Thomas. An update on the four color theorem. *Notices of the American Mathematical* Society, 45(7): 848-859, 1998.

[33] Douglas B. West. *Introduction to Graph Theory.* 2nd ed. Upper Saddle River, NJ: Prentice Hall, 2001.

[34] Robin J. Wilson. *Four Colors Suffice: How the Map Problem Was Solved.* Princeton, NJ: Princeton University Press, 2002

索　引

索引中的页码为英文原书页码，与书中页边标注的页码一致。

D

E

H

K

Q

R

S

T

推荐阅读

深入理解计算机系统（原书第3版）

作者：[美] 兰德尔 E. 布莱恩特 等 译者：龚奕利 等 书号：978-7-111-54493-7 定价：139.00元

理解计算机系统首选书目，10余万程序员的共同选择

卡内基-梅隆大学、北京大学、清华大学、上海交通大学等国内外众多知名高校选用指定教材

从程序员视角全面剖析的实现细节，使读者深刻理解程序的行为，将所有计算机系统的相关知识融会贯通

新版本全面基于X86-64位处理器

基于该教材的北大“计算机系统导论”课程实施已有五年，得到了学生的广泛赞誉，学生们通过这门课程的学习建立了完整的计算机系统的知识体系和整体知识框架，养成了良好的编程习惯并获得了编写高性能、可移植和健壮的程序的能力，奠定了后续学习操作系统、编译、计算机体系结构等专业课程的基础。北大的教学实践表明，这是一本值得推荐采用的好教材。本书第3版采用最新x86-64架构来贯穿各部分知识。我相信，该书的出版将有助于国内计算机系统教学的进一步改进，为培养从事系统级创新的计算机人才奠定很好的基础。

—— 梅 宏 中国科学院院士/发展中国家科学院院士

以低年级开设“深入理解计算机系统”课程为基础，我先后在复旦大学和上海交通大学软件学院主导了激进的教学改革……现在我课题组的青年教师全部是首批经历此教学改革的学生。本科的扎实基础为他们从事系统软件的研究打下了良好的基础……师资力量的补充又为推进更加激进的教学改革创造了条件。

—— 臧斌宇 上海交通大学软件学院院长

推荐阅读

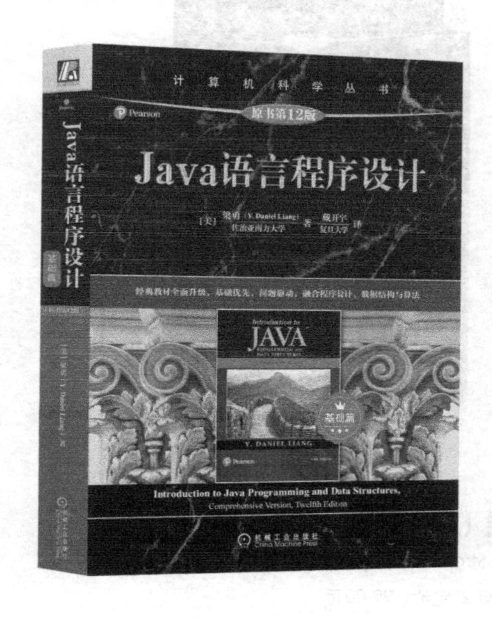

Java语言程序设计（基础篇）（原书第12版）

作者：[美] 梁勇（Y. Daniel Liang）著 译者：戴开宇

ISBN： 978-7-111-66980-7 定价：139.00元

Java程序设计与问题求解（原书第8版）

作者：[美] 沃特・萨维奇 (Walter Savitch) 肯里克・莫克（Kenrick Mock）

译者：陈昊鹏 ISBN： 978-7-111-62097-6 定价：139.00元

推荐阅读

C++程序设计：原理与实践（基础篇）（原书第2版）

作者：[美] 本贾尼·斯特劳斯特鲁普（Bjarne Stroustrup）著 任明明 王刚 李忠伟 译

ISBN：978-7-111-56225-2 定价：99.00元

C++程序设计：原理与实践（进阶篇）（原书第2版）

作者：[美] 本贾尼·斯特劳斯特鲁普（Bjarne Stroustrup）著 刘晓光 李忠伟 王刚 译

ISBN：978-7-111-56252-8 定价：99.00元

《C++程序设计：原理与实践（原书第2版）》将经典程序设计思想与C++开发实践完美结合，全面地介绍了程序设计基本原理，包括基本概念、设计和编程技术、语言特性以及标准库等，教你学会如何编写具有输入、输出、计算以及简单图形显示等功能的程序。此外，本书通过对C++思想和历史的讨论、对经典实例（如矩阵运算、文本处理、测试以及嵌入式系统程序设计）的展示，以及对C语言的简单描述，为你呈现了一幅程序设计的全景图。

为方便读者循序渐进学习，加上篇幅所限，《C++程序设计：原理与实践（原书第2版）》分为基础篇和进阶篇两册。